高等院校课程设计案例精编

AutoCAD+3ds max+VRay 室内效果图表现技法经典课堂

雷　铭　张　辉　张　军　编著

清華大學出版社
北　京

内容简介

本书以 AutoCAD 2016 和 3ds Max 2016 为写作平台，以“理论知识 + 实操案例”为创作导向，围绕室内设计软件的应用展开讲解。书中的每个案例都给出了详细的操作步骤，同时还对操作过程中的设计技巧进行了描述。

全书共 10 章，分别对 AutoCAD 绘图基础、室内设计施工图的绘制、三维建模技术、材质与贴图、灯光技术、摄影机技术、VRay 渲染器等知识，以及卧室场景、厨房场景、卫生间场景的效果表现进行了详细的阐述。本书结构清晰，思路明确，内容丰富，语言简练，解说详略得当，既有鲜明的基础性，也有很强的实用性。

本书既可作为大中专院校及高等院校相关专业的教学用书，又可作为室内设计爱好者的学习用书。同时，也可以作为社会各类 AutoCAD/3ds Max 培训班的首选教材。

图书在版编目(CIP)数据

AutoCAD+3dsmax+Vray室内效果图表现技法经典课堂/雷铭，张辉，张军编著. —北京：清华大学出版社，2019(2019.8 重印)

(高等院校课程设计案例精编)

ISBN 978-7-302-51778-8

Ⅰ. ①A…　Ⅱ. ①雷… ②张… ③ 张…　Ⅲ. ①室内装饰设计—计算机辅助设计—AutoCAD软件—课程设计—高等学校—教学参考资料②室内装饰设计—计算机辅助设计—三维动画软件—课程设计—高等学校—教学参考资料③室内装饰设计—计算机辅助设计—图像处理软件—课程设计—高等学校—教学参考资料　Ⅳ. ①TU238.2-39

中国版本图书馆CIP数据核字(2018)第274395号

责任编辑：李玉茹
封面设计：杨玉兰
责任校对：吴春华
责任印制：沈　露
出版发行：清华大学出版社
网　　址：http://www.tup.com.cn，http://www.wqbook.com
地　　址：北京清华大学学研大厦A座　**邮　　编：**100084
社 总 机：010-62770175　**邮　　购：**010-62786544
投稿与读者服务：010-62776969，c-service@tup.tsinghua.edu.cn
质量反馈：010-62772015，zhiliang@tup.tsinghua.edu.cn
印 装 者：北京博海升彩色印刷有限公司
经　　销：全国新华书店
开　　本：185mm×260mm　**印　　张：**17.5　**字　　数：**278千字
版　　次：2019年2月第1版　**印　　次：**2019年8月第2次印刷
定　　价：69.00 元

产品编号：081117-01

FOREWORD
前 言

为什么要学设计？

随着社会的发展，人们对美好事物的追求与渴望，已达到了一个新的高度。这一点充分体现在了审美意识上，毫不夸张地讲，我们身边的美无处不在，大到园林建筑，小到平面海报，抑或是小门店也都要装饰一番以突显出自己的特色。这一切都是“设计”的结果，可以说生活中的很多元素都被有意或无意识地设计过。俗话说：学设计饿不死，学设计高工资！那些有经验的设计师，月薪过万不是梦。正是因为这一点，很多人都投身于设计行业。

问：学设计可以就职哪类工作？求职难吗？

答：广为人知的设计行业包括：室内设计、广告设计、UI 设计、珠宝设计、服装设计、环艺设计、影视动画设计……所以你还在问求职难吗！

问：如何选择学习软件？

答：根据设计类型和就业方向，学习相关软件。比如，平面设计类软件大同小异，重在设计体验。室内外设计软件各有侧重，贵在实际应用。各类软件之间也要配合使用，就像设计师要用 Photoshop 对建筑效果图做后期处理，为了让设计作品呈现更好的效果，有时会把视频编辑软件与平面软件相互配合。

问：没有美术基础的人也可以学设计吗？

答：可以。设计类的专业有很多，并不是所有的设计专业都需要有美术的功底，如工业设计、展示设计等。俗话说“艺术归结于生活”，学设计不但可以提高自身审美能力，还能有效地指引人们制作出更精良的作品，提升自己的生活品质。

问：设计该从何学起？

答：自学设计可以先从软件入手：位图、矢量图和排版。学会了软件可以胜任 90% 的设计工作，只是缺乏“经验”。设计是软件技术 + 审美 + 创意，其中软件学习比较容易上手，而审美品位的提升则需要多欣赏优秀作品，只要不断学习，突破自我，优秀的设计技术就能被轻松掌握！

系列图书课程安排

本系列图书既注重单个软件的实操应用，又看重多个软件的协同办公，以“理论知识 + 实际应用 + 案例展示”为创作思路，向读者全面阐述了各软件在设计领域中的强大功能。在讲解过程中，结合各领域的实际应用，对相关的行业知识进行了深度剖析，以辅助读者完成各种类型的设计工作。正所谓要“授人以渔”，读者不仅可以掌握这些设计软件的使用方法，还能利用它独立完成作品的创作。本系列图书包含以下作品：

- 《3ds max 建模技法经典课堂》
- 《3ds max+Vray 效果图表现技法经典课堂》
- 《SketchUp 草图大师建筑・景观・园林设计经典课堂》
- 《AutoCAD + 3ds max + Vray 室内效果图表现技法经典课堂》
- 《AutoCAD + SketchUp + Vray 建筑室内外效果表现技法经典课堂》
- 《Adobe Photoshop CC 图像处理经典课堂》
- 《Adobe Illustrator CC 平面设计经典课堂》
- 《Adobe InDesign CC 版式设计经典课堂》
- 《Adobe Photoshop + Illustrator 平面设计经典课堂》
- 《Adobe Photoshop + CorelDRAW 平面设计经典课堂》
- 《Adobe Premiere Pro CC 视频编辑经典课堂》
- 《Adobe After Effects CC 影视特效制作经典课堂》
- 《HTML5+CSS3 网页设计与布局经典课堂》
- 《HTML5+CSS3+JavaScript 网页设计经典课堂》

配套资源获取方式

目前市场上很多计算机图书中配带的 DVD 光盘，总是容易破损或无法正常读取。鉴于此，本系列图书的资源可以发送邮件至 619831182@qq.com，制作者会在第一时间将其发至您的邮箱。

适用读者群体

- ☑ 室内效果图制作人员；
- ☑ 室内装修、装饰设计人员；
- ☑ 装饰装潢培训班学员；
- ☑ 大中专院校及高等院校相关专业师生；
- ☑ AutoCAD/3ds Max 设计爱好者。

作者团队

本书由雷铭、张辉、张军编著。其中，雷铭、张辉、伏凤恋、彭超、王春芳、杨继光、李瑞峰、王银寿、李保荣、等均参与了具体章节的编写工作，在此对他们的付出表示真诚的感谢。

致谢

为了令本系列图书尽可能满足读者的需要，许多人付出了辛勤的劳动。在此，向参与本书出版工作的“ACAA 教育集团”和“Autodesk 中国教育管理中心”的领导及老师、出版社的策划编辑等人员，致以诚挚谢意。同时感谢清华大学出版社的所有编审人员为本系列图书的出版所付出的辛勤劳动。本系列图书在编写过程中力求严谨细致，但由于时间和精力有限，书中仍难免出现疏漏和不妥之处，希望各位读者朋友们多多包涵，并批评指正，万分感谢！

读者朋友在阅读本系列图书时，如遇与本书有关的技术问题，则可以通过微信号 dssf2016 进行咨询，或者在获取资源的公众平台中留言，我们将在第一时间与您互动解答。

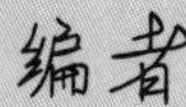

本书知识结构导图

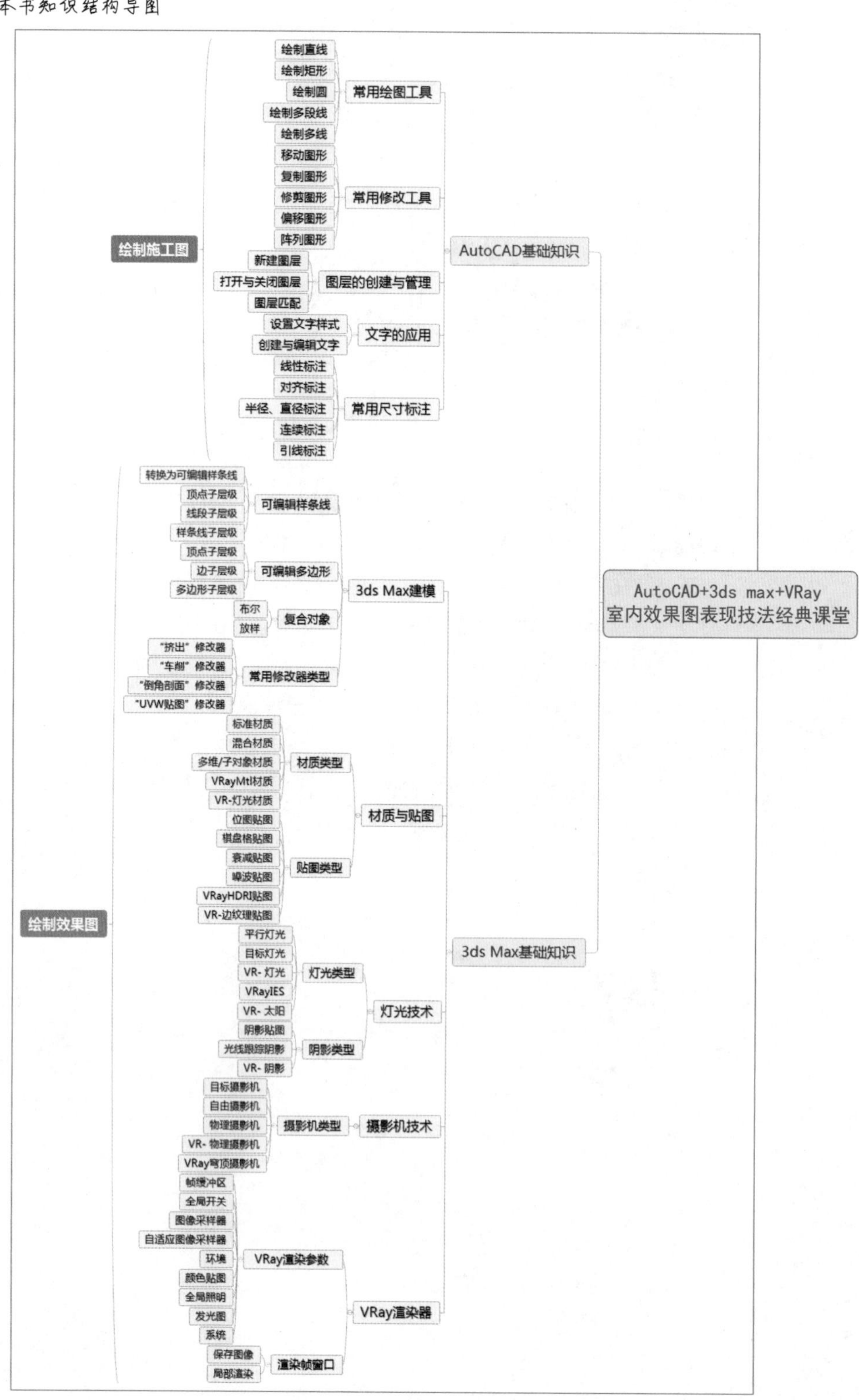
AutoCAD+3ds max+VRay
室内效果图表现技法经典课堂
AutoCAD基础知识
绘制施工图
常用绘图工具
绘制直线
绘制矩形
绘制圆
绘制多段线
绘制多线
常用修改工具
移动图形
复制图形
修剪图形
偏移图形
阵列图形
图层的创建与管理
新建图层
打开与关闭图层
图层匹配
文字的应用
设置文字样式
创建与编辑文字
常用尺寸标注
线性标注
对齐标注
半径、直径标注
连续标注
引线标注
3ds Max基础知识
绘制效果图
3ds Max建模
可编辑样条线
转换为可编辑样条线
顶点子层级
线段子层级
样条线子层级
可编辑多边形
顶点子层级
边子层级
多边形子层级
复合对象
布尔
放样
常用修改器类型
“挤出”修改器
“车削”修改器
“倒角剖面”修改器
“UVW贴图”修改器
材质与贴图
材质类型
标准材质
混合材质
多维/子对象材质
VRayMtl材质
VR-灯光材质
贴图类型
位图贴图
棋盘格贴图
衰减贴图
噪波贴图
VRayHDRI贴图
VR-边纹理贴图
灯光技术
灯光类型
平行灯光
目标灯光
VR- 灯光
VRayIES
VR- 太阳
阴影类型
阴影贴图
光线跟踪阴影
VR- 阴影
摄影机技术
摄影机类型
目标摄影机
自由摄影机
物理摄影机
VR- 物理摄影机
VRay穹顶摄影机
VRay渲染器
VRay渲染参数
帧缓冲区
全局开关
图像采样器
自适应图像采样器
环境
颜色贴图
全局照明
发光图
系统
渲染帧窗口
保存图像
局部渲染

CONTENTS 目录

第 1 章 AutoCAD 轻松上手

第 2 章

室内设计施工图的绘制

第 3 章

3ds max 建模技术

第 4 章

材质与贴图

CONTENTS

第 6 章

摄影机技术

第 7 章

VRay 渲染器

第 8 章

卧室场景效果表现

CONTENTS

第 1 章

AutoCAD 轻松上手

本章概述 SUMMARY

AutoCAD 是 Autodesk 公司开发的一款辅助绘图软件，被广泛应用于建筑、机械、电子、服装、化工及室内设计等工程设计领域。它可以轻松地帮助用户实现数据设计、图形绘制等多项功能，从而极大地提高了设计人员的工作效率，并成为广大工程设计技术人员的必备工具。本章将对 AutoCAD 的基础知识进行介绍。

学习目标

- 掌握绘图与编辑工具的使用
- 掌握图层的创建与管理方法
- 掌握文字工具的使用
- 掌握标注工具的使用

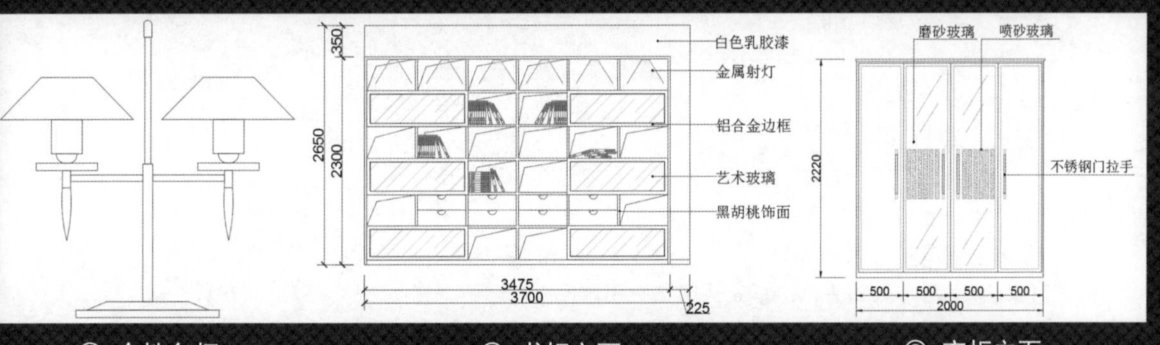

◎ 个性台灯　◎ 书柜立面　◎ 衣柜立面

1.1 常用绘图工具

任何复杂的图形都是由简单的二维图形组成，下面将向用户介绍如何利用 AutoCAD 软件来创建一些简单二维图形的相关知识，其中包括直线、矩形、多段线以及图案填充等操作命令。

1.1.1 “直线”工具

直线是各种绘图中最简单、最常用的一类图形对象。它既可以作为一条线段，也可以作为一系列相连的线段。绘制直线的方法非常简单，在绘图区内指定直线的起点和终点即可绘制一条直线。用户可以通过以下几种方式绘制直线。

- 在菜单栏中执行“绘图” | “直线”命令。
- 在“默认”选项卡的“绘图”面板中单击“直线”按钮。
- 在命令行输入 LINE 命令并按 Enter 键。

1.1.2 “矩形”工具

矩形是 AutoCAD 中最常用的几何图形，它是通过两个角点来定义的。用户可以通过以下几种方式绘制矩形。

- 在菜单栏中执行“绘图” | “矩形”命令。
- 在“默认”选项卡的“绘图”面板中单击“矩形”按钮。
- 在命令行输入 RECTANG 命令并按 Enter 键。

1.1.3 “圆”工具

圆是常用的基本图形，要创建圆图形，可以指定圆心，输入半径值，也可以任意拉取半径长度绘制。用户可以通过以下几种方式绘制圆形。

- 在菜单栏中执行“绘图” | “圆”命令。
- 在“默认”选项卡的“绘图”面板中单击“圆”按钮。
- 在命令行输入 CIRCLE 命令并按 Enter 键。

在 AutoCAD 软件中，圆的表现方式共有 6 种。

（1）圆心，半径

“圆心，半径”命令，是系统默认的创建圆的方式。该方式只需要指定圆的圆心点和圆的半径值，即可创建出圆形。

（2）圆心，直径

“圆心，直径”方式是通过指定圆的圆心和直径来创建圆。其操作方法与“圆心，半径”的操作方法是一样的，只是在这里输入的数值是直径值。

（3）两点

“两点”方式是通过指定两个点来绘制圆，它与“圆心，直径”

命令不同的是，该方式是以直径的两个端点来确定圆。

（4）三点

“三点”方式是通过指定三个点来创建圆，指定圆上第一个点，指定圆上第二个点，指定圆上第三个点，如图 1-1、图 1-2 所示。

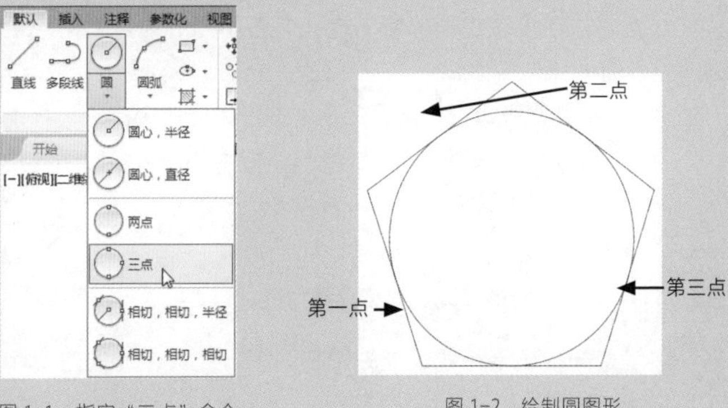

图 1-1　指定“三点”命令　　图 1-2　绘制圆图形

（5）相切，相切，半径

“相切，相切，半径”方式是通过指定与已有对象相切的两个切点，并输入圆的半径来绘制圆，如图 1-3、图 1-4 所示。

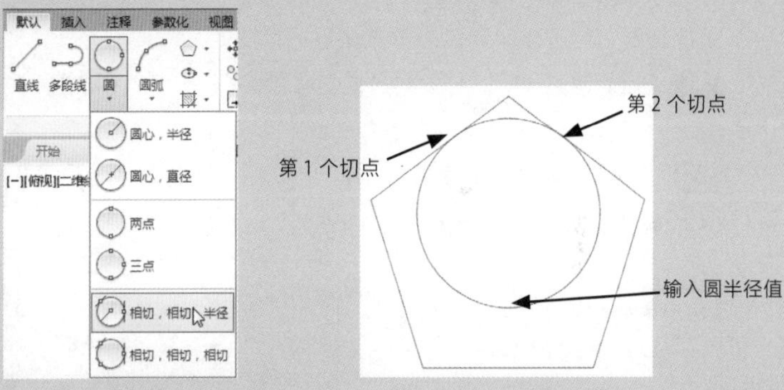

图 1-3　指定“相切，相切，半径”命令　　图 1-4　绘制圆图形

（6）相切，相切，相切

“相切，相切，相切”方式是通过指定与已经存在的图形相切的三个切点来绘制圆。先在第 1 个图形上指定第 1 个切点，其后在第 2 个、第 3 个图形上分别指定切点后，即可完成创建，如图 1-5、图 1-6 所示。

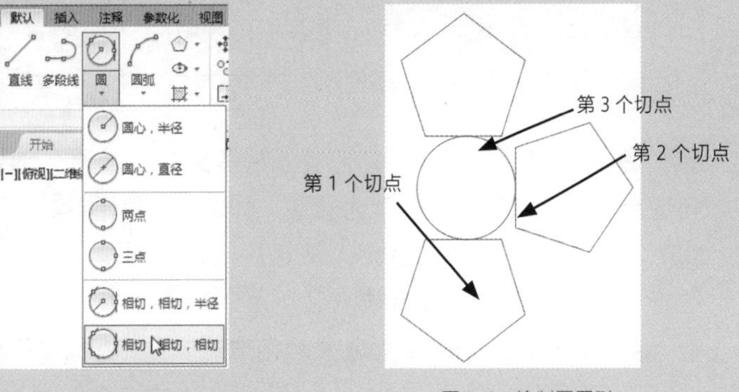

图 1-5　指定“相切，相切，相切”命令　　图 1-6　绘制圆图形

1.1.4 “多段线”工具

多段线是由相连的直线和圆弧曲线组成，可在直线和圆弧曲线之间进行自由切换。多段线可设置其宽度，也可在不同的线段中设置不同的线宽，并可设置线段的始末端点具有不同的线宽。用户可以通过以下几种方式绘制多段线。

- 在菜单栏中执行“绘图”｜“多段线”命令。
- 在“默认”选项卡的“绘图”面板中单击“多段线”按钮。
- 在命令行输入 PLINE 命令并按 Enter 键。

1.1.5 “多线”工具

多线是一种由平行线组成的图形，平行线段之间的距离和数目是可以设置的，多线用于墙线和窗户等。

1. 设置多线样式

在 AutoCAD 软件中，可以创建和保存多线的样式或应用默认样式，还可以设置多线中每个元素的偏移和颜色，并能显示或隐藏多线转折处的边线。用户可以通过以下方法进行设置。

01 执行“绘图”|“多线样式”命令，打开“多线样式”对话框，如图 1-7 所示。

02 单击“新建”按钮，打开“创建新的多线样式”对话框，从中输入新样式名，如图 1-8 所示。

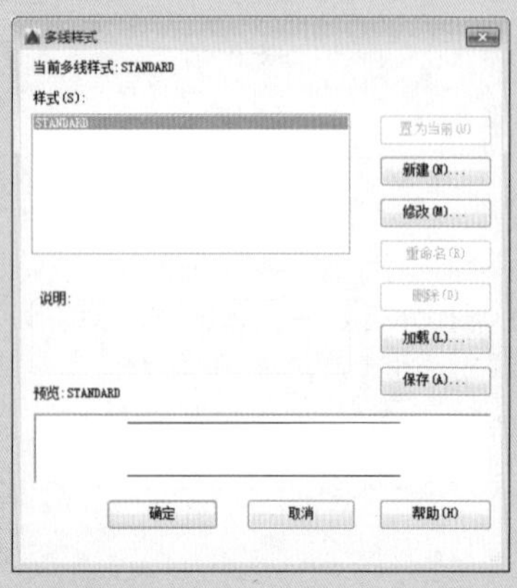

图 1-7 “多线样式”对话框

图 1-8 输入新样式名

03 单击“继续”按钮，打开“新建多线样式墙体”对话框，勾选起点和端点的封口类型为直线，如图 1-9 所示。

04 设置完毕后单击“确定”按钮关闭该对话框，返回到“多线样式”对话框，在下方预览区可看到设置后的多线样式，单击“置为当前”按钮即可完成多线样式的设置，如图 1-10 所示。

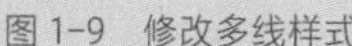

图 1-9 修改多线样式

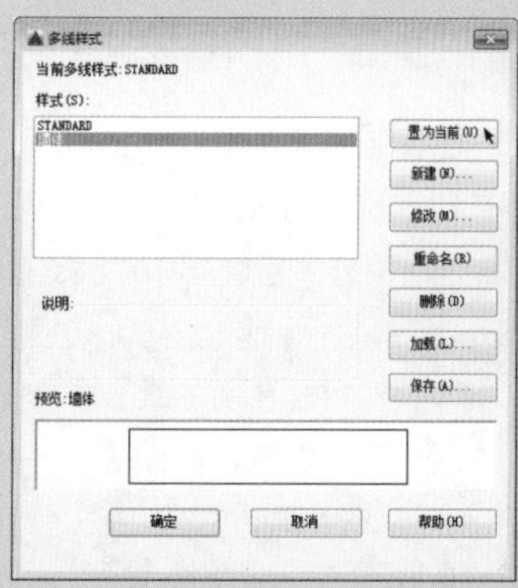

图 1-10 置为当前

2. 绘制多线

设置完多线样式后，就可以开始绘制多线。用户可以通过以下方式调用多线命令。

- 在菜单栏中执行“绘图” | “多线”命令。
- 在命令行输入 MLINE 命令并按 Enter 键。

绘制多线的命令行提示信息如下：

```
命令 : MLINE
当前设置 : 对正 = 无，比例 = 20.00，样式 = STANDARD
指定起点或 [ 对正 (J)/ 比例 (S)/ 样式 (ST)]:  j
输入对正类型 [ 上 (T)/ 无 (Z)/ 下 (B)] < 无 >:  z
当前设置 : 对正 = 无，比例 = 20.00，样式 = STANDARD
指定起点或 [ 对正 (J)/ 比例 (S)/ 样式 (ST)]:  s
输入多线比例 <20.00>:  240
当前设置 : 对正 = 无，比例 = 240.00，样式 = STANDARD
```

知识拓展

默认情况下，绘制多线的操作和绘制直线相似，弱项更改当前多线的对齐方式、显示比例及样式等属性，可以在命令行中进行选择操作。

3. 编辑多线

多线绘制完毕后，通常会需要对该多线进行修改编辑，才能达到预期的效果。在 AutoCAD 软件中，用户可以利用多线编辑工具对多线进行设置，如图 1-11 所示。在“多线编辑工具”对话框中可以编辑多线接口处的类型，用户可以通过以下方式打开该对话框。

- 双击多线。
- 执行“修改” | “对象” | “多线”命令。
- 在命令行输入 MLEDIT 命令并按 Enter 键。

图 1-11 多线编辑工具

■ 1.1.6 “图案填充”工具

图案填充是一种使用图形图案对指定的图形区域进行填充的操作。用户可以通过以下方式调用图案填充命令。

- 执行“绘图”|“图案填充”命令。
- 在“默认”选项卡的“修改”面板中单击下拉菜单按钮 修改▼，在弹出的列表中单击“编辑图案填充”按钮。
- 在命令行输入 H 命令并按 Enter 键。

在进行图案填充前，首先需要进行设置，用户既可以通过“图案填充创建”选项卡进行设置，如图 1-12 所示，又可以通过“图案填充和渐变色”对话框进行设置。

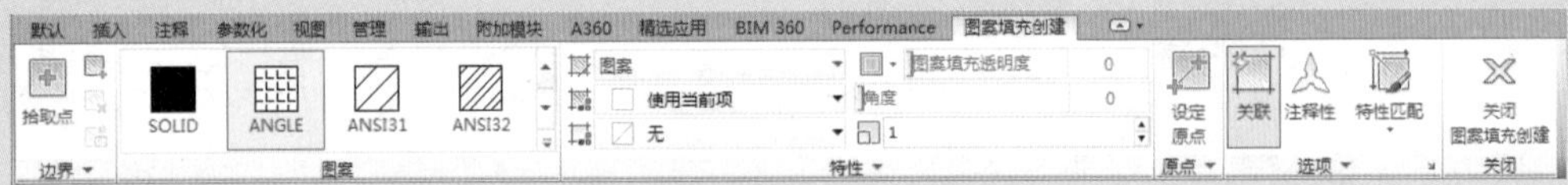

图 1-12 “图案填充创建”选项卡

用户可以使用以下方式打开“图案填充和渐变色”对话框，如图 1-13 所示。

- 执行“绘图”|“图案填充”命令。
- 打开“图案填充”选项卡，在“选项”面板中单击“图案填充设置”按钮↘。
- 在命令行输入 H 命令，按 Enter 键，再输入 T。

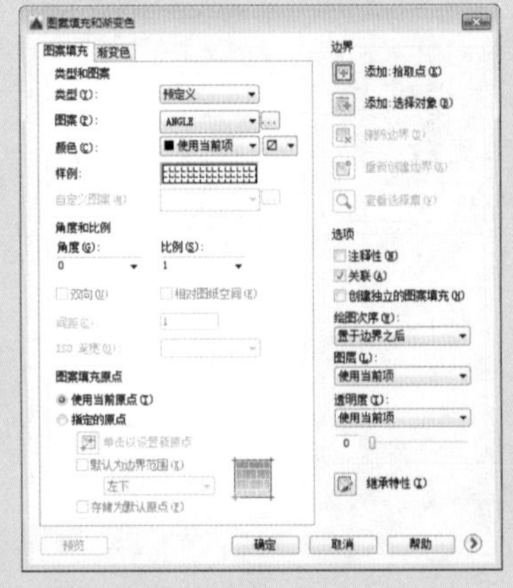

图 1-13 “图案填充和渐变色”对话框

1. 填充图案

单击“图案”下拉列表，即可选择图案名称，如图 1-14 所示。用户也可以单击“图案”右侧的按钮[...]，在“填充图案选项板”对话框中预览填充图案，如图 1-15 所示。

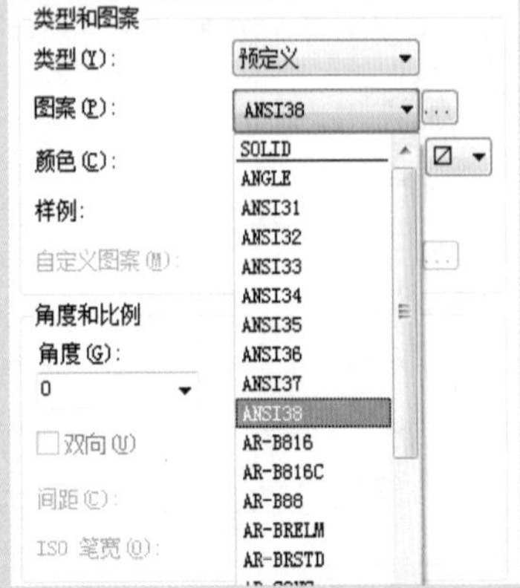

图 1-14 选择名称

图 1-15 预览图案

2. 颜色

在“类型和图案”选项组的“颜色”下拉列表中指定颜色，如图 1-16 所示。若列表中并没有需要的颜色，可以单击“选择颜色”选项，打开“选择颜色”对话框，选择颜色，如图 1-17 所示。

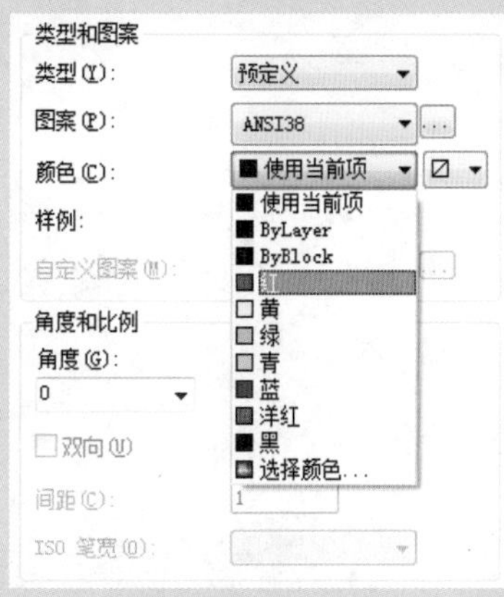

图 1-16　设置颜色

图 1-17　“选择颜色”对话框

3. 角度和比例

角度和比例用于设置图案的角度和比例，该选项组可以通过两个方面进行设置。

（1）设置角度和比例

当图案类型为预定义选项时，角度和比例呈激活状态，“角度”是指填充图案的角度，“比例”是指填充图案的比例。在选项框中输入相应的数值，就可以设置线型的角度和比例。如图 1-18、图 1-19 所示为填充 ANSI37 图案设置不同的角度和比例后的效果。

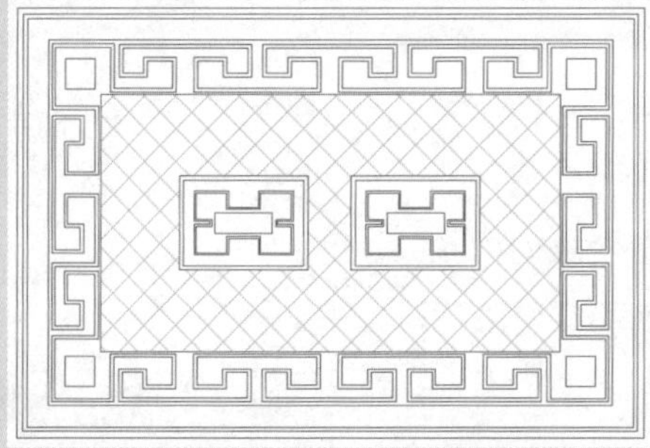

图 1-18　比例为 1、角度为 0

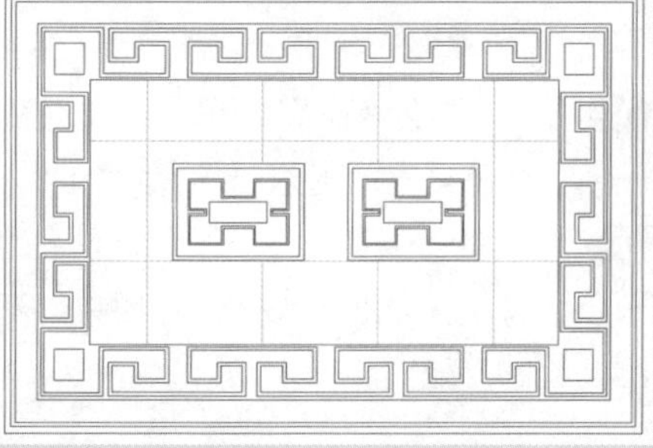

图 1-19　比例为 5、角度为 45

（2）设置角度和间距

当图案类型为“用户定义”选项时，“角度”和“间距”列表框属于激活状态，用户可以设置角度和间距，如图 1-20 所示。

当勾选“双向”复选框时，平行的填充图案就会更改为互相垂直的两组平行线填充图案。图 1-21、图 1-22 所示为勾选双向后的前后效果。

图 1-20　角度和间距

图 1-21　间距 100

图 1-22　间距 100 并勾选“双向”

小试身手——绘制茶几平面图

下面将通过“矩形”和“图案填充”命令，绘制茶几平面图，具体操作介绍如下。

01 执行“矩形”命令，绘制长为 1200mm、宽为 600mm 的矩形图形，如图 1-23 所示。

02 执行“偏移”命令，将矩形图形分别向内偏移 80mm、40mm，如图 1-24 所示。

图 1-23　绘制矩形图形

图 1-24　偏移图形

03 执行“图案填充”命令，设置样例名为 AR-CONC，比例为 0.5，颜色为蓝色，对图形进行填充，如图 1-25 所示。

04 继续执行当前命令，设置样例名为 AR-RROOF，比例为 5，颜色为青，角度为 45，对茶几平面图进行填充，完成茶几平面图的绘制，如图 1-26 所示。

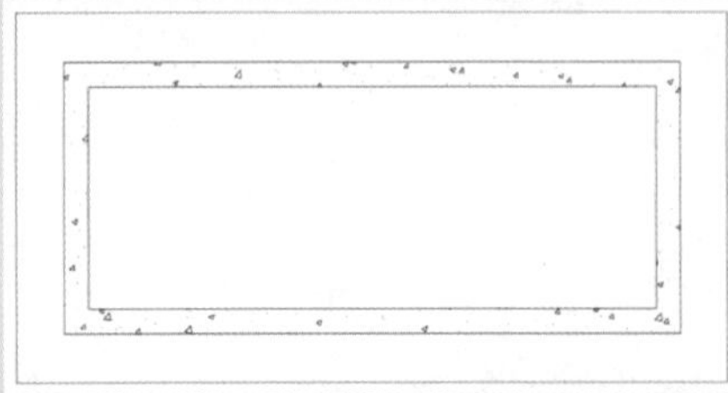

图 1-25　填充图案

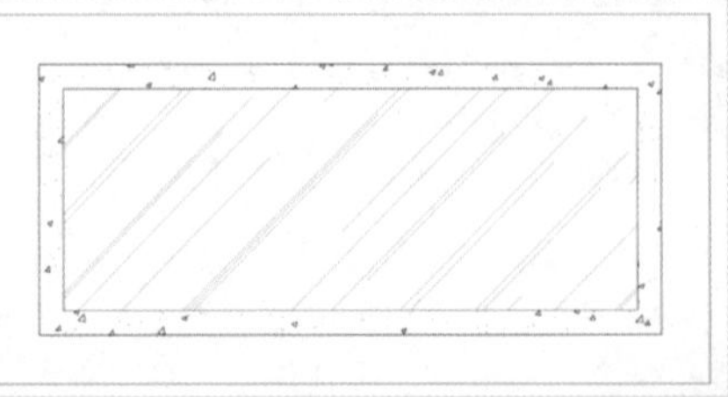

图 1-26　完成茶几平面图的绘制

1.2 常用修改工具

二维图形绘制完成后，还需要对其进行修改，特别是对于复杂的二维图形，可以通过各种编辑命令来进行操作，下面将向用户介绍常用修改工具。

1.2.1 “移动”工具

移动图形对象是指在不改变对象的方向和大小的情况下，从当前位置移动到新的位置。用户可以通过以下几种方式移动图形对象。

- 在菜单栏中执行“修改”|“移动”命令。
- 在“默认”选项卡的“修改”面板中单击“移动”按钮✣。
- 在命令行输入 MOVE 命令并按 Enter 键。

执行“修改”|“移动”命令，在绘图区中选择所要移动的图形对象，然后指定一个点为移动对象的基准点，即可完成操作，如图 1-27、图 1-28 所示。

知识拓展

通过选择并移动夹点，可以将对象拉伸或移动到新的位置。因为对于某些夹点，移动时只能移动对象而不能拉伸，如文字、块、直线中点、圆心、椭圆中心点、圆弧圆心和点对象上的夹点。

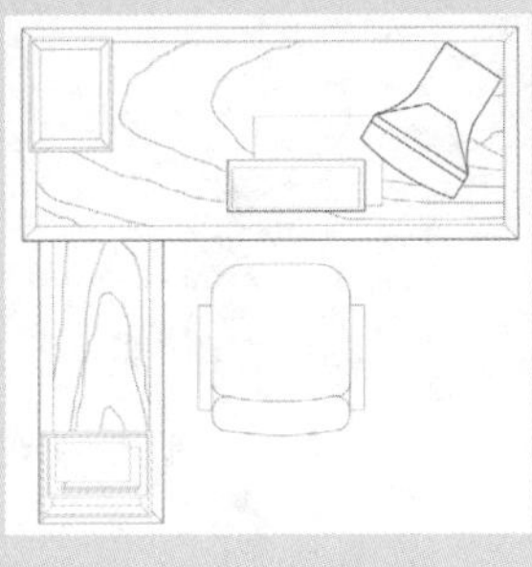

图 1-27 移动前效果

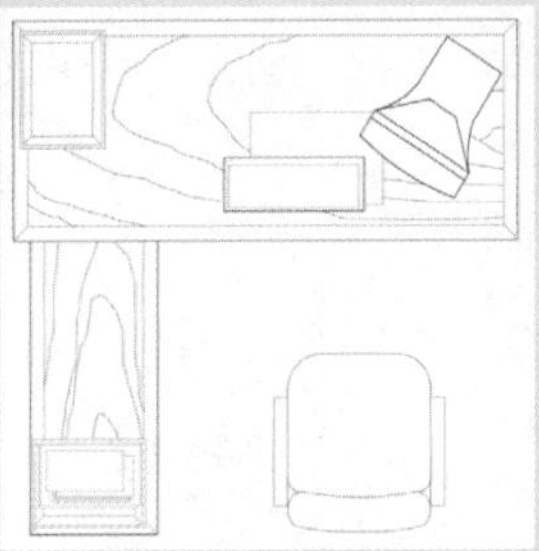

图 1-28 移动后效果

1.2.2 “旋转”工具

旋转图形是将选择的图形按照指定的点进行旋转，还可进行多次旋转复制。用户可以通过以下几种方式旋转图形对象。

- 在菜单栏中执行“修改”|“旋转”命令。
- 在“默认”选项卡的“修改”面板中单击“旋转”按钮○。
- 在命令行输入 ROTATE 命令并按 Enter 键。

执行“修改”|“旋转”命令，在绘图区中选择要旋转的图形对象，其后指定好旋转基点，在命令行中输入所需旋转的角度，即可完成旋转操作，如图 1-29、图 1-30 所示。

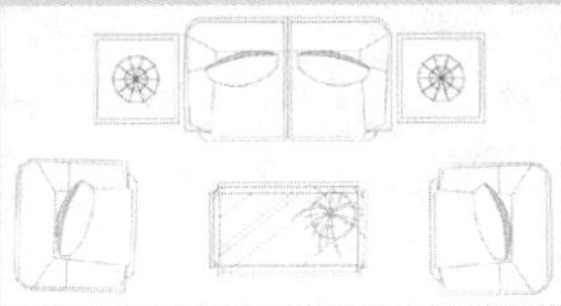

图 1-29 旋转前效果

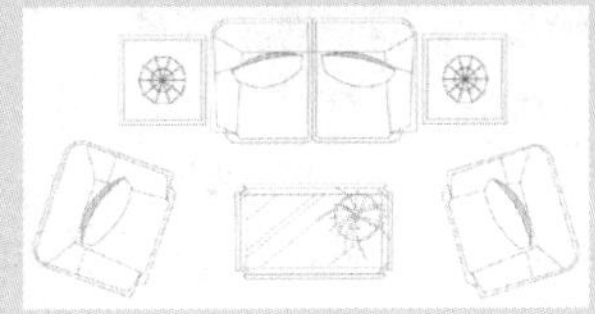

图 1-30 旋转后效果

1.2.3 “复制”工具

复制图形是将原对象保留，移动原对象的副本图形，复制后的对象将继承原对象的属性。用户可以通过以下几种方式复制图形对象。

- 在菜单栏中执行“修改”|“复制”命令。
- 在“默认”选项卡的“修改”面板中单击“复制”按钮。
- 在命令行输入 COPY 命令并按 Enter 键。

执行“修改”|“复制”命令，在绘图区中，选择所要复制的图形对象，按 Enter 键确定，指定基点并移动鼠标指定新的目标位置，即可完成图形的复制，如图 1-31、图 1-32 所示。

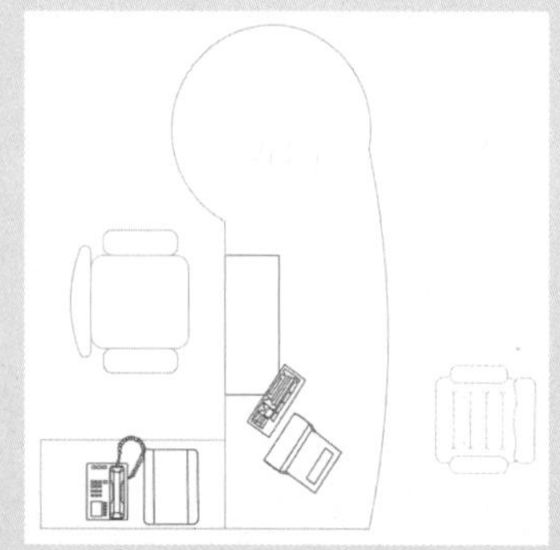

图 1-31 复制前效果

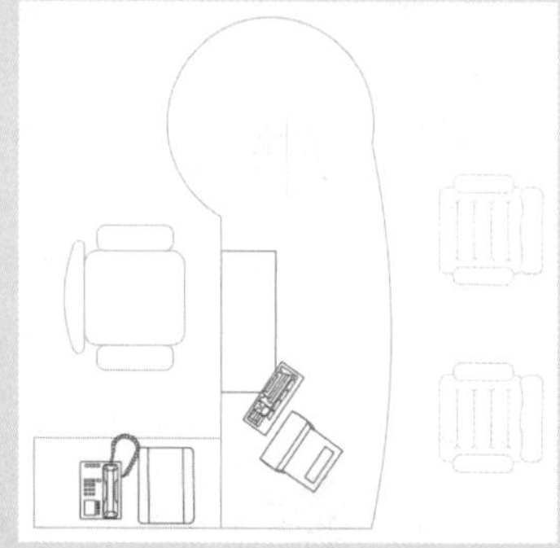

图 1-32 复制后效果

1.2.4 “镜像”工具

镜像对象是将选择的图形以两个点为镜像中心进行对称复制，镜像命令在 AutoCAD 中属于常用命令，并在很大程度上减少了重复操作的时间。用户可以通过以下几种方式镜像图形。

- 在菜单栏中执行“修改”|“镜像”命令。
- 在“默认”选项卡的“修改”面板中单击“镜像”按钮。
- 在命令行输入 MIRROR 命令并按 Enter 键。

1.2.5 “缩放”工具

缩放图形是将选择的对象按照一定的比例来进行放大或缩小。用户可以通过以下几种方式缩放图形对象。

- 在菜单栏中执行“修改”|“缩放”命令。
- 在“默认”选项卡的“修改”面板中单击“缩放”按钮。
- 在命令行输入 STRETCH 命令并按 Enter 键。

执行“修改”|“缩放”命令，根据命令行提示，选择所要缩放的图形，然后在命令行输入比例因子，即可将该图形进行缩放操作，如图 1-33、图 1-34 所示。

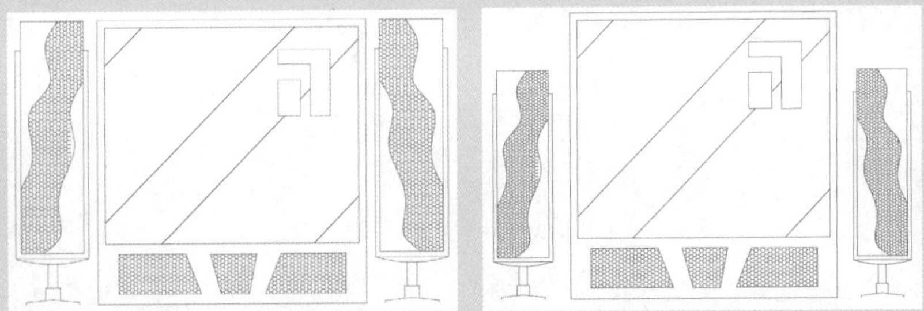

图 1-33　缩放前效果　　　　图 1-34　缩放后效果

1.2.6　“阵列”工具

“阵列”是一种有规则的复制命令，当用户需要绘制一些有规则分布的图形时，就可以使用该命令来解决。用户可以通过以下几种方式对图形进行阵列操作。

- 在菜单栏中执行“修改” | “阵列”命令。
- 在“默认”选项卡的“修改”面板中单击“阵列”按钮阵列。
- 在命令行输入 ARRAY 命令并按 Enter 键。

1. 矩形阵列

矩形阵列是通过设置行数、列数、行偏移和列偏移来对选择的对象进行复制。执行“修改” | “阵列” | “矩形阵列”命令，根据命令行提示，选择要阵列的对象，然后按 Enter 键，设置相关参数，如图 1-35、图 1-36 所示。

图 1-35　矩形阵列前效果

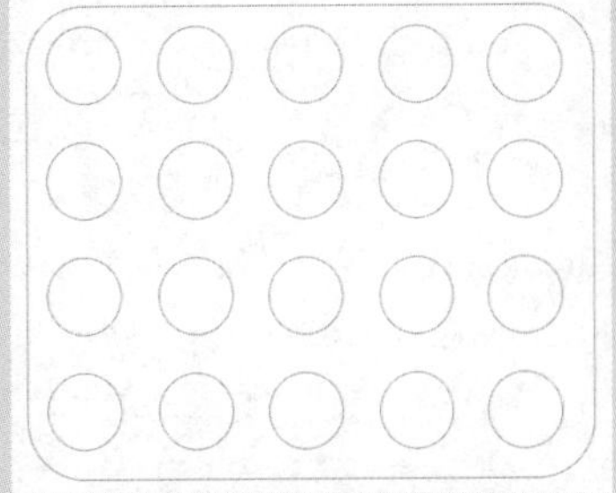

图 1-36　矩形阵列后效果

2. 环形阵列

环形阵列是指阵列后的图形呈环形。使用环形阵列时也需要设定有关参数，其中包括中心点、方法、项目总数和填充角度。与矩形阵列相比，环形阵列创建出的阵列效果更灵活，执行“修改” | “阵列” | “环形阵列”命令，根据命令行提示，选择阵列对象，指定环形阵列中心点，并设置项目数和填充角度，如图 1-37、图 1-38 所示。

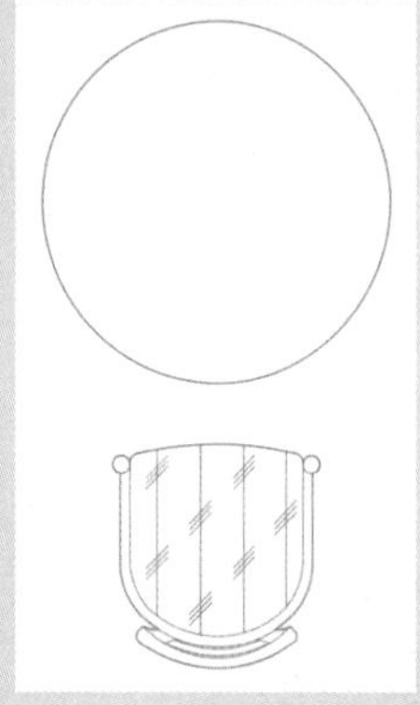

图 1-37 环形阵列前效果

图 1-38 环形阵列后效果

3. 路径阵列

路径阵列是图形根据指定的路径进行阵列，路径可以是曲线、弧线、折线等线段。执行路径阵列后，命令行会显示关于路径阵列的相关选项，如图 1-39、图 1-40 所示。

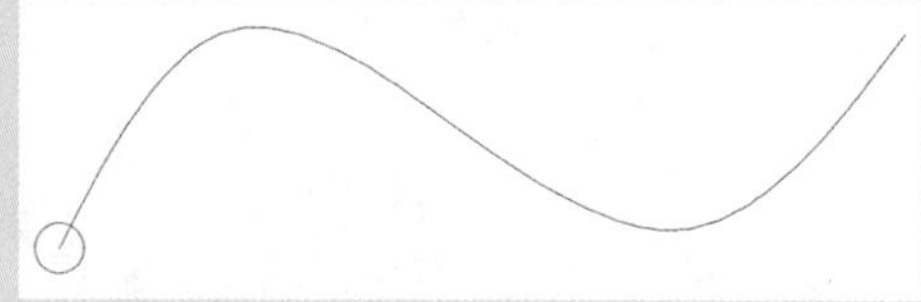

图 1-39 路径阵列前效果

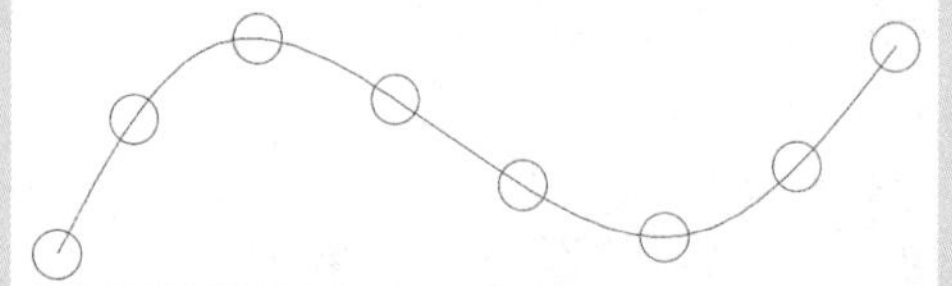

图 1-40 路径阵列后效果

1.2.7 “偏移”工具

偏移图形是指创建一个与选定对象相同的新对象，并将偏移的对象放置在离原对象一定距离的位置上，同时保留原对象。偏移的对象可以为直线、圆弧、圆、椭圆、椭圆弧、二维多段线、构造线、射线和样条曲线组成的对象。用户可以通过以下几种方式偏移图形。

- 在菜单栏中执行“修改” | “偏移”命令。
- 在“默认”选项卡的“修改”面板中单击“偏移”按钮。
- 在命令行输入 OFFSET 命令并按 Enter 键。

执行“修改” | “偏移”命令，根据命令行提示，设置偏移距离，并选择偏移对象，即可将图形进行偏移操作，如图 1-41、图 1-42 所示。

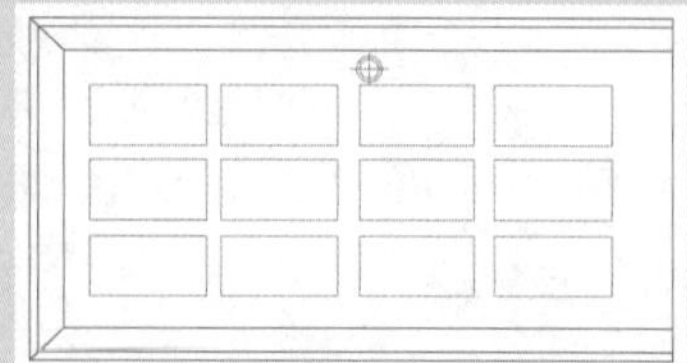

图 1-41 偏移前效果

图 1-42 偏移后效果

1.2.8　“修剪”工具

修剪图形是将线段按照一条参考线的边界进行终止，修剪的对象可以是直线、多段线、样条曲线、二维曲线等。修剪命令是编辑线段最常用的方式之一。用户可以通过以下几种方式修剪图形对象。

- 在菜单栏中执行“修改”｜“修剪”命令。
- 在“默认”选项卡的“修改”面板中单击“修剪”按钮⁄--。
- 在命令行输入 TRIM 命令并按 Enter 键。

执行“修改”｜“修剪”命令，在绘图区中，选择边界对象后，按 Enter 键，然后选择所要修剪的图形，单击鼠标左键即可完成图形的修剪操作，如图 1-43、图 1-44 所示。

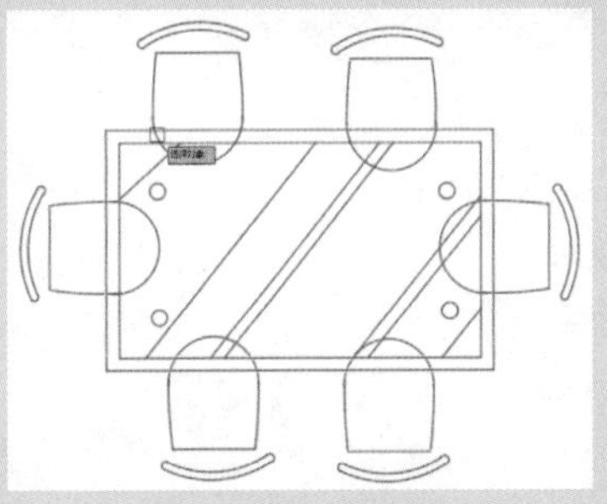

图 1-43　修剪前效果

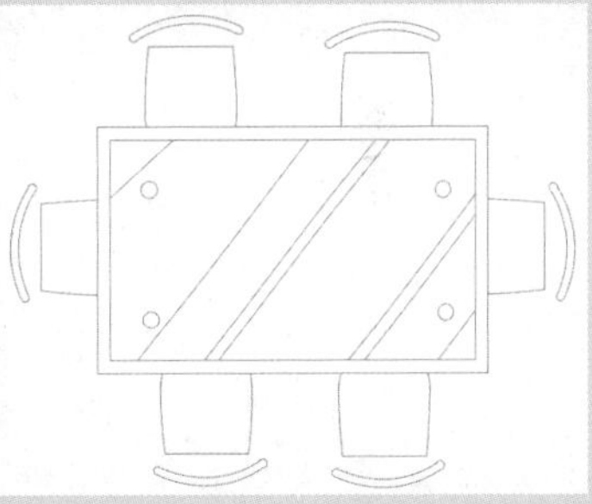

图 1-44　修剪后效果

1.2.9　“倒角”和“圆角”工具

“倒角”命令和“圆角”命令在 CAD 制图中经常被用到。而它们主要是用来修饰图形。倒角是将相邻的两条直角边进行倒直角操作；而圆角则是通过指定的半径圆弧来进行圆角操作。用户需根据制图要求选择相关命令。

1. 倒角

用户可以通过以下几种方式对图形进行倒角操作。

- 在菜单栏中执行“修改”｜“倒角”命令。
- 在“默认”选项卡的“修改”面板中单击“倒角”按钮◿。
- 在命令行输入 CHAMFER 命令并按 Enter 键。

执行“修改”｜“倒角”命令，根据命令行提示，选择“距离（D）”选项，输入第一条直线的倒角距离，然后再输入第二条直线的倒角值，最后选择两条所需倒角的直线，即可完成倒角操作。

小试身手——绘制台灯图形

下面将通过倒角命令，绘制台灯图形，具体操作介绍如下。

01 执行“矩形”命令，绘制长为40mm、宽为80mm，长为30mm、宽为600mm，长为50mm、宽为650mm，长为600mm、宽为40mm，长为700mm、宽为850mm的矩形图形，并放在图中合适位置，如图1-45所示。

02 执行“圆角”命令，设置圆角半径为20mm，对长为40mm，宽为80mm的矩形图形进行圆角操作，如图1-46所示。

03 执行“倒角”命令，设置第一个倒角距离为40，第二个倒角距离为100，对矩形图形进行倒角操作，如图1-47所示。

图1-45　绘制矩形图形　　图1-46　圆角图形　　图1-47　倒角矩形图形

04 执行“矩形”命令，绘制长为350mm、宽为30mm的矩形图形，并放在图中合适位置，如图1-48所示。

05 执行“矩形”命令，绘制长为650mm、宽为200mm，长为150mm、宽为160mm，长为100mm、宽为45mm，长为300mm、宽为35mm，长为40mm、宽为80mm，长为40mm、宽为250mm的矩形图形，并放在图中合适位置，如图1-49所示。

06 执行“倒角”命令，设置第一个和第二个倒角距离为200，对矩形图形进行倒角操作，如图1-50所示。

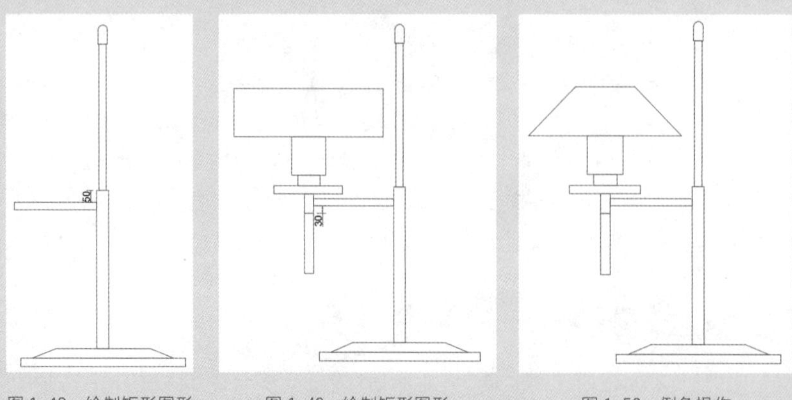

图1-48　绘制矩形图形　　图1-49　绘制矩形图形　　图1-50　倒角操作

07 执行“圆角”命令，设置圆角半径为 45mm，对矩形图形进行圆角操作，如图 1-51 所示。

08 执行“弧线”命令，绘制弧线，并删除多余的线段，如图 1-52 所示。

09 执行“镜像”命令，镜像复制图形，完成台灯图形的绘制，如图 1-53 所示。

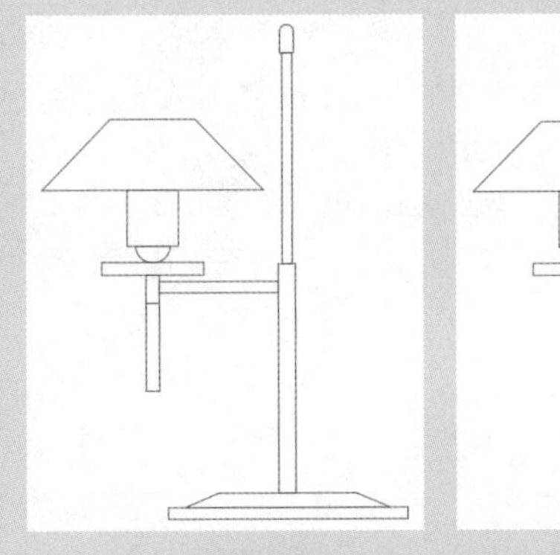

图 1-51　圆角操作

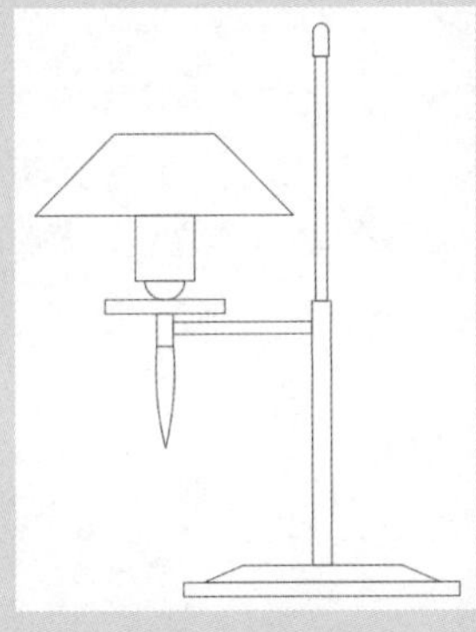

图 1-52　绘制弧线

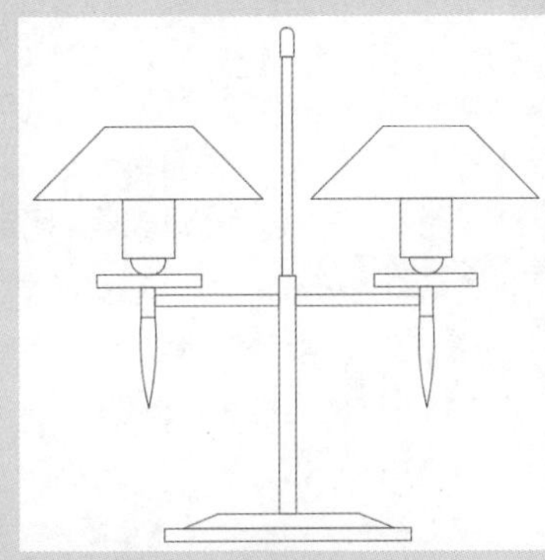

图 1-53　完成台灯图形的绘制

2. 圆角

用户可以通过以下几种方式对图形进行圆角操作。

- 在菜单栏中执行“修改” | “圆角”命令。
- 在“默认”选项卡的“修改”面板中单击“圆角”按钮。
- 在命令行输入 FILLET 命令并按 Enter 键。

执行“修改” | “圆角”命令，根据命令行提示，选择“半径（R）”选项，并输入半径数值，其后选择所需圆角边线，即可完成圆角操作，如图 1-54、图 1-55 所示。

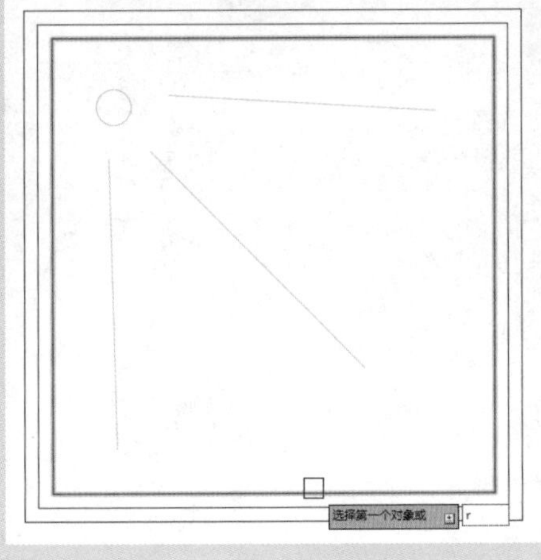

图 1-54　圆角前效果

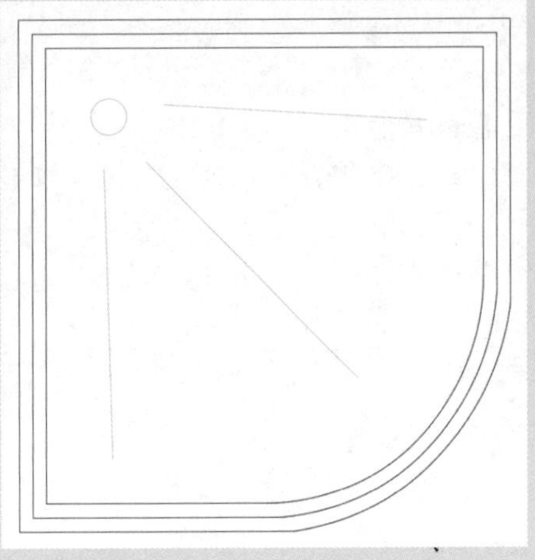

图 1-55　圆角后效果

1.3 图层的创建与管理

图层是用来控制对象线型、线宽等属性的工具。该命令常被运用在一些复杂的图纸中。合理地使用图层命令，可有效地提高绘图效率，下面将介绍图层的创建与管理。

> **知识拓展**
>
> 图层名称不能包含通配符(*和?)和空格，也不能与其他图层重名。

1.3.1 新建图层

在绘制图形时，可根据需要创建图层，以将不同的图形对象放置在不同的图层上，从而有效地管理图层。默认情况下，新建文件只包含一个图层 0，用户可以按照以下方法打开“图层特性管理器”面板，从中创建更多的图层。

- 在“功能区”选项卡中单击“图层特性”按钮。
- 执行“格式”|“图层”命令。
- 在命令行输入 LAYER 命令并按 Enter 键。

在图层特性管理器中单击“新建图层”按钮，即可创建新图层，系统默认命名为“图层 1”，如图 1-56 所示。

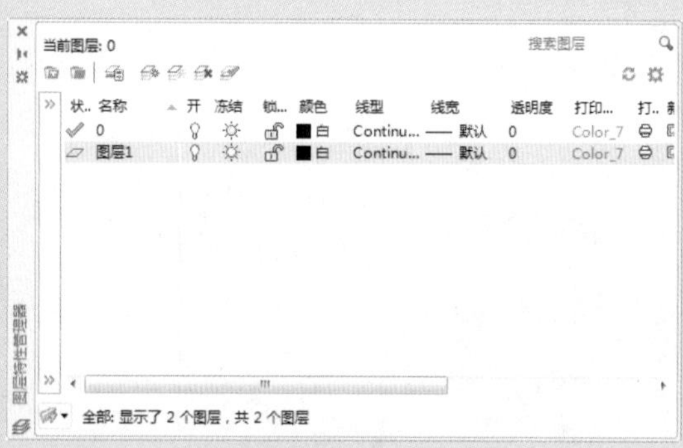

图 1-56　新建图层

1.3.2 置为当前

在新建文件后，系统会在“图层特性管理器”面板中将图层 0 设置为默认图层，若用户需要使用其他图层，就需要将其置为当前图层。

用户可以通过以下方式将图层置为当前。

- 双击图层名称，当图层状态显示箭头时，则置为当前图层。
- 单击图层，在对话框的上方单击“置为当前”按钮。
- 选择图层，单击鼠标右键，在弹出的快捷菜单中选择置为当前菜单。
- 在“图层”面板中单击下拉按钮，然后单击图层名。

1.3.3 图层的打开与关闭

在 AutoCAD 中编辑图形时，由于图层比较多，一一选择也要浪费一些时间，这种情况下，用户可以隐藏不需要的部分，从而显示需要使用的图层。

执行“格式”|“图层”命令，打开“图层特性管理器”面板，

单击所需图层中的“开”图标，即可打开或关闭该图层，如图 1-57、图 1-58 所示。

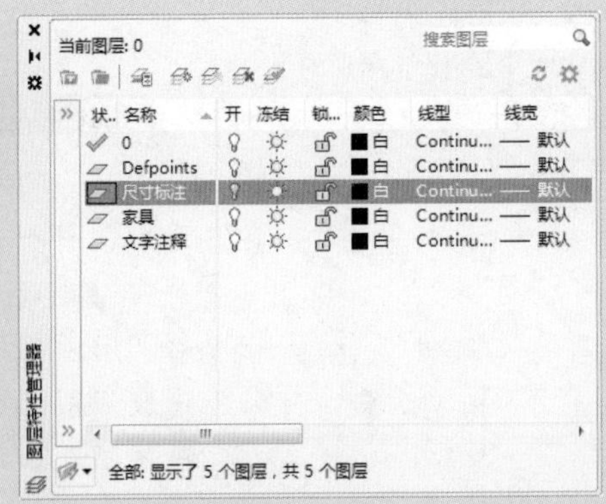

图 1-57　关闭图层

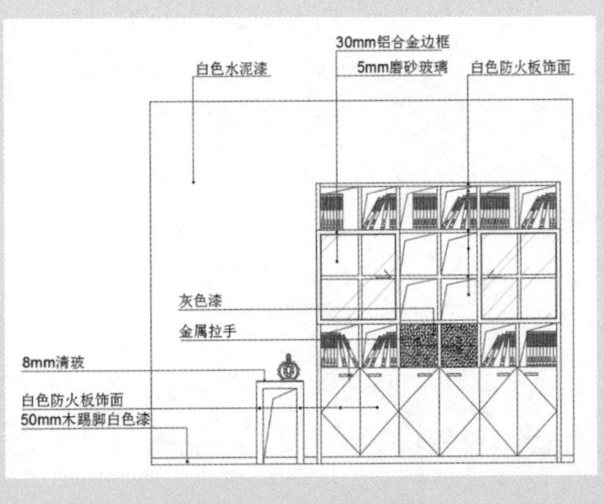

图 1-58　关闭图层效果

除以上方法外，还可通过直接在“图层”功能选项板中，单击“图层”下拉按钮，并在其图层列表中，选择相关图层，进行关闭或打开操作，如图 1-59、图 1-60 所示。

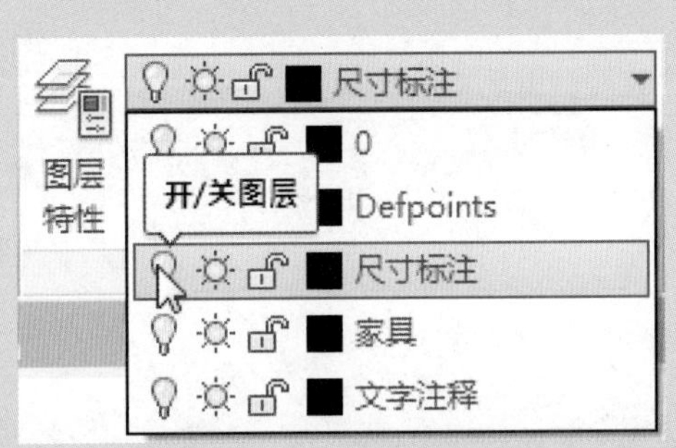

图 1-59　打开图层

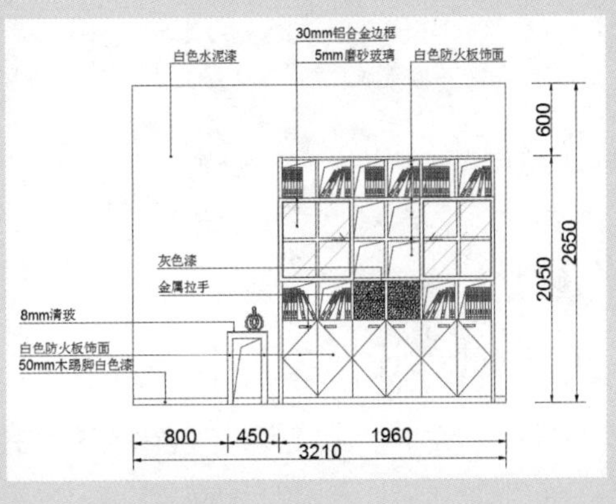

图 1-60　打开图层效果

绘图技巧

若想将当前图层进行关闭，则同样可执行以上操作，只是在操作过程中，系统会打开提示对话框，询问是否确定关闭当前图层，用户只需选择“关闭当前图层”选项即可。但需注意一点，当前图层被关闭后，若要在该图层中绘制图形，其结果将不显示，如图 1-61 所示。

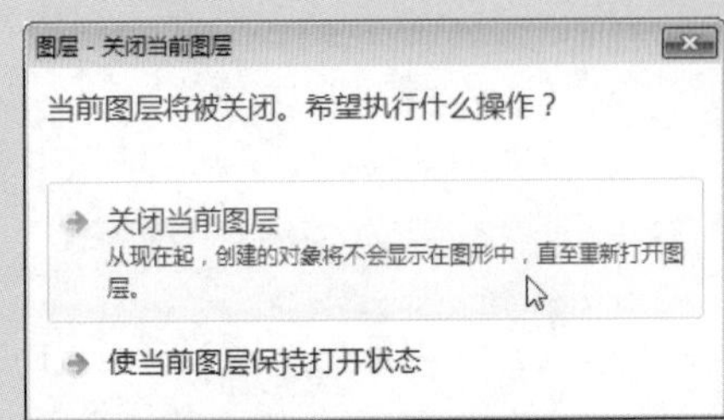

图 1-61　关闭当前图层

1.3.4　图层匹配

图层匹配是更改选定对象所在的图层，使其匹配目标图层。图层匹配就相当于一把格式刷可以将目标图层的特性进行继承，在进行图层匹配时先选择要进行匹配的对象，然后再选择要继承的对象，程序自动将匹配的图层继承目标图层的特性。

执行“格式”|“图层工具”|“图层匹配”命令，根据命令行提示，选择所需匹配的图形对象，然后按 Enter 键，选择目标图层上的图形对象，即可完成图层匹配操作，如图 1-62、图 1-63 所示。

图 1-62　选择原图层

图 1-63　匹配效果

知识拓展

图层的特性将会随图形文件一起被保存，将图层进行移动或复制后，图层的特性也不会消失，图层特性会永久被保留。但是将图层进行合并、删除后，原图层的特性将会发生改变。将图层移动或复制到一个新的图形文件后，图层的特性仍然会被保留。

1.4　文字的应用

文字在图纸中是不可缺少的一部分。在一个完整的图纸中，通常需要靠一些文字注释来说明一些非图形信息。例如，填充材质的性质、设计图纸的设计人员、图纸比例等。下面将介绍文字的设置与应用。

1.4.1　设置文字样式

在进行文字标注之前需要设置文字的样式。文字样式包括字体的选择、字体大小、字体效果、宽度因子、倾斜角度等，皆可在“文字样式”对话框中进行设置。用户可以通过以下几种方式打开“文字样式”对话框。

- 在菜单栏中执行“格式”|“文字样式”命令。
- 在“默认”选项卡的“注释”面板中单击“文字样式”按钮。
- 在命令行输入 STYLE 命令并按 Enter 键。

执行“格式”|“文字样式”命令，打开“文字样式”对话框，在该对话框中，用户可以设置标注文字的字体、高度、倾斜角度等参数，如图 1-64 所示。

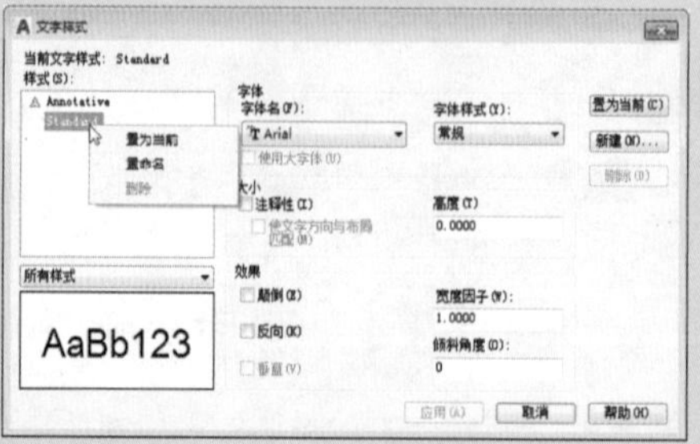

图 1-64　“文字样式”对话框

下面将对“文字样式”对话框中的选项进行介绍。

- 样式：显示已有的文字样式。单击“所有样式”列表框右侧的三角符号，在弹出的列表中可以设置“样式”列表框是显示所有样式还是正在使用的样式。
- 字体：包含“字体名”和“字体样式”选项。“字体名”用于设置文字注释的字体。“字体样式”用于设置字体格式，例如斜体、粗体或者常规字体。
- 大小：包含“注释性”“使文字方向与布局匹配”和“高度”选项，其中注释性用于指定文字为注释性，高度用于设置字体的高度。
- 效果：修改字体的特性，如高度、宽度因子、倾斜角度以及是否颠倒显示。
- 置为当前：将选定的样式置为当前。
- 新建：创建新的样式。
- 删除：单击“样式”列表框中的样式名，会激活“删除”按钮，单击该按钮即可删除样式。

1.4.2 创建与编辑文字

1. 创建与编辑单行文字

“单行文字”命令可创建一行或多行文字注释，按 Enter 键，即可换行输入。但每行文字都是独立的对象。用户可以通过以下几种方式创建单行文字。

- 在菜单栏中执行“绘图”|“文字”|“单行文字”命令。
- 在“默认”选项卡的“注释”面板中单击“单行文字”按钮A。
- 在命令行输入 TEXT 命令并按 Enter 键。

执行“绘图”|“文字”|“单行文字”命令，在绘图区中，指定文字的起点、文字高度和旋转角度，即可输入文字，如图 1-65 所示。

输入好单行文字后，可对输入好的文字进行编辑。例如修改文字的内容、对正方式以及缩放比例。用户只需双击所需修改的文字，进入可编辑状态后，即可更改当前文字的内容，如图 1-66 所示。

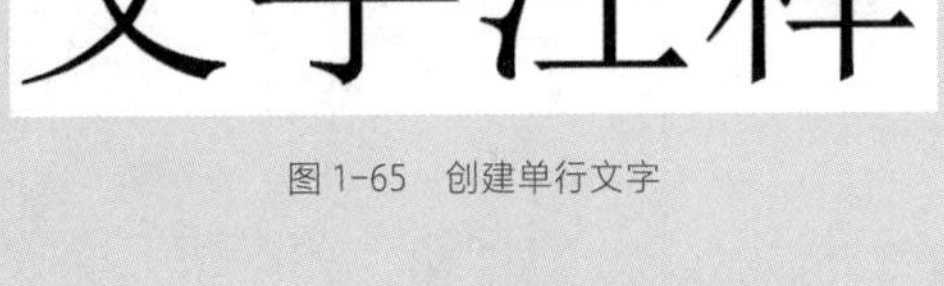

文字注释

图 1-65　创建单行文字

文字注释

图 1-66　文字编辑状态

2. 创建与编辑多行文字

“多行文字”命令包含一个或多个文字段落，可作为单一对象处理。在输入文字之前需要先指定文字边框的对角点，文字边框用于定义多行文字对象中段落的宽度。多行文字对象的长度取决于文字量，而不是边框的长度。用户可以通过以下几种方式创建多行文字。

- 在菜单栏中执行“绘图”|“文字”|“多行文字”命令。
- 在“默认”选项卡的“注释”面板中单击“多行文字”按钮A。
- 在命令行输入 TEXT 命令并按 Enter 键。

执行“绘图”|“文字”|“多行文字”命令，根据命令行提示，在绘图区中指定对角点，即可输入文字内容，如图 1-67、图 1-68 所示。

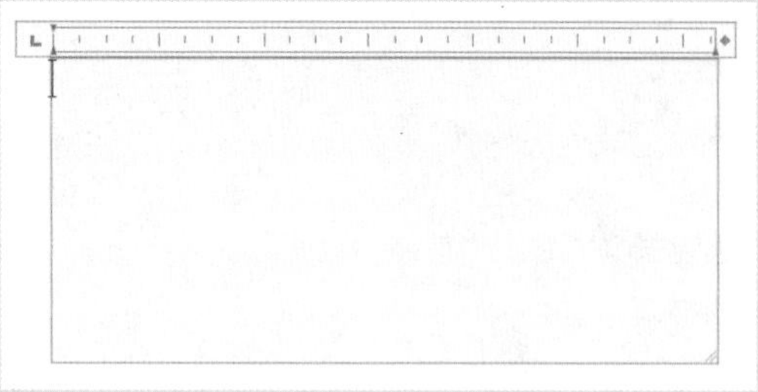

图 1-67　指定对角点

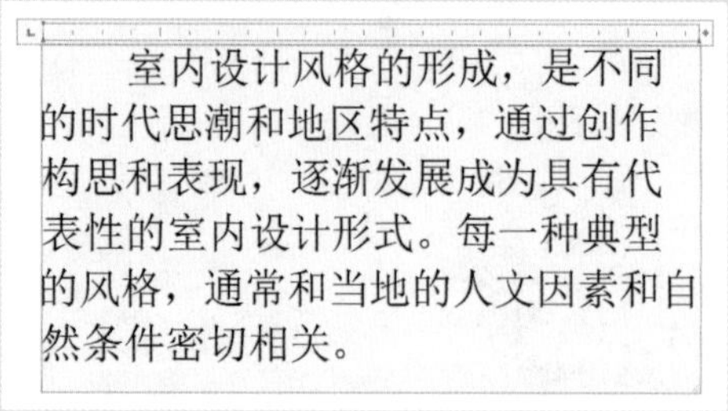

室内设计风格的形成，是不同的时代思潮和地区特点，通过创作构思和表现，逐渐发展成为具有代表性的室内设计形式。每一种典型的风格，通常和当地的人文因素和自然条件密切相关。

图 1-68　输入文字内容

输入多行文字后，用户可对当前文字进行修改编辑。选择所要修改的文字，在“文字编辑器”选项卡中，根据需要选择相关命令进行操作即可。

“文字编辑器”选项卡是由“样式”“格式”“段落”“插入”“拼写检查”“工具”“选项”及“关闭”面板组成，如图 1-69 所示。

文字编辑器
AaBb123
AaBb123
Annotative
Standard
注释性
遮罩
样式
匹配
Arial
ByLayer
格式
项目符号和编号
行距
对正
段落
列
符号
字段
插入
拼写检查
编辑词典
拼写检查
查找和替换
工具
更多
标尺
选项
关闭文字编辑器
关闭

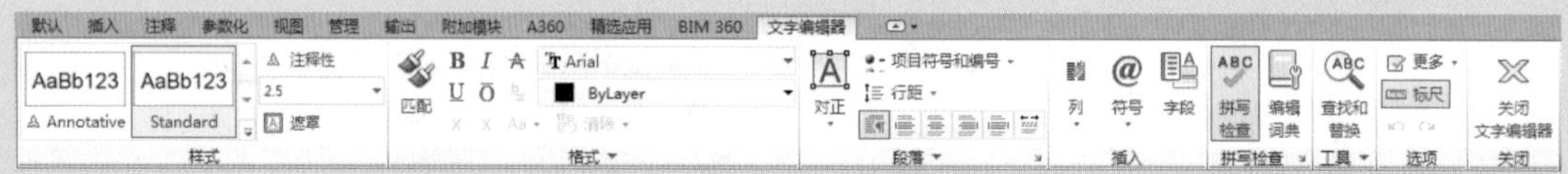

图 1-69　“文字编辑器”选项卡

在“样式”面板中，单击“遮罩”按钮，在打开的“背景遮罩”对话框中，勾选“使用背景遮罩”复选框，设置“边界偏移因子”后，再设置一种填充颜色，单击“确定”按钮，如图 1-70 所示。在绘图区中可以发现文本框的背景颜色已经被更改，如图 1-71 所示。

背景遮罩
使用背景遮罩(M)
确定
边界偏移因子(F):
取消
1.5000
填充颜色(C)
使用图形背景颜色(B)
颜色 8

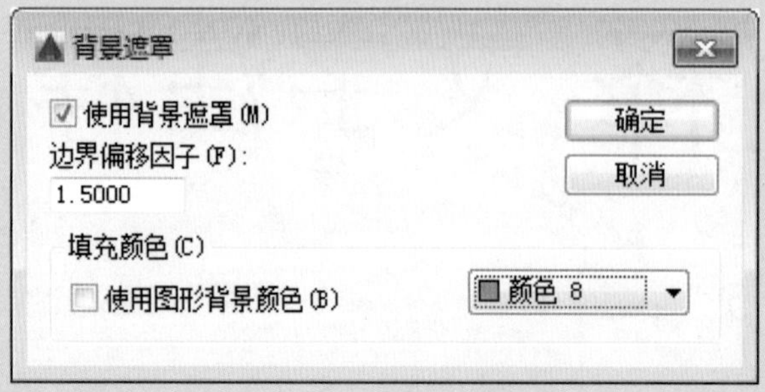

图 1-70　“背景遮罩”对话框

室内设计风格的形成，是不同的时代思潮和地区特点，通过创作构思和表现，逐渐发展成为具有代表性的室内设计形式。每一种典型的风格，通常和当地的人文因素和自然条件密切相关。

图 1-71　更改背景颜色

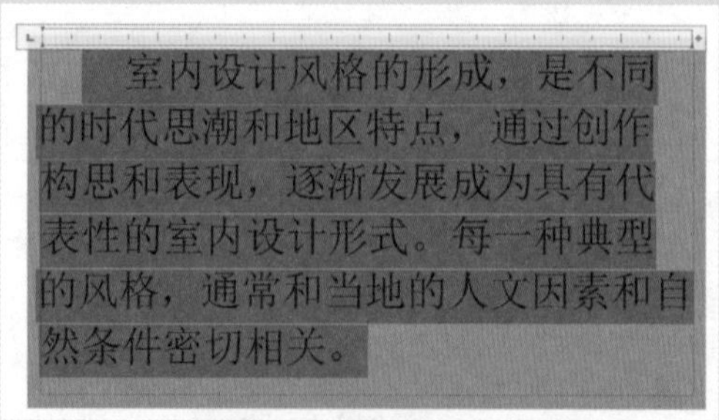

1.5 常用标注工具

图形绘制完成后往往会添加尺寸标注以准确地反映物体的形状、大小和相互关系，下面将向用户介绍常用尺寸标注的操作方法。

1.5.1 线性标注

线性标注主要是用于标注水平方向和垂直方向的尺寸。用户可以通过以下几种方式进行线性标注。

- 在菜单栏中执行“标注”｜“线性”命令。
- 在“默认”选项卡的“注释”面板中单击“线性”按钮。
- 在“注释”选项卡的“标注”面板中单击“线性”按钮。
- 在命令行输入 DIMLINEAR 命令并按 Enter 键。

执行“标注”｜“线性”命令，然后在绘图区中分别指定要进行标注的第一个点和第二个点，再指定尺寸线的位置，即可创建出线性标注，如图 1-72、图 1-73 所示。

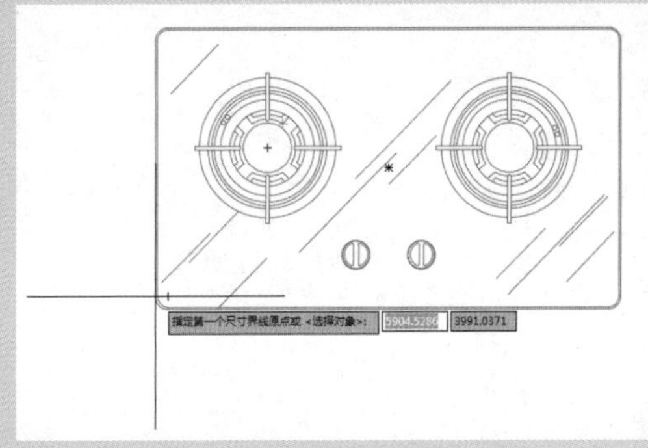

图 1-72 指定第一个尺寸界线原点

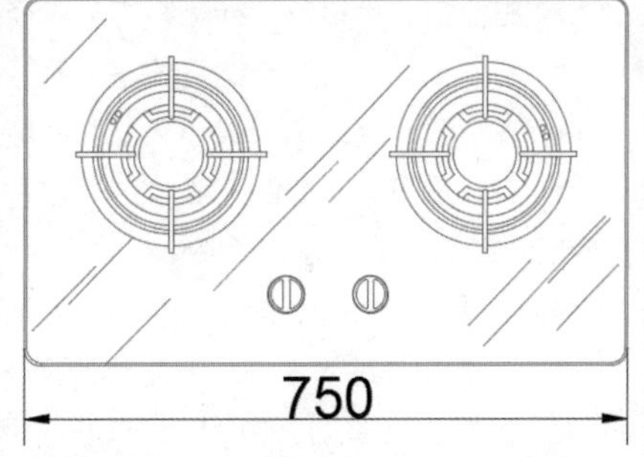

图 1-73 线性标注

1.5.2 对齐标注

当标注一段带有角度的直线时，可能需要设置尺寸线与对象直线平行，这时就要用到对齐尺寸标注。用户可以通过以下几种方式进行对齐标注。

- 在菜单栏中执行“标注”｜“对齐”命令。
- 在“默认”选项卡的“注释”面板中单击“对齐”按钮。
- 在“注释”选项卡的“标注”面板中单击“对齐”按钮。
- 在命令行输入 DIMLIGEND 命令并按 Enter 键。

执行“标注”｜“对齐”命令，然后在绘图区中，分别指定要标注的第一点和第二点，并指定好尺寸标注位置，即可完成对齐标注，如图 1-74、图 1-75 所示。

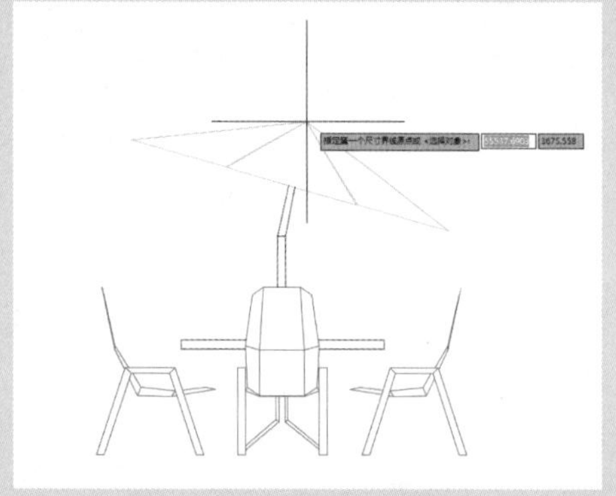

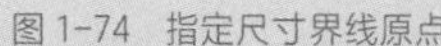
图 1-74　指定尺寸界线原点

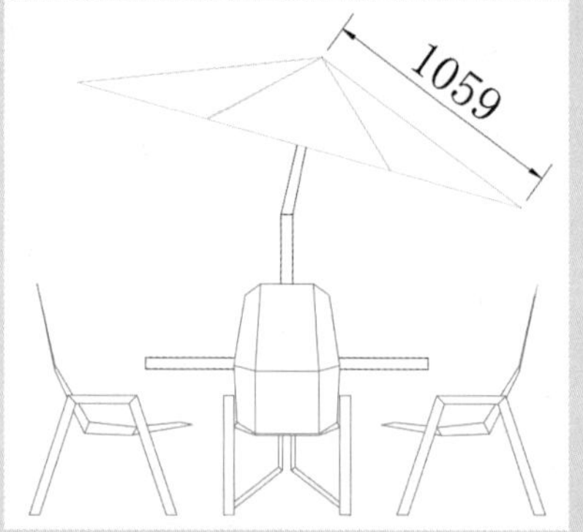

图 1-75　对齐标注

1.5.3　半径、直径标注

“半径”标注主要是用于标注图形中的圆弧半径，当圆弧角度小于 180° 时可采用半径标注，大于 180° 时将采用直径标注。用户可以通过以下几种方式进行半径标注。

- 在菜单栏中执行“标注”|“半径”命令。
- 在“默认”选项卡的“注释”面板中单击“半径”按钮。
- 在“注释”选项卡的“标注”面板中单击“半径”按钮。
- 在命令行输入 DIMRADIUS 命令并按 Enter 键。

执行“标注”|“半径”命令，在绘图区中选择所需标注的圆或圆弧，并指定好标注尺寸的位置，即可完成半径标注，如图 1-76 所示。

“直径”标注的操作方法与半径的操作方法相同，执行“标注”|“直径”命令，在绘图区中，指定要进行标注的圆，并指定尺寸标注位置，即可创建出直径标注，如图 1-77 所示。

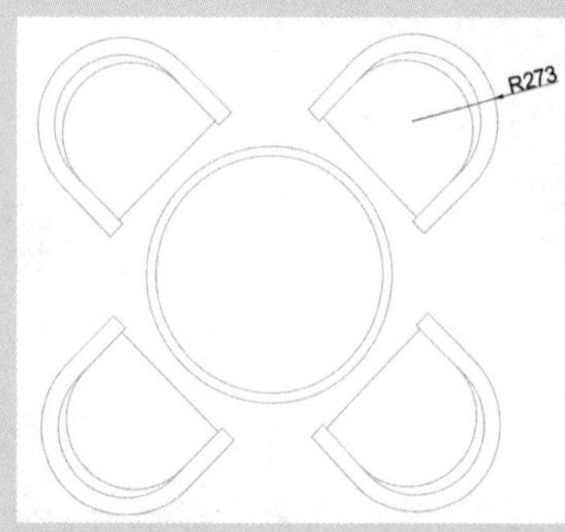

图 1-76　半径标注

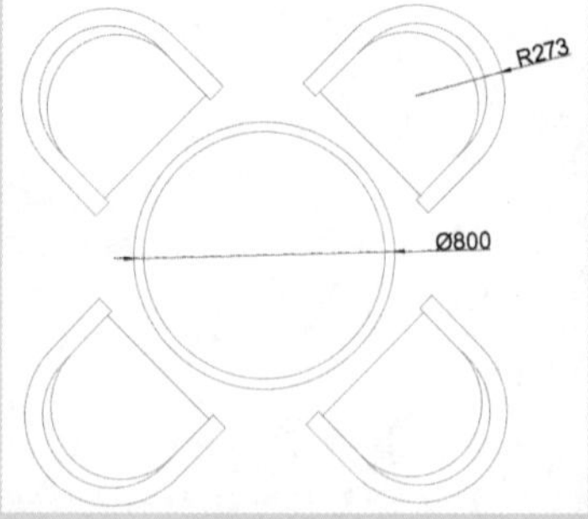

图 1-77　直径标注

1.5.4　连续标注

连续标注用于绘制一连串尺寸，每一个尺寸的第二个尺寸界线的原点是下一个尺寸的第一个尺寸界线的原点，在使用“连续标注”之前要标注的对象必须有一个尺寸标注。用户可以通过以下几种方式进行连续标注。

- 在菜单栏中执行“标注”|“连续”命令。
- 在“注释”选项卡的“标注”面板中单击“连续”按钮。
- 在命令行输入 DIMCONTINUE 命令并按 Enter 键。

创建基准标注，再执行“标注”|“连续”命令，在绘图区中依次指定要进行标注的点，即可进行连续标注，如图 1-78 所示。

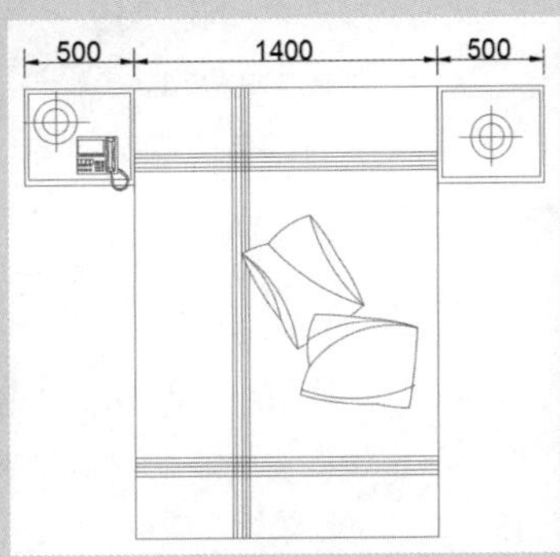

图 1-78　连续标注

1.5.5　快速标注

使用快速标注可以选择一个或多个图形对象，系统将自动查找所选对象的端点或圆心。根据端点或圆心的位置快速地标注其尺寸。用户可以通过以下方式调用快速标注命令。

- 执行“标注”|“快速标注”命令。
- 在“注释”选项卡的“标注”面板中单击“快速标注”按钮。
- 在命令行输入 QDIM 命令并按 Enter 键。

执行“标注”|“快速标注”命令，根据命令行提示选择要标注的几何图形，拖动鼠标创建快速标注，如图 1-79、图 1-80 所示。

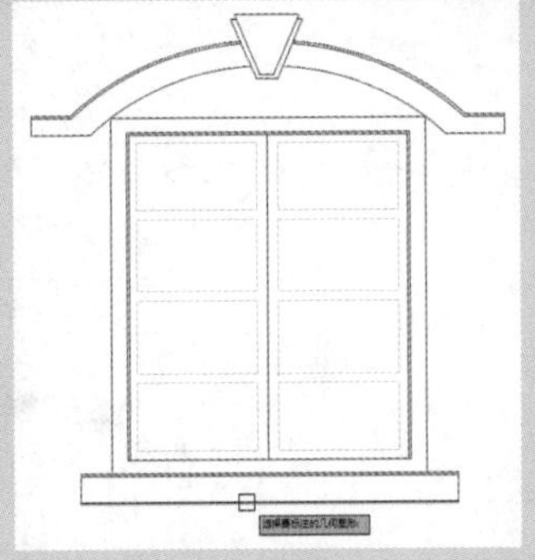

图 1-79　选择几何图形

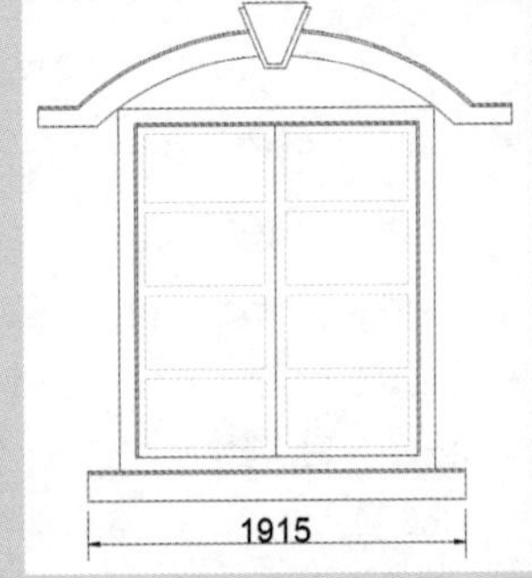

图 1-80　快速标注

1.5.6　引线标注

在创建引线的过程前需要进行设置引线的形式、箭头的外观显示和尺寸文字的对齐方式等。在“多重引线样式管理器”对话框中可以设置引线样式，用户可以通过以下方式打开“多重引线样式管理器”对话框。

- 执行“格式”｜“多重引线样式”命令。
- 在“注释”选项卡的“引线”面板中单击右下角的箭头↘。
- 在命令行输入 MLEADERSTYLE 命令并按 Enter 键。

设置引线样式后就可以创建引线标注了，用户可以通过以下方式调用多重引线命令：

- 执行“标注”｜“多重引线”命令。
- 在“注释”选项卡“引线”面板中，单击“多重引线”按钮。
- 在命令行输入 MLEADER 命令并按 Enter 键。

如果创建的引线还未达到要求，需要进行编辑操作，用户可以通过以下方式调用编辑多重引线命令：

- 执行“修改”｜“对象”｜“多重引线”命令的子菜单，如图 1-81 所示。
- 在“注释”选项卡的“引线”面板中，单击相应的按钮，如图 1-82 所示。

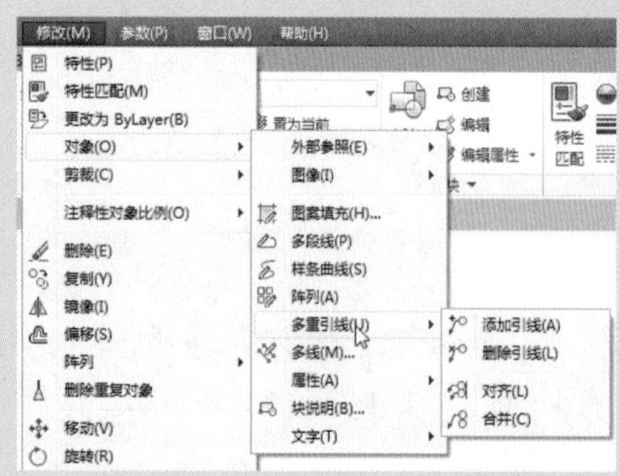

图 1-81　编辑多重引线的菜单命令

图 1-82　“引线”面板

在绘图过程中，除了尺寸标注外，还有一样工具的运用是必不可少的，就是快速引线工具。在进行图纸的绘制时，为了清晰地表现出材料和尺寸，就需要将尺寸标注和引线标注结合起来，这样图纸才一目了然。

AutoCAD 的菜单栏与功能面板中并没有快速引线命令，用户只能通过在命令行输入命令 QLEADER 调用该命令，输入快捷键 LE 或 QL 命令也可以调用该命令。通过快速引线命令可以创建以下形式的引线标注，如图 1-83 所示。

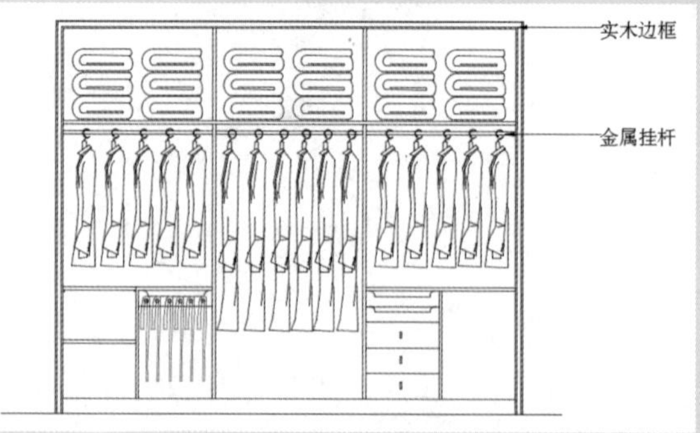

图 1-83　引线标注

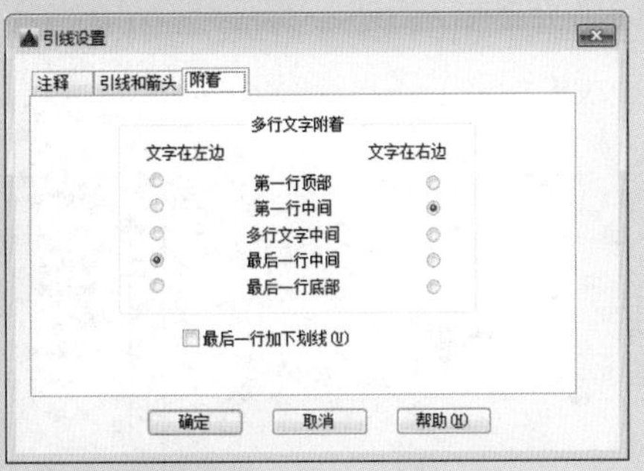

图 1-84 “引线设置”对话框

绘图技巧

快速引线的样式设置同尺寸标注，也就是说，在“标注样式管理器”对话框中创建好标注样式后，用户就可以直接进行尺寸标注与快速引线标注了。

另外也可以通过“引线设置”对话框创建不同的引线样式。调用快速引线命令，根据命令行提示输入命令S，按Enter键即可打开“引线设置”对话框，在“附着”选项卡中勾选“最后一行加下划线”复选框，如图 1-84 所示。

小试身手——为书房立面添加标注

下面将通过多样引线样式命令，设置多重引线样式，具体操作介绍如下。

01 打开素材文件，执行“标注样式”命令，打开“标注样式管理器”对话框，如图 1-85 所示。

02 单击“新建”按钮，打开“创建新标注样式”对话框，并输入新样式名，如图 1-86 所示。

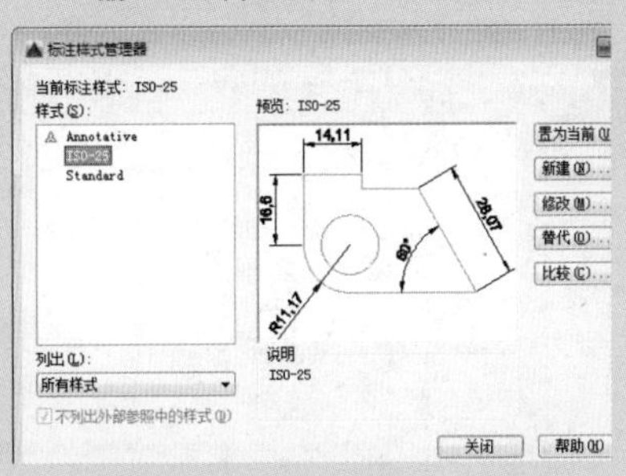

图 1-85 “标注样式管理器”对话框

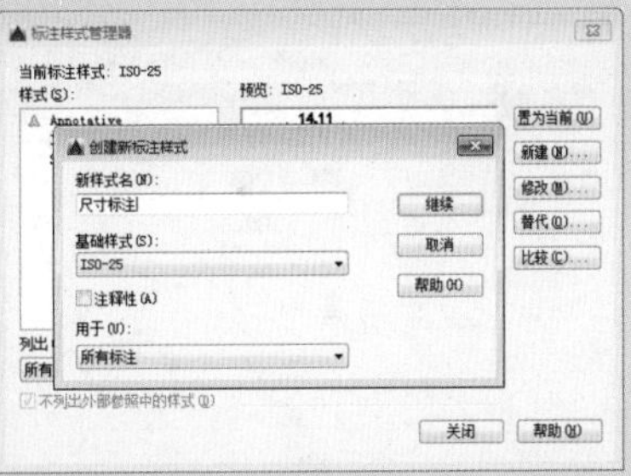

图 1-86 输入新样式名

03 单击“继续”按钮，在“线”选项卡中设置超出尺寸线为 80，如图 1-87 所示。

04 在“符号和箭头”选项卡中设置箭头为建筑标记，箭头大小为 60，如图 1-88 所示。

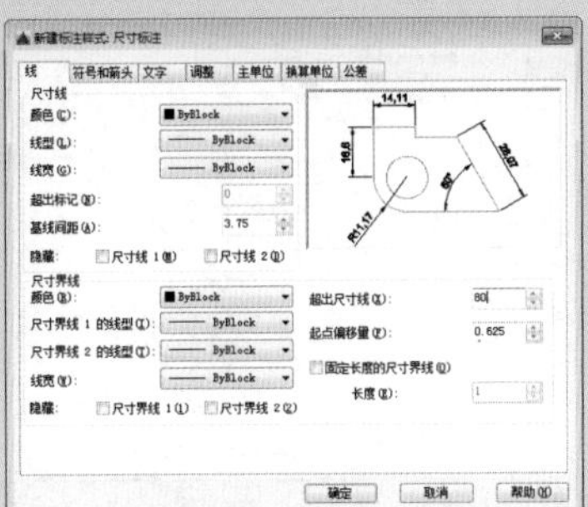

图 1-87 设置超出尺寸线

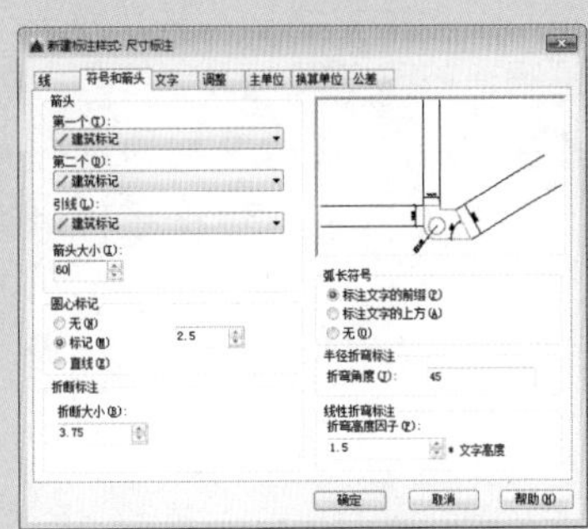

图 1-88 设置箭头参数

05 在“文字”选项卡中设置文字高度为 120，如图 1-89 所示。

06 在“主单位”选项卡中设置精度为 0，如图 1-90 所示。

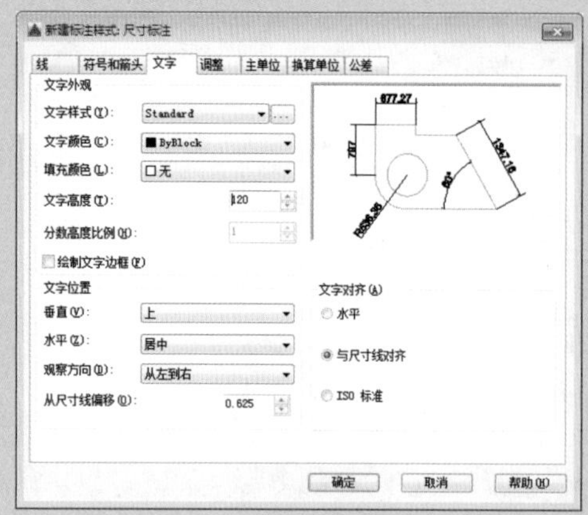

图 1-89　设置文字高度

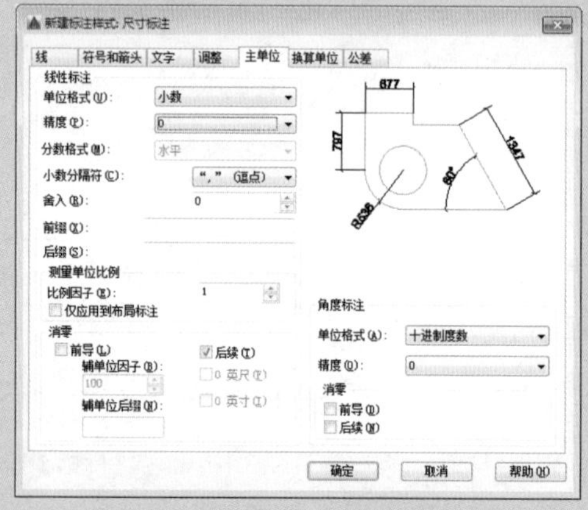

图 1-90　设置主单位精度

07 单击“确定”按钮，返回“标注样式管理器”对话框，并单击“置为当前”按钮，关闭对话框，如图 1-91 所示。

08 执行“线性”和“连续”命令，对书房立面图进行尺寸标注，如图 1-92 所示。

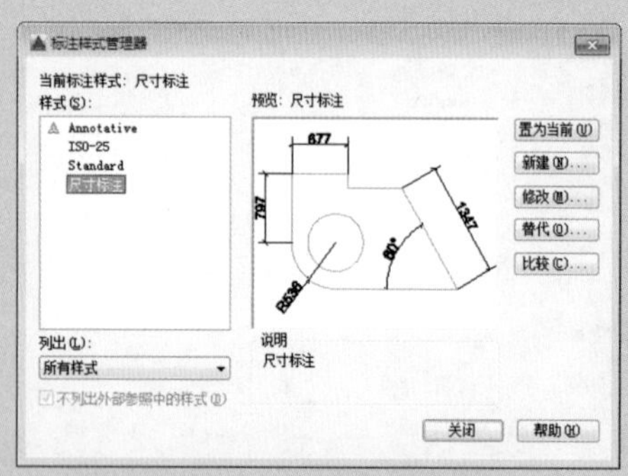

图 1-91　置为当前

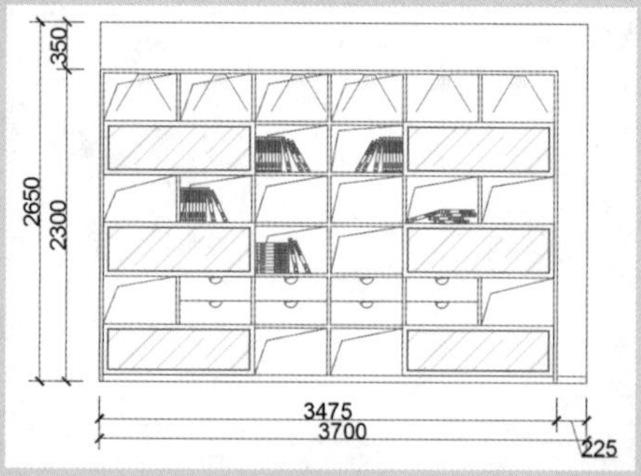

图 1-92　尺寸标注

09 执行“多重引线样式”命令，打开“多重引线样式管理器”对话框，如图 1-93 所示。

10 单击“新建”按钮，打开“创建新多重引线样式”对话框，并输入新样式名，如图 1-94 所示。

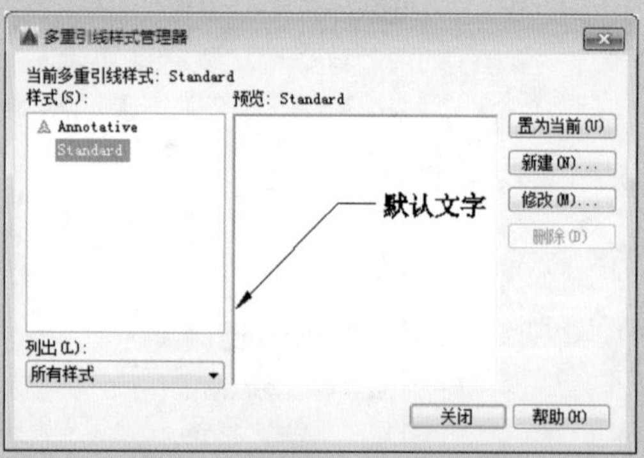

图 1-93　“多重引线样式管理器”对话框

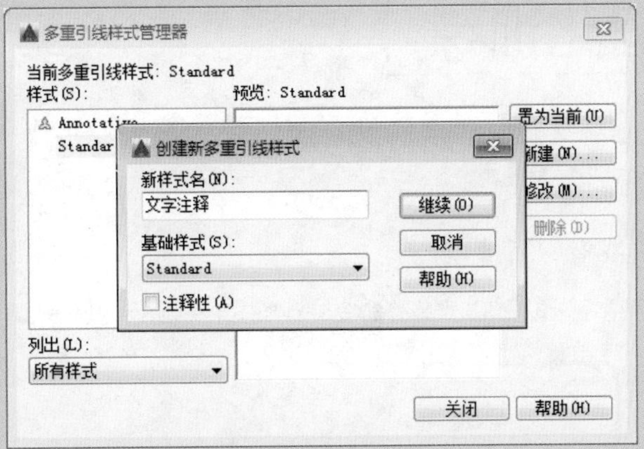

图 1-94　输入新样式名

11 单击“继续”按钮，打开“修改多重引线样式：文字注释”对话框，并设置箭头符号和大小，如图 1-95 所示。

12 在“内容”选项卡中设置文字高度为 120，如图 1-96 所示。

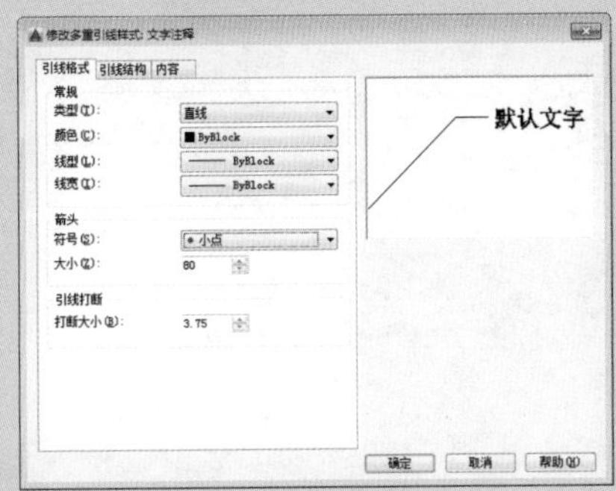

图 1-95　设置箭头符号和大小

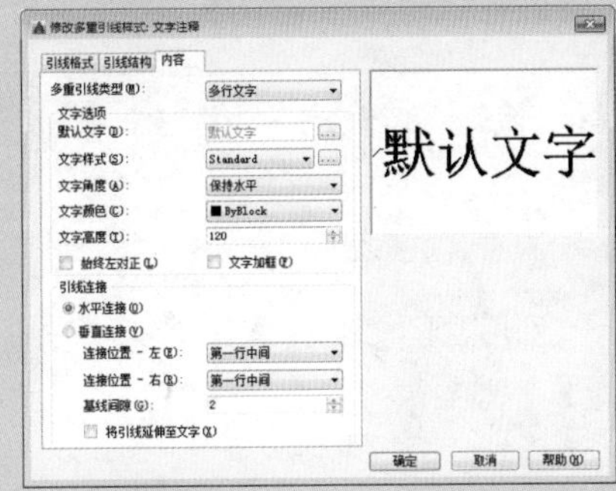

图 1-96　设置文字高度

13 单击“确定”按钮，返回“多重引线样式管理器”对话框，并单击“置为当前”按钮，关闭对话框，如图 1-97 所示。

14 执行“多重引线”命令，对书房立面图进行标注，完成书房立面图的绘制，如图 1-98 所示。

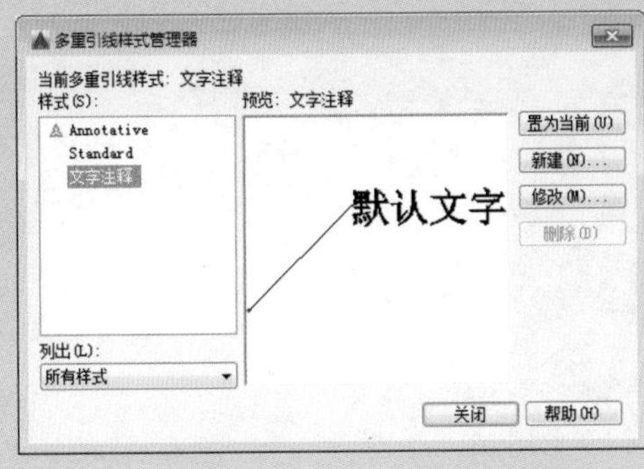

图 1-97　置为当前

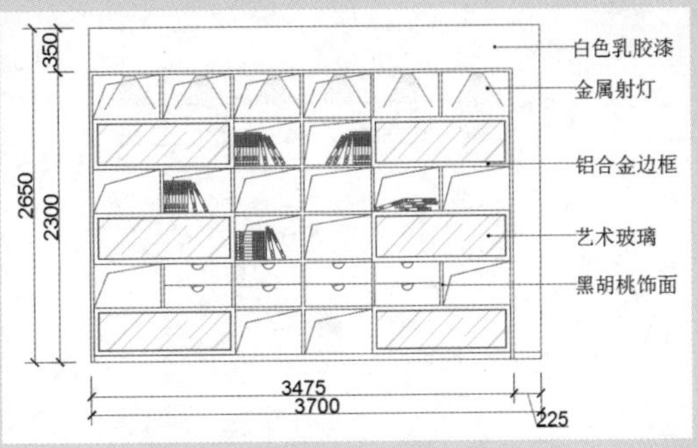

图 1-98　完成书房立面图的绘制

强化训练

为了更好地掌握本章所学的知识，在此列举两个针对本章的拓展案例，以供读者练手！

1. 绘制燃气灶平面图

利用矩形、圆角、修剪等命令绘制如图 1-99 所示的燃气灶平面图。

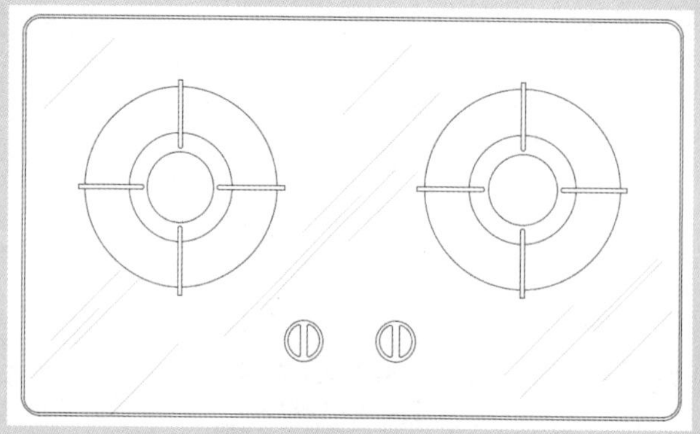

图 1-99　燃气灶平面图

操作提示

01 利用矩形、圆等命令绘制出图形轮廓。

02 利用圆角、环形阵列、镜像、修剪等命令，对燃气灶进行修改。

03 利用图案填充命令，对图形进行图案填充。

2. 绘制衣柜立面图

利用矩形、偏移、图案填充等命令，绘制如图 1-100 所示的衣柜立面图。

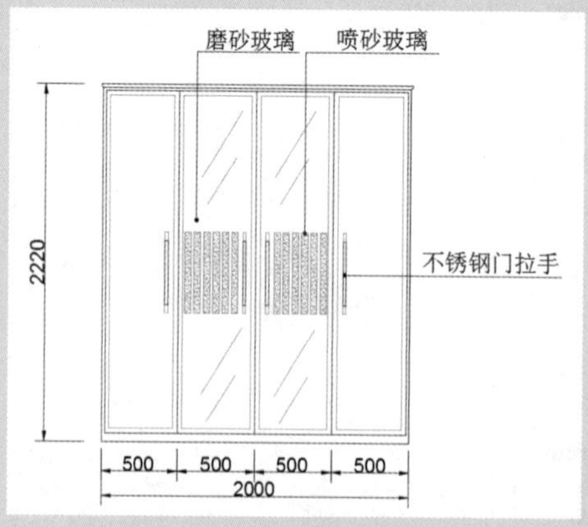

图 1-100　衣柜立面图

操作提示

01 利用矩形、偏移和阵列等命令绘制出衣柜轮廓。

02 利用图案填充命令，对衣柜立面进行图案填充。

03 利用线性、连续、多重引线命令，对图形进行尺寸标注。

第2章

室内设计施工图的绘制

本章概述 SUMMARY

通过第1章内容的学习，我们掌握了图形的绘制与编辑、图层的创建与编辑等知识。接下来将通过绘制室内设计施工图将所学知识运用到实际工作中，在室内设计过程中，施工图的绘制是表达设计者设计意图的重要手段之一，是设计者与各相关专业之间交流的标准化语言，是控制施工现场能否充分正确理解、消化并实施设计理念的一个重要环节。

学习目标

- √ 掌握居室户型图的绘制方法
- √ 掌握居室平面图的绘制方法
- √ 掌握客厅立面图的绘制方法
- √ 掌握衣柜详图的绘制方法

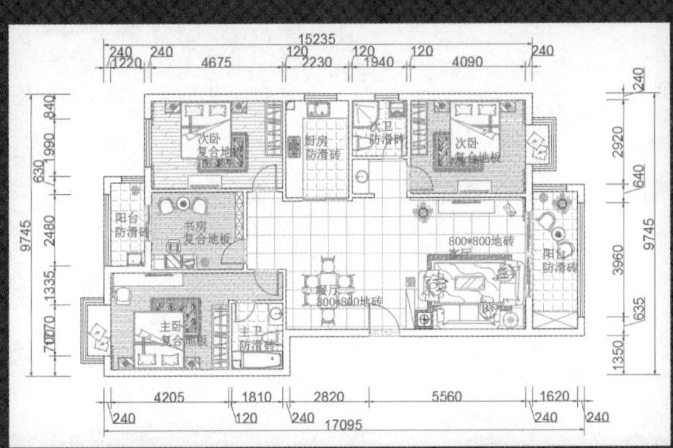

◎室内设计平面图

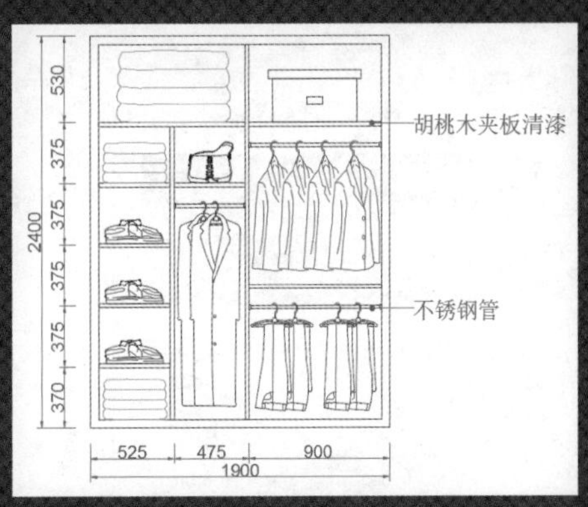

◎衣柜详图

2.1 绘制居室平面图

任何复杂的图形都是由简单的二维图形组成，下面将向用户介绍如何利用 AutoCAD 软件来创建一些简单二维图形的相关知识，其中包括直线、矩形、多段线以及图案填充等操作命令。

2.1.1 绘制居室户型图

在绘制室内设计施工图时，首先要绘制的是户型图，下面将介绍居室户型图的绘制方法，具体操作介绍如下。

01 打开 AutoCAD 软件，执行“图层”命令，打开“图层特性管理器”面板，如图 2-1 所示。

02 单击“新建”按钮，创建“中心线”图层，如图 2-2 所示。

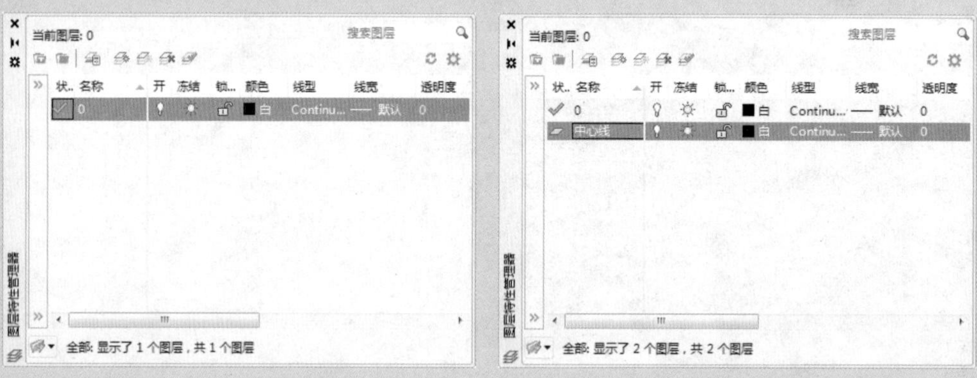

图 2-1 “图层特性管理器”面板

图 2-2 新建图层

03 单击“颜色”按钮，打开“选择颜色”对话框，并选择红色，如图 2-3 所示。

04 单击“确定”按钮，返回“图层特性管理器”面板，如图 2-4 所示。

图 2-3 “选择颜色”对话框

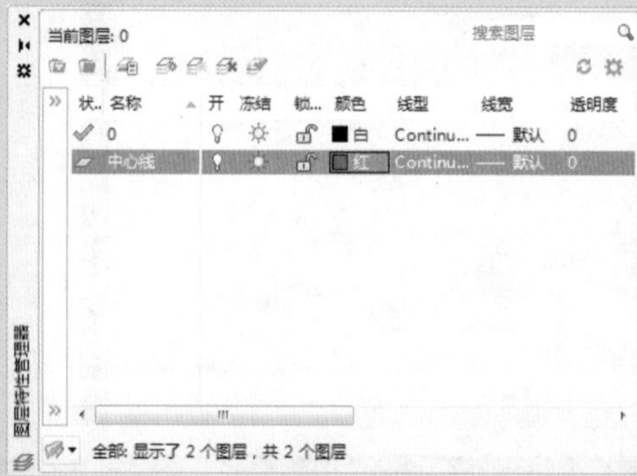

图 2-4 更改颜色

05 单击“线型”按钮，打开“选择线型”对话框，如图 2-5 所示。

06 单击“加载”按钮，打开“加载或重载线型”对话框，并选择合适的线型，如图 2-6 所示。

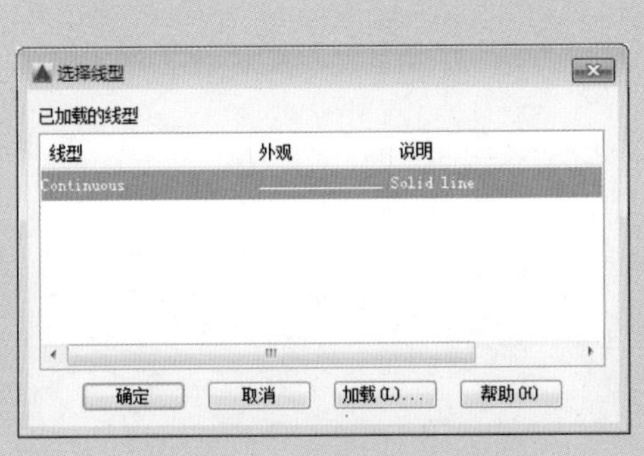

图 2-5 “选择线型”对话框

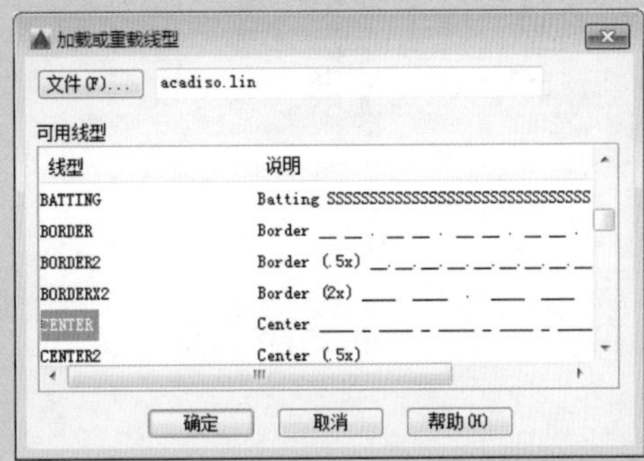

图 2-6 “加载或重载线型”对话框

07 单击“确定”按钮，返回“选择线型”对话框，并选择刚加载的线型，如图 2-7 所示。

08 单击“确定”按钮，返回“图层特性管理器”面板，如图 2-8 所示。

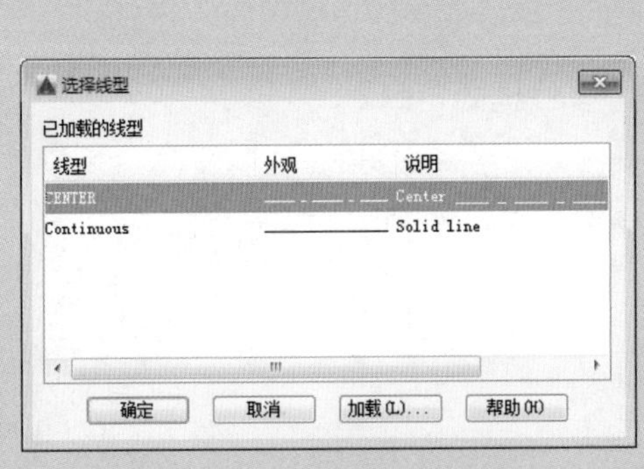

图 2-7 选择加载的线型

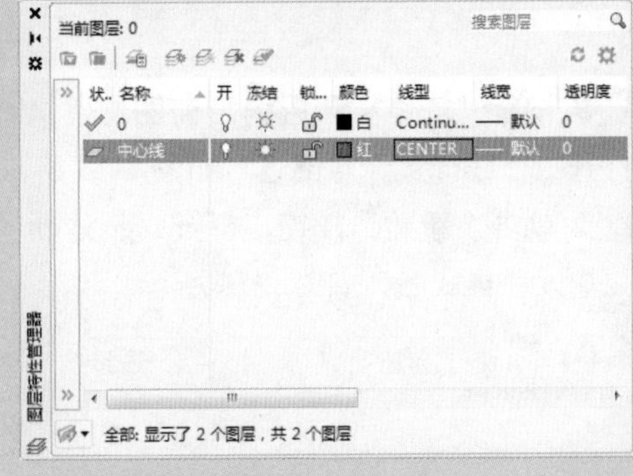

图 2-8 更改线型

09 按照相同的方法，创建其余图层，并将“中心线”图层置为当前图层，如图 2-9 所示。

10 关闭该面板，执行“直线”命令，绘制两条长 12470mm 和 20140mm 的线段，并设置比例为 20，如图 2-10 所示。

11 执行“偏移”命令，将水平方向的线段分别向下偏移 2085、745、370、205、125、2410、60、1060、1095、1350mm，如图 2-11 所示。

12 继续执行当前命令，将垂直方向的中心线向右侧偏移 1460、2925、535、1395、60、2290、2060、4270、1860mm，如图 2-12 所示。

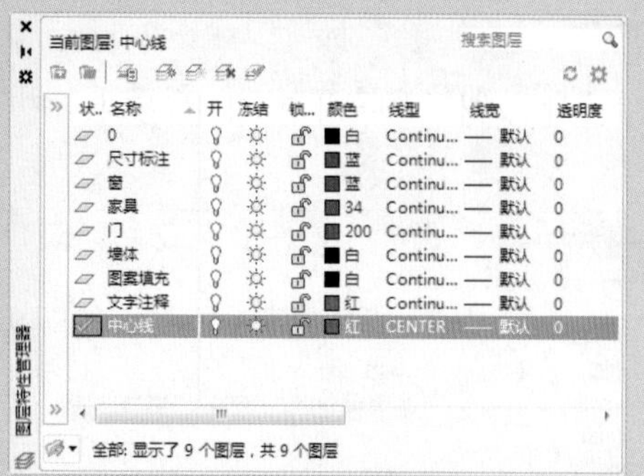

图 2-9　创建其余图层

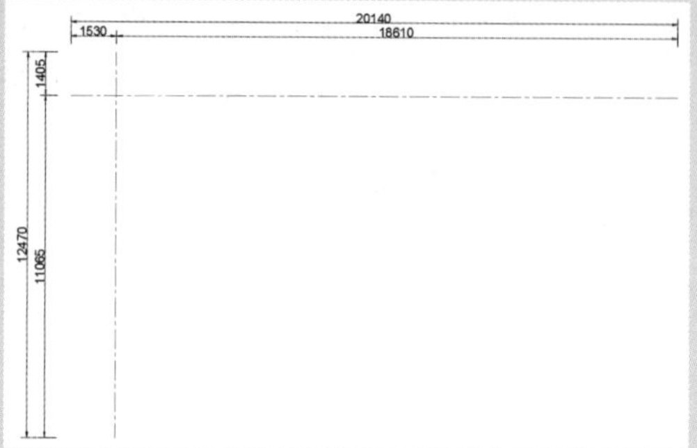

图 2-10　绘制线段

图 2-11　向下偏移线段

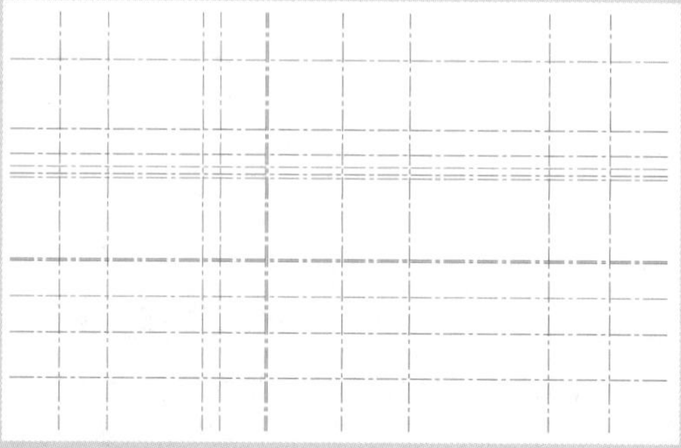

图 2-12　向右偏移线段

13 设置“墙体”图层为当前图层，执行“多线样式”命令，打开“多线样式”对话框，如图 2-13 所示。

14 单击“新建”按钮，打开“创建新的多线样式”对话框，并输入新样式名，如图 2-14 所示。

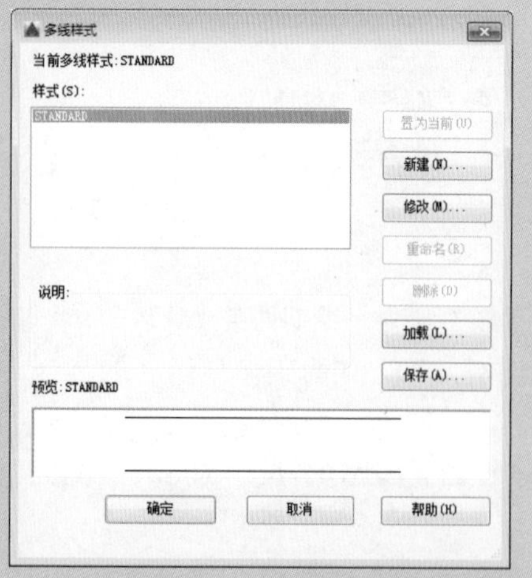

图 2-13　“多线样式”对话框

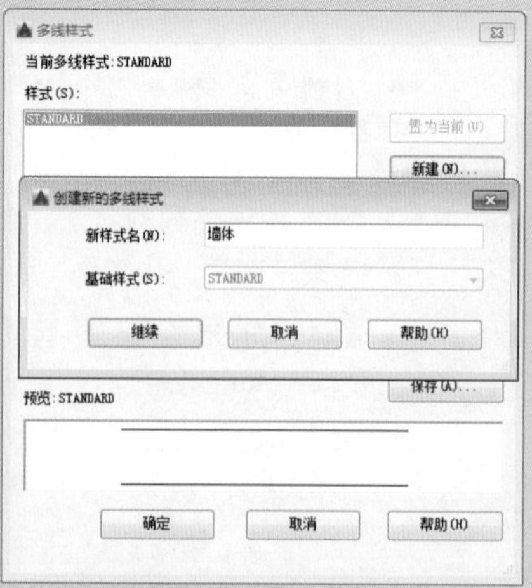

图 2-14　输入新样式名

15 单击“继续”按钮，打开“新建多线样式：墙体”对话框，并勾选直线的起点和端点复选框，如图 2-15 所示。

16 单击“确定”按钮，返回“多线样式”对话框，如图 2-16 所示。

图 2-15 设置参数

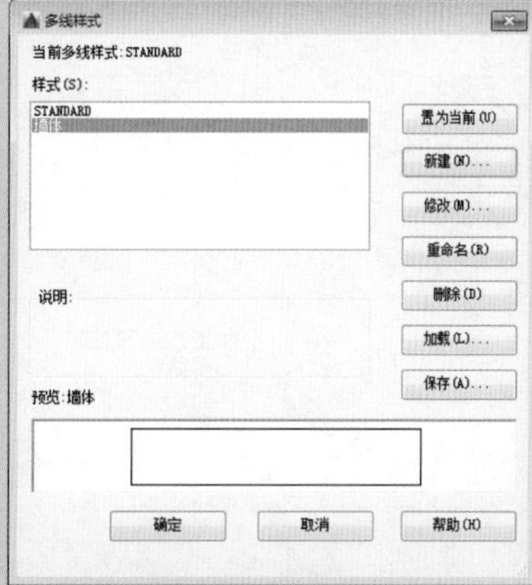

图 2-16 返回“多线样式”对话框

17 单击“置为当前”按钮，关闭对话框，执行“多线”命令，根据命令行提示，设置比例为 240, 对正选择无，绘制墙体图形，如图 2-17 所示。

18 继续执行当前命令，绘制墙体图形，如图 2-18 所示。

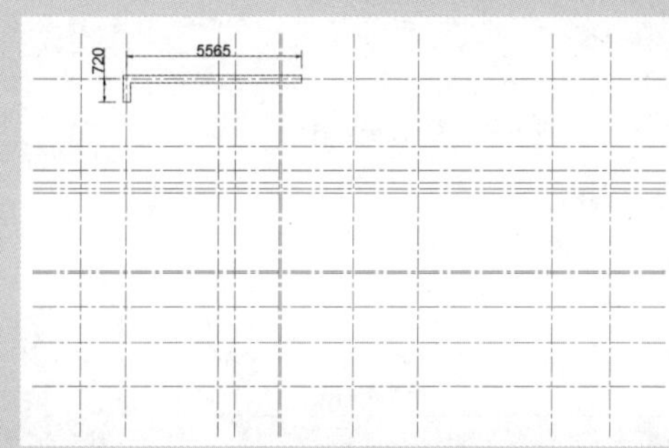

图 2-17 绘制墙体图形

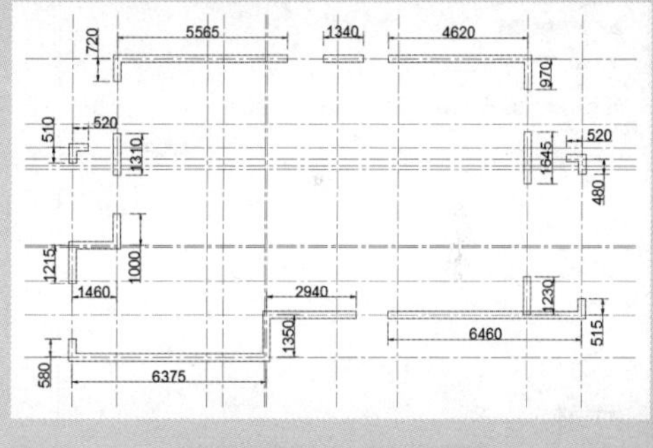

图 2-18 绘制墙体图形

19 继续执行当前命令，设置比例为 120，对正无，绘制墙体图形，如图 2-19 所示。

20 关闭“中心线”图层，双击多线，打开“多线编辑工具”对话框，并选择合适的编辑工具，如图 2-20 所示。

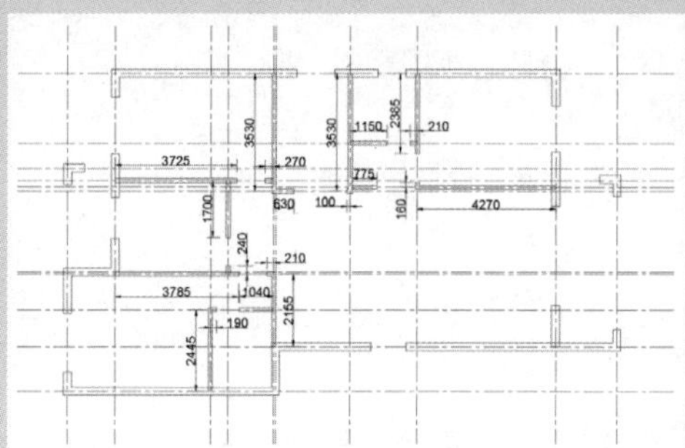

图 2-19 绘制墙体图形

图 2-20 选择编辑工具

21 鼠标单击相交的两条多线，修改墙体图形，如图 2-21 所示。

22 继续执行当前命令，修改其余墙体图形，如图 2-22 所示。

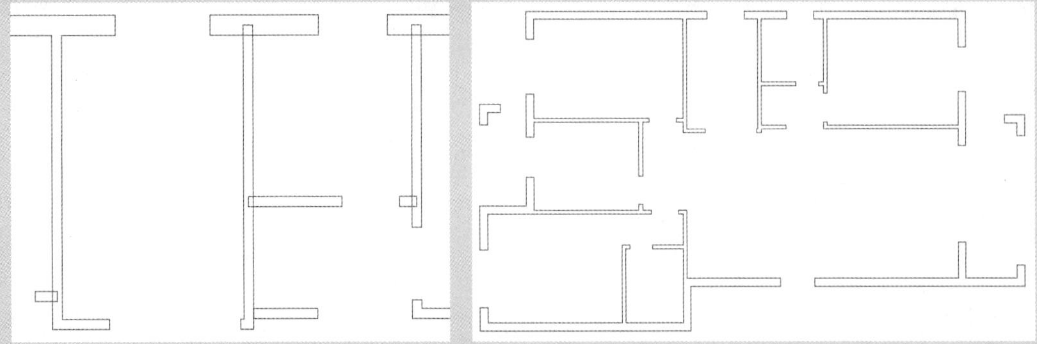

图 2-21　修改墙体图形　　　　图 2-22　继续修改墙体图形

23 设置“窗”图层为当前图层，执行“多线样式”命令，打开“多线样式”对话框，如图 2-23 所示。

24 单击“新建”按钮，打开“创建新的多线样式”对话框，并输入新样式名，如图 2-24 所示。

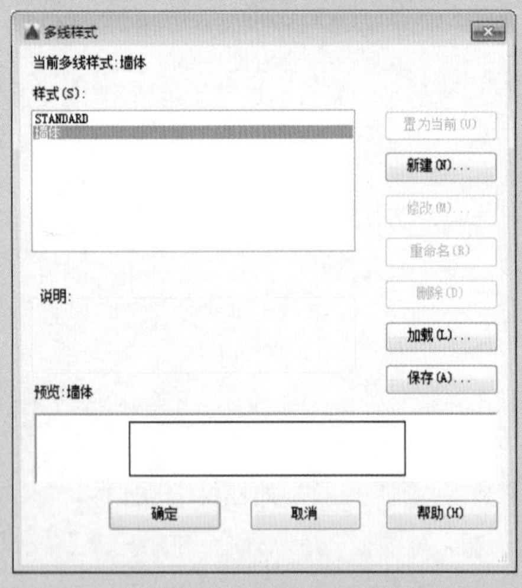

图 2-23　“多线样式”对话框

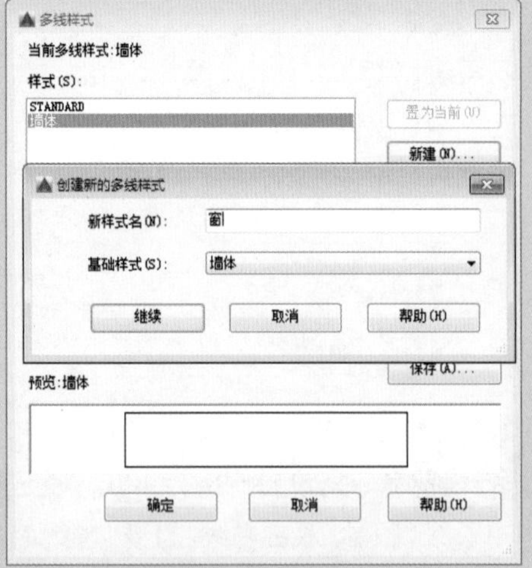

图 2-24　输入新样式名

25 单击“继续”按钮，打开“新建多线样式：窗”对话框，并设置图元参数，如图 2-25 所示。

26 单击“确定”按钮，返回“多线样式”对话框，单击“置为当前”按钮，关闭对话框，如图 2-26 所示。

27 执行“多线”命令，设置比例为 1，对正选择无，绘制窗图形如图 2-27 所示。

28 执行“直线”命令，绘制出飘窗图形，如图 2-28 所示。

图 2-25　设置图元参数

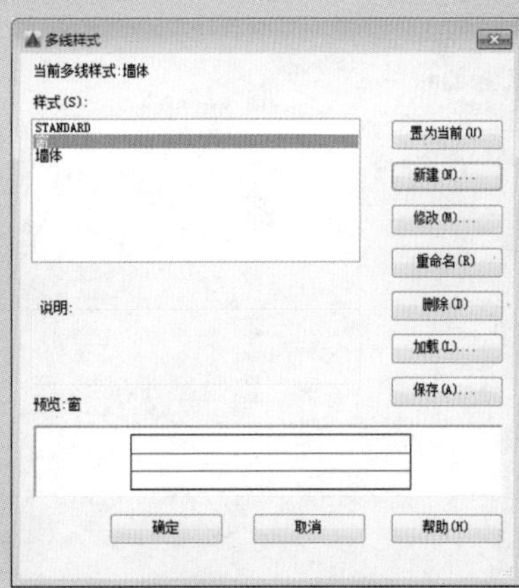

图 2-26　置为当前

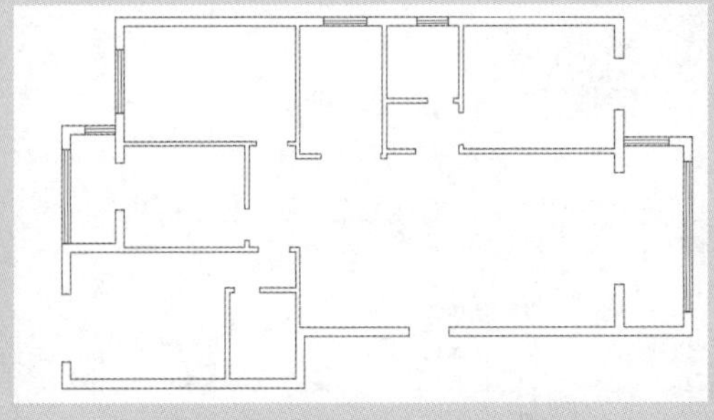

图 2-27　绘制窗图形

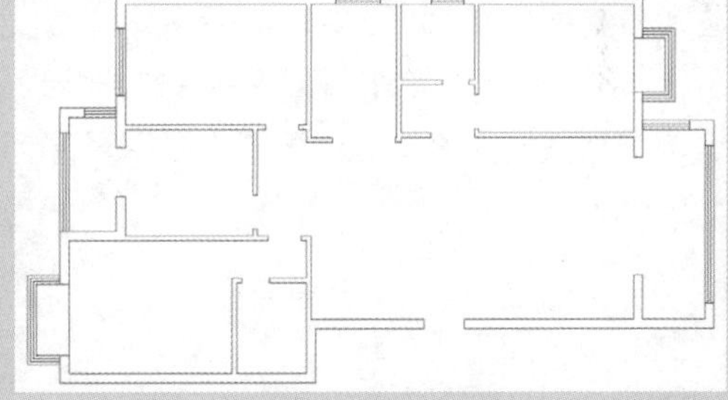

图 2-28　绘制飘窗图形

29 继续执行当前命令，绘制长为 300mm、宽为 300mm 的烟道图形，如图 2-29 所示。

30 执行“圆”和“直线”命令，绘制长宽均为 450mm 的下水图形和半径为 57mm 的地漏图形，如图 2-30 所示。

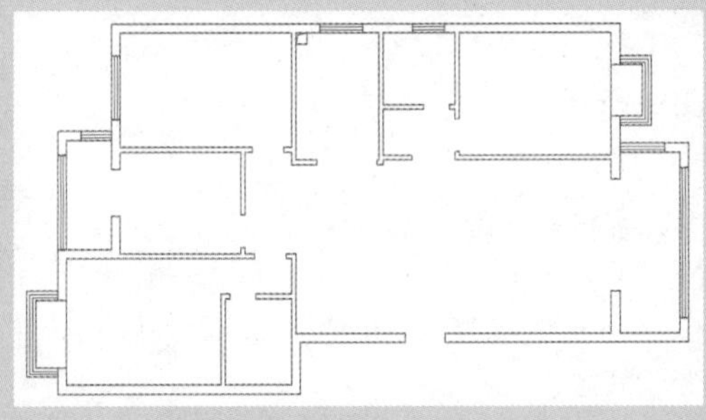

图 2-29　绘制烟道图形

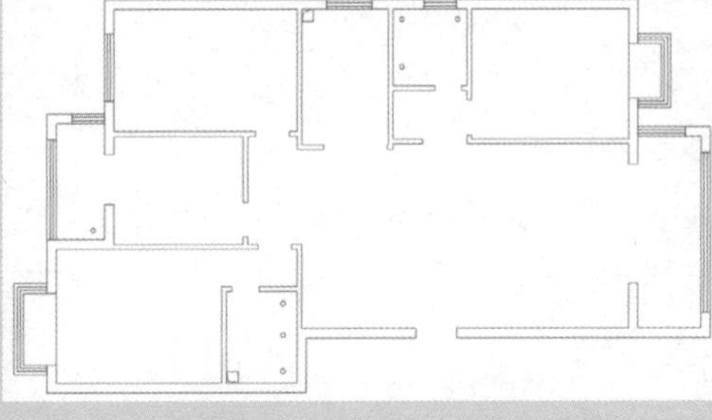

图 2-30　绘制下水、地漏图形

31 设置“尺寸标注”层为当前层，执行“标注样式”命令，打开“标注样式管理器”对话框，如图 2-31 所示。

32 单击“新建”按钮，打开“创建新标注样式”对话框，并输入新样式名，如图 2-32 所示。

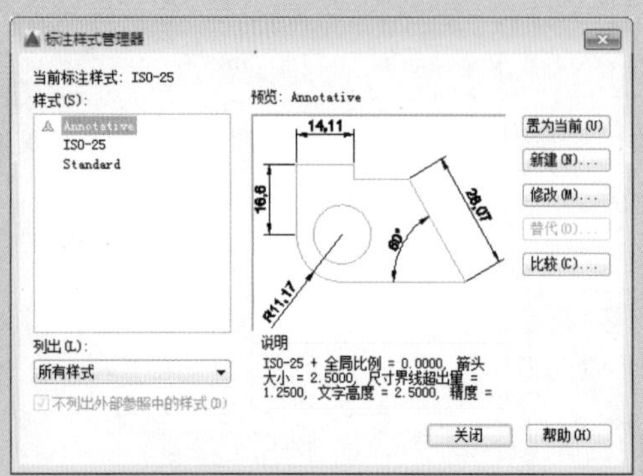

图 2-31 “标注样式管理器”对话框

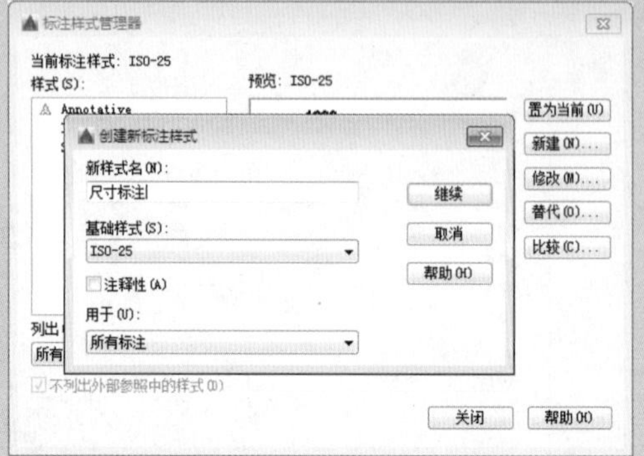

图 2-32 输入新样式名

33 单击“继续”按钮，打开“新建标注样式：尺寸标注”对话框，并设置超出尺寸线为 180，箭头大小为 180，文字高度为 300，主单位精度为 0，如图 2-33 所示。

34 单击“确定”按钮，返回“标注样式管理器”对话框，单击“置为当前”按钮，关闭对话框，如图 2-34 所示。

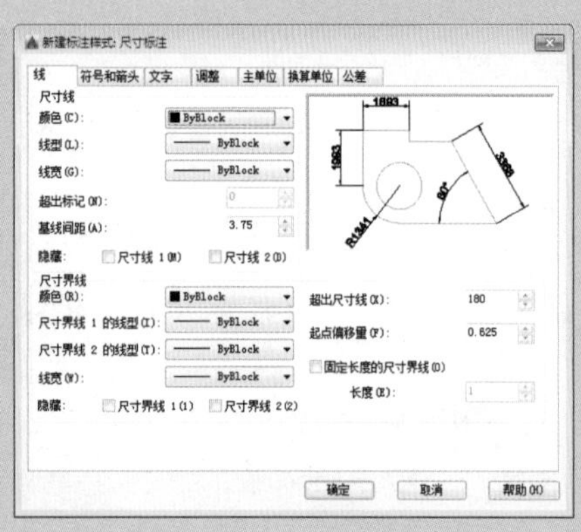

图 2-33 设置相关参数

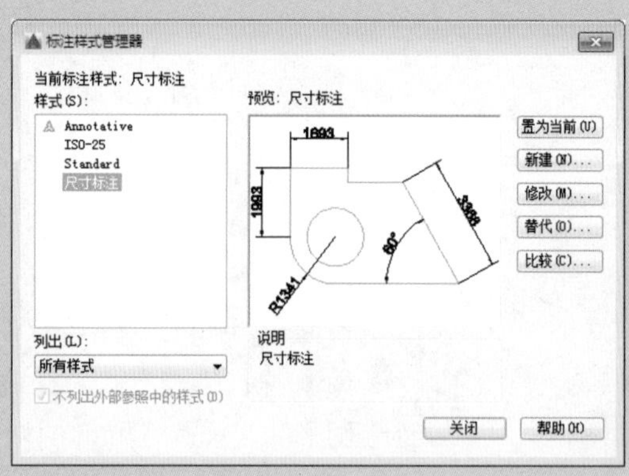

图 2-34 置为当前

35 执行“线性”和“连续”命令，对户型图进行尺寸标注，如图 2-35 所示。

36 设置“文字注释”图层为当前图层，执行“文字样式”命令，打开“文字样式”对话框，如图 2-36 所示。

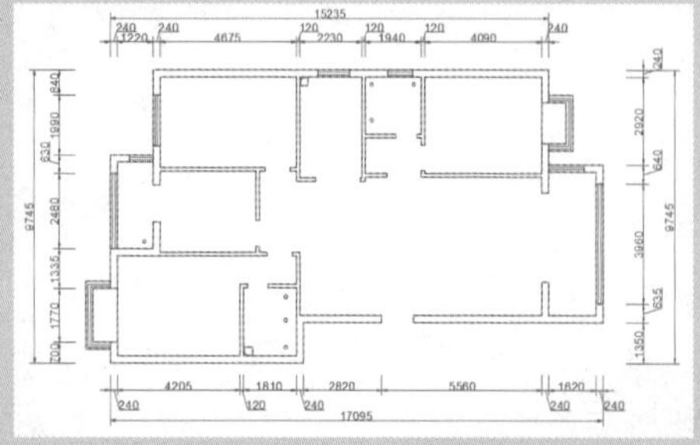

图 2-35 添加尺寸标注

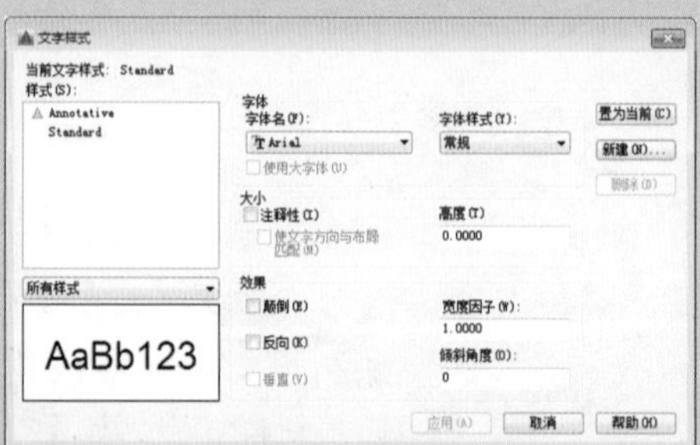

图 2-36 “文字样式”对话框

37 单击“新建”按钮，打开“新建文字样式”对话框，输入样式名为文字注释，如图 2-37 所示。

38 单击“确定”按钮，返回“文字样式”对话框，并设置字体名和文字高度，如图 2-38 所示。

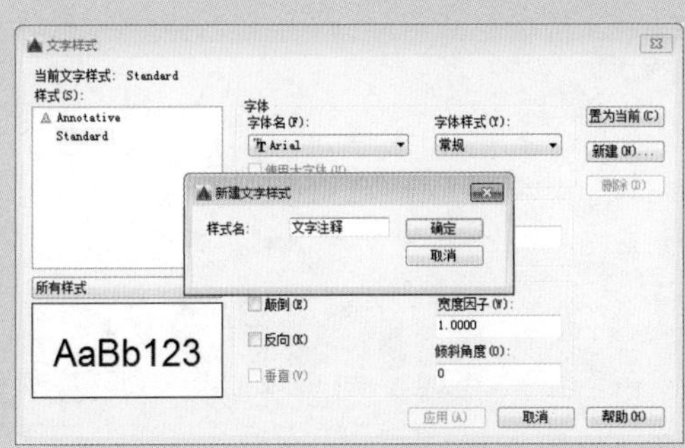

图 2-37　输入样式名

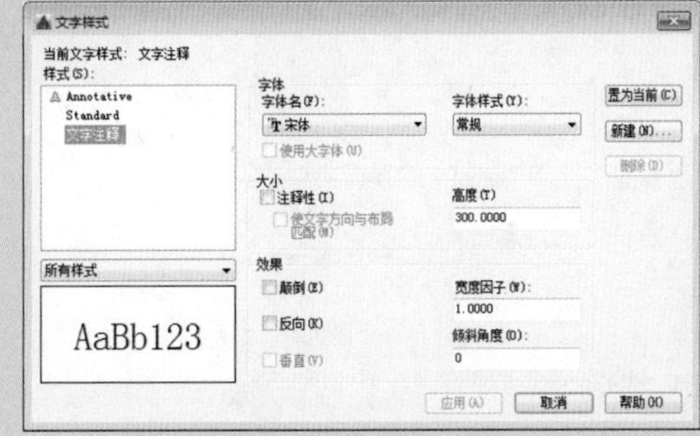

图 2-38　设置相关参数

39 单击“置为当前”按钮，关闭对话框，执行“单行文字”命令，对平面图进行文字注释，至此，完成户型图的绘制，如图 2-39 所示。

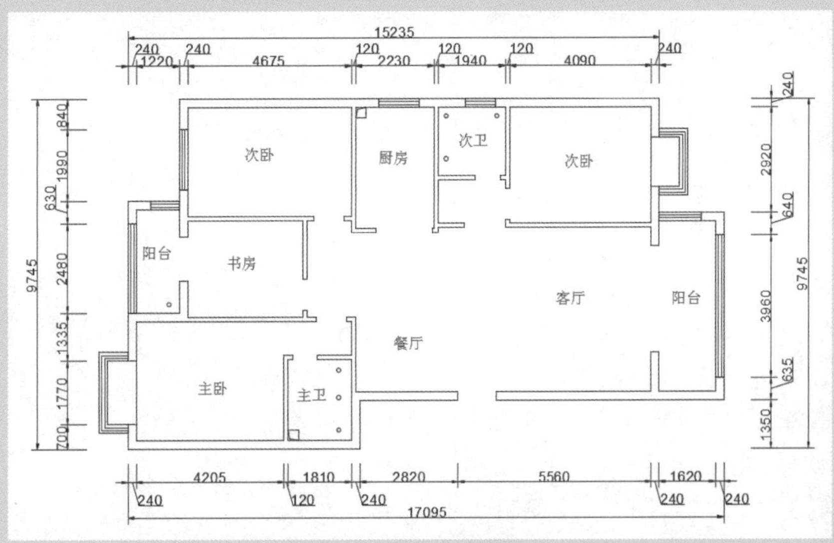

图 2-39　添加文字注释

2.1.2　绘制居室平面图

住宅的建筑平面图一般比较详细，对室内平面图进行布置时，需注意家具之间的距离，以及家具摆放是否合理。在绘制该图纸时，可在原始结构上运用一些基本操作命令，绘制或插入家具图块，并放置在图纸合适位置，具体操作介绍如下。

01 复制户型图，关闭“文字注释”和“尺寸标注”图层，删除多余的图形，设置“门”图层为当前图层，执行“矩形”和“圆弧”命令，绘制长为40mm、宽为1000mm的门图形，如图2-40所示。

02 按照相同的方法，绘制其余门图形，如图2-41所示。

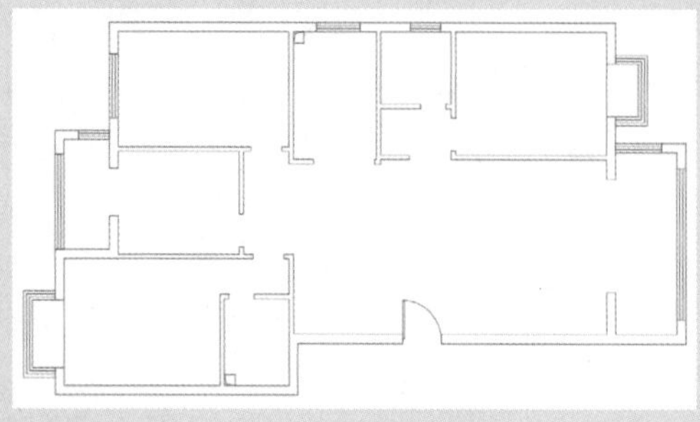

图 2-40　绘制门图形

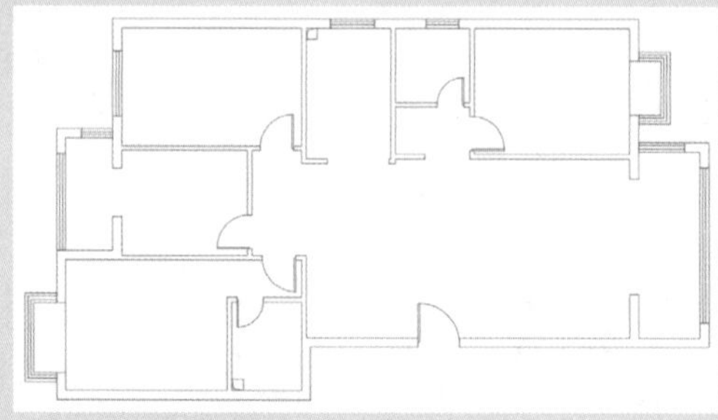

图 2-41　绘制其余门图形

03 执行“矩形”命令，绘制长为40mm、宽为900mm的推拉门图形，并放在阳台门洞位置，如图2-42所示。

04 执行“镜像”命令，镜像复制推拉门图形，如图2-43所示。

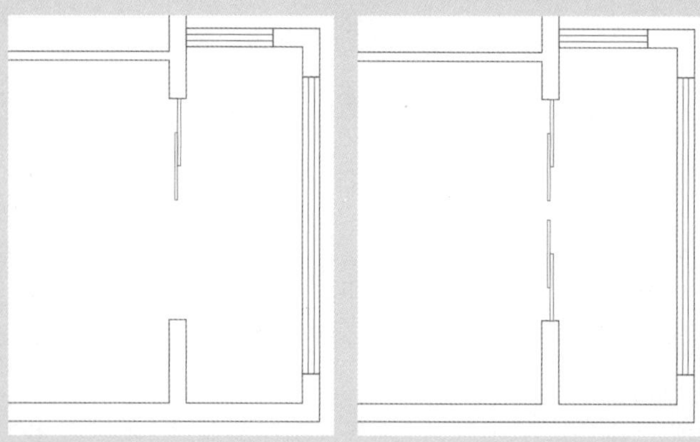

图 2-42　绘制推拉门图形

图 2-43　镜像复制图形

05 执行“矩形”命令，绘制推拉门图形，并放在书房门洞位置，如图2-44所示。

06 继续执行当前命令，绘制过门石图形，并设置颜色为8号，如图2-45所示。

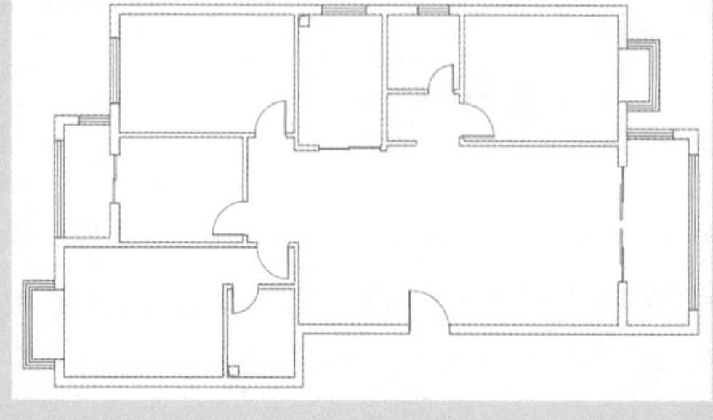

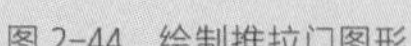

图 2-44　绘制推拉门图形

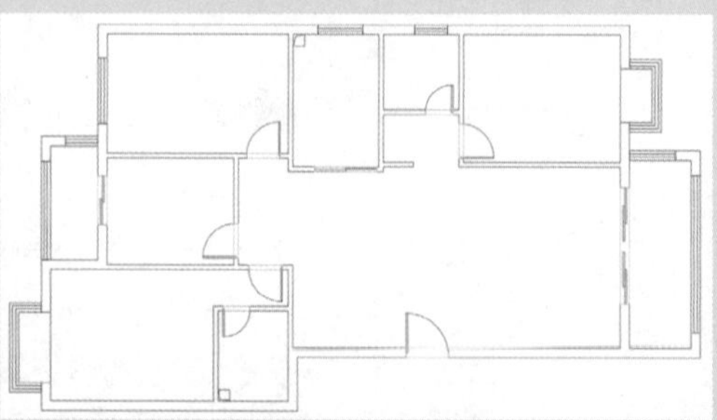

图 2-45　绘制过门石图形

07 设置“家具”图层为当前图层，执行“矩形”“直线”命令，绘制矩形图形，并放在图中合适位置，如图 2-46 所示。

08 执行“多段线”和“复制”命令，绘制窗帘图形，并将其进行复制放在卧室合适位置，如图 2-47 所示。

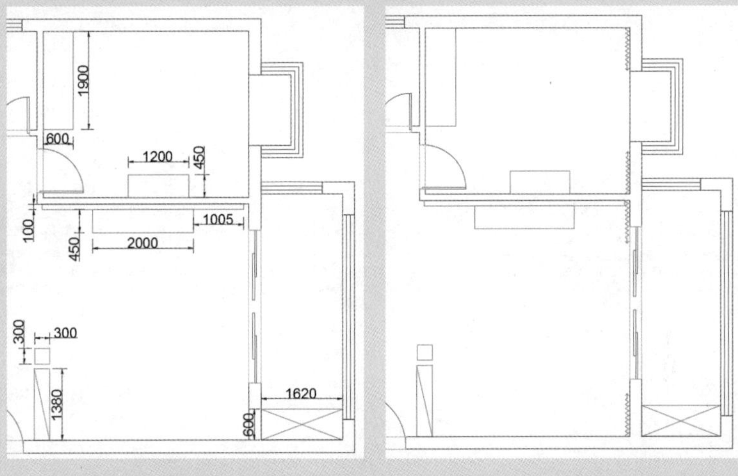

图 2-46　绘制矩形图形　　图 2-47　绘制窗帘图形

09 执行“偏移”命令，将线段向内偏移 50mm，如图 2-48 所示。

10 执行“矩形”命令，绘制长为 50mm、宽为 1800mm 的挂衣杆图形，放在图中合适位置，如图 2-49 所示。

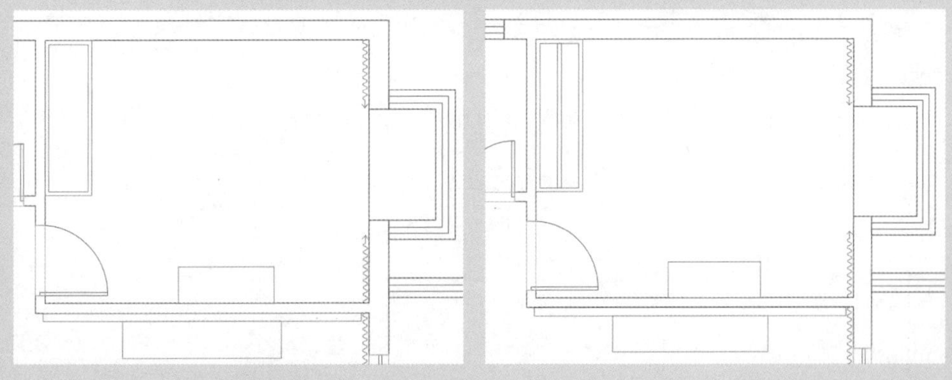

图 2-48　偏移图形　　图 2-49　绘制挂衣杆图形

11 继续执行当前命令，绘制长为 400mm、宽为 30mm 的衣架图形，如图 2-50 所示。

12 执行“复制”和“旋转”命令，复制并旋转衣架图形，绘制出衣柜图形，如图 2-51 所示。

13 执行“直线”命令，绘制灶台图形，尺寸如图 2-52 所示。

14 执行“复制”命令，复制窗帘和衣柜图形，放在图中合适位置，如图 2-53 所示。

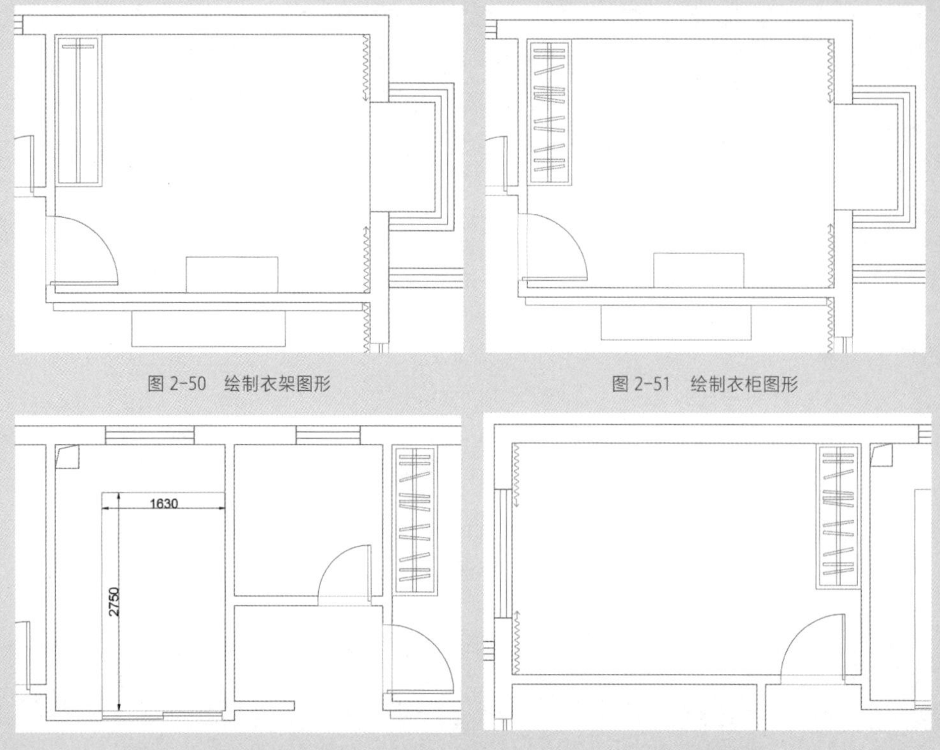

图 2-50　绘制衣架图形

图 2-51　绘制衣柜图形

图 2-52　绘制灶台图形

图 2-53　复制图形

15 执行“矩形”命令，绘制长为 1200mm、宽为 450mm 的电视柜图形，放在图中合适位置，如图 2-54 所示。

16 执行“矩形”命令，绘制长为 300mm、宽为 1600mm 的矩形图形，放在书房合适位置，如图 2-55 所示。

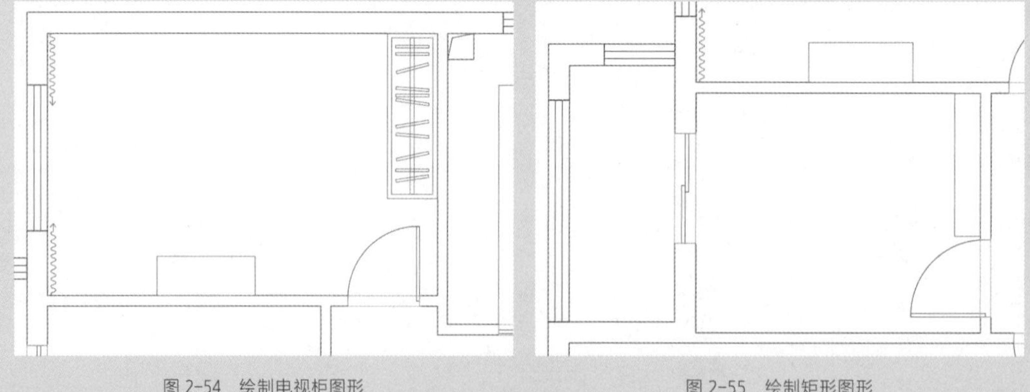

图 2-54　绘制电视柜图形

图 2-55　绘制矩形图形

17 执行“定数等分”和“直线”命令，绘制出书柜图形，如图 2-56 所示。

18 执行“复制”命令，复制窗帘和衣柜图形，放在主卧合适位置，如图 2-57 所示。

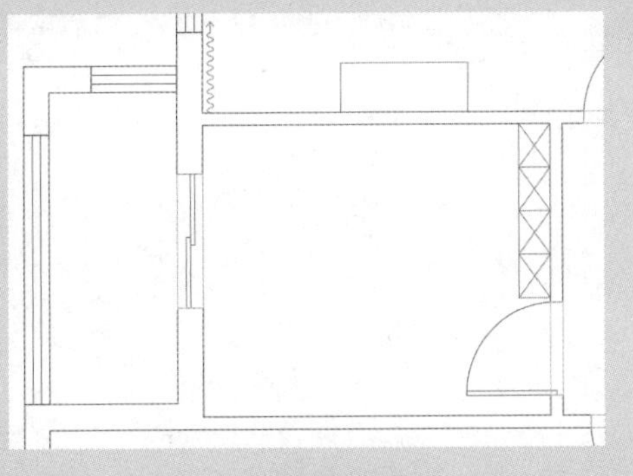
图 2-56 绘制书柜图形

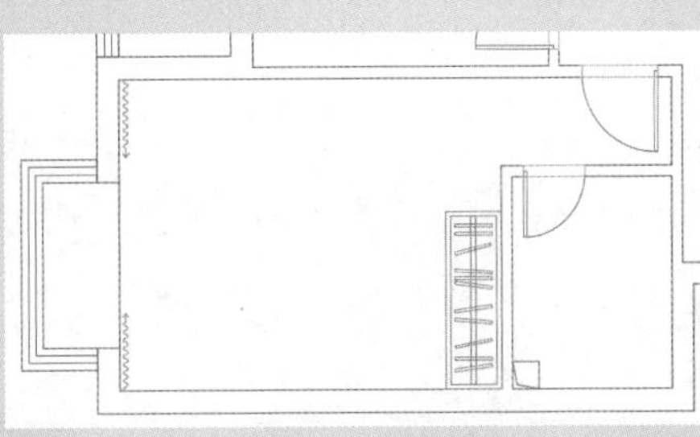
图 2-57 复制图形

19 执行“拉伸”命令，将衣柜图形向上拉伸325mm，如图2-58所示。

20 执行“矩形”命令，绘制长为2585mm、宽为450mm的电视柜图形，放在主卧合适位置，如图2-59所示。

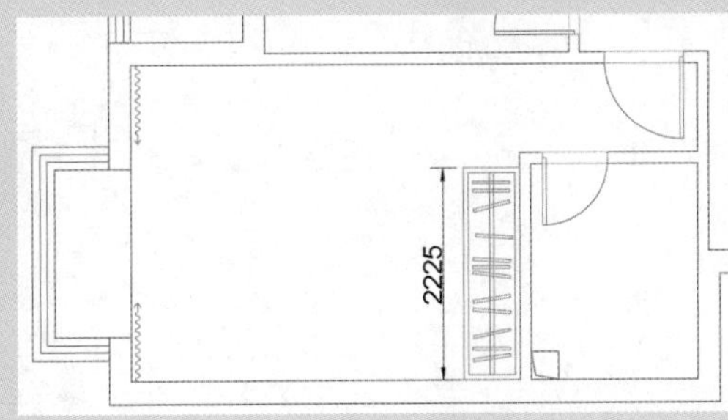

图 2-58 拉伸衣柜图形

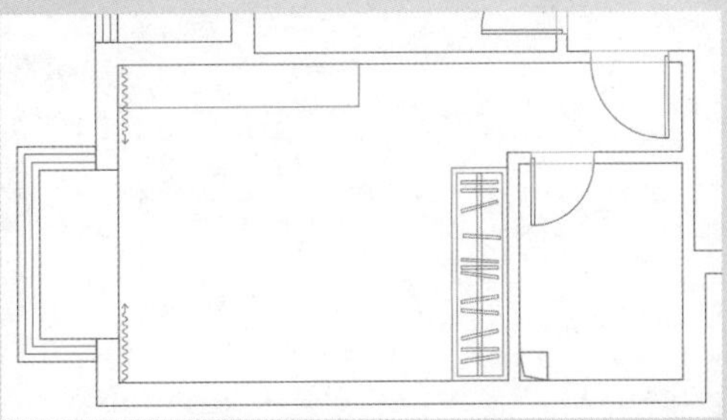

图 2-59 绘制电视柜图形

21 执行“矩形”命令，绘制主卫洗手池图形，尺寸如图2-60所示。

22 执行“偏移”命令，偏移墙体边线，绘制次卫洗手池图形，如图2-61所示。

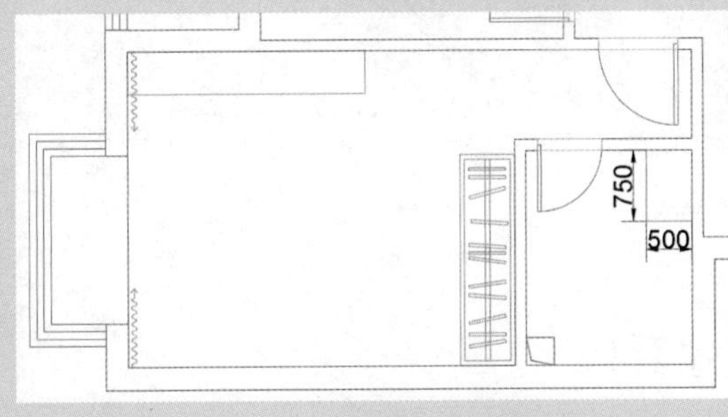

图 2-60 绘制主卫洗手池图形

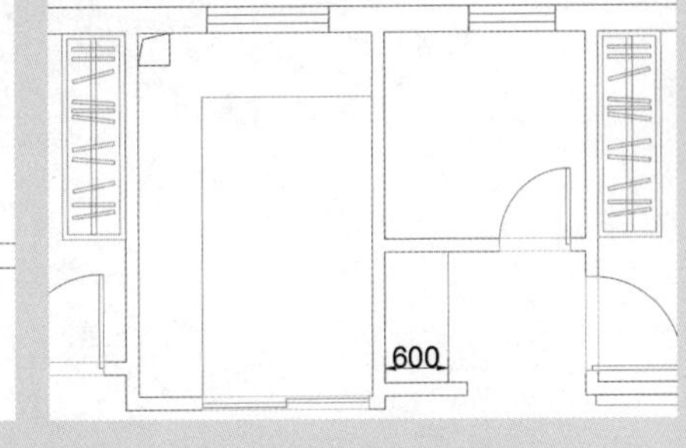

图 2-61 绘制次卫洗手池图形

23 执行“插入” | “块”命令，打开“插入”对话框，如图2-62所示。

24 单击“浏览”按钮，打开“选择图形文件”对话框，选择要插入的图形文件，如图2-63所示。

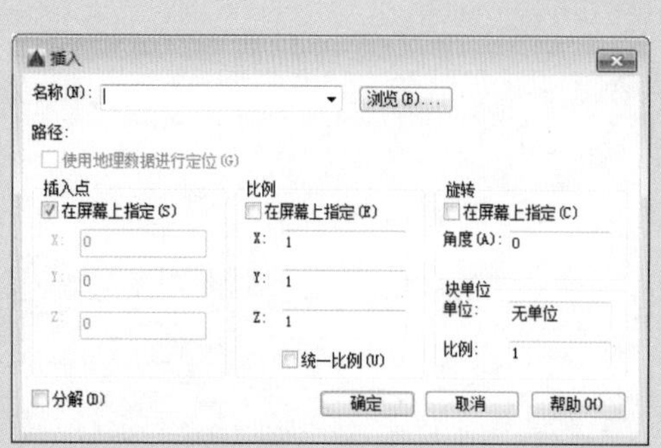

图 2-62 “插入”对话框

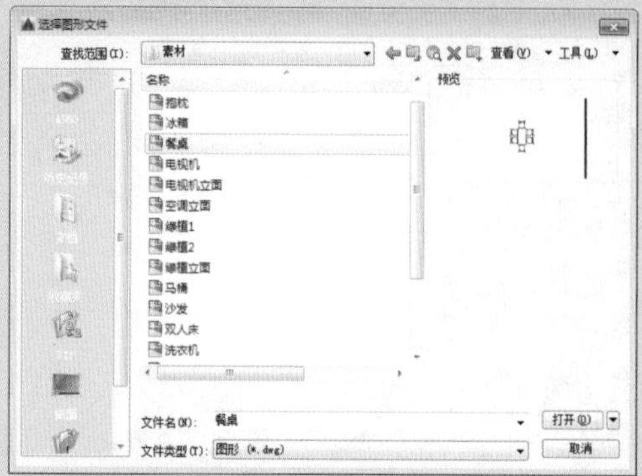

图 2-63 选择图形文件

25 单击“打开”按钮，返回“插入”对话框，如图 2-64 所示。

26 单击“确定”按钮，返回绘图区，并插入餐桌图块，如图 2-65 所示。

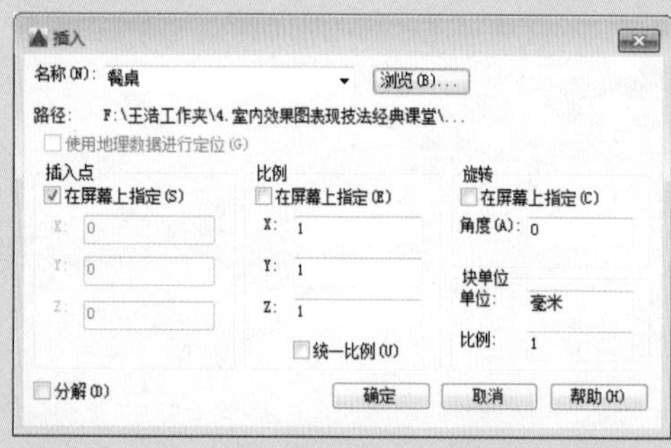

图 2-64 返回“插入”对话框

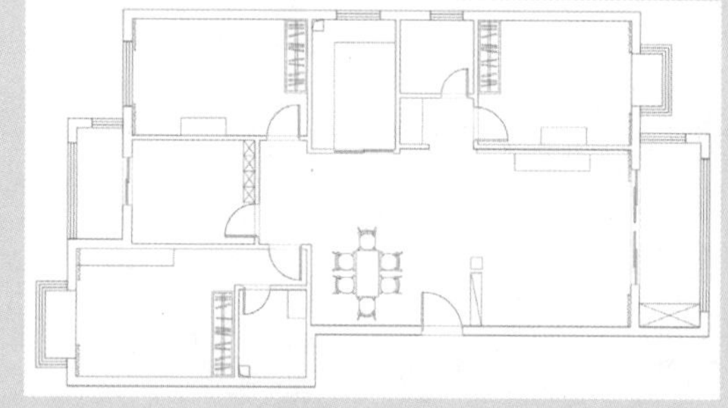

图 2-65 插入餐桌图块

27 继续执行当前命令，插入其他图块，如双人床、沙发组合、办公桌椅、各种厨卫用具、植物等，如图 2-66 所示。

28 设置“图案填充”图层为当前图层，执行“图案填充”命令，设置样例名为 ANSI37，比例为 200，角度为 45，对客餐厅地面进行图案填充，如图 2-67 所示。

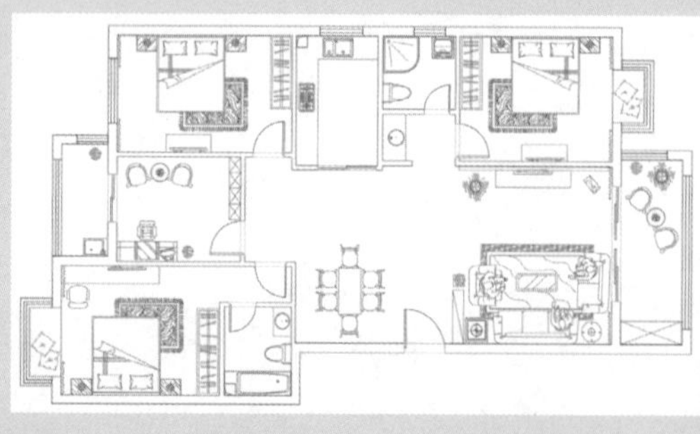

图 2-66 插入其他图块

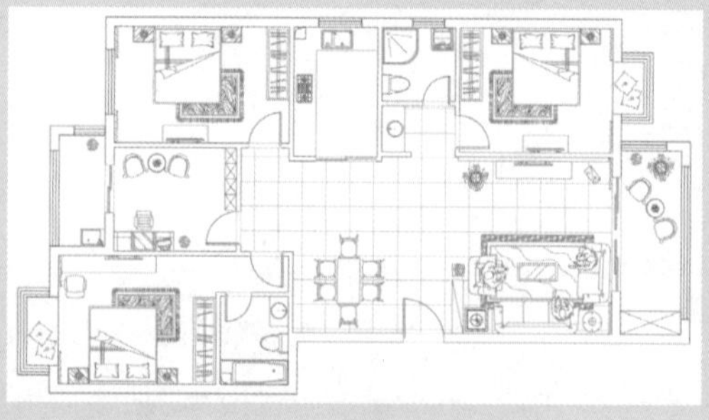

图 2-67 填充地面

29 继续执行当前命令，设置样例名为 DOLMIT，比例为 20，角度为 0，对卧室地面进行图案填充，如图 2-68 所示。

30 继续执行当前命令，对卧室地面进行图案填充，如图 2-69 所示。

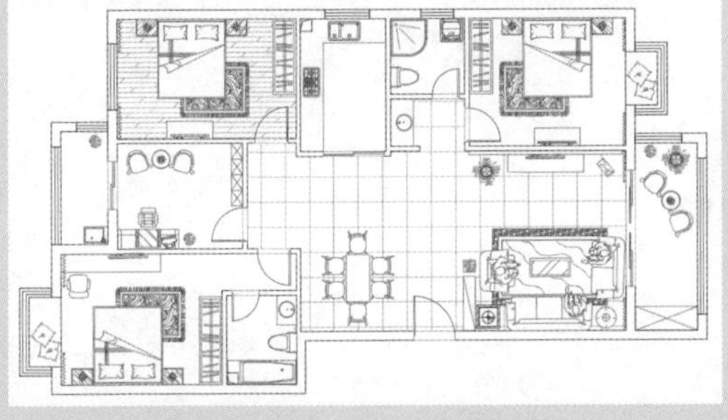

图 2-68　填充卧室地面

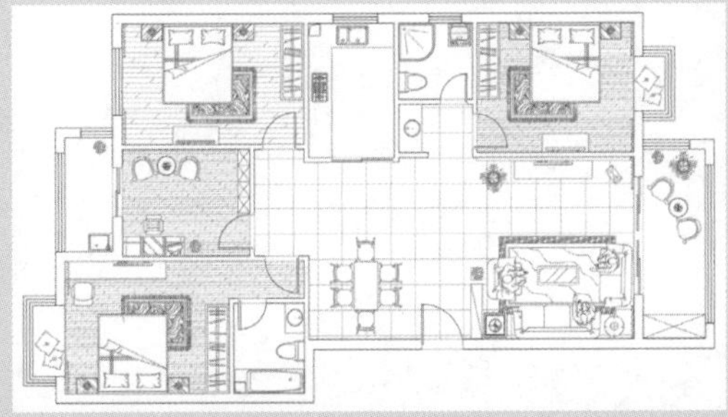

图 2-69　继续填充地面

31 继续执行当前命令，设置样例名为 ANGLE，比例为 50，对厨房、卫生间、阳台地面进行图案填充，如图 2-70 所示。

32 继续执行当前命令，设置样例名为 AR-CONC，比例为 1，对过门石进行图案填充，如图 2-71 所示。

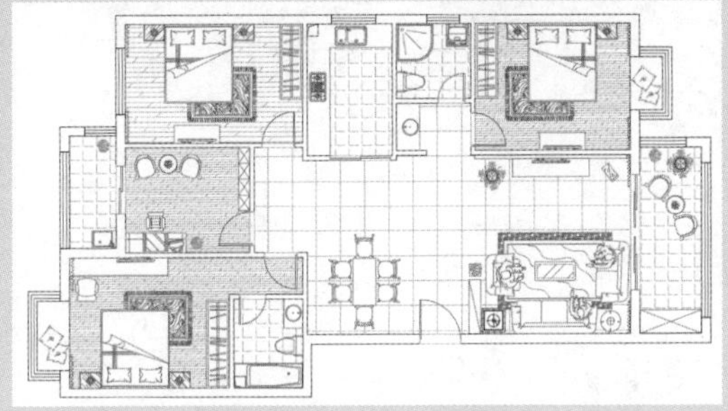

图 2-70　填充地面

图 2-71　填充过门石

33 打开“尺寸标注”和“文字注释”图层，如图 2-72 所示。

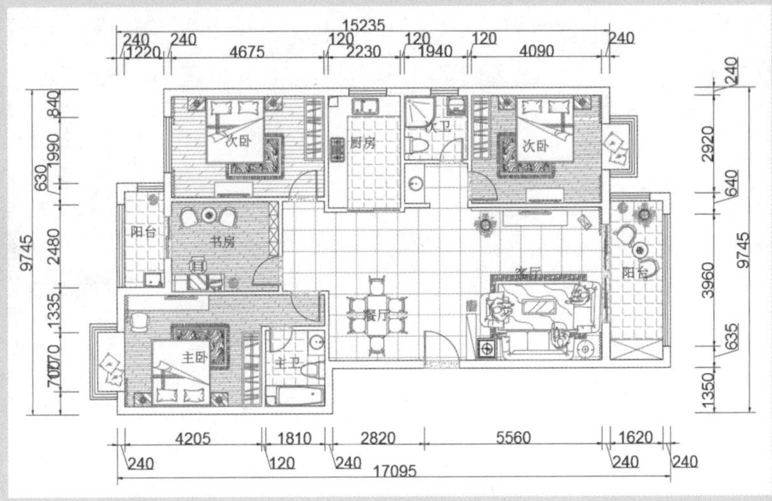

图 2-72　打开图层

34 设置“文字注释”图层为当前层，执行“单行文字”命令，对文字注释进行补充，至此完成居室平面图的绘制，如图 2-73 所示。

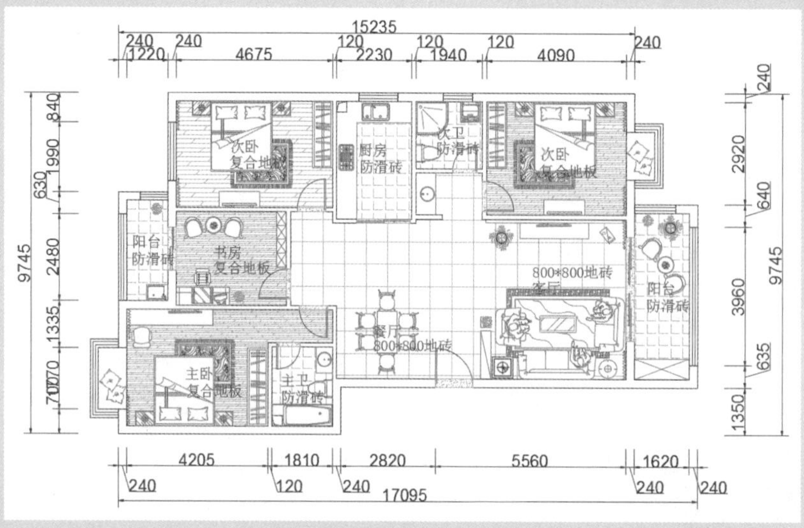

图 2-73　完成居室平面图的绘制

2.2　绘制居室立面图

立面图主要用来表现墙面装饰造型尺寸及装饰材料的使用，下面将根据居室平面图，绘制其客厅和卧室立面图。

2.2.1　绘制客厅立面图

下面将利用射线、直线、偏移、修剪、图案填充等命令绘制客厅立面图，具体操作介绍如下。

01 设置“墙体”图层为当前图层，复制客厅平面图，并删除多余的线段，如图 2-74 所示。

02 执行“射线”命令，捕捉绘制射线，如图 2-75 所示。

图 2-74　复制图形

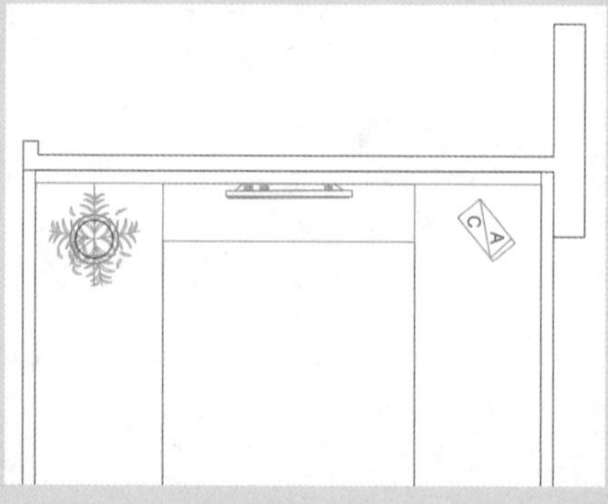

图 2-75　绘制射线

03 执行“直线”和“偏移”命令，绘制立面图轮廓，如图 2-76 所示。

04 执行“修剪”命令，修剪删除多余的线段，如图 2-77 所示。

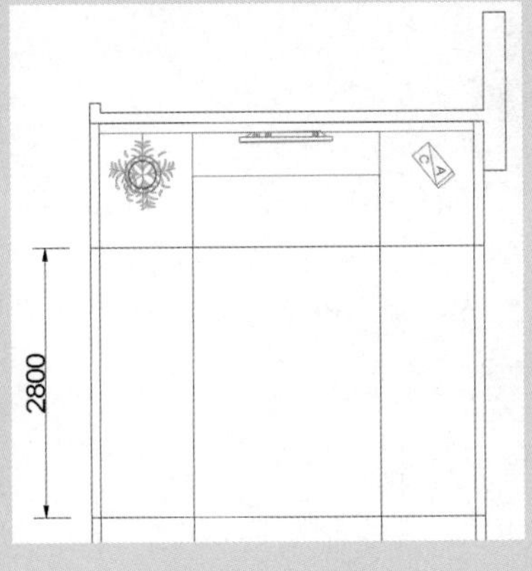

图 2-76　绘制轮廓

图 2-77　修剪线段

05 执行“偏移”命令，将线段向内进行偏移，如图 2-78 所示。

06 执行“修剪”命令，修剪删除多余的线段，如图 2-79 所示。

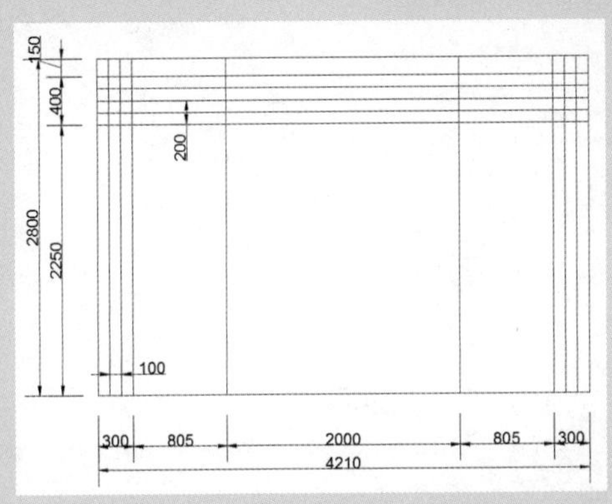

图 2-78　偏移线段

图 2-79　修剪线段

07 执行“偏移”命令，将线段向内进行偏移，如图 2-80 所示。

08 执行“修剪”命令，修剪删除多余的线段，如图 2-81 所示。

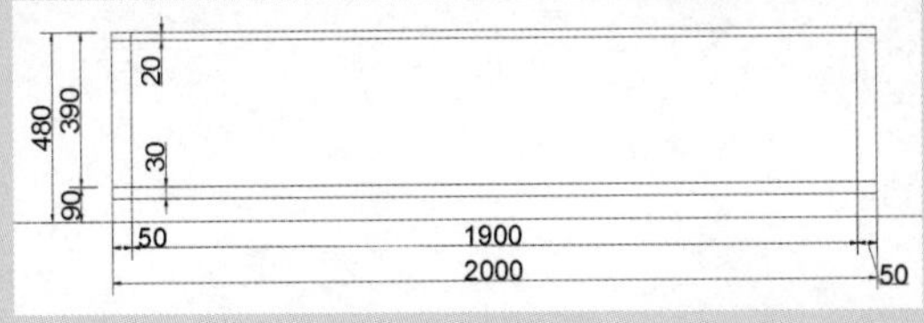

图 2-80　偏移线段

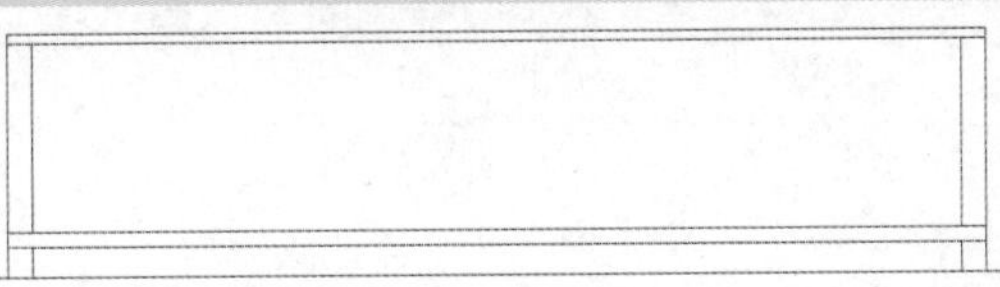

图 2-81　修剪线段

09 执行“偏移”命令，将线段向内进行偏移，如图 2-82 所示。

10 执行“矩形”命令，绘制长为 250mm、宽为 330mm 的矩形图形，并放在图中合适位置，如图 2-83 所示。

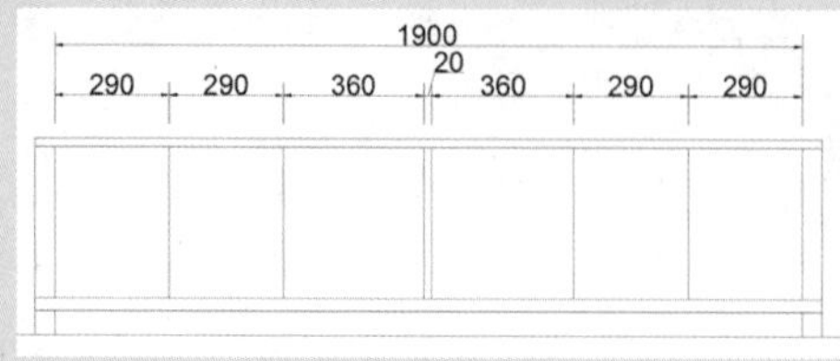

图 2-82 偏移线段

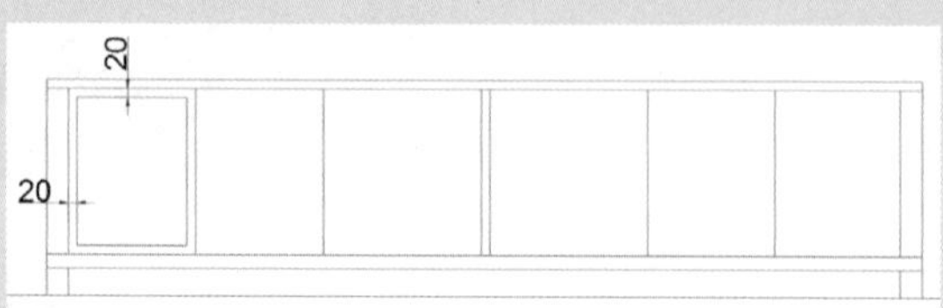

图 2-83 绘制矩形图形

11 执行“镜像”命令，镜像复制矩形图形，并放在图中合适位置，如图 2-84 所示。

12 执行“矩形”命令，绘制矩形图形，并放在图中合适位置，如图 2-85 所示。

图 2-84 复制图形

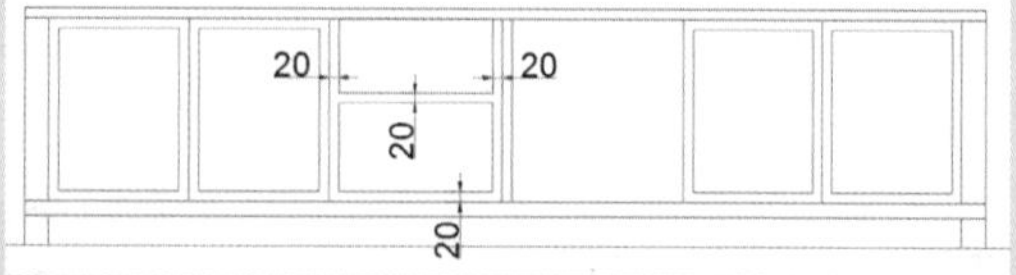

图 2-85 绘制矩形图形

13 执行“镜像”命令，镜像复制矩形图形，绘制柜门图形，如图 2-86 所示。

14 执行“直线”命令，绘制长为 15mm、宽为 60mm 的门把手图形，放在图中合适位置，如图 2-87 所示。

图 2-86 绘制柜门图形

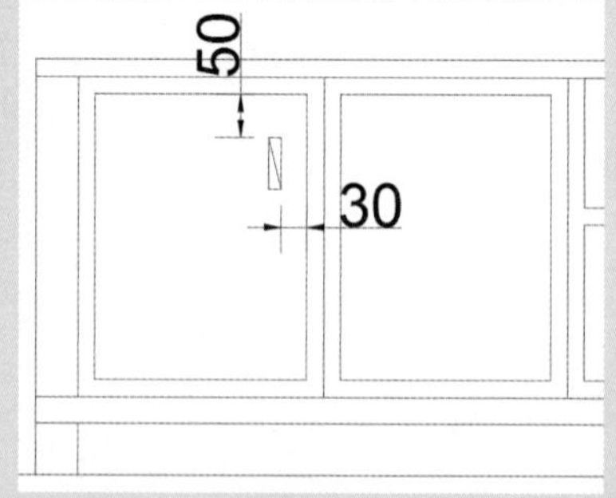

图 2-87 绘制门把手图形

15 执行“镜像”命令，镜像复制门把手图形，如图 2-88 所示。

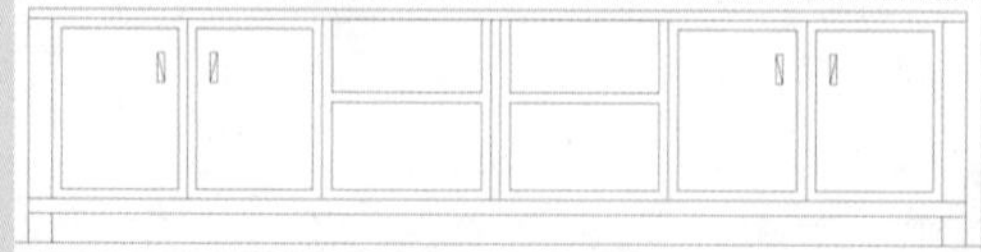

图 2-88 复制图形

16 执行“旋转”和“复制”命令，旋转并复制门把手图形，绘制电视柜立面图，如图 2-89 所示。

图 2-89　旋转并复制门把手图形

17 执行“插入”|“块”命令，打开“插入”对话框，如图 2-90 所示。

18 单击“浏览”按钮，打开“选择图形文件”对话框，并选择所需插入的图块，如图 2-91 所示。

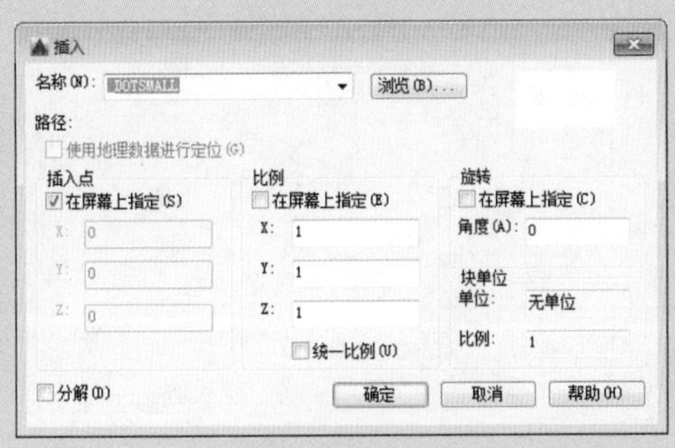

图 2-90　“插入”对话框

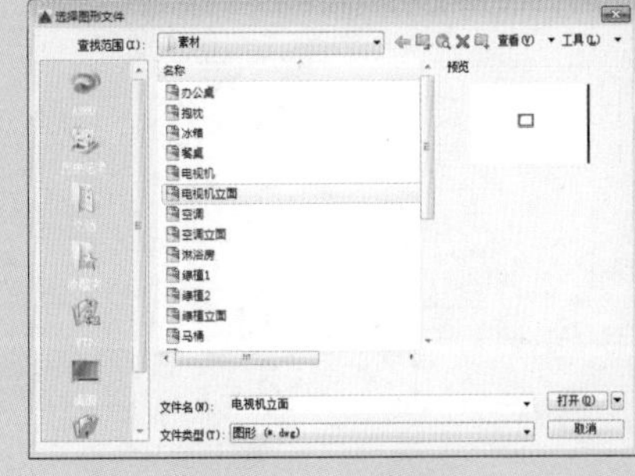

图 2-91　选择图块

19 单击“打开”按钮，返回“插入”对话框，如图 2-92 所示。

20 单击“确定”按钮，在绘图区中插入电视机立面图块，如图 2-93 所示。

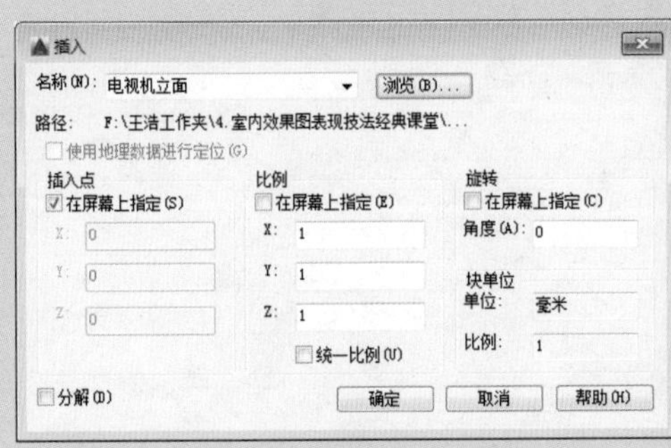

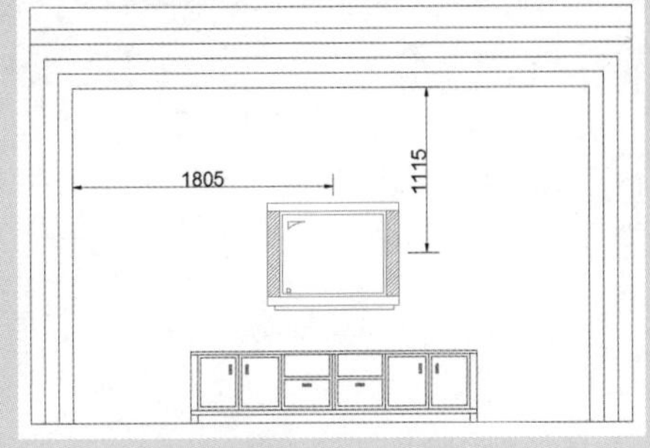

图 2-92　返回“插入”对话框

图 2-93　插入图块

21 继续执行当前命令，插入绿植和空调立面等图块，如图 2-94 所示。

22 执行“修剪”命令，修剪删除多余的线段，如图 2-95 所示。

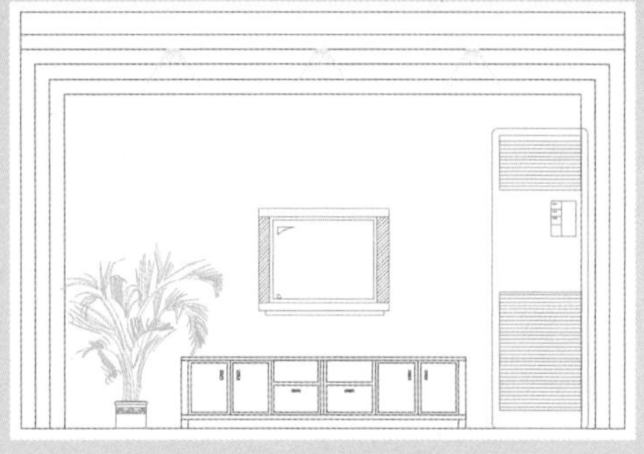

图 2-94 插入其余图块

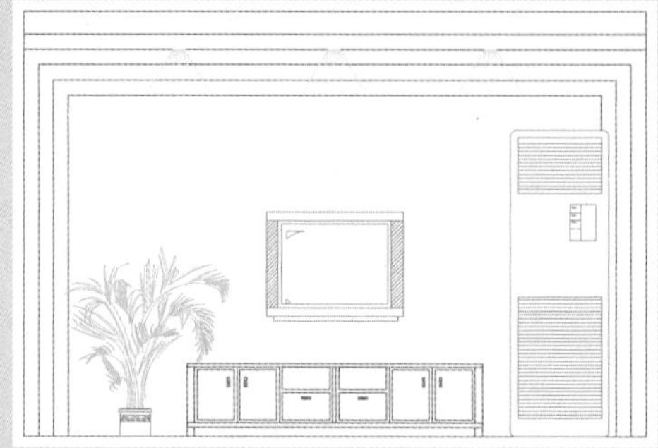

图 2-95 修剪线段

23 执行“偏移”命令，将线段向下进行偏移，如图 2-96 所示。

24 设置偏移后的线段线型为虚线，颜色为 8 号，比例为 20，如图 2-97 所示。

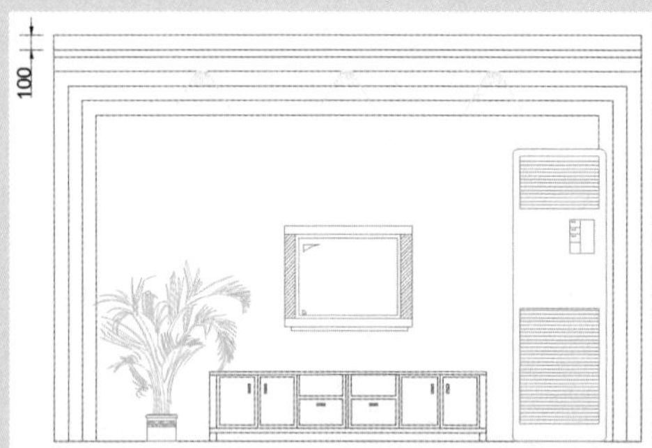

图 2-96 偏移线段

图 2-97 设置参数

25 设置“图案填充”图层为当前图层，执行“图案填充”命令，设置样例名为 ANSI37、比例为 200、角度为 45、颜色黑，原点为中心，对电视背景墙进行填充，如图 2-98 所示。

26 继续执行当前命令，设置样例名为大理石、比例为 1、角度为 0、颜色为 40 号，对电视背景墙进行填充，如图 2-99 所示。

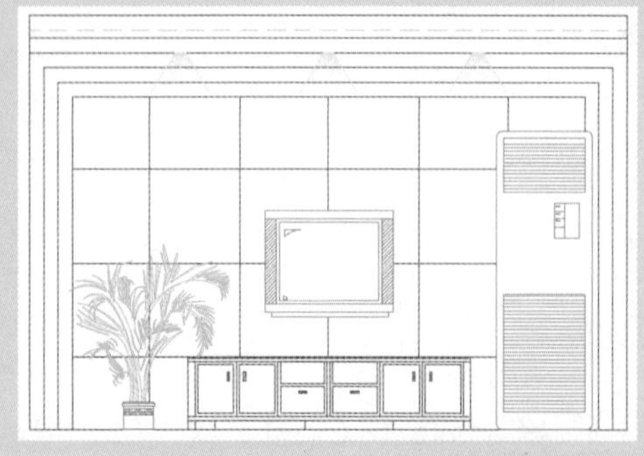

图 2-98 填充电视背景墙

图 2-99 继续填充电视背景墙

27 继续执行当前命令，设置样例名为 AR-RROOF、比例为 10、角度为 45、颜色为 212 号，对茶镜进行填充，如图 2-100 所示。

28 继续执行当前命令，设置样例名为 AR-CONC、比例为 1、角度为 0、颜色为 212 号，对茶镜进行填充，如图 2-101 所示。

图 2-100　填充茶镜

图 2-101　继续填充茶镜

29 设置“尺寸标注”图层为当前图层，执行“线性”和“连续”命令，对客厅立面图进行尺寸标注，如图 2-102 所示。

30 执行“多重引线样式”命令，打开“多重引线样式管理器”对话框，如图 2-103 所示。

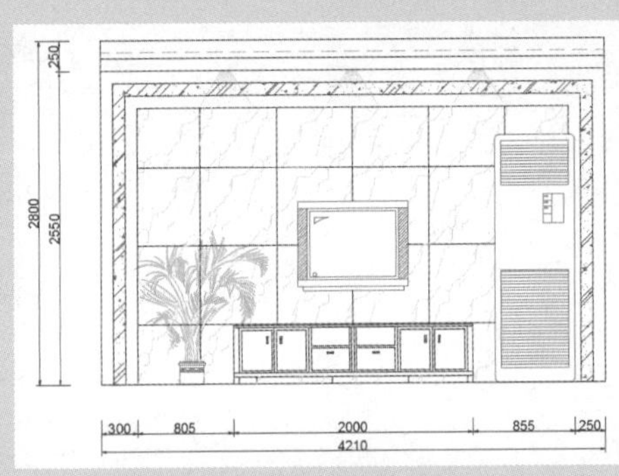

图 2-102　添加尺寸标注

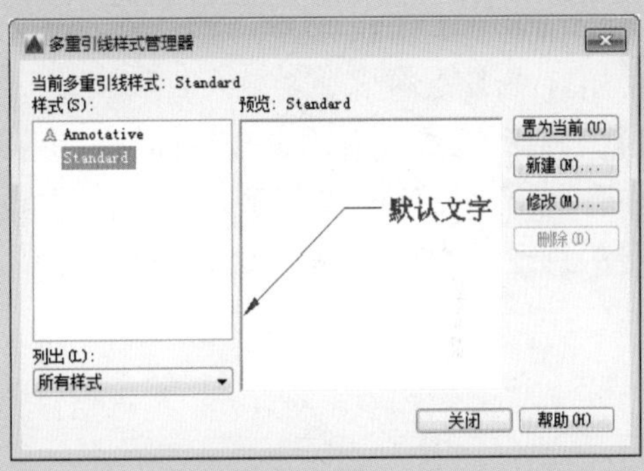

图 2-103　“多重引线样式管理器”对话框

31 单击“新建”按钮，打开“创建新多重引线样式”对话框，并输入新样式名，如图 2-104 所示。

32 单击“继续”按钮，打开“修改多重引线样式:尺寸标注”对话框，设置箭头符号为小点、大小为 120、文字高度为 100，如图 2-105 所示。

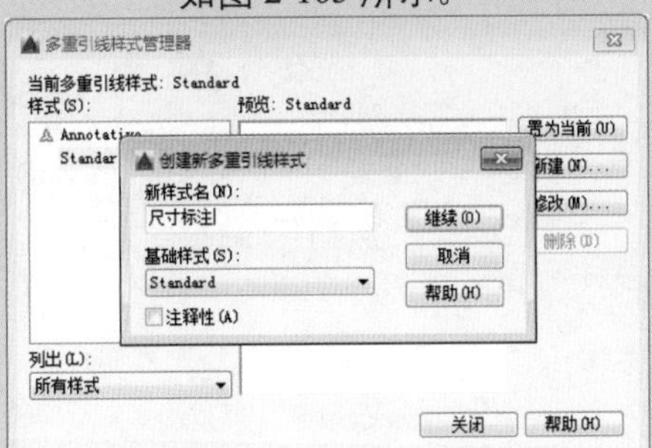

图 2-104　输入新样式名

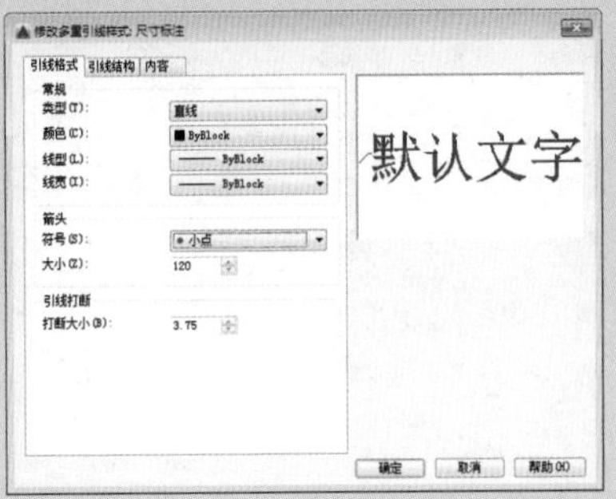

图 2-105　设置相关参数

33 单击“确定”按钮，返回“多重引线样式管理器”对话框，单击“置为当前”按钮，关闭对话框，如图 2-106 所示。

34 执行“多重引线”命令，对客厅立面图进行引线标注，至此，完成客厅立面图的绘制，如图 2-107 所示。

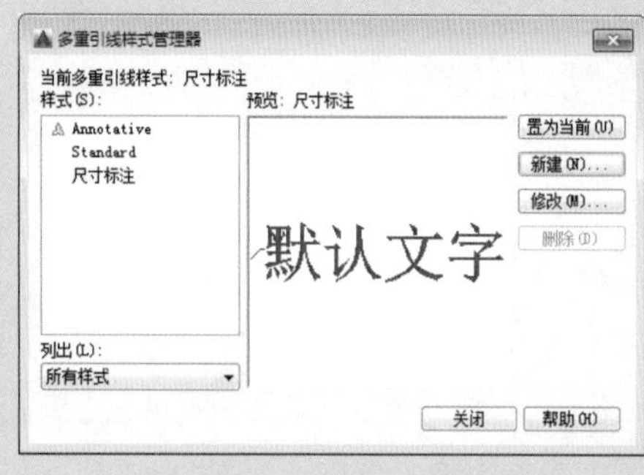

图 2-106　置为当前

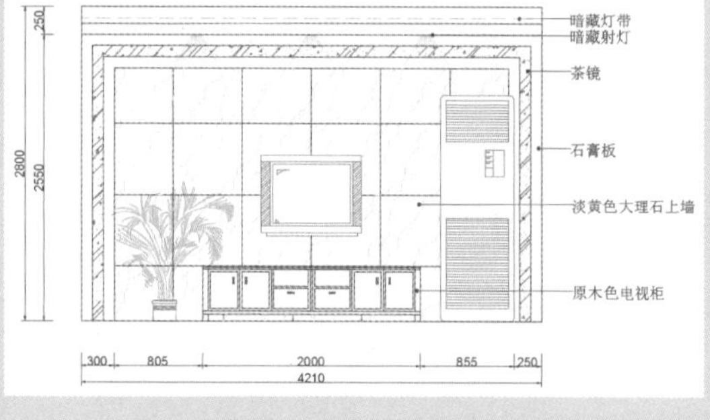

图 2-107　完成客厅立面图绘制

2.2.2　绘制卧室立面图

下面将利用射线、直线、插入、矩形、图案填充等命令绘制卧室立面图，具体操作介绍如下。

01 设置“墙体”图层为当前图层，复制并旋转卧室平面图，并删除多余的线段，如图 2-108 所示。

02 执行“射线”命令，绘制墙体线，如图 2-109 所示。

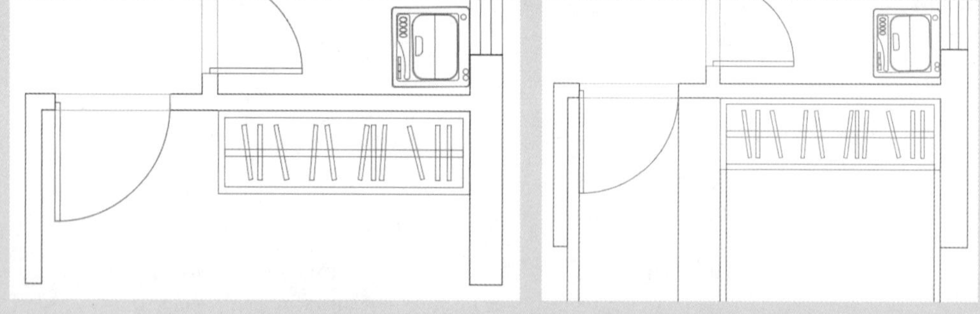

图 2-108　复制并旋转平面图　　　图 2-109　绘制墙体线

03 执行“直线”和“偏移”命令，绘制立面图轮廓，如图 2-110 所示。

04 执行“修剪”命令，修剪删除多余的线段，如图 2-111 所示。

05 执行“偏移”命令，将水平方向的线段分别向下偏移 400mm、2300mm，如图 2-112 所示。

06 执行“修剪”命令，修剪删除多余的线段，如图 2-113 所示。

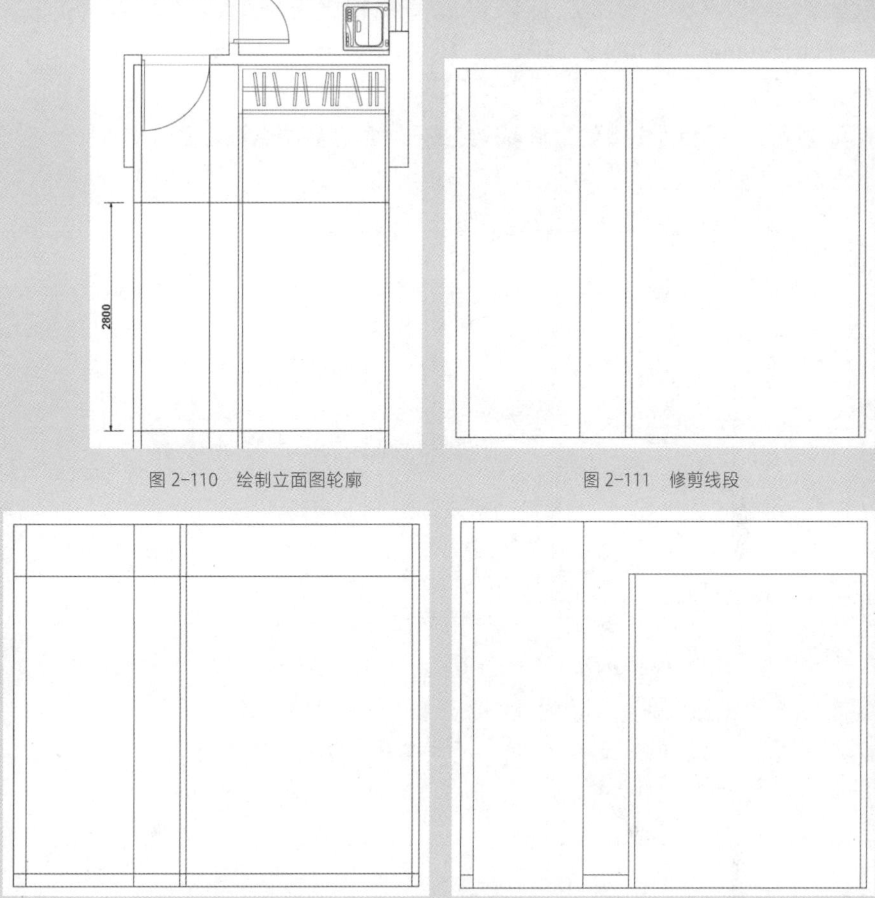

图 2-110　绘制立面图轮廓

图 2-111　修剪线段

图 2-112　偏移线段

图 2-113　修剪线段

07 执行“偏移”命令，将水平方向的线段向下偏移 50mm、2300mm，垂直方向的线段分别向右偏移 875mm、25mm、25mm，如图 2-114 所示。

08 执行“修剪”命令，修剪删除多余的线段，如图 2-115 所示。

图 2-114　偏移线段

图 2-115　修剪线段

09 执行“偏移”命令，将修剪后的线段分别向下偏移470mm、30mm、1340mm、30mm、105mm、105m、105mm，如图 2-116 所示。

10 执行“多段线”命令，绘制多段线图形，放在图中合适位置，如图 2-117 所示。

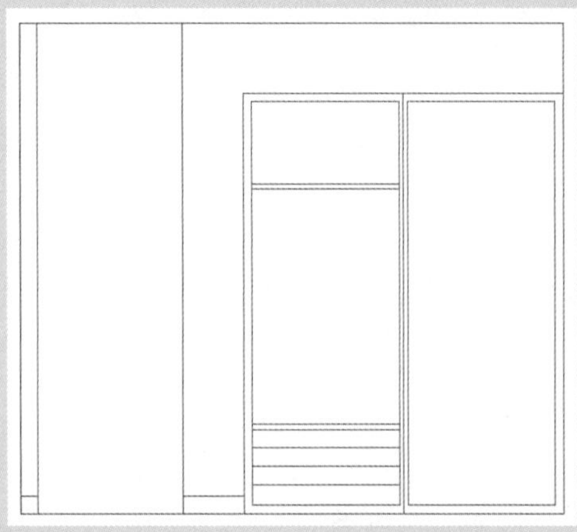

图 2-116 偏移线段

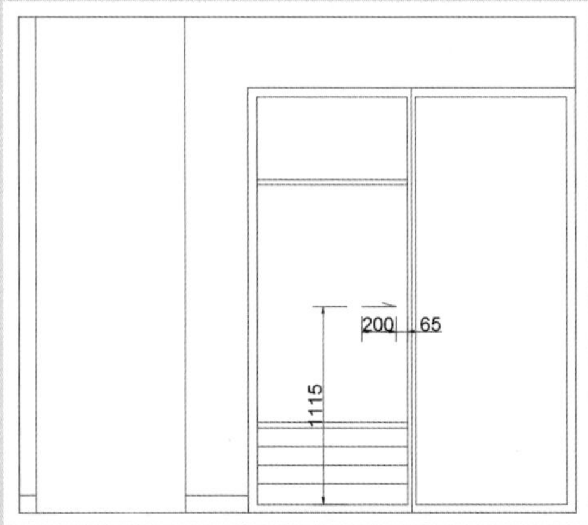

图 2-117 绘制多段线图形

11 执行“镜像”命令，镜像复制图形，如图 2-118 所示。

12 执行“插入” | “块”命令，插入门立面图形，并删除多余的线段，如图 2-119 所示。

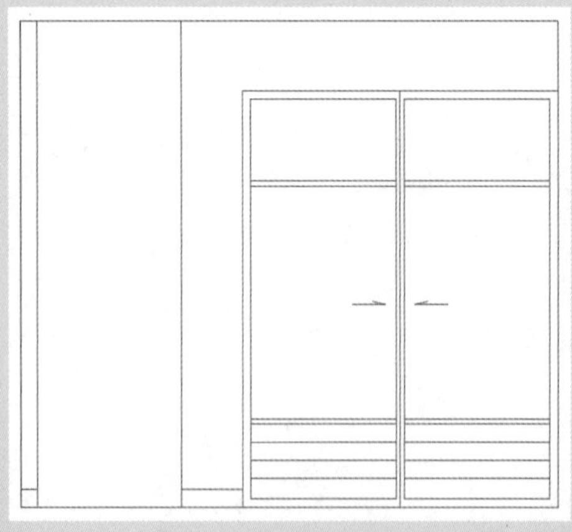

图 2-118 复制图形

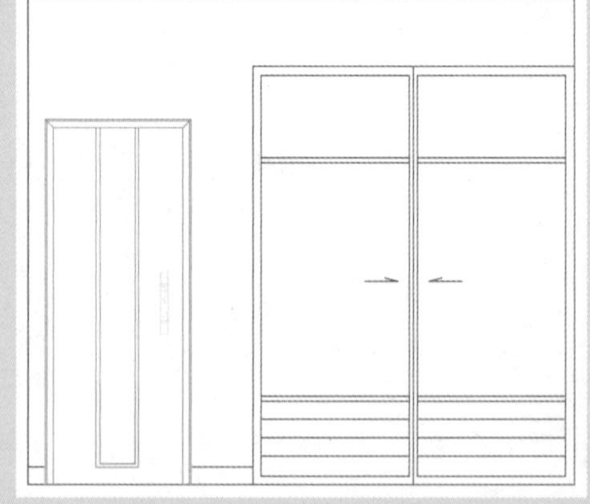

图 2-119 插入门立面图形

13 设置“尺寸标注”图层为当前图层，执行“线性”和“连续”命令，对卧室立面图进行尺寸标注，如图 2-120 所示。

14 执行“多重引线”命令，对卧室立面图进行引线标注，完成卧室立面图的绘制，如图 2-121 所示。

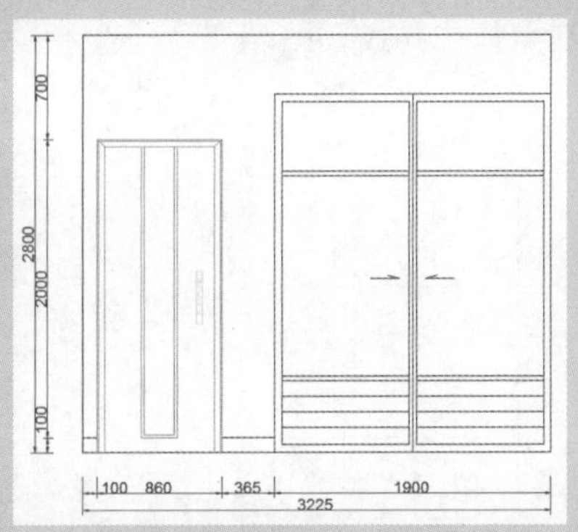

图 2-120　添加尺寸标注

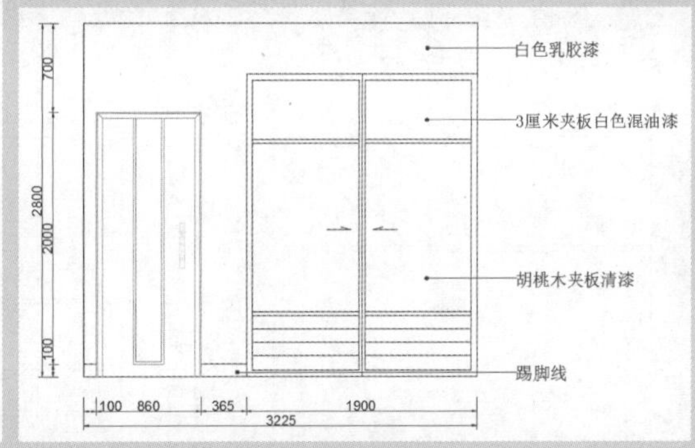

图 2-121　完成卧室立面图绘制

2.3　绘制居室详图

详图是为了表达建筑节点及配件的形状、材料、尺寸、做法等，让建筑物上许多细部构造表达清楚。

2.3.1　绘制衣柜详图

下面将利用射线、直线、偏移、修剪、插入图块、图案填充等命令绘制衣柜详图，具体操作介绍如下。

01 执行“矩形”命令，绘制长为 1900mm、宽为 2400mm 的矩形，如图 2-122 所示。

02 执行“偏移”命令，将矩形图形向内偏移 50mm，如图 2-123 所示。

图 2-122　绘制矩形图形 　　图 2-123　偏移图形

03 执行“矩形”命令，绘制长为 25mm、宽为 2300mm，长为 1800mm、宽为 25mm 的矩形图形，并放在图中合适位置，如图 2-124 所示。

04 执行“复制”命令，将矩形图形进行复制操作，并放在图中合适位置，如图 2-125 所示。

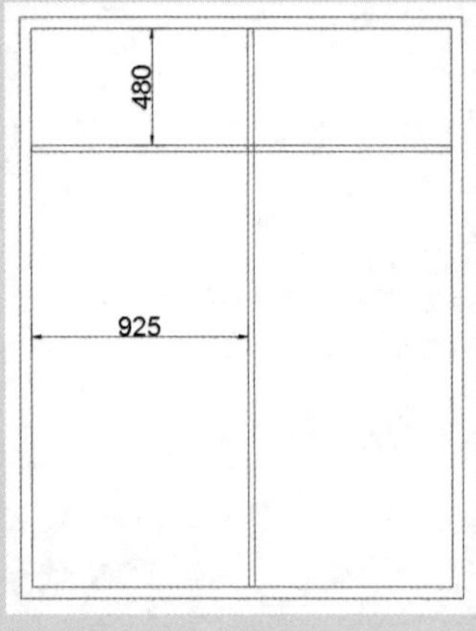

图 2-124　绘制矩形图形

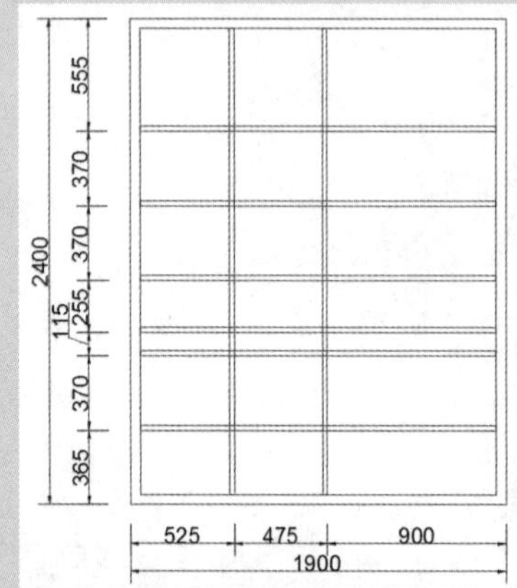

图 2-125　复制矩形

05 执行“修剪”命令，修剪删除多余的线段，如图 2-126 所示。

06 执行“矩形”命令，绘制长为 10mm、宽为 30mm，长为 830mm、宽为 20mm 的矩形图形，并放在图中合适位置，如图 2-127 所示。

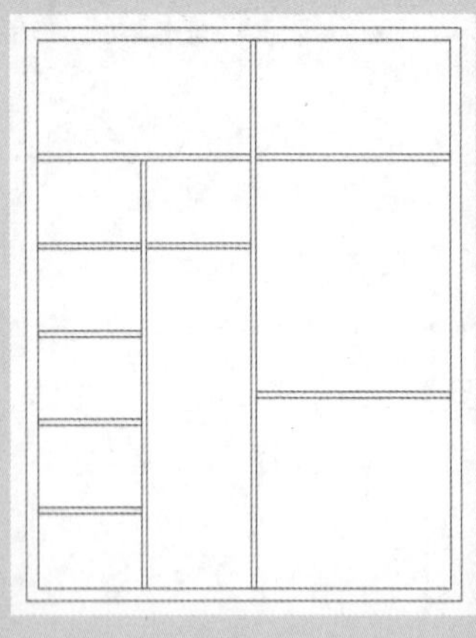

图 2-126　修剪线段

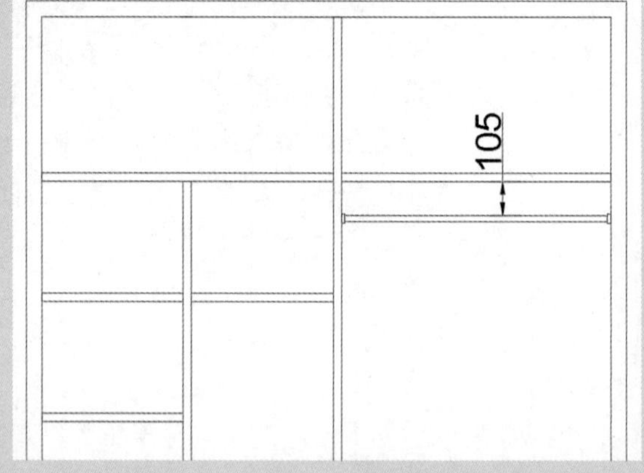

图 2-127　绘制矩形

07 执行“圆角”命令，设置圆角半径为 5mm，对矩形图形进行圆角操作，绘制出挂衣杆图形，如图 2-128 所示。

08 执行“复制”和“拉伸”命令，复制挂衣杆图形，并将其进行拉伸，放在图中合适位置，如图 2-129 所示。

09 执行“矩形”命令，绘制长为 600mm、宽为 50mm，长为 550mm、宽为 270mm，长为 100mm、宽为 45mm 的矩形图形，绘制出置物箱图形，并放在图中合适位置，如图 2-130 所示。

10 执行“插入”|“块”命令，插入衣物等图块，如图 2-131 所示。

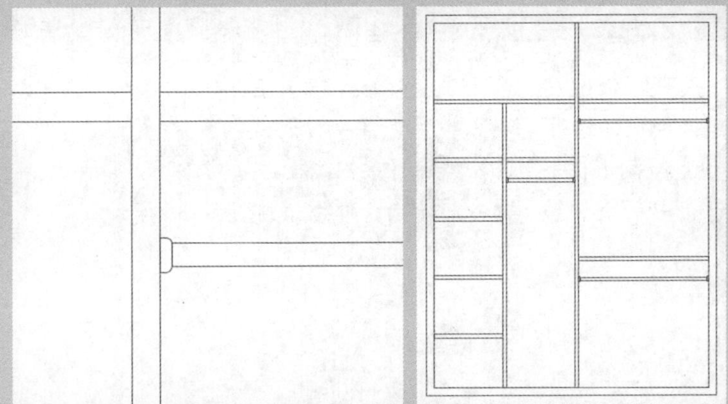

图 2-128　绘制挂衣杆图形　　图 2-129　复制、拉伸挂衣杆图形

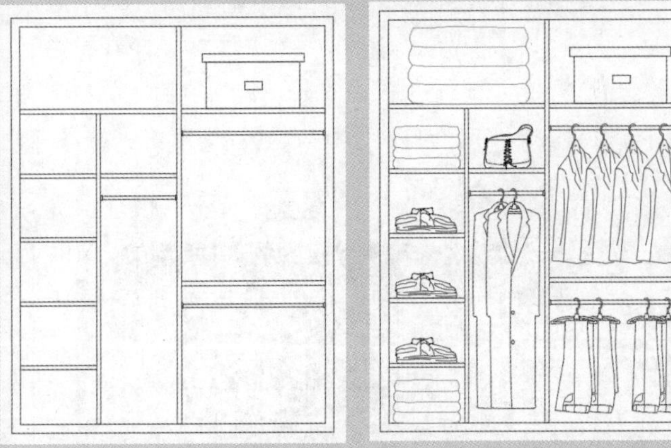

图 2-130　绘制置物箱图形　　图 2-131　插入图块

11 设置“尺寸标注”层为当前层，执行“线性”和“连续”命令，对衣柜详图进行尺寸标注，如图 2-132 所示。

12 执行“多重引线”命令，对卧室立面图进行引线标注，完成衣柜详图的绘制，如图 2-133 所示。

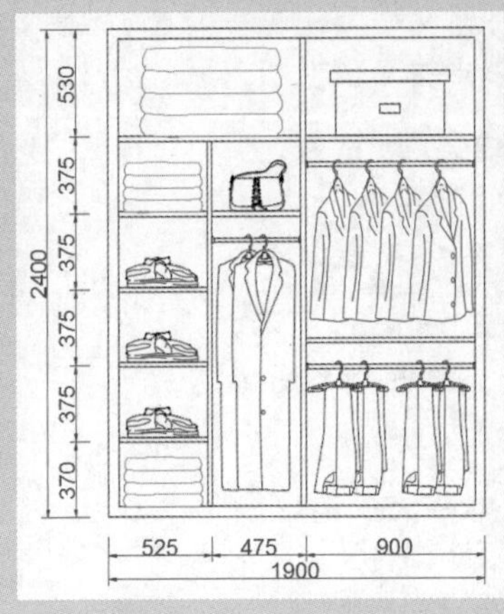

图 2-132　添加尺寸标注

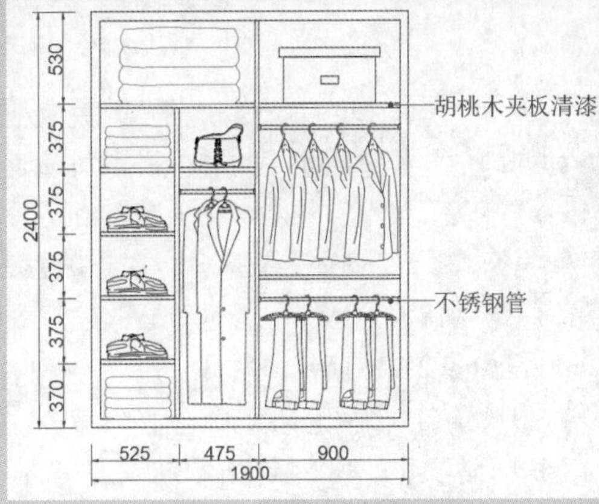

图 2-133　完成衣柜详图的绘制

■ 2.3.2 绘制书柜详图

下面将利用射线、直线、偏移、修剪、插入图块等命令绘制书柜详图，具体操作介绍如下。

01 复制书柜平面图，删除多余的线段，如图 2-134 所示。

02 执行“射线”命令，绘制轮廓线，如图 2-135 所示。

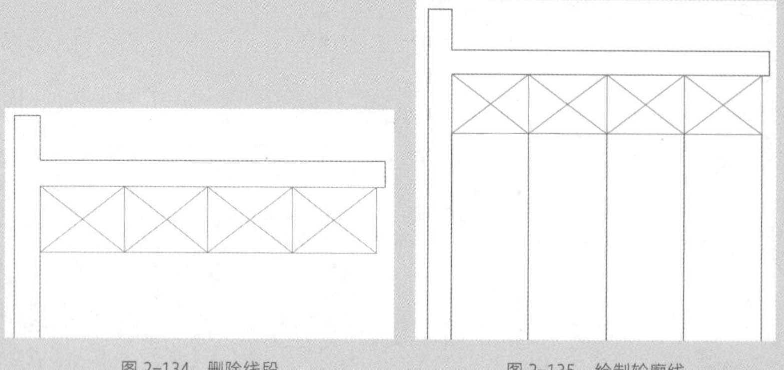

图 2-134 删除线段

图 2-135 绘制轮廓线

03 执行“直线”和“偏移”命令，绘制轮廓线，如图 2-136 所示。

04 执行“修剪”命令，修剪删除多余的线段，如图 2-137 所示。

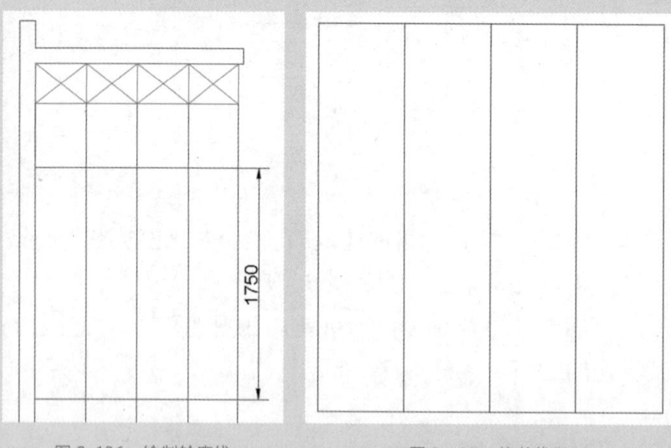

图 2-136 绘制轮廓线

图 2-137 修剪线段

05 执行“偏移”命令，将垂直方向线段向内偏移 25mm，将水平方向的线段向下分别偏移 20、1710mm，如图 2-138 所示。

06 执行“修剪”命令，修剪删除多余的线段，如图 2-139 所示。

07 执行“偏移”命令，将垂直方向的线段向左右两侧各偏移 10mm，如图 2-140 所示。

08 删除多余的线段，执行“偏移”命令，将水平方向的线段向下进行偏移，如图 2-141 所示。

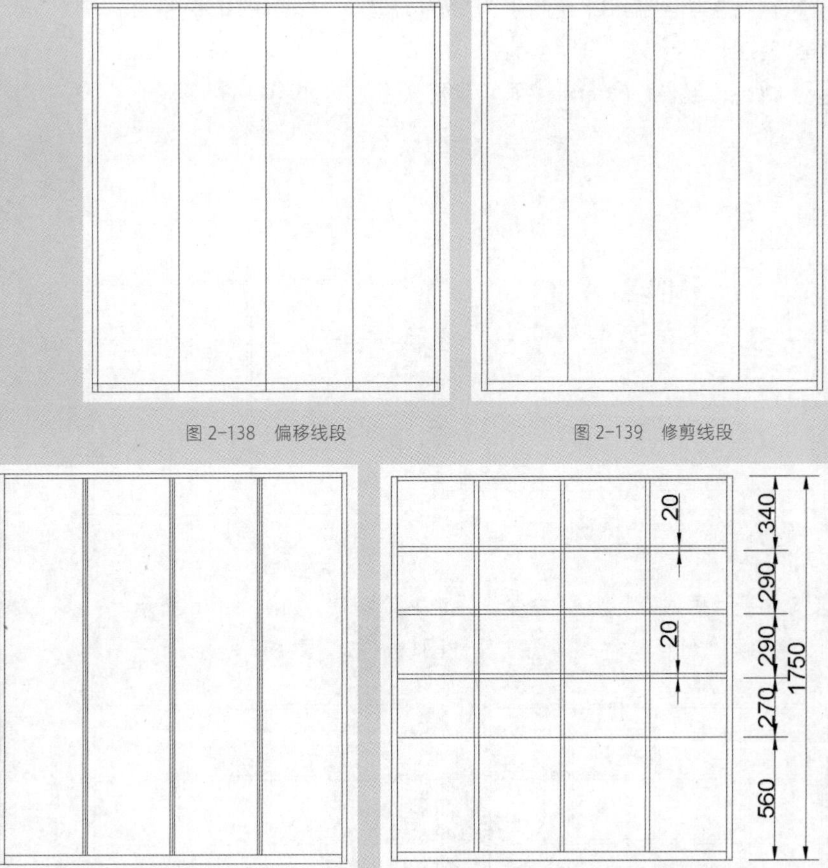

图 2-138　偏移线段

图 2-139　修剪线段

图 2-140　偏移线段

图 2-141　修剪线段

09 执行“修剪”命令，修剪删除多余的线段，如图 2-142 所示。

10 执行“直线”和“定数等分”命令，绘制出书柜门图形，如图 2-143 所示。

图 2-142　修剪线段

图 2-143　绘制图形

11 执行“矩形”命令，绘制长为 85mm、宽为 15mm 的把手图形，如图 2-144 所示。

12 执行“镜像”命令，镜像复制把手图形，如图 2-145 所示。

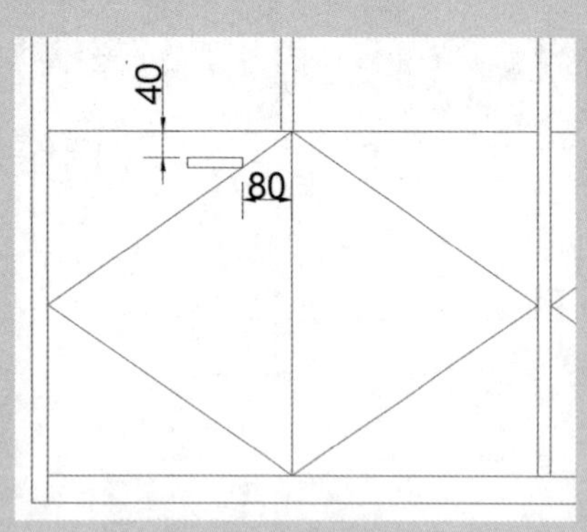

图 2-144　绘制把手图形

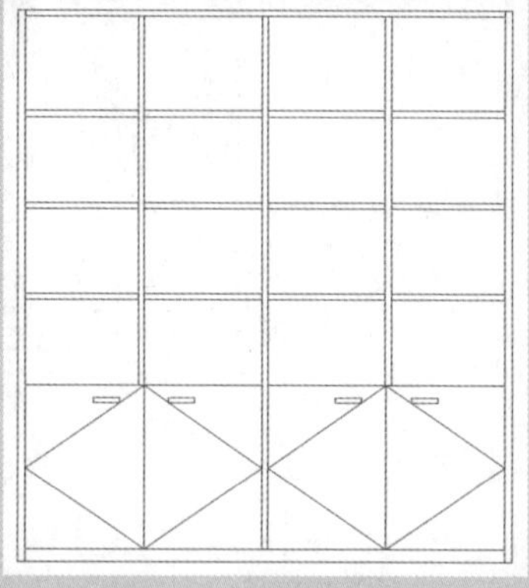

图 2-145　镜像复制图形

13 执行“插入”|“块”命令，插入书籍图块，如图 2-146 所示。

14 继续执行当前命令，插入其他图块，如图 2-147 所示。

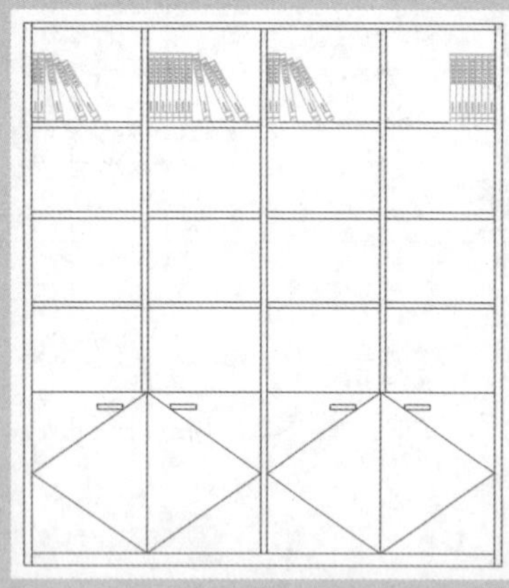

图 2-146　插入图块

图 2-147　插入其他图块

15 设置“图案填充”层为当前层，执行“图案填充”命令，设置样例名为 AR-RROOF、比例为 5、角度为 45、颜色为青，如图 2-148 所示。

16 设置“尺寸标注”层为当前层，执行“线性”和“连续”命令，对书柜立面图进行尺寸标注，如图 2-149 所示。

17 执行“多重引线”命令，对书柜立面图进行引线标注，如图 2-150 所示。

图 2-148　填充图案

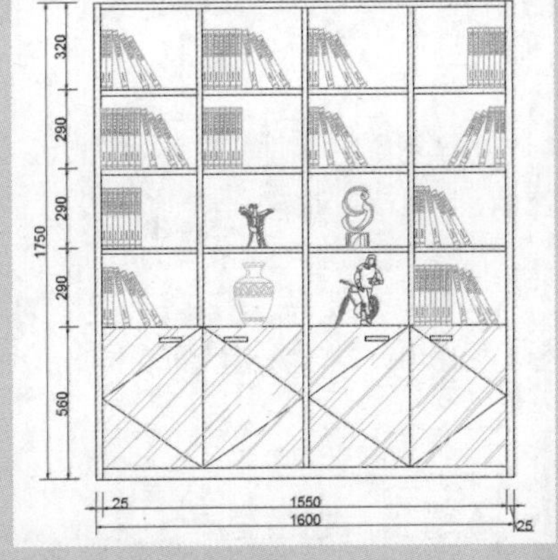

图 2-149　添加尺寸标注

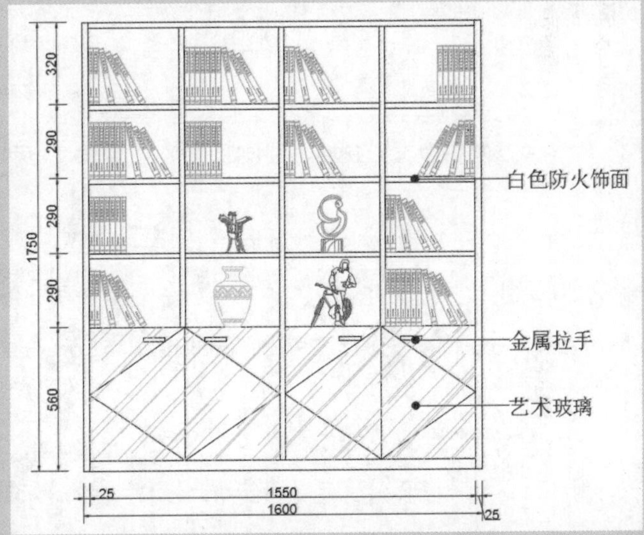

图 2-150　完成书柜立面图的绘制

强化训练

为了更好地掌握本章所学的知识，在此列举两个针对本章的拓展案例，以供读者练手！

1. 绘制餐厅立面图

利用矩形、块、填充、标注等命令绘制如图 2-151 所示的餐厅立面图。

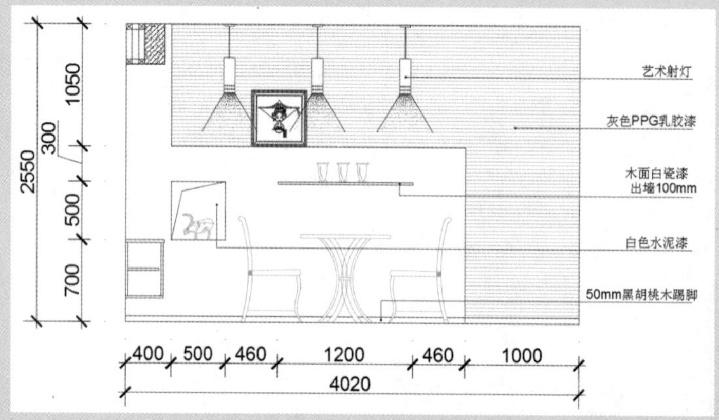

图 2-151　餐厅立面图

操作提示

01 利用矩形命令，绘制餐厅立面图的轮廓。

02 利用块、图案填充命令，插入装饰品。

03 利用尺寸标注、引线标注命令，对图形进行标注。

2. 绘制客厅立面图

利用直线、样条曲线、块、标注等命令绘制如图 2-152 所示的客厅立面图。

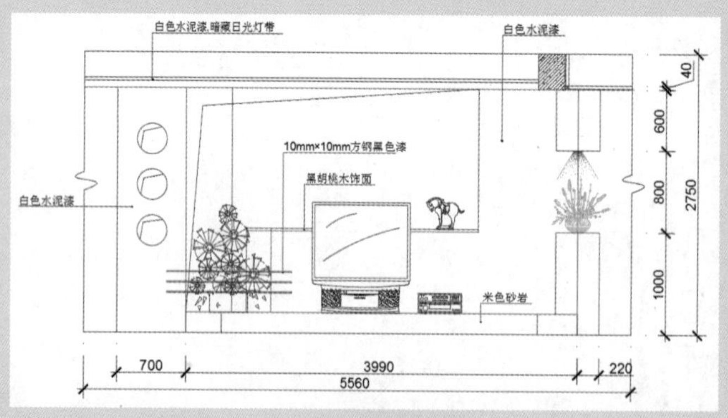

图 2-152　客厅立面图

操作提示

01 利用直线、样条曲线命令，绘制客厅立面图的轮廓。

02 利用块命令，插入装饰品。

03 利用尺寸标注、引线标注命令，对图形进行标注。

第3章

3ds max 建模技术

本章概述 SUMMARY

在 3ds max 中，除了内置的基本几何体模型外，用户可以通过对二维图形进行挤出、放样等操作来完成墙体、吊顶等模型的创建，还可以结合相应的修改器，创建出形状复杂的三维物体。

■ 学习目标

√ 掌握可编辑样条线的使用
√ 掌握可编辑多边形的使用
√ 掌握复合对象的使用
√ 掌握修改器的使用

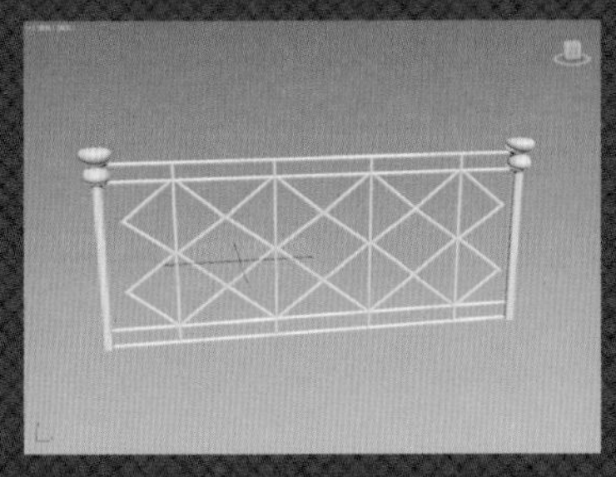
◎护栏模型

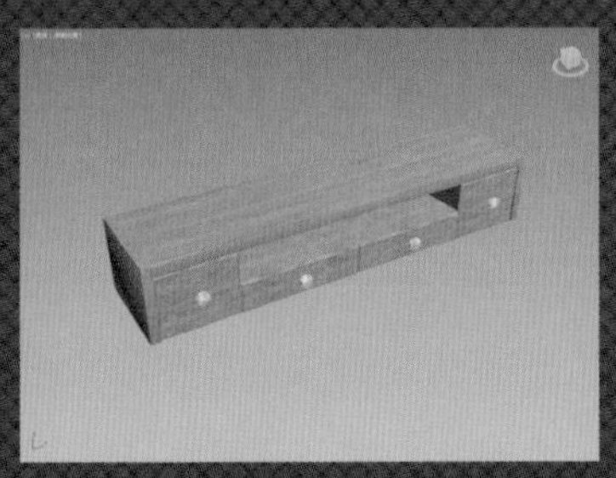
◎电视柜模型

◎书籍模型

3.1 可编辑样条线

创建样条线之后，若不满足用户的需要，可以编辑和修改创建的样条线，在 3ds max 中，将其转换为可编辑样条线，在参数卷展栏中对样条线进行编辑。

3.1.1 转换为可编辑样条线

如果需要对创建的样条线的节点、线段等进行修改，首先需要转换为可编辑样条线，才可以进行编辑操作。

选择样条线并单击鼠标右键，在弹出的快捷菜单中选择“转换为可编辑样条线”命令，如图 3-1 所示，此时将转换为可编辑样条线，在修改器堆栈栏中可以选择编辑样条线的方式，如图 3-2 所示。

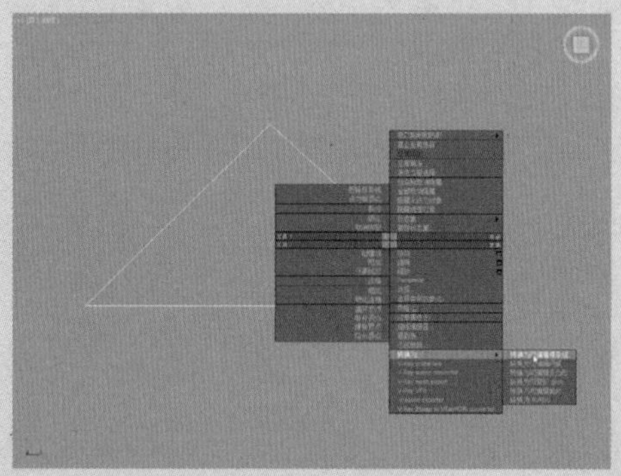

图 3-1 选择“转换为可编辑样条线”命令

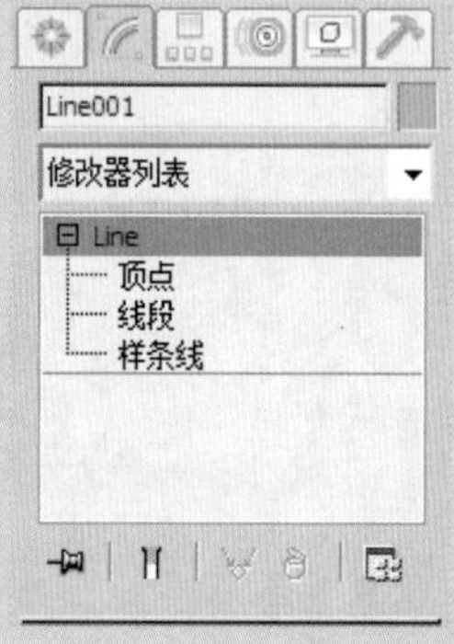

图 3-2 设置编辑样条线方式

3.1.2 认识可编辑样条线

在顶点和线段之间创建的样条线，这些元素称为样条线子层级，将样条线转换为可编辑样条线之后，可以编辑顶点子层级、线段子层级和样条线子层级等。

（1）顶点子层级

在进行编辑顶点子层级之前首先要把可编辑的样条线切换成顶点子层级，用户可以通过以下方式切换顶点子层级。

在可编辑样条线上单击鼠标右键，在弹出的快捷菜单中选择“顶点”命令，如图 3-3 所示。

在“修改”命令面板修改器堆栈栏中展开“可编辑样条线”卷展栏，在弹出的列表中单击“顶点”选项，如图 3-4 所示。

在激活顶点子层级后，命令面板的下方会出现许多修改顶点子层级的选项，下面将介绍常用选项的含义。

- 优化：单击该按钮，在样条线上可以创建多个顶点。

- 切角：设置样条线切角。
- 删除：删除选定的样条线顶点。

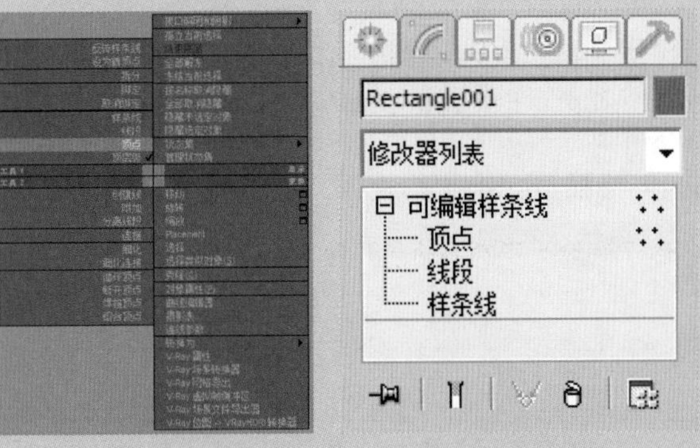

图 3-3 选择“顶点”命令　　图 3-4 顶点子层级

知识拓展

在选择“顶点”后，单击鼠标右键，在弹出的快捷菜单中选择“平滑”命令，可以将该点更改为弧线。

（2）线段子层级

激活线段子层级，即可进行编辑线段子层级操作，和编辑顶点子层级相同，激活线段子层级后，在命令面板的下方将会出现编辑线段的各选项，下面将介绍编辑线段子层级中常用选项的含义。

- 附加：单击该按钮，选择附加线段，则附加过的线段将合并为一体。
- 附加多个：在“附加多个”对话框中可以选择附加多个样条线线段。
- 横截面：可以在合适的位置创建横截面。
- 优化：创建多个样条线顶点。
- 隐藏：隐藏指定的样条线。
- 全部取消隐藏：取消隐藏选项。
- 删除：删除指定的样条线段。
- 分离：将指定的线段与样条线分离。

（3）样条线子层级

将创建的样条线转换成可编辑样条线之后，激活样条线子层级，在命令面板的下方也会相应地显示编辑样条线子层级的各选项，下面将介绍编辑样条线子层级中常用选项的含义。

- 附加：单击该按钮，选择附加的样条线，则附加过的样条线将合并为一体。
- 附加多个：在“附加多个”对话框中可以选择附加多个样条线。
- 轮廓：在轮廓列表框中输入轮廓值即可创建样条线轮廓。
- 布尔：单击相应的“布尔值”按钮，然后再执行布尔运算，即可显示布尔后的状态。
- 镜像：单击相应的镜像方式，然后再执行镜像命令，即可显示镜像样条线，勾选下方的“复制”复选框，可以执行复制并镜像样条线命令，勾选“以轴为中心”复选框，可以设置镜像中心方式。

- 修剪：单击该按钮，即可添加修剪样条线的顶点。
- 延伸：将添加的修改顶点，进行延伸操作。

小试身手——创建护栏模型

下面将利用样条线命令，创建护栏模型，具体操作介绍如下。

01 将视口切换为前视图，在命令面板中单击“线”按钮，绘制样条线，如图 3-5 所示。

02 继续执行当前操作，绘制样条线，如图 3-6 所示。

图 3-5　绘制样条线

图 3-6　继续绘制样条线

03 任意选择一条样条线，单击鼠标右键，将其转换为可编辑样条线，在修改器面板中设置相关参数，如图 3-7 所示。

04 设置参数后的效果，如图 3-8 所示。

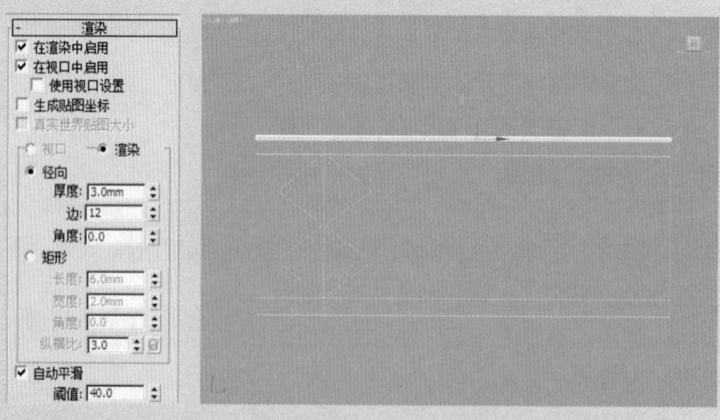

图 3-7　设置相关参数

图 3-8　设置参数后的效果

05 按照相同的方法，设置其他样条线，效果如图 3-9 所示。

06 在“修改”命令面板中单击修改器列表的下拉菜单按钮，在弹出的列表中选择“车削”选项设置完成后，效果如图 3-10 所示。

07 复制创建的图形，如图 3-11 所示。

08 将视口切换为透视图，完成护栏模型的绘制，如图 3-12 所示。

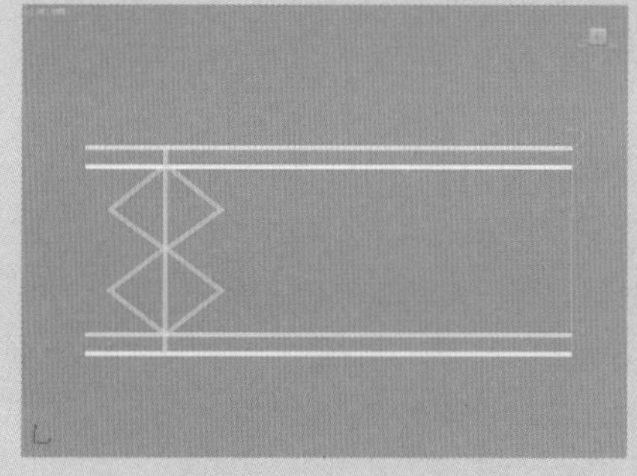

图 3-9　设置其他样条线

图 3-10　车削后的效果

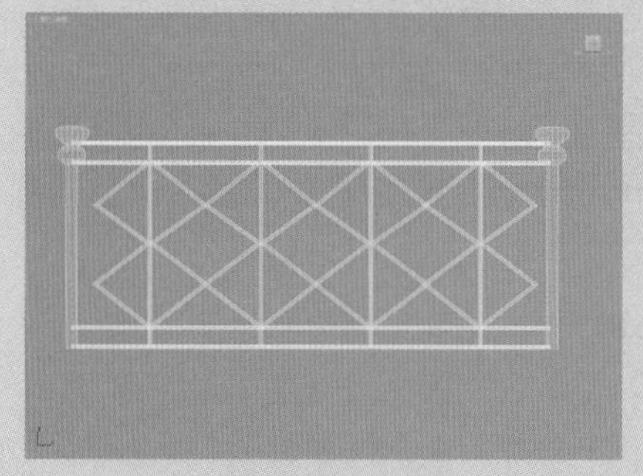

图 3-11　复制图形

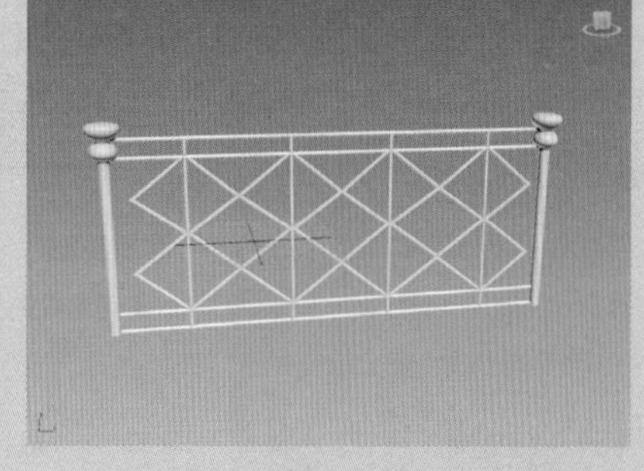

图 3-12　切换视口

3.2　可编辑多边形

如果对创建的模型不满意，可以选择需要修改的模型，将其转化为可编辑多边形，然后编辑顶点、边、多边形和元素子层级。

3.3.1　转换为可编辑多边形

如果需要对多边形的顶点、线段、面进行修改，就需要将多边形转换为可编辑多边形。选择多边形并单击鼠标右键，在弹出的快捷菜单中选择“转换为可编辑多边形”命令，如图 3-13 所示，此时将转换为可编辑多边形，在修改器堆栈栏中可以选择编辑多边形的方式，如图 3-14 所

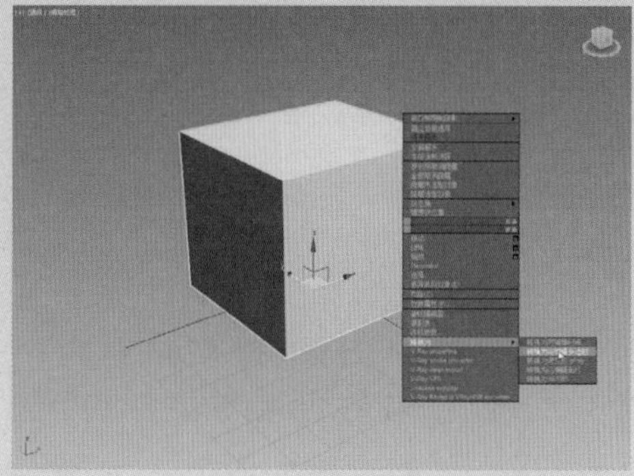

图 3-13　可编辑多边形

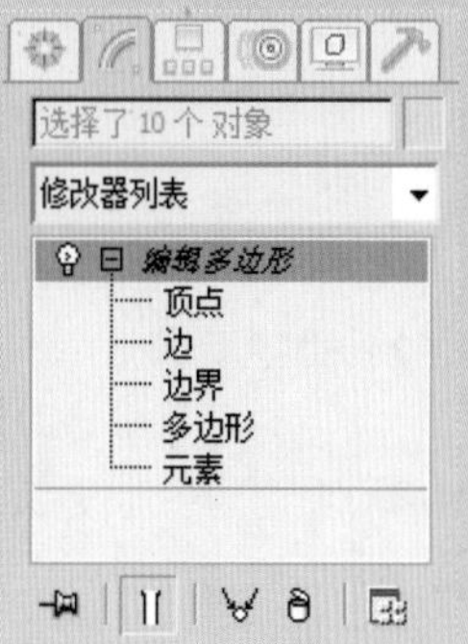

图 3-14　“编辑多边形”修改器

3.3.2 认识可编辑多边形

在顶点、边和面之间创建的多边形，这些元素称为多边形的子层级，将多边形转换为可编辑多边形之后，可以编辑顶点、边、多边形层级等。

（1）顶点子层级

在进行编辑顶点子层级之前首先要把可编辑的多边形切换成顶点子层级，用户可以通过以下方式切换顶点子层级。

在可编辑多边形上单击鼠标右键，在弹出的快捷菜单中选择“顶点”命令，如图 3-15 所示。

在“修改”命令面板修改器堆栈栏中展开“可编辑多边形”卷展栏，在弹出的列表中单击“顶点”选项，如图 3-16 所示。

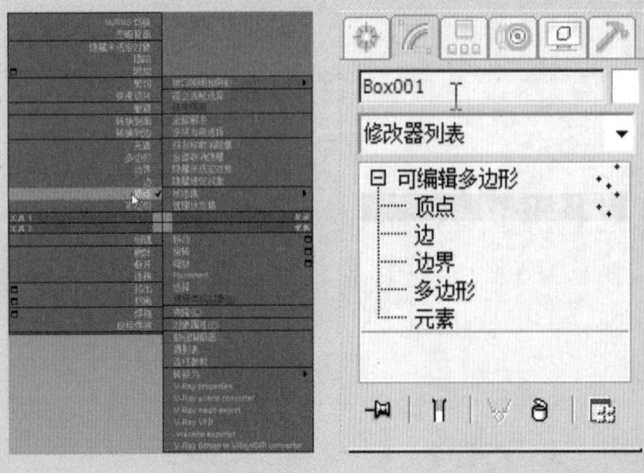

图 3-15 选择“顶点”命令　　图 3-16 单击“顶点”选项

在选择顶点子层级选项后，命令面板的下方将出现修改顶点子对象的卷展栏，其中，“编辑顶点”卷展栏如图 3-17 所示。下面将对常用的选项进行介绍。

- 移除：将所选择的节点去除（快捷键 BACKSPACE）。
- 断开：在选择点的位置创建更多的顶点，每个多边形在选择点的位置有独立的顶点。
- 挤出：对选择的点进行挤出操作，移动鼠标时创建出新的多边形表面。
- 焊接：对“焊接”对话框中指定的范围之内连续、选中的顶点，进行合并。所有边都会与产生的单个顶点连接。
- 连接：在选中的顶点对之间创建新的边。
- 目标焊接：选择一个顶点，将它焊接到目标顶点。

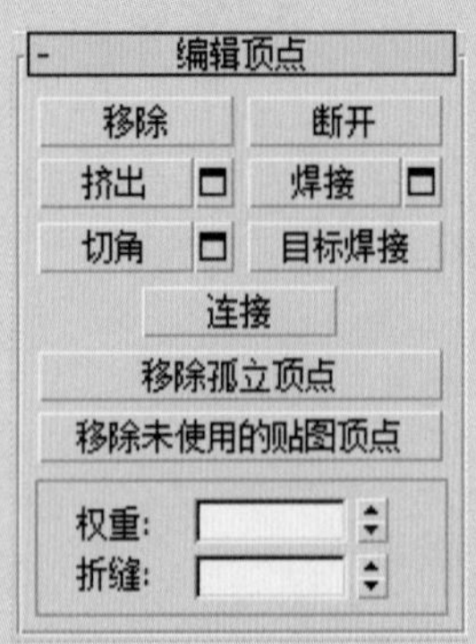

图 3-17 “编辑顶点”卷展栏

（2）边子层级

激活边子层级，即可进行编辑边子层级操作，和编辑顶点子层级相同，激活边子层级后，在命令面板的下方将会出现编辑边的各选项，其中“编辑边”卷展栏如图 3-18 所示。下面将介绍编辑边子层级中常用选项的含义。

- 插入顶点：在可见边上插入点将边进行细分。
- 移除：删除选定边并组合使用这些边的多边形。
- 分割：沿选择的边将网格分离。
- 目标焊接：用于选择边并将其焊接到目标边。
- 连接：在每对选定边之间创建新边。只能连接同一多边形上的边。不会让新的边交叉。（如选择四边形四个边连接，则只连接相邻边，生成菱形图案。）

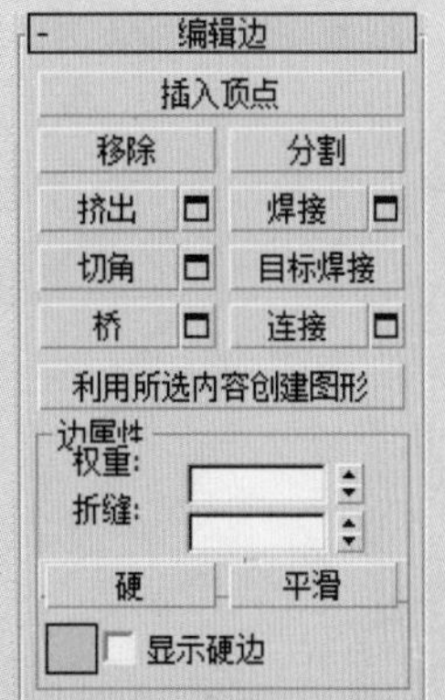

图 3-18 “编辑边”卷展栏

（3）多边形子层级

将创建的多边形转换成可编辑多边形之后，激活多边形子层级，在命令面板的下方也会相应地显示编辑多边形子层级的各选项，其中“编辑多边形”卷展栏如图 3-19 所示。下面将介绍编辑多边形子层级中常用选项的含义。

- 挤出：适用于点、边、边框、多边形等子物体直接在视口中操纵时，可以执行手动挤出操作；单击“挤出”后的按钮，精确设置挤出选定多个多边形时，如果拖动任何一个多边形，将会均匀地挤出所有的选定多边形。
- 轮廓：用于增加或减小选定多边形的外边。执行挤出或倒角，可用“轮廓”调整挤出面的大小。
- 倒角：对选择的多边形进行挤压或轮廓处理。
- 插入：拖动产生新的轮廓边并由此产生新的面。
- 翻转：反转多边形的法线方向。

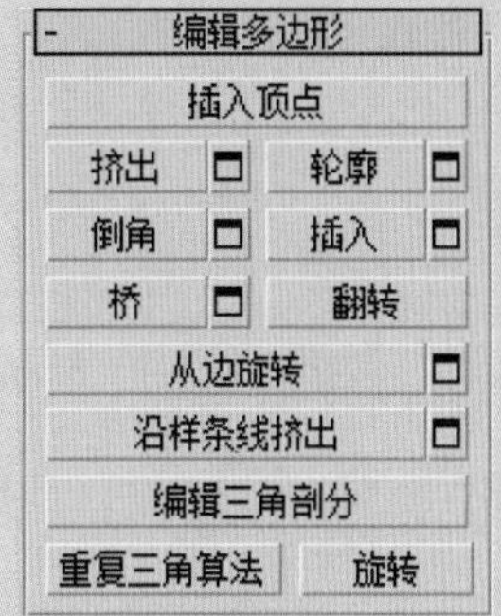

图 3-19 “编辑多边形”卷展栏

小试身手——创建电视机模型

下面将通过可编辑多边形命令，绘制电视柜，具体操作介绍如下。

01 视口切换为顶视图，在“几何体”命令面板中单击“切角长方体”按钮，设置长为 450mm，宽为 1820mm，高度为 48mm，圆角为 3mm，作为电视柜的桌面，如图 3-20 所示。

02 继续创建长为 450mm，宽为 40mm，高为 330mm，圆角为 3mm 的切角长方体，并移动到合适位置，如图 3-21 所示。

图 3-20 创建电视柜桌面

图 3-21 创建切角长方体

03 选择刚绘制的切角长方体，按住 Shift 键单击鼠标左键移动物体，此时将弹出“克隆选项”对话框，并设置选项和数目，如图 3-22 所示。

04 单击“确定”按钮，即可复制对象，将其放在合适位置，如图 3-23 所示。

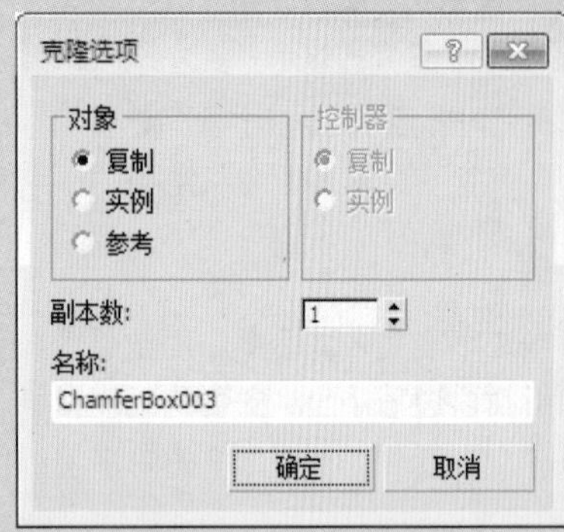

图 3-22 设置参数

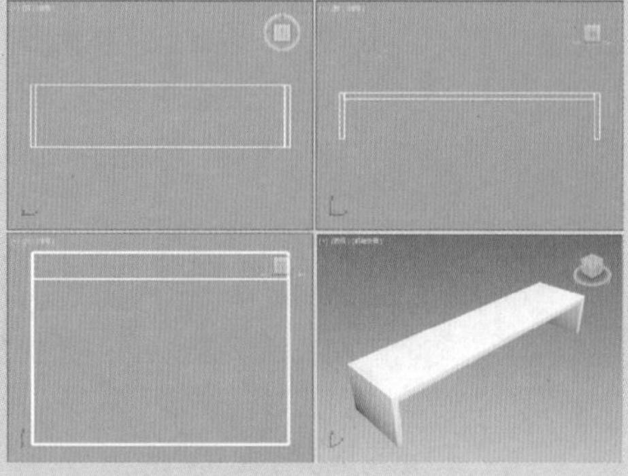

图 3-23 复制对象

05 在“几何体”命令面板中单击“长方体”按钮，创建长为 440mm，宽为 350mm，高为 280mm 的长方体，并将其转化为可编辑多边形，如图 3-24 所示。

06 在“修改”选项卡中展开“可编辑多边形”卷展栏，在弹出的列表中选择“多边形”选项，如图 3-25 所示。

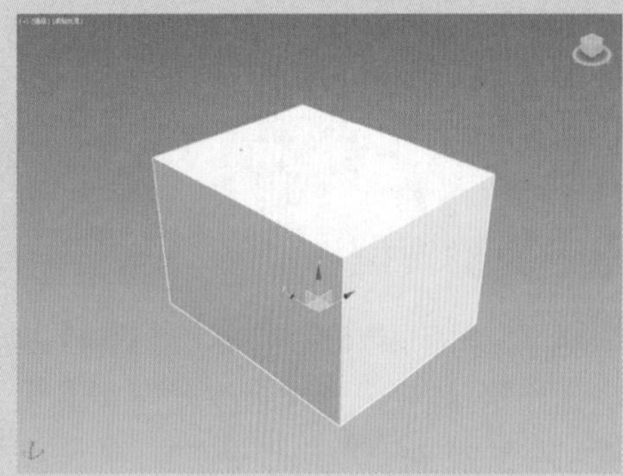

图 3-24 创建长方体

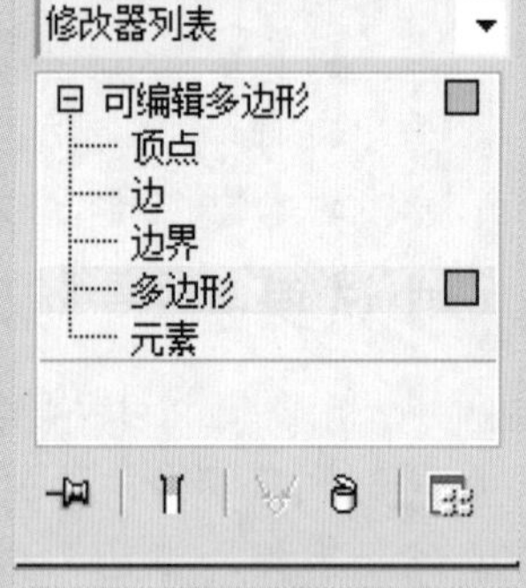

图 3-25 选择“多边形”选项

07 在“编辑多边形”卷展栏中单击“倒角”按钮，如图 3-26 所示。

08 设置倒角值，并选择需要倒角的面，如图 3-27 所示。

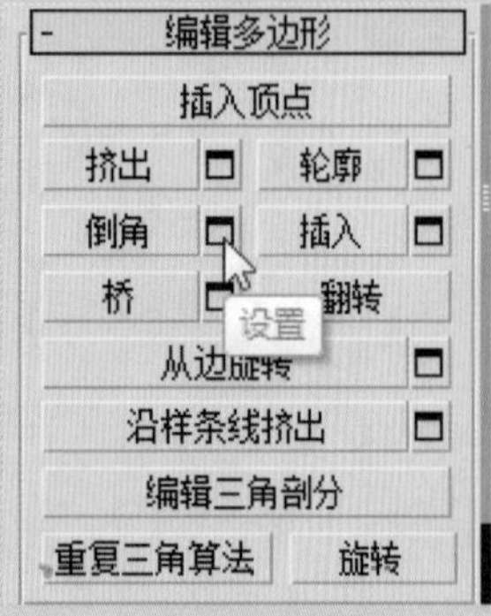

图 3-26 单击“倒角”按钮

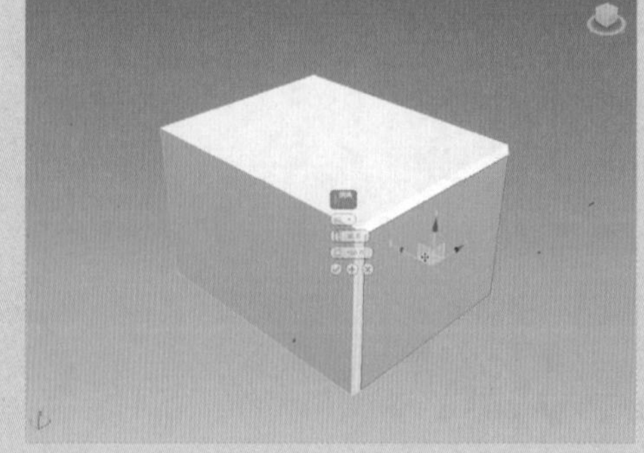

图 3-27 设置倒角值

09 单击“确定”按钮，完成倒角设置，如图 3-28 所示。

10 将多边形移至合适位置，并将其进行复制操作，效果如图 3-29 所示。

图 3-28 完成倒角设置

图 3-29 复制多边形

11 继续创建长为 440mm，宽为 1120mm，高为 140mm 的长方体，并将其转化为可编辑多边形，如图 3-30 所示。

12 在堆栈栏中展开“可编辑多边形”卷展栏，在弹出的列表中选择“边”选项，如图 3-31 所示。

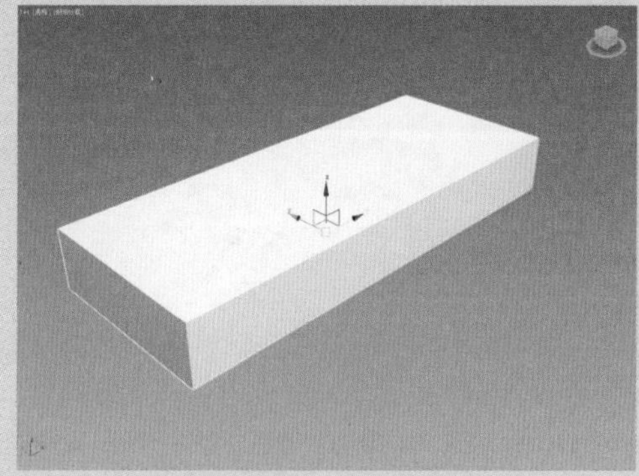

图 3-30 创建长方体

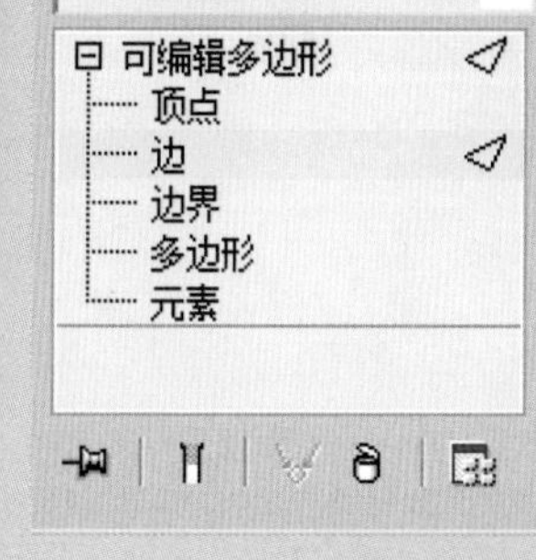

图 3-31 选择“边”选项

13 在顶视图选择长方体的边，如图 3-32 所示。

14 在“编辑边”卷展栏中单击“连接”按钮，设置连接边分段，如图 3-33 所示。

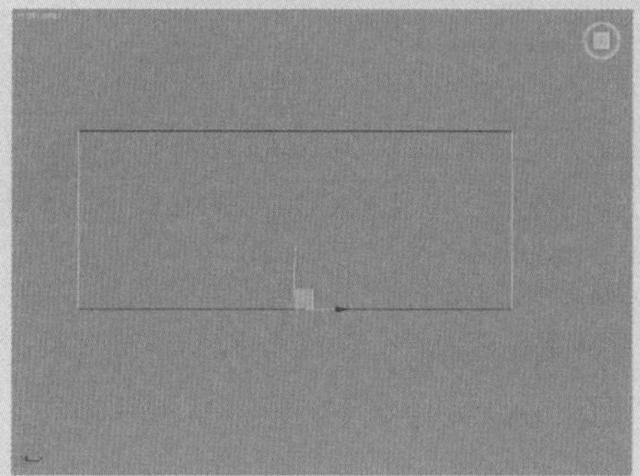

图 3-32 选择线段

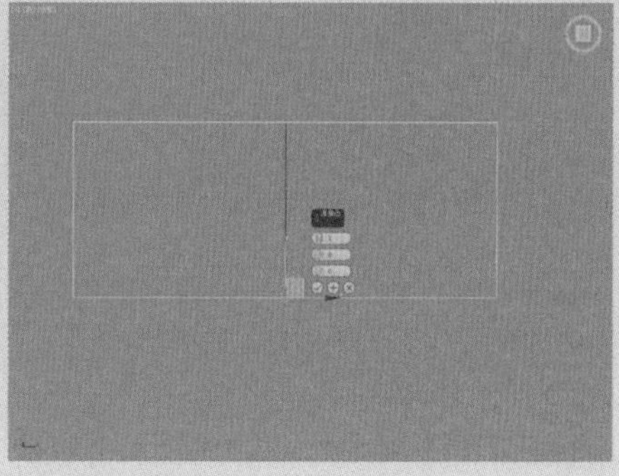

图 3-33 设置参数

15 单击“确定”按钮，此时新建边，如图 3-34 所示。

16 切换为“多边形”选项，选择面，并设置倒角为 -10mm，如图 3-35 所示。

图 3-34　创建边

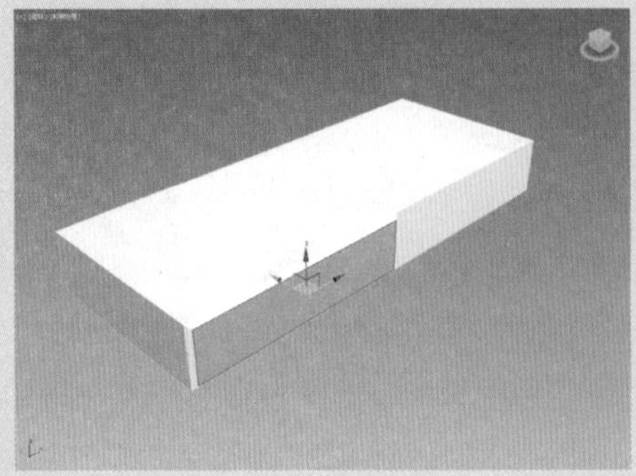

图 3-35　倒角效果

17 继续执行当前操作，将另一个面进行倒角，然后将设置的图形移动到合适位置，如图 3-36 所示。

18 切换为前视图，在“图形”命令面板中单击“线”按钮，绘制样条线，如图 3-37 所示。

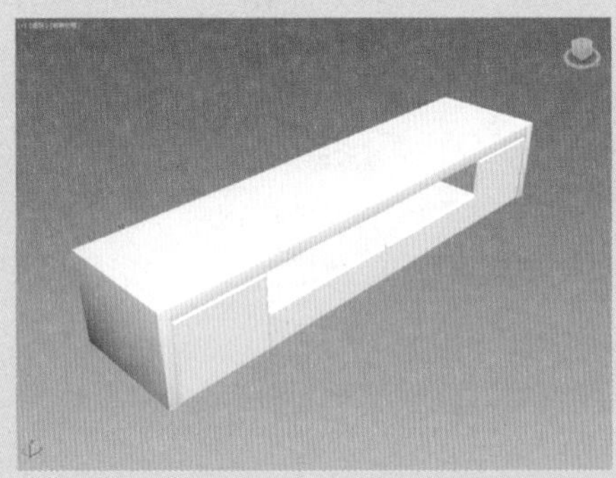

图 3-36　移动图形

图 3-37　绘制样条线

19 在“修改”选项卡中单击“修改器列表”列表框，在弹出的列表中选择“车削”选项，车削样条线，创建电视柜把手，如图 3-38 所示。

20 在工具栏右击“角度捕捉切换”按钮，此时视图中将显示旋转图标，弹出“栅格和捕捉设置”对话框，在“角度”微调框中设置角度为 90，如图 3-39 所示。

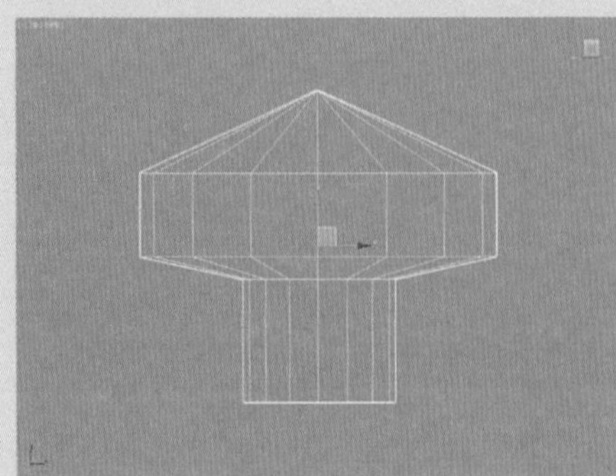

图 3-38　创建电视柜把手

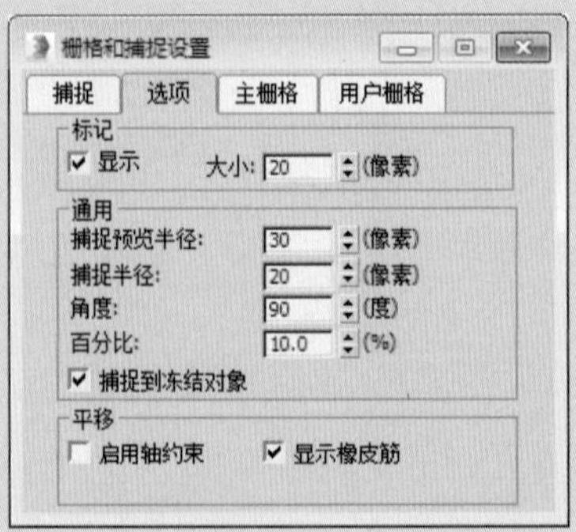

图 3-39　设置旋转角度

21 关闭对话框，激活“角度捕捉”按钮，选择把手模型，单击“选择并旋转”按钮，选择把手模型并沿 Y 轴进行旋转，如图 3-40 所示。

22 将把手模型复制移动到合适位置，如图 3-41 所示。

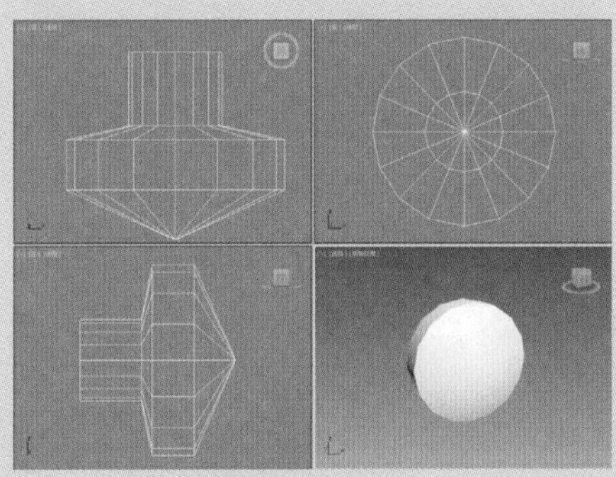

图 3-40 旋转物体

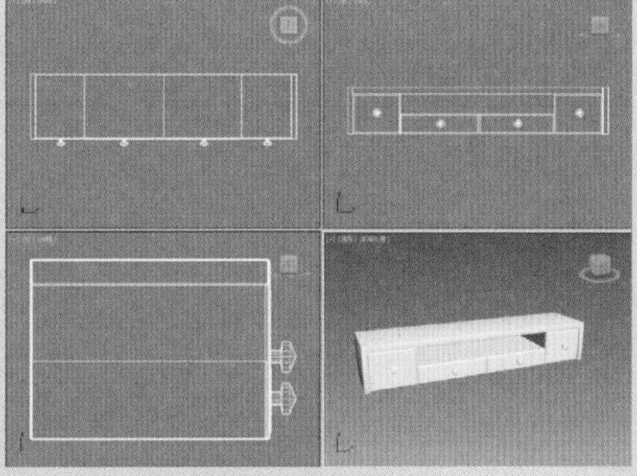

图 3-41 移动复制把手

23 为创建的电视柜添加材质，完成电视柜模型的绘制，如图 3-42 所示。

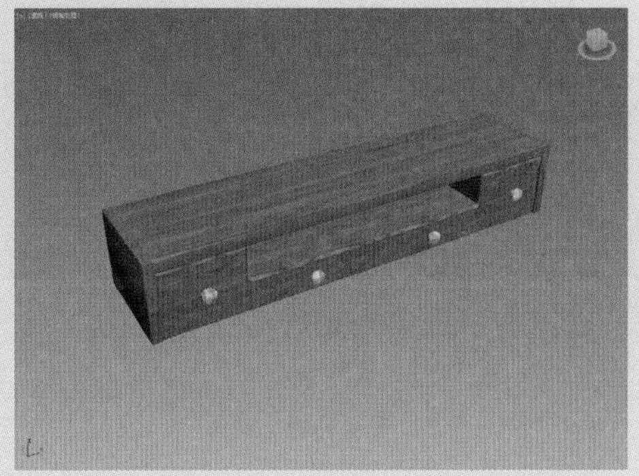

图 3-42 添加材质

3.3 复合对象

布尔是通过对两个以上的物体进行并集、差集、交集、切割的运算，从而得到新的物体形态。放样是将二维图形作为三维模型的横截面，沿着一定的路径，生成三维模型，横截面和路径可以变化，从而生成复杂的三维物体，下面将对布尔和放样进行介绍。

3.3.1 布尔

布尔运算通过对两个或两个以上几何对象进行并集、差集、交集的运算，从而得到一种复合对象。每个参与结合的对象被称为运算对象，通常参与运算的两个布尔对象应该有相交的部分，创建步骤介绍如下。

首先创建两个几何对象，如图 3-43 所示。选择一个对象，在复合对象创建命令面板中单击“布尔”按钮，在“拾取布尔”卷展栏中单击“拾取操作对象 B”按钮，选择另一个几何体，完成差集操作，如图 3-44 所示。

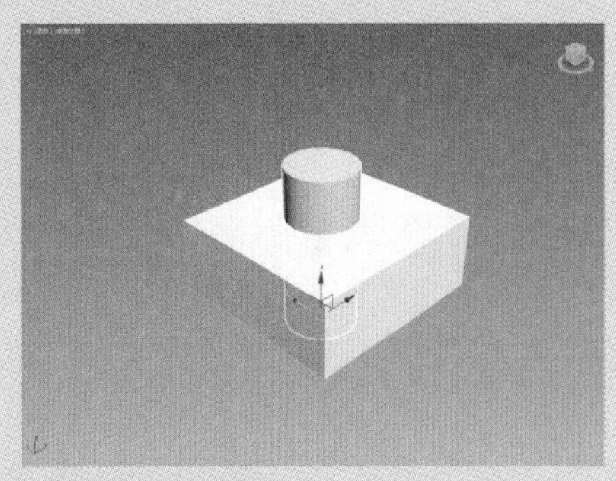

图 3-43　创建几何体

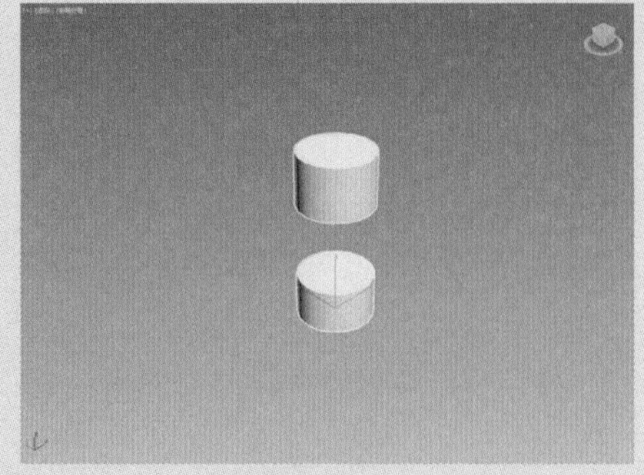

图 3-44　差集操作

当操作方式设置为“并集”时，两个模型合为一个整体，并且统一了颜色，如图 3-45 所示。当操作方式设置为“交集”时，只显示两个几何体的相交部分，如图 3-46 所示。

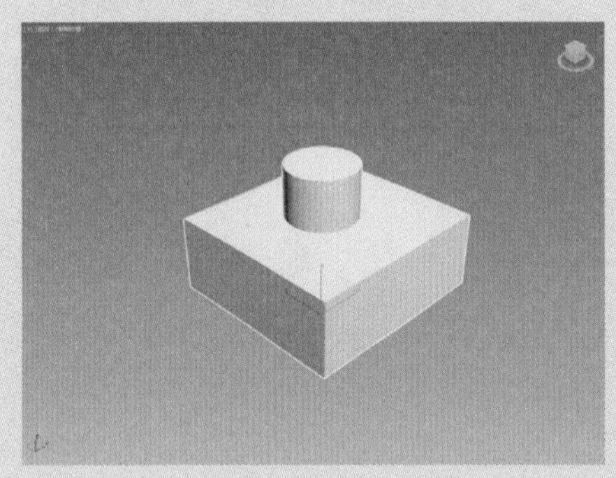

图 3-45　并集操作

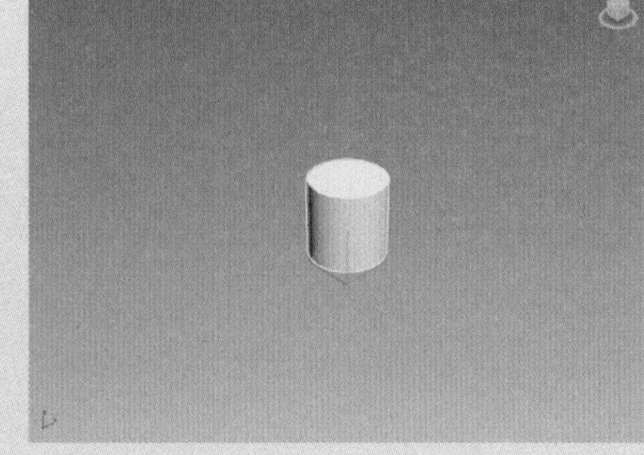

图 3-46　交集操作

3.3.2　放样

放样是将一个二维形体对象作为沿某个路径的剖面，而形成复杂的三维对象。同一路径上可在不同的段给予不同的形体，用户可以利用放样来实现很多复杂模型的构建。

在制作放样物体前，首先要创建放样物体的二维路径和截面图形，如图 3-47 所示。并选择路径使其处于激活状态，在复合对象创建命令面板中单击“放样”按钮，接着在“创建方法”卷展栏中单击“获取图形”按钮，在视口中选择截面图形，完成放样操作，如图 3-48 所示。

绘图技巧

放样可以选择物体的截面图形后获取路径放样物体，也可通过选择路径后获取图形的方法放样物体。在制作放样物体前，首先要创建放样物体的二维路径与截面图形。

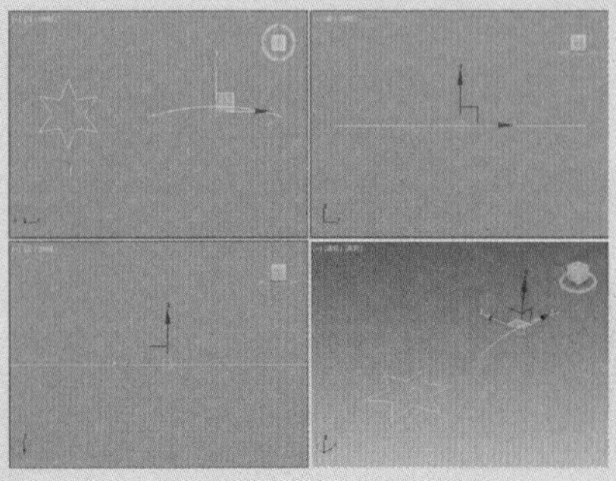

图 3-47　激活路径

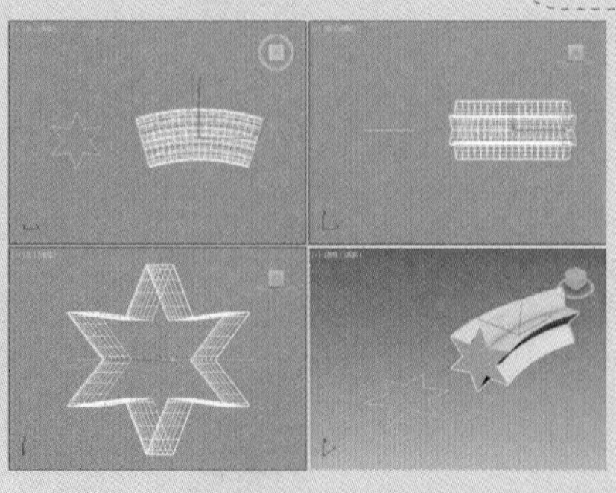

图 3-48　放样效果

3.4 常用修改器类型

在三维模型的创建过程中，经常需要利用修改器对模型进行修改。本章主要介绍三维模型常用的修改器，包括“挤出”“车削”“FFD”“倒角剖面”等修改器。

3.4.1 “挤出”修改器

“挤出”修改器可以将绘制的二维样条线挤出厚度，从而生成三维实体，如果绘制的线段为封闭的，即可挤出带有地面面积的三维实体，若绘制的线段不是封闭的，那么挤出的实体则是片状的，其“参数”卷展栏如图 3-49 所示。

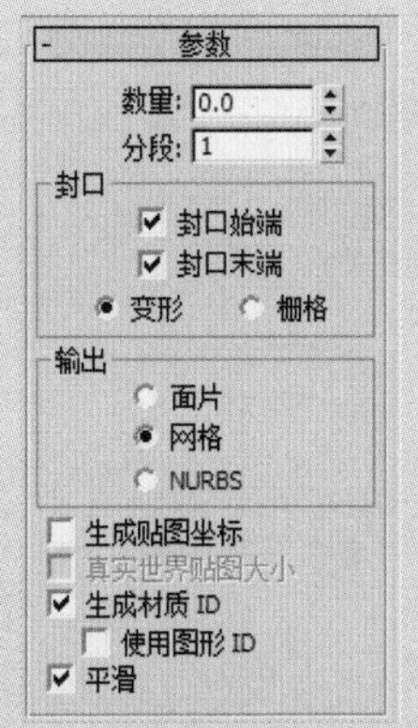

图 3-49 “参数”卷展栏

绘图技巧

在挤出物体时，先挤出高度为0mm，然后单击“应用并继续”按钮，再挤出需要的高度。这样做可以避免重复挤出物体高度。

其中，常用属性含义介绍如下。

- 数量：设置挤出实体的厚度。
- 分段：设置挤出厚度上的分段数量。
- 封口：该选项组主要设置在挤出实体的顶面和底面上是否封盖实体，“封口始端”在顶端假面封盖物体。“封口末端”在底端假面封盖物体。
- 变形：用于变形动画的制作，保证点面数恒定不变。
- 栅格：对边界线进行重新排列处理，以最精简的点面数来获取优秀的模型。
- 输出：设置挤出的实体输出模型的类型。
- 平滑：将挤出的实体平滑显示。

3.4.2 “车削”修改器

“车削”修改器建模是通过旋转的方法利用二维图形生成三维实体模型，常用来制作高度对称的物体。其“参数”卷展栏如图 3-50 所示。

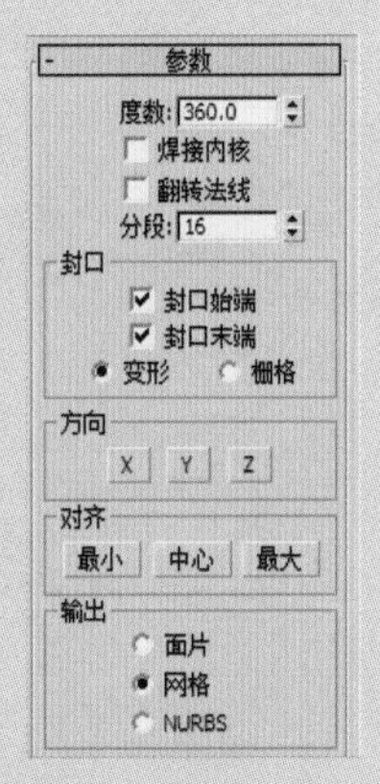

图 3-50 “参数”卷展栏

知识拓展

车削物体也就是将样条线呈放射性结构创建三维实体，当线段的长度不够时，没有达到闭合顶点的要求，不能产生厚度。

其中，常用属性含义介绍如下。

- 度数：用于设置车削旋转的度数。
- 焊接内核：将轴心重合的顶点进行焊接，旋转中心轴的地方将产生光滑的效果，得到平滑无缝的模型，简化网格面。
- 分段：用于设置车削出来的物体截面的分段数。
- 封口：旋转模型起止端是否具有端盖以及端盖的方式。
- 方向：用于车削的旋转轴。
- 对齐：用于设置旋转轴和对象顶点的对齐方式。

3.4.3 “倒角剖面”修改器

“倒角”修改器建模的方法是对二维图形进行拉伸变形，并且在拉伸变形的同时，在边界上加入直形或圆形的倒角。“倒角”命令主要用于二维样条线的实体化操作，与“挤出”命令相似，但是又不同，“倒角”命令可以控制实体切角大小、方向以及挤出高度，“倒角值”卷展栏如图 3-51 所示。

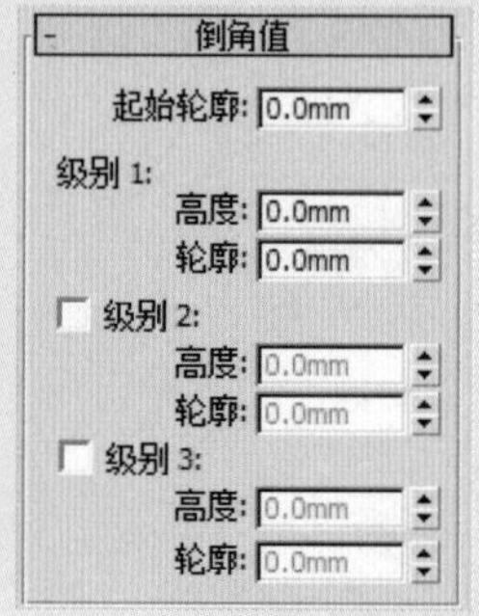

图 3-51 倒角值参数

其中，常用属性含义介绍如下。

- 起始轮廓：用于设置开始倒角的轮廓线。
- 级别：用于设置倒角的级别数。
- 高度：用于设置挤出的高度。
- 轮廓：用于设置截面的偏移量。

3.4.4 “UVW 贴图”修改器

“UVW 贴图”修改器控制在对象曲面上如何显示贴图材质和程序材质。贴图坐标指定如何将位图投影到对象上，UVW 坐标系与 XYZ 坐标系相似，位图的 U 和 V 轴对应于 X 和 Y 轴，W 轴对应于 Z 轴一般仅用于程序贴图，其“参数”卷展栏如图 3-52 所示。

其中，常用属性含义介绍如下。

- 贴图：确定所使用的贴图坐标类型。通过贴图在几何上投影到对象上的方式以及投影与对象表面交互的方式，来区分不同种类的贴图。
- 长度、宽度和高度：指定“UVW 贴图”的尺寸。在应用修改器时，贴图图标的默认缩放由对象的最大尺寸定义。
- U 向平、V 向平和 W 向平：用于指定 UVW 贴图的尺寸以便平铺图像。
- 翻转：按指定轴翻转图像。
- 对齐：X、Y、Z，选择其中之一，即可翻转贴图。

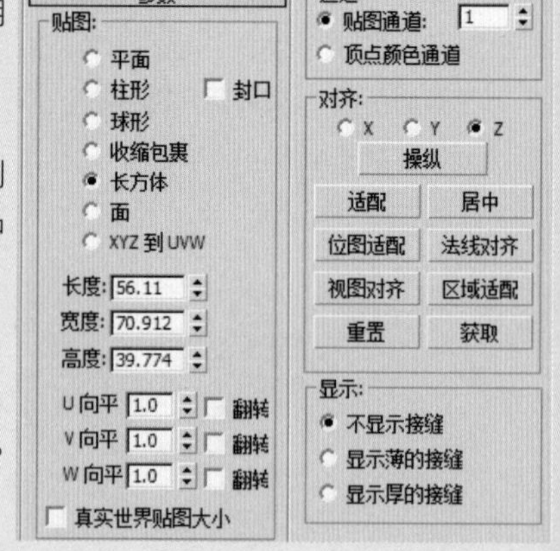

图 3-52 “参数”卷展栏

小试身手——创建书本模型

下面将利用修改器命令创建书本模型，具体操作介绍如下。

01 单击“矩形”按钮，在前视图创建 40×190 的矩形，如图 3-53 所示。

02 将矩形转换为可编辑样条线，进入“顶点”子层级，选择顶点，如图 3-54 所示。

03 单击调整 Bezier 角点的控制柄，改变样条线的形状，如图 3-55 所示。

04 退出子层级，复制样条线，如图 3-56 所示。

图 3-53　绘制矩形

图 3-54　选择顶点

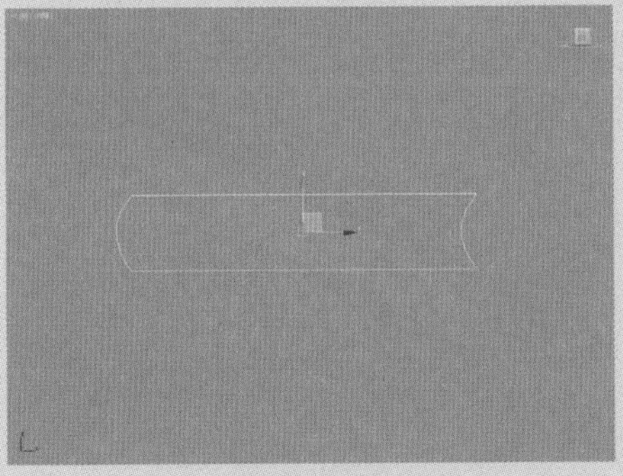
图 3-55　调整角点

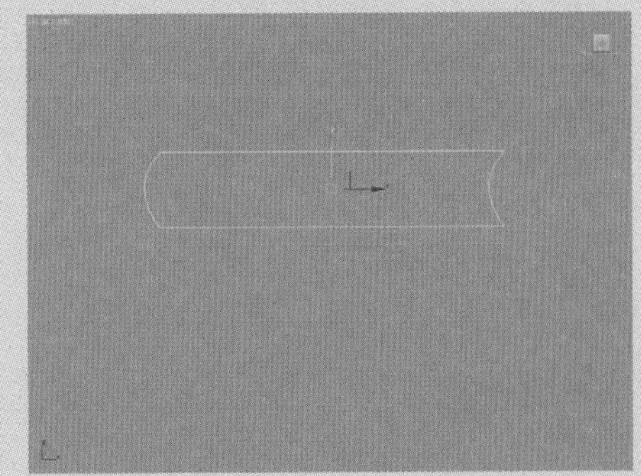
图 3-56　复制样条线

05 选择下方的样条线，并为其挤出修改器，设置挤出值为 250，如图 3-57 所示。

06 选择上方的样条线，进入“线段”子层级，删除线段，如图 3-58 所示。

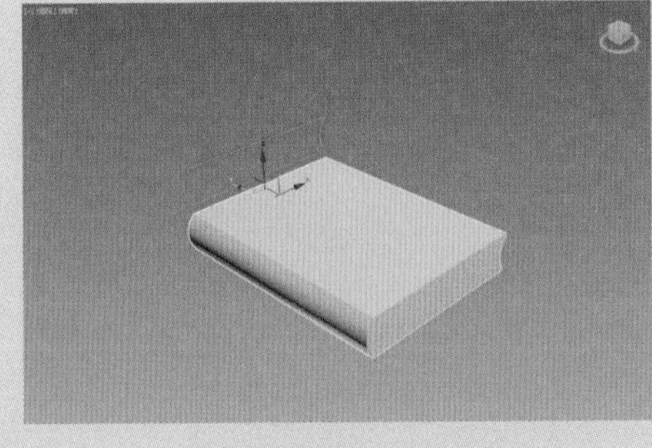
图 3-57　选择下方的样条线

图 3-58　选择上方的样条线

07 进入“样条线”子层级，在“几何体”卷展栏中设置轮廓值为 5，效果如图 3-59 所示。

08 进入“顶点”子层级，选择顶点，如图 3-60 所示。

09 单击“圆角”按钮，设置圆角值为最大，如图 3-61 所示。

10 为图形添加倒角修改器，并设置倒角值，如图 3-62 所示。

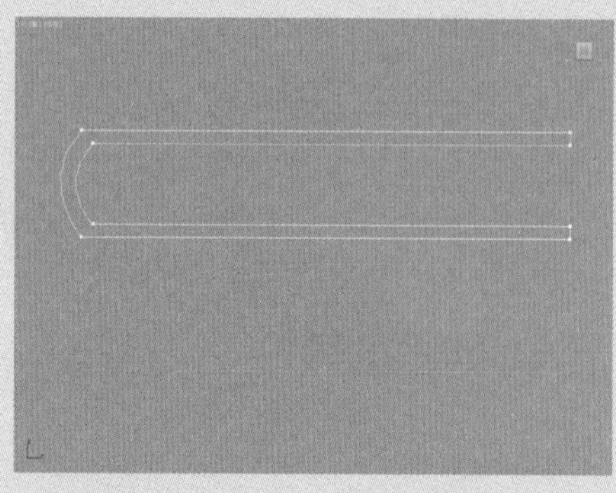

图 3-59　轮廓操作

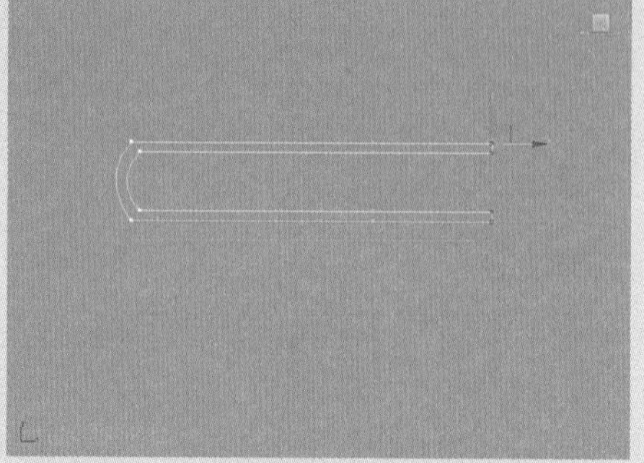

图 3-60　选择顶点

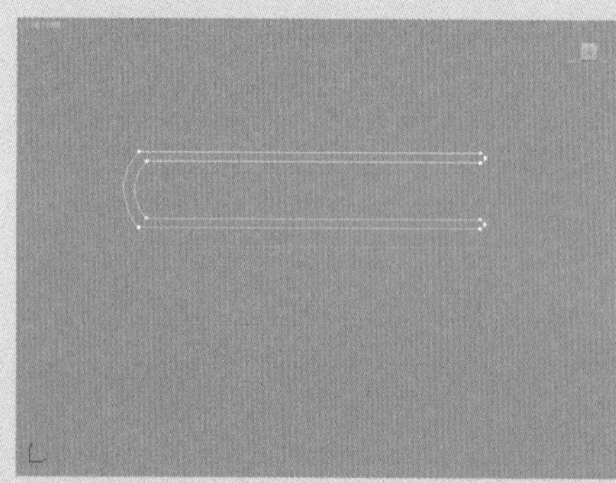

图 3-61　圆角操作

图 3-62　添加倒角修改器

11 设置的倒角值，如图 3-63 所示。

12 调整模型的位置，再调整模型的颜色，完成书本模型的创建，如图 3-64 所示。

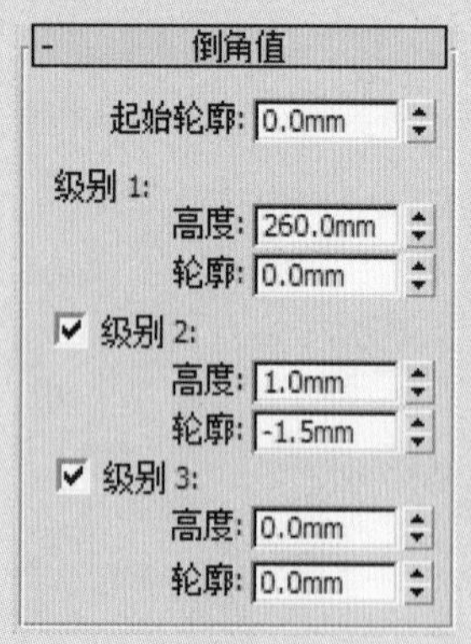

图 3-63　设置倒角值

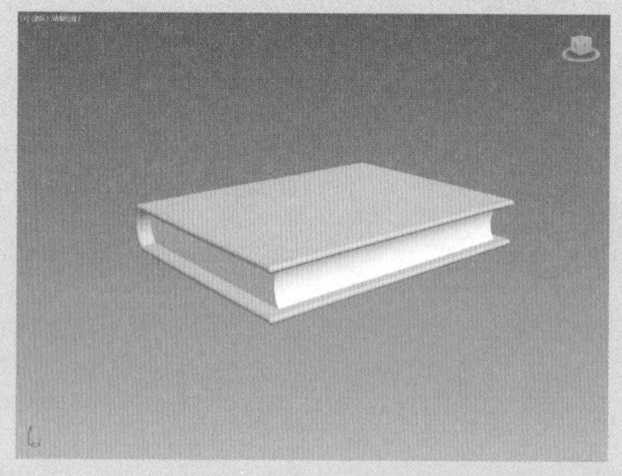

图 3-64　完成书本模型的创建

3.5　课堂练习——创建客厅场景效果

客厅是室内设计中重要的组成部分，客厅的摆设、颜色能反映主人的性格、眼光、个性等信息。本章将结合前面所学知识制作客厅模型。

3.5.1 创建墙体、顶面及地面造型

在进行设计之前，用户首先需要创建室内布局，也就是墙体、顶面和地面来营造室内感觉，具体操作介绍如下。

01 执行“自定义”|“单位设置”命令，打开“单位设置”对话框，设置相关参数，如图 3-65 所示。

02 单击“系统单位设置”按钮，打开“系统单位设置”对话框，设置系统单位比例为毫米，依次单击“确定”按钮，关闭对话框，如图 3-66 所示。

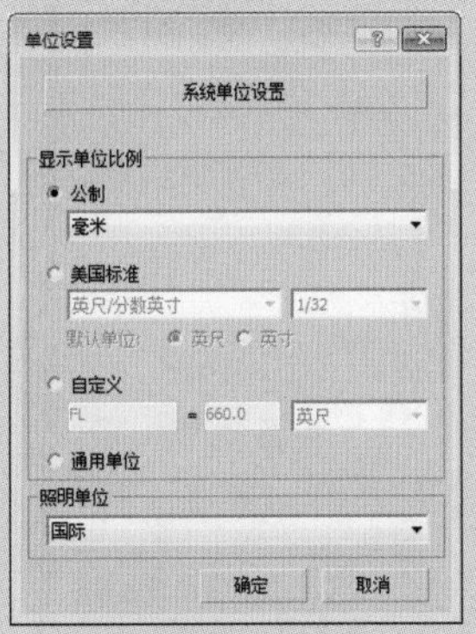

图 3-65 设置显示单位比例

图 3-66 设置系统单位比例

03 执行“文件”|“导入”|“导入”命令，如图 3-67 所示。

04 打开“选择要导入的文件”对话框，选择需要导入的文件，如图 3-68 所示。

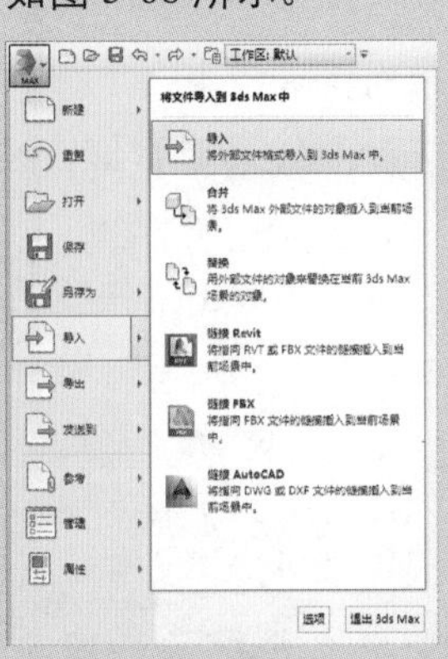

图 3-67 选择“导入”命令

图 3-68 选择要导入的文件

05 单击“打开”按钮，打开“AutoCAD DWG/DXF 导入选项”对话框，这里保持默认，如图 3-69 所示。

06 单击“确定”按钮，即可将准备好的 CAD 平面布局图导入到 3ds max 中，按 G 键取消网格显示，如图 3-70 所示。

07 按 Ctrl+A 组合键，全选场景中的框线图形，如图 3-71 所示。

08 执行“组”|“组”命令，打开“组”对话框，为其添加组名，如图 3-72 所示。

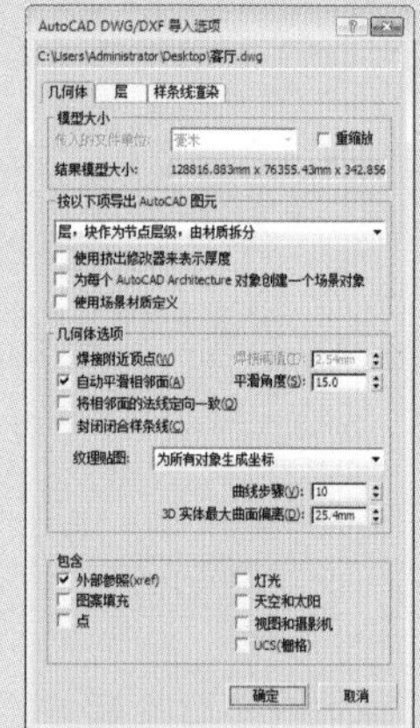

图 3-69 导入选项对话框

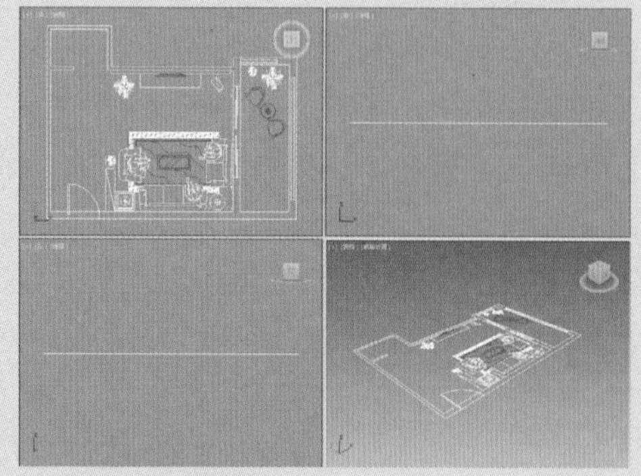

图 3-70 导入 CAD 文件

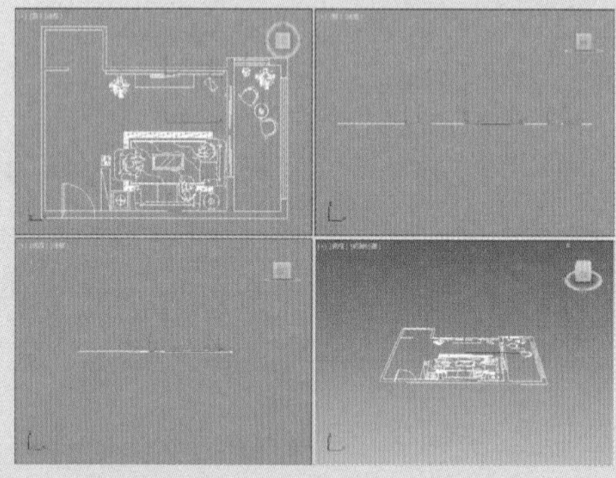

图 3-71 选择框线

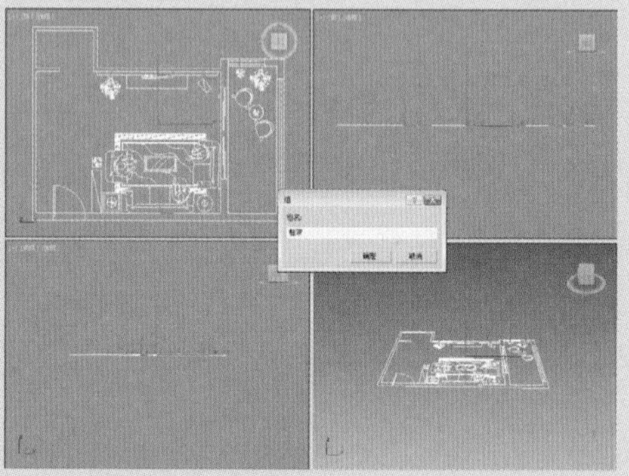

图 3-72 添加组名

09 单击“确定”按钮，关闭对话框，单击工具栏中的“选择并移动”按钮，选择视口中的成组图形，然后在视口下方将 X、Y、Z 参数值皆设置为 0，将成组图形移动到系统坐标系的原点处，如图 3-73 所示。

10 选择视口中成组的图形并单击鼠标右键，在弹出的快捷菜单中选择“冻结当前选择”命令，如图 3-74 所示。

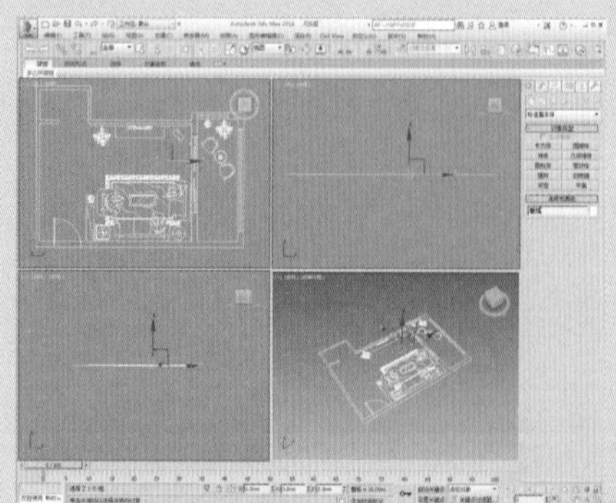

图 3-73 坐标归 0

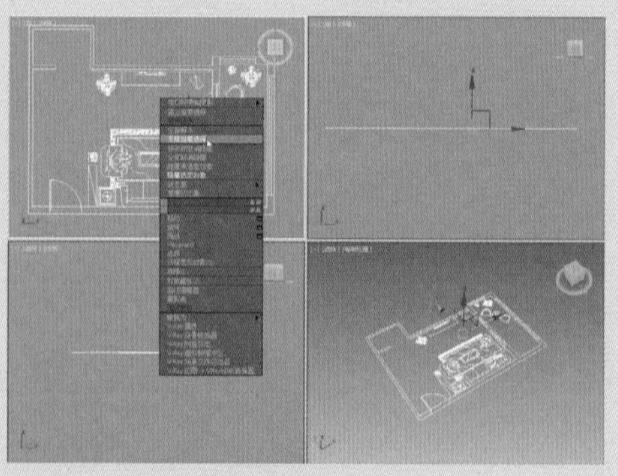

图 3-74 冻结图形

11 将对象冻结，单击“捕捉开关”按钮，开启捕捉开关，再右键单击该按钮，打开“栅格和捕捉设置”对话框，在“捕捉”选项卡中选择捕捉点，如图 3-75 所示。

12 在“选项”选项卡中勾选“捕捉到冻结对象”复选框，并关闭该对话框，如图 3-76 所示。

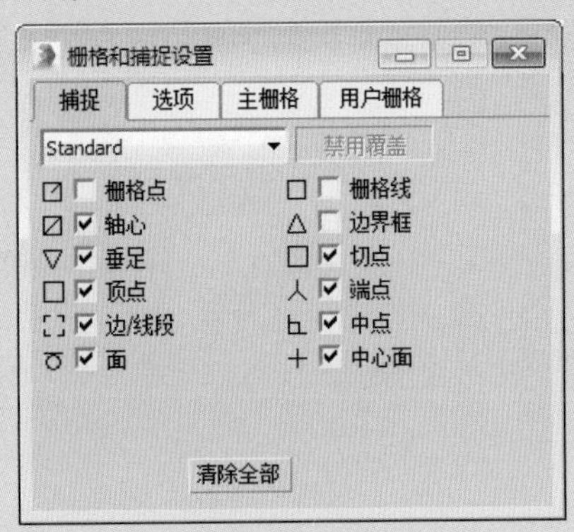

图 3-75 设置捕捉参数

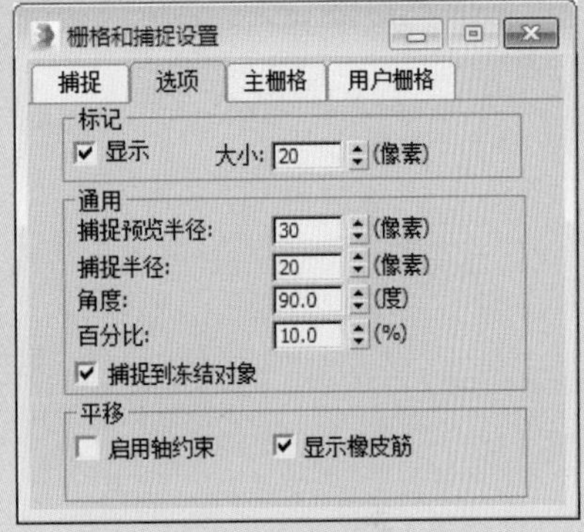

图 3-76 设置选项参数

13 单击“线”按钮，在顶视口中捕捉冻结线框创建样条线，如图 3-77 所示。

14 当起点和终点重合时会弹出“样条线”对话框，如图 3-78 所示。

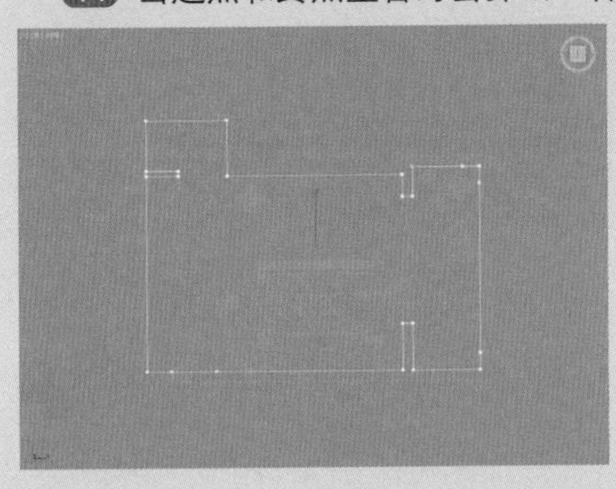

图 3-77 绘制样条线

样条线

是否闭合样条线?

是(Y) 否(N)

图 3-78 “样条线”对话框

15 单击“是”按钮，即可关闭样条线，进入修改命令面板，选择“挤出”修改器，为其添加“挤出”效果，将挤出数量设置为 2800，即可看到挤出效果，如图 3-79 所示。

16 单击关闭“捕捉开关”按钮，选择并右键单击挤出后的图形，在弹出的快捷菜单中选择“转换为可编辑多边形”命令，如图 3-80 所示。

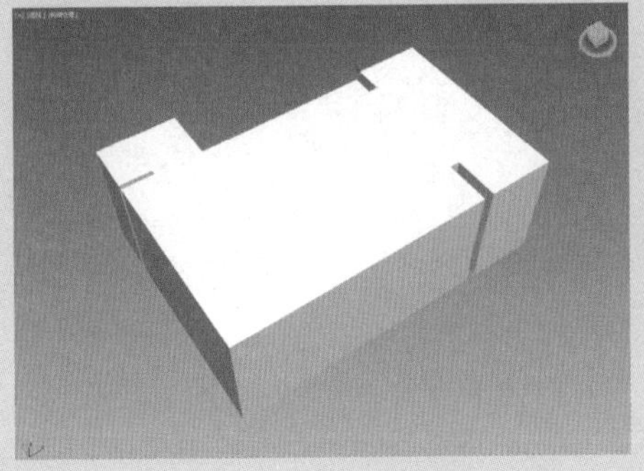

图 3-79 添加挤出效果

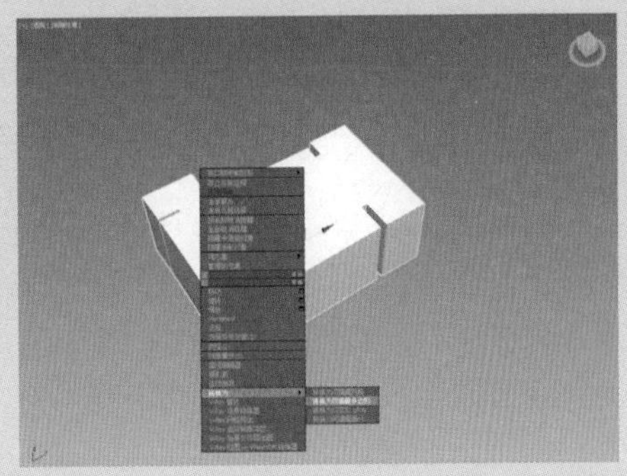

图 3-80 选择“转换为可编辑多边形”命令

17 进入修改命令面板，打开“可编辑多边形”列表，单击“多边形”按钮，在视口中选择全部图形，单击鼠标右键，在弹出的快捷菜单中选择“翻转法线”命令，如图 3-81 所示。

18 退出修改命令面板，选择图形，单击鼠标右键，在弹出的快捷菜单中选择“对象属性”命令，如图 3-82 所示。

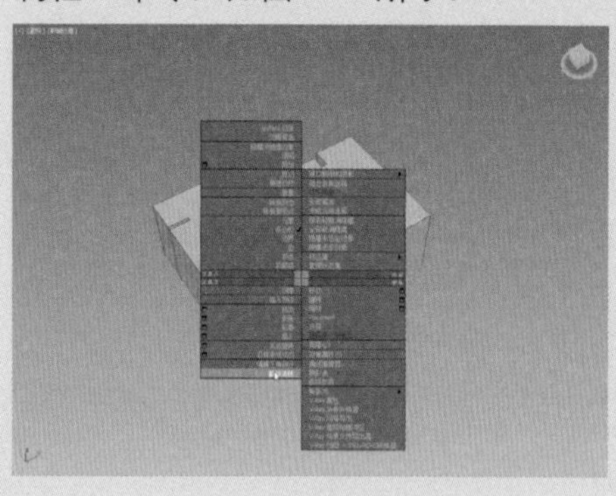

图 3-81　选择“翻转法线”命令

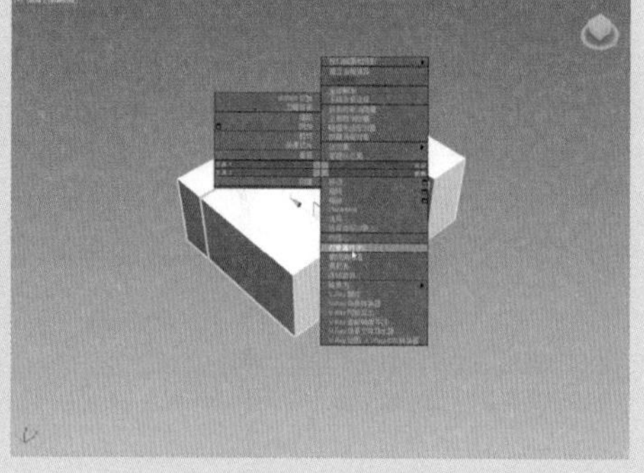

图 3-82　选择“对象属性”命令

19 打开“对象属性”对话框，在“常规”选项卡中单击“背面消隐”按钮，如图 3-81 所示。

20 单击“确定”按钮，用户可以观察到模型内部的结构，如图 3-82 所示。

图 3-83　“对象属性”对话框

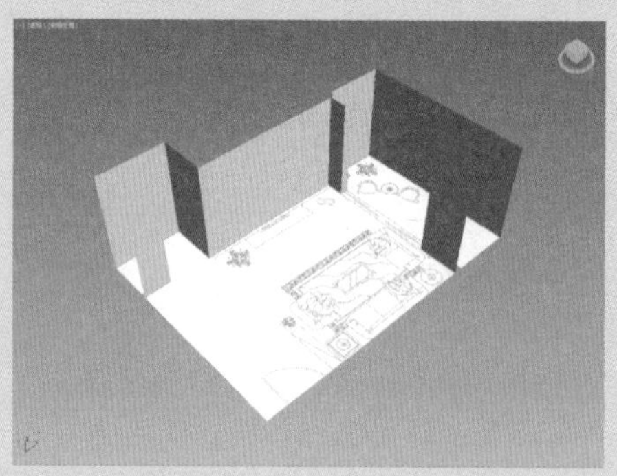

图 3-84　背面消隐效果

21 在透视图中，移动视角到阳台位置，在修改命令面板中选择“边”层级，在图形中选择需要的边，如图 3-85 所示。

22 在“编辑边”卷展栏中单击“连接”后的设置按钮，打开“连接边”设置框，设置分段值为 2，可以看到新增加的两条边显示为红色，如图 3-86 所示。

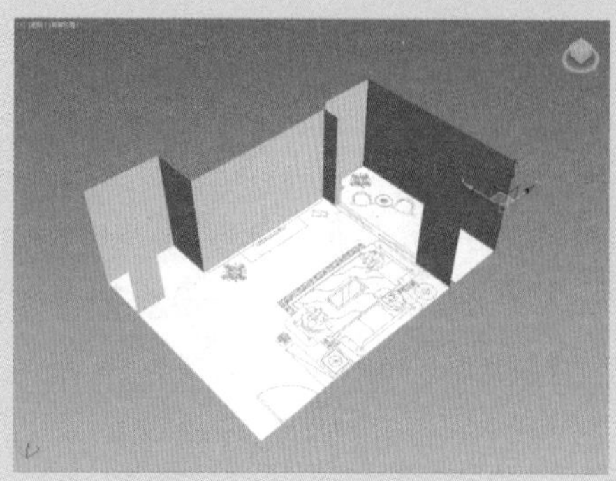

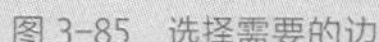

图 3-85　选择需要的边

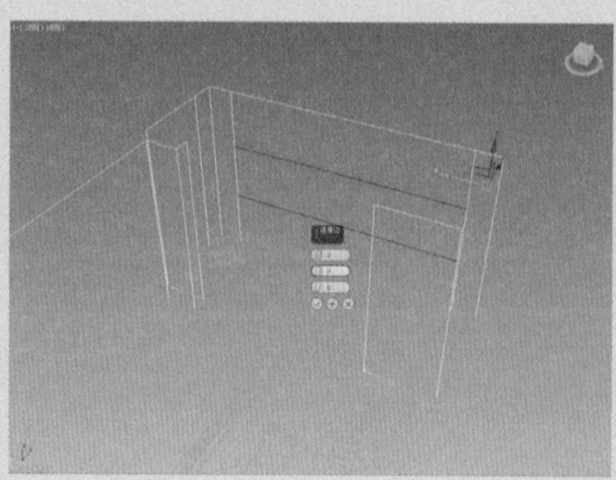

图 3-86　设置参数

23 选择边，并调整 Z 轴高度为 2500mm，如图 3-87 所示。

24 按照相同的方法，连接边，如图 3-88 所示。

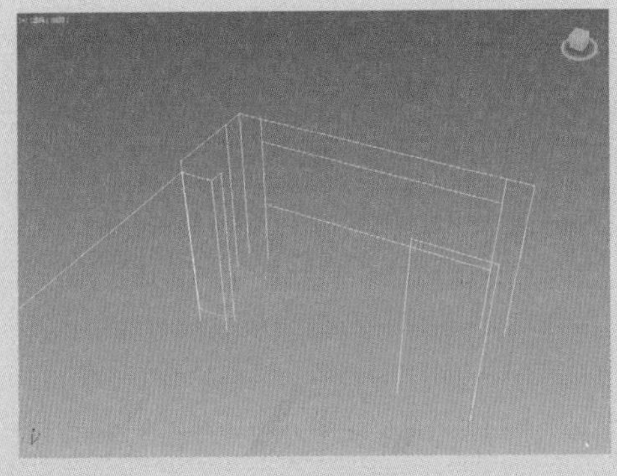
图 3-87 选择边

图 3-88 连接边

25 进入“多边形”层级，选择面，如图 3-89 所示。

26 在“编辑多边形”卷展栏中单击“挤出”右侧的设置按钮，打开“挤出多边形”设置框，设置挤出高度为 -300，如图 3-90 所示。

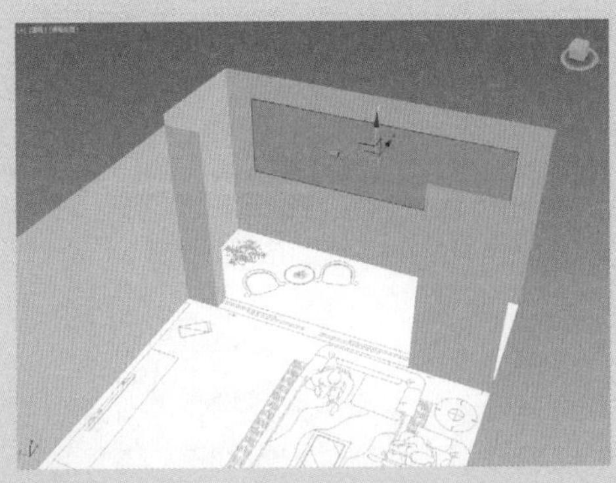
图 3-89 选择面

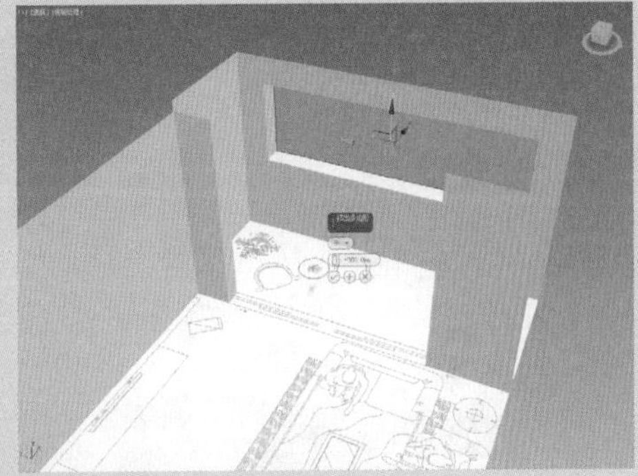
图 3-90 挤出多边形

27 按 Delete 键将被选中的面删除，如图 3-91 所示。

28 按照相同的方法，创建窗口图形，如图 3-92 所示。

图 3-91 删除面

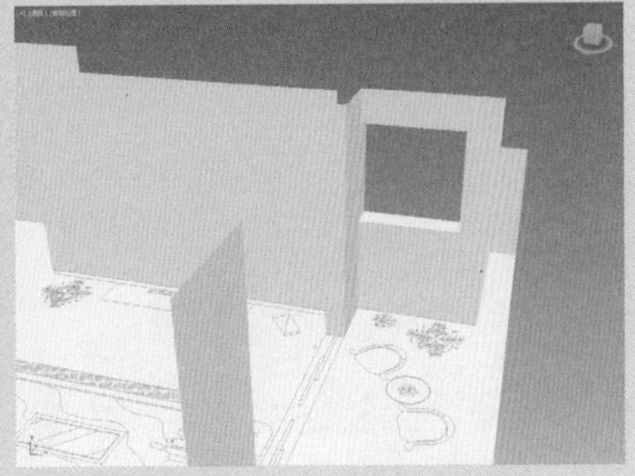
图 3-92 创建窗口图形

29 调整模型角度，选择顶部的面，在“可编辑多边形”卷展栏中单击“分离”按钮，为分离对象命名，如图 3-93 所示。

30 单击“确定”按钮，即可分离顶面，如图 3-94 所示。

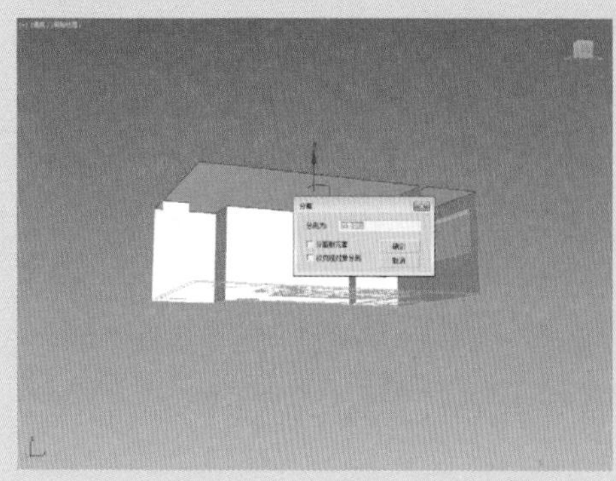

图 3-93　为分离对象命名

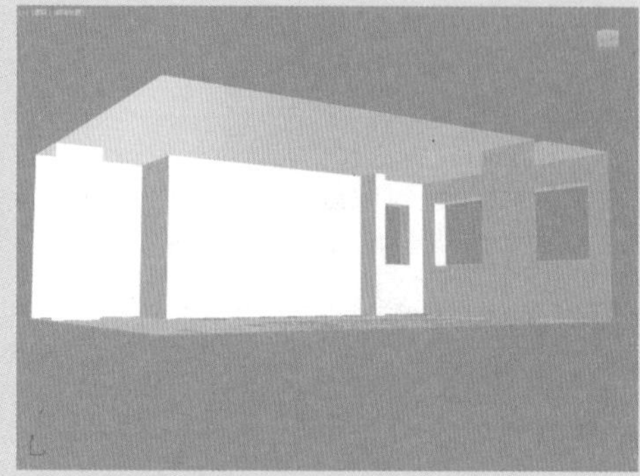

图 3-94　分离顶面

31 按照上述操作方法再分离地面，如图 3-95 所示。

32 开启捕捉开关，单击“长方体”按钮，捕捉墙体并绘制高为 400 的长方体，用以补充顶部，如图 3-96 所示。

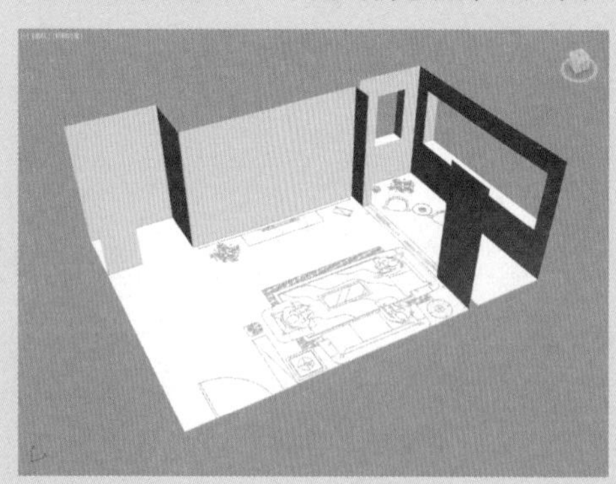

图 3-95　分离地面

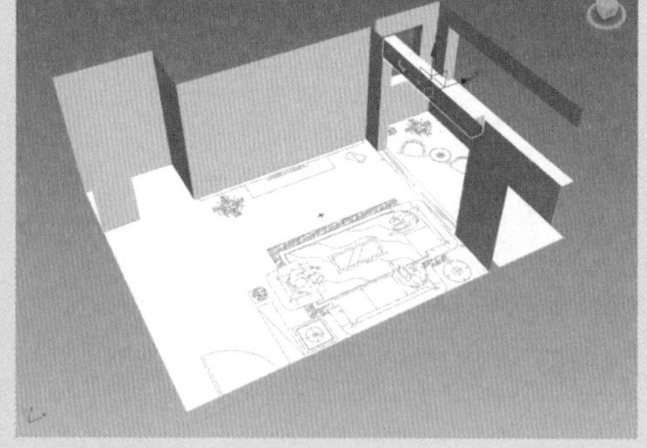

图 3-96　绘制长方体

33 使用矩形命令，在顶视图中捕捉绘制矩形图形，如图 3-97 所示。

34 选择图形，单击鼠标右键，在弹出的快捷菜单中选择“转换为可编辑样条线”命令，如图 3-98 所示。

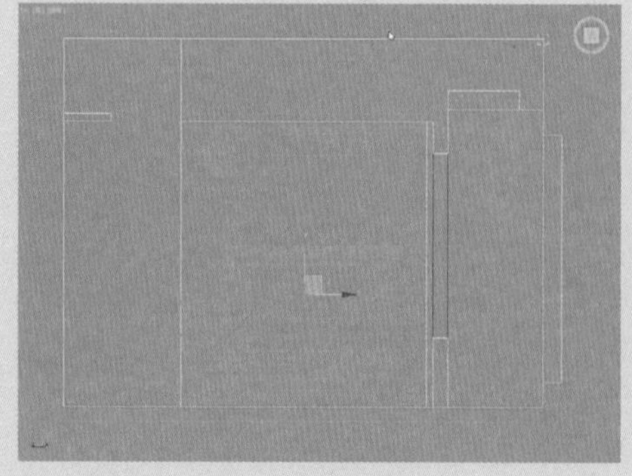

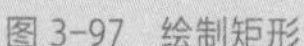

图 3-97　绘制矩形

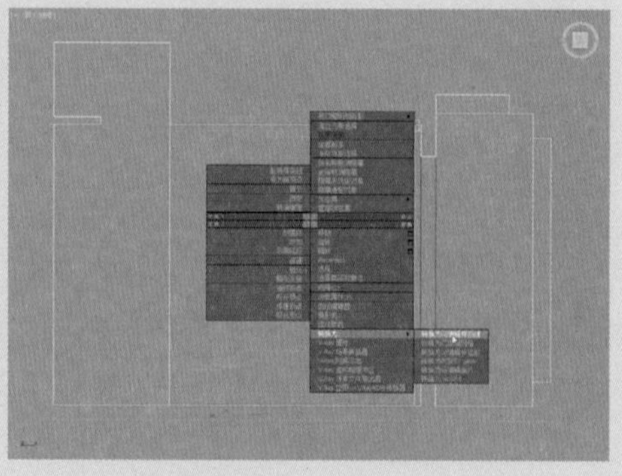

图 3-98　选择“转换为可编辑样条线”命令

35 在修改命令面板中选择“样条线”层级，在“几何体”卷展栏中设置轮廓值为 300，即可将矩形图形框向内偏移复制，如图 3-99 所示。

36 在修改器列表中选择“挤出”选项，并设置挤出值为 100，制作出吊顶图形，并放在合适位置，如图 3-100 所示。

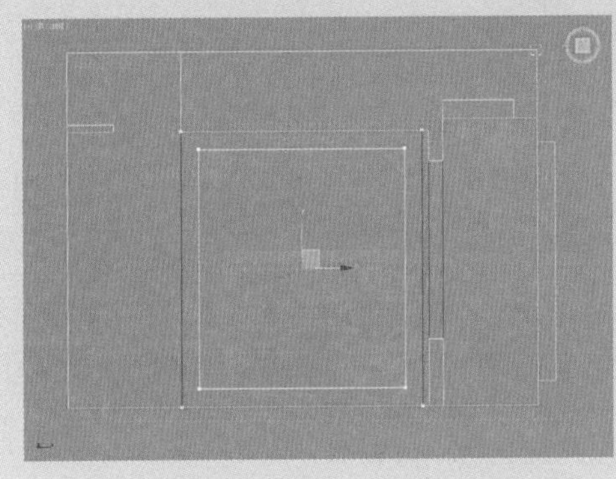

图 3-99　偏移复制矩形图形框

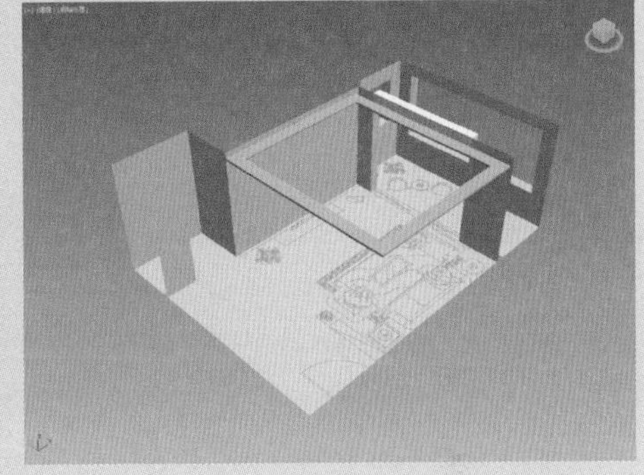

图 3-100　创建吊顶图形

3.5.2　创建家具造型

家具的造型、色彩、材料与风格等因素应与整个室内环境的风格协调一致。家具不仅要具备完善的使用功能，而且能最大限度地满足人们的审美意识和精神需求。下面将创建家具等模型，具体操作介绍如下。

01 导入电视背景墙立面图，如图 3-101 所示。

02 选择导入的图形，执行“组”|“组”命令，打开“组”对话框，输入组名，如图 3-102 所示。

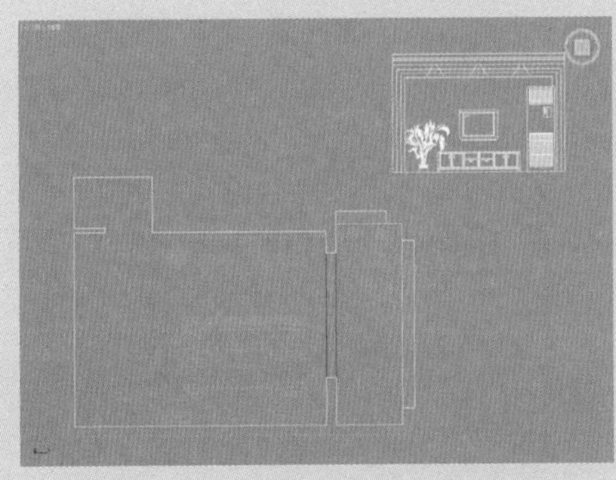

图 3-101　导入图形

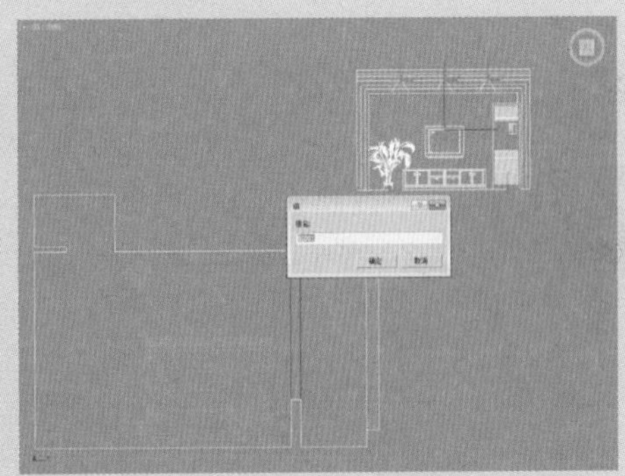

图 3-102　输入组名

03 单击“确定”按钮，关闭对话框，将图形沿 Y 轴旋转 90°，并移动到合适位置，效果如图 3-103 所示。

04 冻结当前对象，在“样条线”命令面板中单击“线”按钮，创建样条线，如图 3-104 所示。

图 3-103　旋转并移动图形

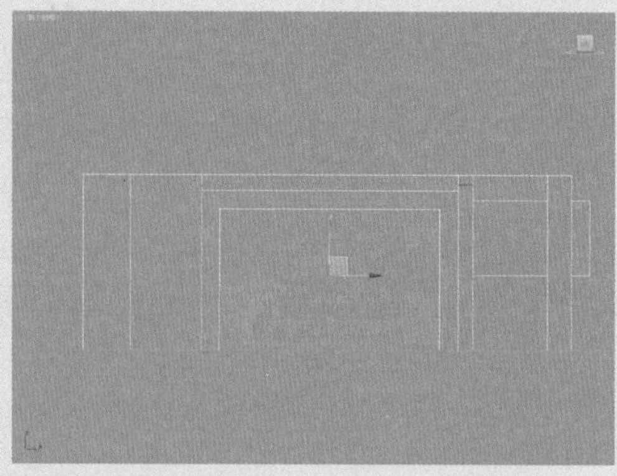

图 3-104　创建样条线

05 继续执行当前命令，创建样条线，如图 3-105 所示。

06 进入修改命令面板，选择“挤出”修改器，为其添加“挤出”效果，将挤出数量设置为 100 和 50，即可看到挤出效果，如图 3-106 所示。

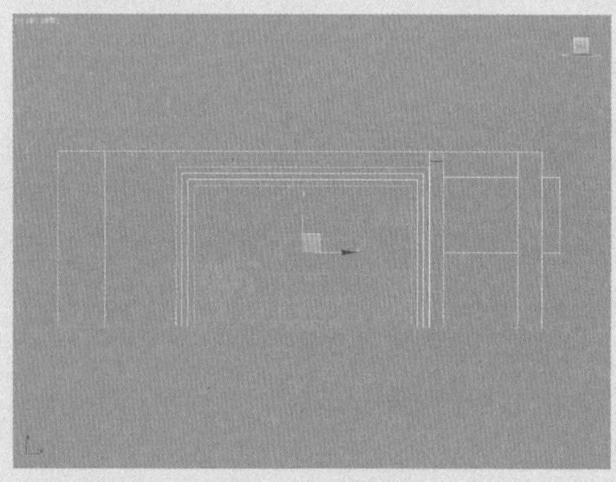

图 3-105　继续创建样条线

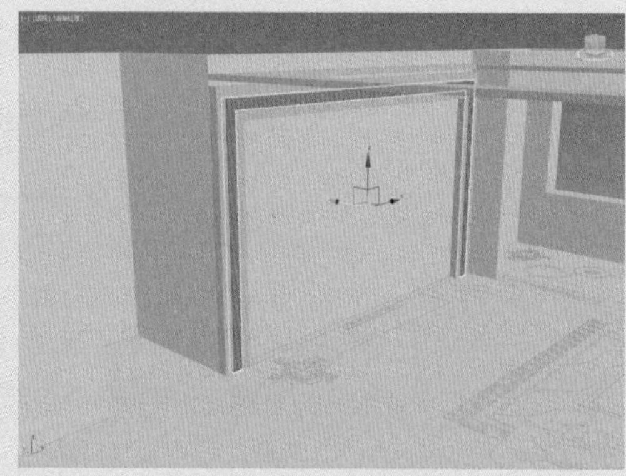

图 3-106　挤出后的效果

07 在“几何体”命令面板中单击“布尔”按钮，在“拾取布尔”卷展栏中单击“拾取操作对象 B”按钮，在图中选择对象，效果如图 3-107 所示。

08 在“图形”命令面板中单击“矩形”按钮，并添加“挤出”效果，将挤出数量设置为 30，如图 3-108 所示。

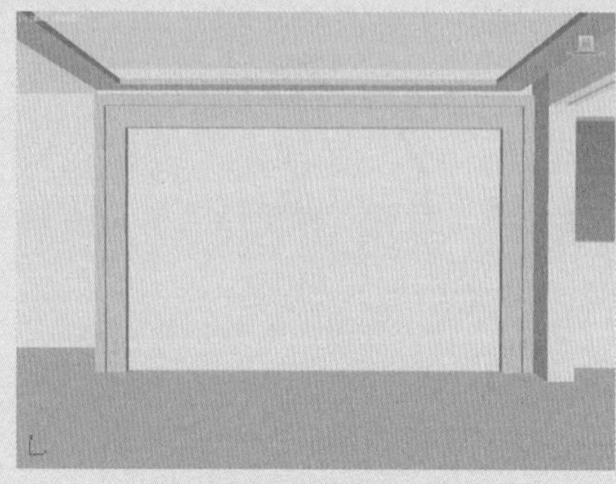

图 3-107　布尔图形

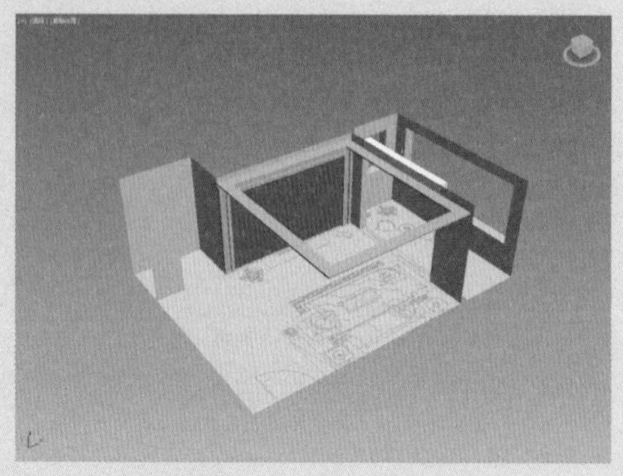

图 3-108　设置挤出参数

09 隐藏所有对象，在“图形”命令面板中单击“线”按钮，创建样条线，如图 3-109 所示。

10 在前视图单击“矩形”按钮，创建长度为 120、宽度为 20 的踢脚线剖面，如图 3-110 所示。

图 3-107 创建样条线

图 3-108 创建踢脚线剖面

11 选择刚创建的样条线，在修改命令面板中选择“倒角剖面”修改器，如图 3-111 所示。

12 在“参数”卷展栏中单击“拾取剖面”按钮，拾取踢脚线剖面，并全部取消隐藏，效果如图 3-112 所示。

图 3-111 “倒角剖面”修改器

图 3-112 拾取踢脚线剖面

13 切换到左视图，在“图形”命令面板中单击“矩形”按钮，捕捉绘制矩形图形，如图 3-113 所示。

14 调整宽度为 900，并将其转换为可编辑样条线，如图 3-114 所示。

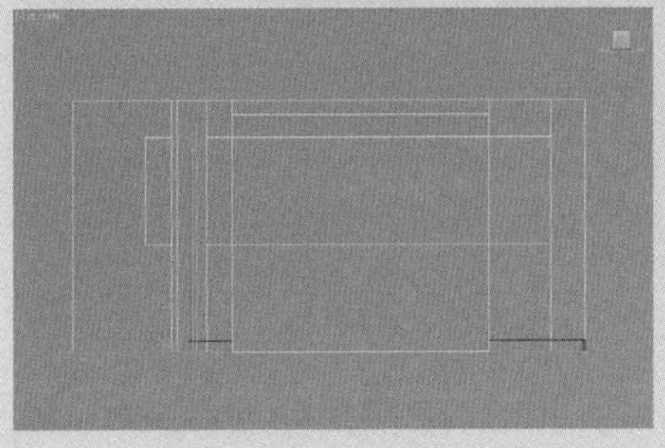

图 3-113 创建矩形

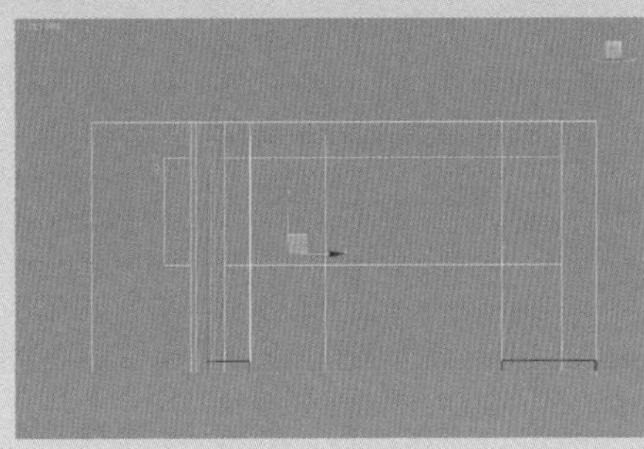

图 3-114 调整图形

15 选择“样条线”层级，在“几何体”卷展栏中设置轮廓值为 60，如图 3-115 所示。

16 在修改器列表中选择“挤出”修改器，设置挤出值为 40，绘制推拉门门框，如图 3-116 所示。

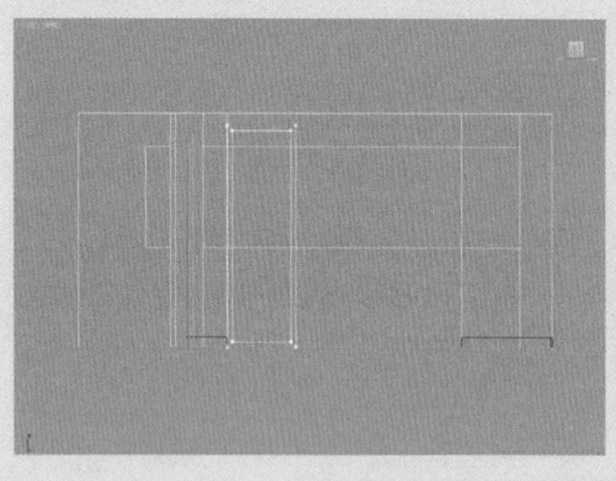

图 3-115　设置轮廓值

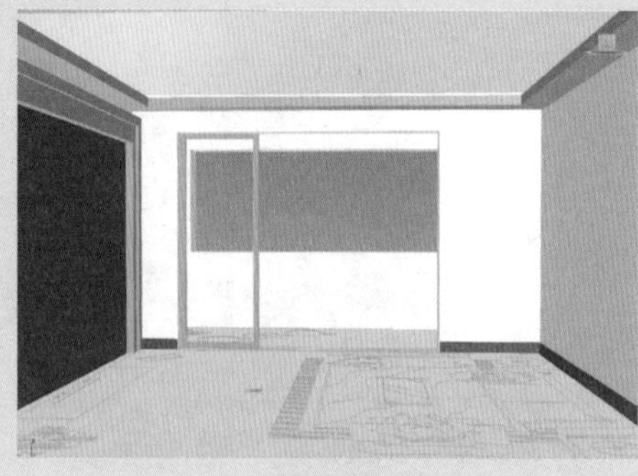

图 3-116　绘制推拉门门框

17 在左视图中捕捉推拉门门框绘制长方体，并设置高度，绘制出一扇推拉门模型，如图 3-117 所示。

18 复制推拉门模型，调整推拉门位置，如图 3-118 所示。

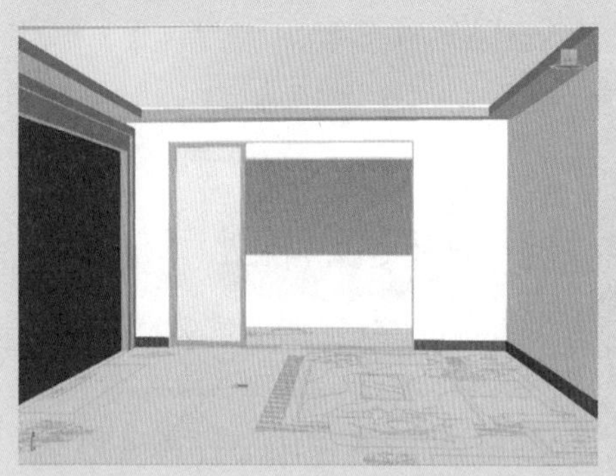

图 3-117　绘制推拉门模型

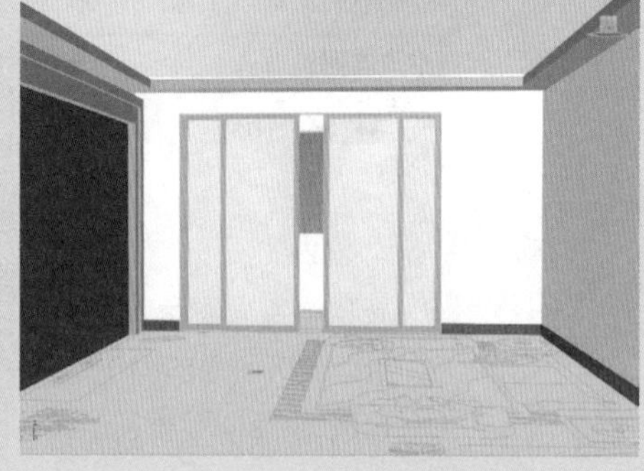

图 3-118　复制模型并调整位置

19 在顶视图创建圆弧，如图 3-119 所示。

20 在修改器面板中挤出弧线高度为 5000，效果如图 3-120 所示。

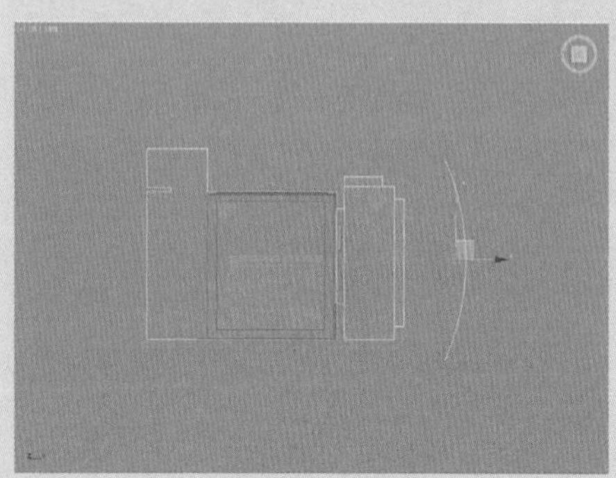

图 3-119　创建圆弧

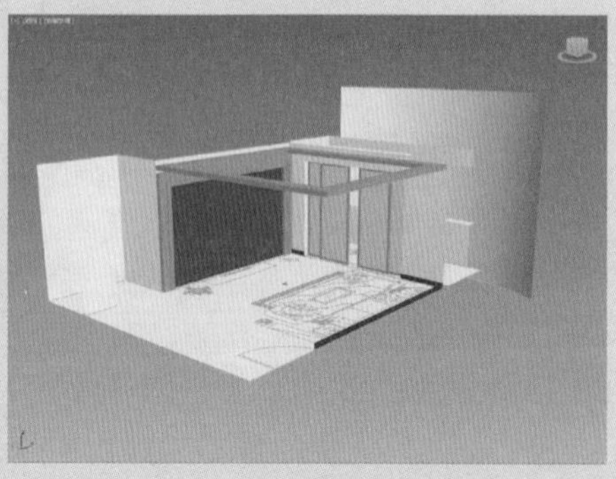

图 3-120　挤出图形

3.5.3 完善客厅场景

完成模型的创建后，即可将成品模型合并到当前模型中，具体操作介绍如下。

01 执行“文件”|“导入”|“合并”命令，如图 3-121 所示。

02 打开“合并文件”对话框，选择需要的模型文件，如图 3-122 所示。

图 3-121 导入操作

图 3-122 选择文件

03 单击“打开”按钮，将模型合并到场景，并调整位置，如图 3-123 所示。

04 按照相同的方法合并灯具、电视机、空调等模型，如图 3-124 所示。

图 3-123 合并模型

图 3-124 继续合并模型

05 在修改器面板中选择并添加“挤出”修改器，设置挤出值为 3500，调整模型位置。至此，完成客厅场景的创建，如图 3-125 所示。

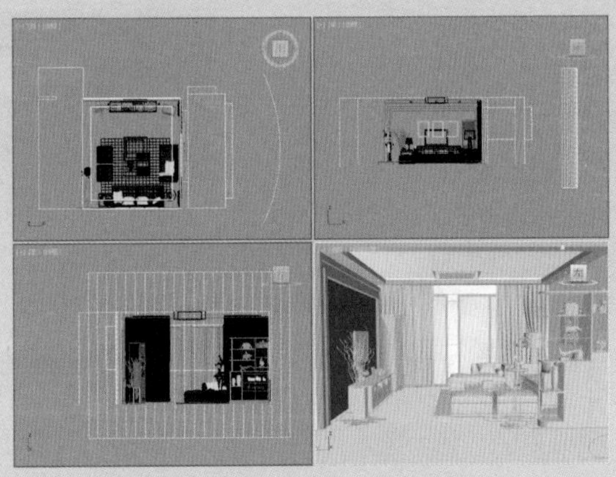

图 3-125 完成客厅场景的创建

强化训练

通过本章的学习，读者对于可编辑样条线、可编辑多边形、复合对象常用修改器等知识有了一定的认识。为了使读者更好地掌握本章所学知识，在此列举两个针对本章知识的习题，以供读者练手。

1. 绘制门模型

利用“矩形”“布尔”等命令，绘制如图 3-126、图 3-127 所示的花瓶模型。

01 利用“长方体”命令，绘制长方体图形，如图 3-126 所示。

02 利用“附加”和“挤出”命令，挤出三维模型并导入金属锁具模型。

03 为模型赋予材质，效果如图 3-127 所示。

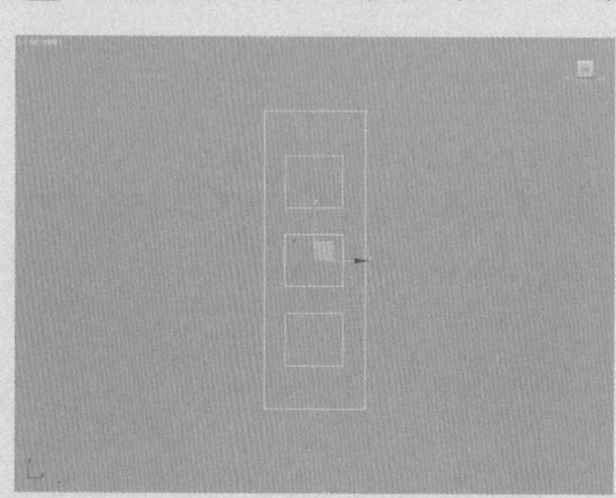

图 3-126 绘制长方体图形

图 3-127 渲染效果

2. 绘制灯泡模型

利用“样条线”“车削”命令，绘制如图 3-128、图 3-129 所示的灯泡模型。

01 利用“样条线”命令，绘制灯泡的二维截面图形，如图 3-128 所示。

02 利用“车削”命令，对其添加车削效果。

03 为模型赋予材质，效果如图 3-129 所示。

图 3-128 绘制二维截面图形

图 3-129 渲染效果

第4章

材质与贴图

本章概述 SUMMARY

模型创建完成之后，需要对其添加材质与贴图，材质是指物体表面的质地、质感。材质有很多属性特征，常见的有颜色、纹理、光滑度、透明度、反射/折射等。本章将对常用材质类型、常用贴图等内容进行介绍。通过对本章内容的学习能够让读者学会使用编辑器、熟悉材质的制作流程，充分认识材质与贴图的联系以及重要性。

■ 学习目标

- √ 掌握多维/子对象材质的使用方法
- √ 掌握 VRayMtl 材质的使用方法
- √ 掌握 VR-灯光材质的使用方法
- √ 掌握常用贴图的使用方法

◎高脚杯

◎陶瓷工艺品

◎个性沙发

4.1 常用材质类型

在 3ds Max 软件中，默认材质为标准材质，在“渲染设置”对话框中更改渲染器为 VRay 渲染器后，“材质 / 贴图”对话框中的材质卷展栏中将另外添加 VRay 选项。

4.1.1 标准材质

“标准”材质是最常用的材质类型，可以模拟表面单一的颜色，为表面建模提供非常直观的方式。使用“标准”材质时可以选择各种明暗器，为各种反射表面设置颜色以及使用贴图通道等，这些设置都可以在参数面板的卷展栏中进行，如图 4-1 所示。

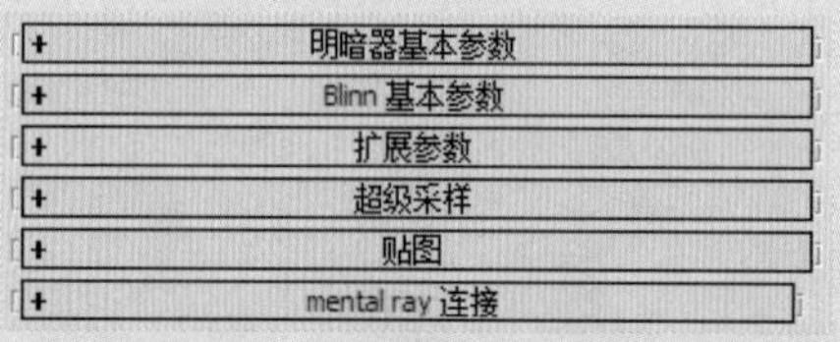

+ 明暗器基本参数
+ Blinn 基本参数
+ 扩展参数
+ 超级采样
+ 贴图
+ mental ray 连接

图 4-1 “标准”材质

（1）明暗器

明暗器主要用于标准材质，可以选择不同的着色类型，以影响材质的显示方式，在“明暗器基本参数”卷展栏中可进行相关设置。各属性的含义介绍如下。

- 各向异性：可以产生带有非圆、具有方向的高光曲面，适用于制作头发、玻璃或金属等材质。
- Blinn：与 Phong 明暗器具有相同的功能，但它在数学上更精确，是标准材质的默认明暗器。
- 金属：有光泽的金属效果。
- 多层：通过层级两个各向异性高光，创建比各向异性更复杂的高光效果。
- Oren-Nayar-Blinn：类似 Blinn，会产生平滑的无光曲面，如模拟织物或陶瓦。
- Phong：与 Blinn 类似，能产生带有发光效果的平滑曲面，但不处理高光。
- Strauss：主要用于模拟非金属和金属曲面。
- 半透明：类似于 Blinn 明暗器，但是其还可用于指定半透明度，光线将在穿过材质时散射，可以使用半透明来模拟被霜覆盖的和被侵蚀的玻璃。

（2）颜色

在真实世界中，对象的表面通常反射许多颜色，标准材质也使用

4 色模型来模拟这种现象，主要包括环境光颜色、漫反射颜色、高光颜色和过滤颜色。各属性的含义如下。

- 环境光：环境光颜色是对象在阴影中的颜色。
- 漫反射：漫反射颜色是对象在直接光照条件下的颜色。
- 高光：高光颜色是发亮部分的颜色。
- 过滤：过滤颜色是光线透过对象所透射的颜色。

（3）扩展参数

在“扩展参数”卷展栏中提供了透明度和反射相关的参数，通过该卷展栏可以制作更加具有真实效果的透明材质，如图 4-2 所示，其中各属性的含义介绍如下。

- 高级透明：该选项组中提供的控件影响透明材质的不透明度衰减等效果。
- 反射暗淡：该选项组提供的参数可使阴影中的反射贴图显得暗淡。
- 线框：该选项组中的参数用于控制线框的单位和大小。

（4）贴图通道

在“贴图”卷展栏中，可以访问材质的各个组件，部分组件还能使用贴图代替原有的颜色，如图 4-3 所示。

（5）其他

“标准”材质还可以通过高光控件组控制表面接受高光的强度和范围，也可以通过其他选项组制作特殊的效果，如线框等。

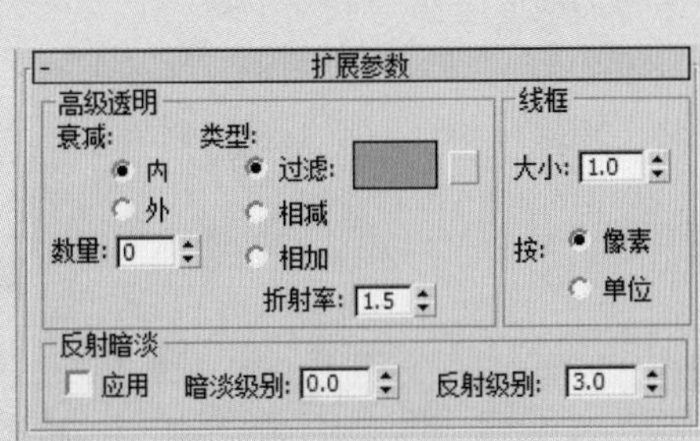

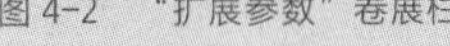
图 4-2　“扩展参数”卷展栏

图 4-3　“贴图”卷展栏

4.1.2　混合材质

混合材质可以将两种不同的材质融合在一起，控制材质的显示程度，还可以制作成材质变形的动画。混合材质由两个子材质和一个遮罩组成，子材质可以是任何材质的类型，遮罩则可以访问任意贴图中的组件或者是设置位图等。它常被用于制作刻画、带有花样的抱枕和部分锈迹的金属等，图 4-4 所示为混合材质的效果。在使用混合材质后，参数面板如图 4-5 所示。

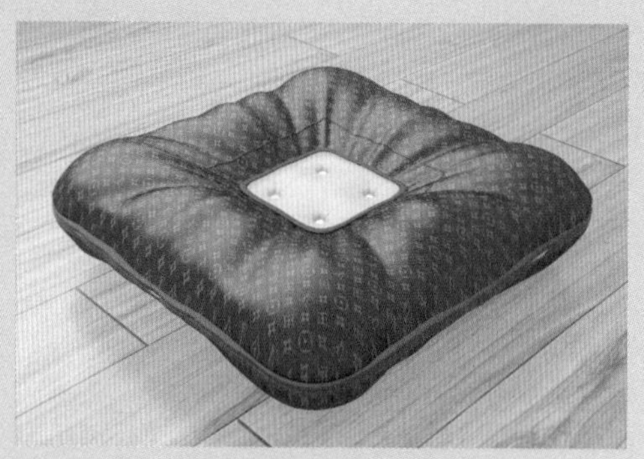
图 4-4 混合材质效果图

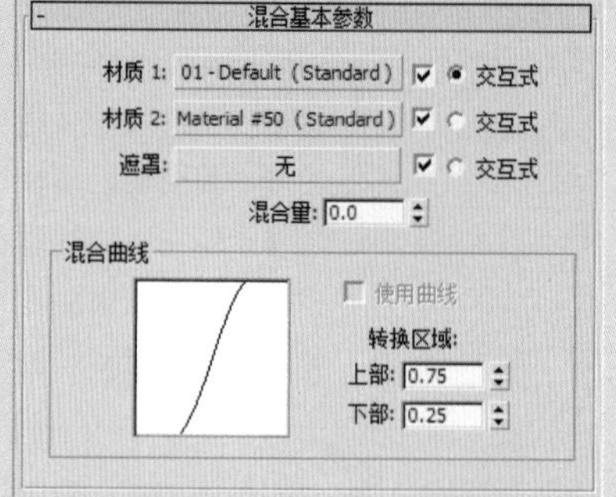

图 4-5 “混合基本参数”卷展栏

下面具体介绍卷展栏中常用选项的含义。

- 材质 1 和材质 2：设置各种类型的材质。默认材质为标准材质，单击后方的选项框，在弹出材质面板中可以更换材质。
- 遮罩：使用各种程序贴图或位图设置遮罩。遮罩中较黑的区域对应材质 1，较亮较白的区域对应材质 2。
- 混合量：决定两种材质混合的百分比，当参数为 0 时，将完全显示第一种材质，当参数为 100 时，将完全显示第二种材质。
- 混合曲线：影响进行混合的两种颜色之间的变换的渐变或尖锐程度，只有指定遮罩贴图后，才会影响混合。

> 知识拓展
>
> 在混合材质中，如果将任意一个子材质设置为线框效果，整个材质将以线框形式显示，在渲染的时候也以线框的形式渲染。

4.1.3 双面材质

使用“双面”材质可以为对象的前面和后面指定两个不同的材质，在“双面”材质的相关参数卷展栏中，只包括半透明、正面材质和背面材质 3 个选项，如图 4-6 所示。

其中，各选项的含义介绍如下。

- 半透明：用于一个材质通过其他材质显示的数量，范围为 0~100%。
- 正面材质：用于设置正面的材质。
- 背面材质：用于设置背面的材质。

> 知识拓展
>
> 双面材质可以为物体的两个面指定不同的纹理效果，而双面选项仅可以将材质应用到物体的两个面中。

图 4-6 “双面基本参数”卷展栏

4.1.4 多维 / 子对象材质

多维 / 子对象材质是将多个材质组合到一个材质中，将物体设置不同的 ID 材质后，使材质根据对应的 ID 号赋予到指定物体区域上。该材质常被用于包含许多贴图的复杂物体上，如图 4-7 所示为多维 / 子对象效果。在使用多维 / 子对象后，参数卷展栏如图 4-8 所示。

图 4-7　多维 / 子对象效果

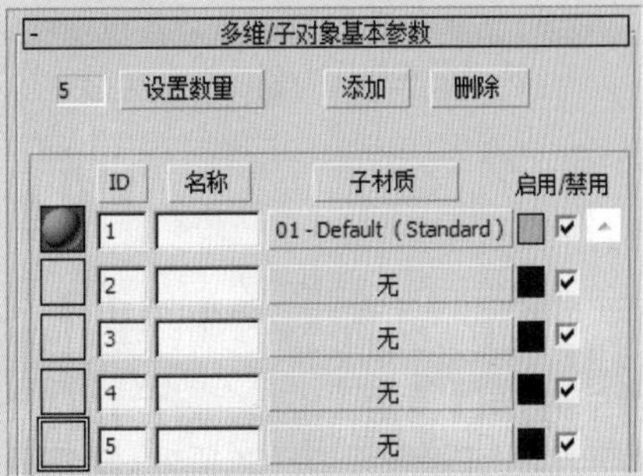

图 4-8　“多维 / 子对象基本参数”卷展栏

知识拓展

如果该对象是可编辑网格，可以拖放材质到面的不同的选中部分，并随时构建一个多维 / 子对象材质。

多维 / 子对象参数面板中的内容并不多，下面具体介绍参数卷展栏中按钮和选项的含义。

- 设置数量：用于设置子材质的参数，单击该按钮，即可打开“设置材质数量”对话框，在其中可以设置材质数量。
- 添加：单击该按钮，在子材质下方将默认添加一个标准材质。
- 删除：删除子材质。单击该按钮，将从下向上逐一删除子材质。

4.1.5　VRayMtl 材质

VRayMtl 是最常用的一个材质，是专门配合 VRay 渲染器使用的材质，因此当使用 VRay 渲染器时，使用这个材质会比 3ds Max 标准材质（Standard）在渲染速度和细节质量上高很多。其次，它们有一个重要的区别，就是 3ds Max 的标准材质（Standard）可以制作假高光（即没有反射现象而只有高光，但是这种现象在真实世界是不可能实现的），而 VRay 的高光则是和反射的强度息息相关的，在使用 VRay 渲染器时只有配合 VRay 的材质（标准材质或其他 VRay 材质）是可以产生焦散效果的，而在使用 3ds Max 的标准材质（Standard）时这种效果是无法产生的，如图 4-9 所示为 VRayMtl 材质的效果，其参数卷展栏如图 4-10 所示。

图 4-9　VRayMtl 材质效果

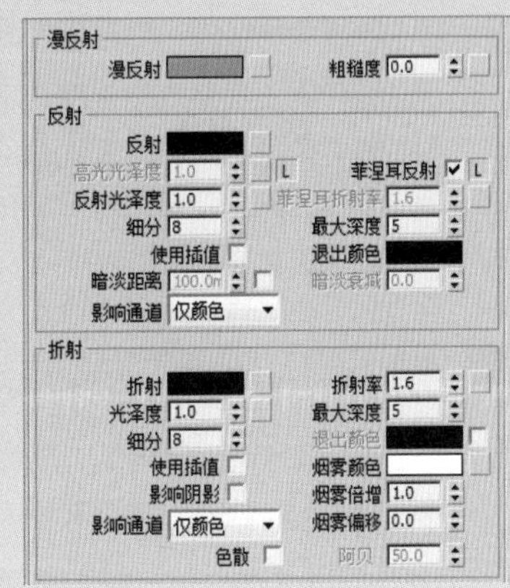

图 4-10　VRayMtl 材质参数卷展栏

其中，各选项的含义介绍如下。

- 漫反射：是物体的固有色，可以是某种颜色，也可以是某张贴图，贴图优先。
- 反射：可以用颜色控制反射，也可以用贴图控制，但都基于黑一灰一白，黑色代表没有反射，白色代表完全反射，灰色代表不同程度的反射。
- 高光光泽度：高光并不是光，而是物体表面最亮的部分；高光也不是必须具备的一个属性，通常只会在表面比较光滑的物体上出现，值越高，高光越明显。
- 反射光泽度：当“高光光泽”未被激活时，“反射光泽”就会自动承担起高光的任务，如果想消除高光，就激活“高光光泽”，并且设置值为 1，这样高光就消失了。
- 菲涅尔：加入菲涅尔是为了增强反射物体的细节变化。
- 菲涅尔反射率：当值为 0 时，菲涅尔效果失效；当值为 1 时，材质完全失去反射属性。
- 最大深度：就是反射次数，值为 1 时，反射 1 次；值为 2 时，反射 2 次，以此类推，反射次数越多，细节越丰富，但一般而言，5 次以内就足够了，大的物体需要丰富的细节，但小的物体细节再多也观察不到，只会增加计算量。
- 退出颜色：只适合在“最大深度”值很小的时候使用，当放射次数增多时，“退出颜色”就微乎其微了。
- 细分：提高它的值，能有效降低反射时画面出现的噪点。
- 使用插值：默认不勾选即可。
- 折射：可以由旁边的色条决定，黑色时不透明，白色时全透明；也可以由贴图决定，贴图优先。
- 折射率：折射的程度。
- 烟雾颜色：透明玻璃的颜色，非常敏感，改动一点就能产生很大变化。
- 烟雾倍增：控制“烟雾颜色”的强弱程度，值越低，颜色越浅。
- 烟雾偏移：用来控制雾化偏移程度，一般默认即可。
- 光泽度：控制折射表面光滑程度，值越高，表面越光滑；值越低，表面越粗糙。减低“光泽度”的值可以模拟磨砂玻璃效果。
- 影响阴影：勾选后阴影会随着烟雾颜色而改变，使透明物体阴影更加真实。

4.1.6 VR- 灯光材质

VRay 灯光材质是一种自发光的材质，通过设置不同的倍增值可以在场景中产生不同的明暗效果。可以用来做自发光的物件，比如灯带、电视机屏幕、灯箱等，如图 4-11 所示为 VR- 灯光材质效果，参数卷展栏如图 4-12 所示。

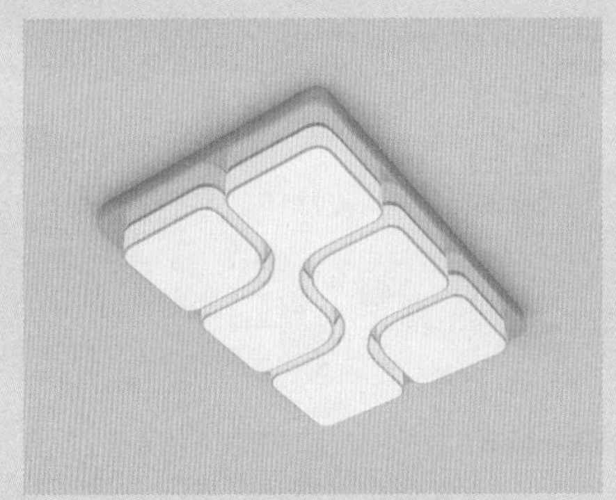

图 4-11　VR- 灯光材质效果

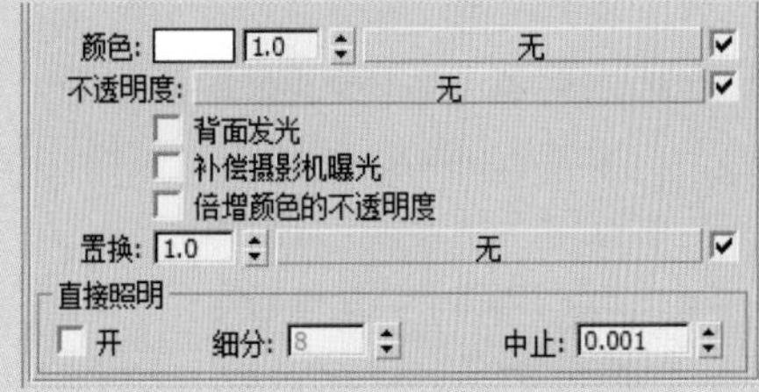

图 4-12　VR- 灯光材质参数卷展栏

其中，各选项的含义介绍如下。

- 颜色：用于设置自发光材质的颜色，如有贴图，则以贴图的颜色为准，此值无效。
- 倍增：用于设置自发光材质的亮度，相当于灯光的倍增器。
- 双面：用于设置材质是否两面都产生自发光。
- 不透明度：用于指定贴图作为自发光。

4.1.7　VR- 材质包裹器

VRay 包裹材质主要用于控制材质的全局光照、焦散和不可见。也就是说，通过 VRay 包裹材质可以将标准材质转换为 VRay 渲染器支持的材质类型。一个材质在场景中过于亮或色溢太多，嵌套这个材质。可以控制产生 / 接受 GI 的数值，多数用于控制有自发光的材质和饱和度过高的材质，其参数卷展栏如图 4-13 所示。

其中，各选项的含义介绍如下。

- 基本材质：用于设置嵌套的材质。
- 生成全局照明：设置产生全局光及强度。
- 接收全局照明：设置接收全局光及强度。
- 生成散焦：设置材质是否产生散焦效果。
- 接收散焦：设置材质是否接收散焦效果。
- 无光曲面：设置物体表面为具有阴影遮罩属性的材质，使该物体在渲染时不可见，但该物体仍然出现在反射 / 折射中，并且仍然能够产生间接照明。
- Alpha 基值：设置物体在 Alpha 通道中显示的强度。光数值为 1 时，表示物体在 Alpha 通道中正常显示，数值为 0 时，表示物体在 Alpha 通道中完全不显示。
- 阴影：用于控制遮罩物体是否接收直接光照产生的阴影效果。
- 影响 Alpha：用于设置直接光照是否影响遮罩物体的 Alpha 通道。
- 颜色：用于控制被包裹材质的物体接收的阴影颜色。

- 亮度：用于控制遮罩物体的亮度。
- 反射值：用于控制遮罩物体的反射程度。
- 折射值：用于控制遮罩物体的折射程度。
- 全局照明（GI）量：用于控制遮罩物体接收间接照明的程度。

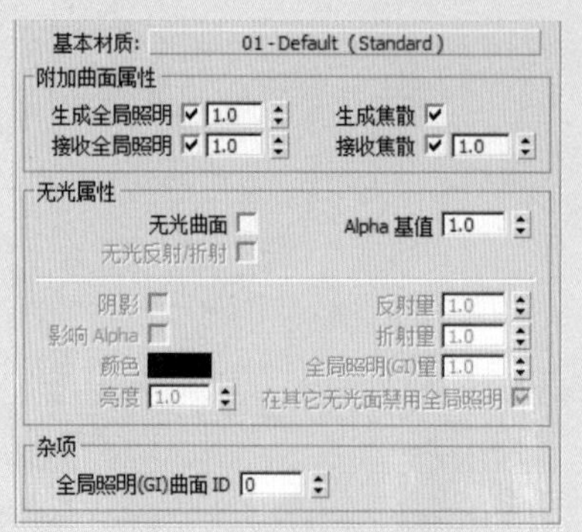

图 4-13　VR- 材质包裹器参数卷展栏

绘图技巧

当材质赋予到模型之后，模型尚未显示材质，在“材质编辑器”中，单击“视口中显示明暗处理材质”按钮，即可显示赋予的材质。

小试身手——创建酒杯材质

下面将通过 VRayMtl 和多维 / 子对象材质，创建酒杯材质，具体操作介绍如下。

01 创建酒杯材质，按 M 键打开“材质编辑器”对话框，设置类型为多维/子对象，设置 ID1 和 ID2 的材质类型，如图 4-14 所示。

02 设置 ID1 的材质类型为 VRayMtl，设置漫反射颜色为（0，0，0），设置反射颜色为（223，223，223），设置折射颜色为（225，225，225），并设置细分值为 15，其余参数保持不变，如图 4-15 所示。

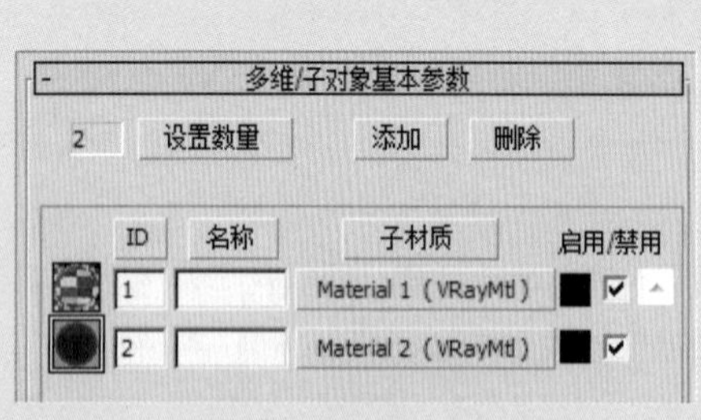

图 4-14　设置材质类型

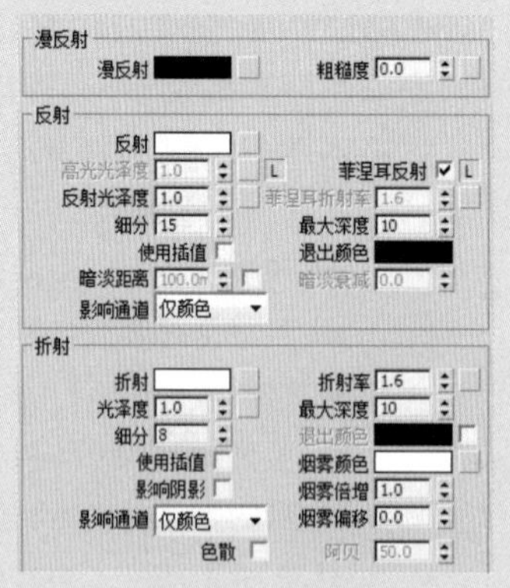

图 4-15　设置基本参数

03 在“选项”卷展栏中设置相关参数，其余参数保持不变，如图 4-16 所示。

04 返回“多维 / 子对象基本参数”卷展栏，设置通道 2 材质类型为 VRayMtl，设置漫反射颜色为（0，0，0），设置反射颜色为（243，243，243），设置折射颜色为（255，255，255），如图 4-17 所示。

05 设置烟雾颜色参数，如图 4-18 所示。

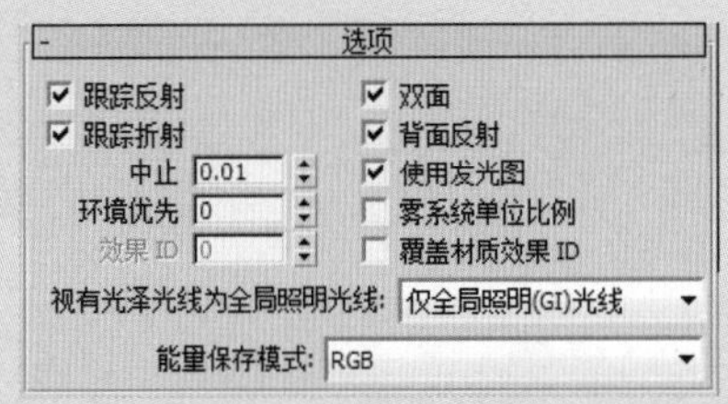

图 4-16　设置选项参数

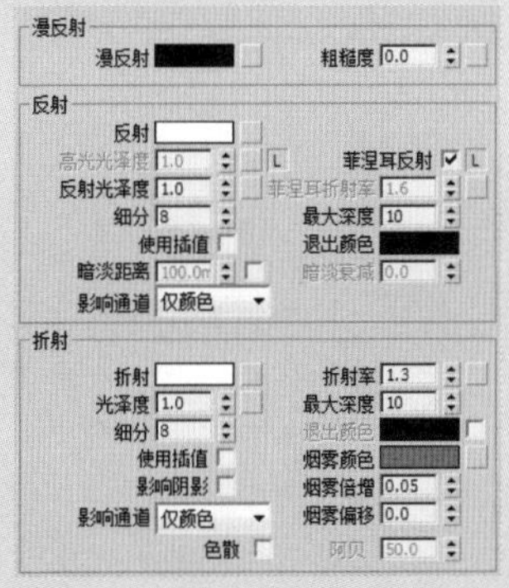

图 4-17　设置基本参数

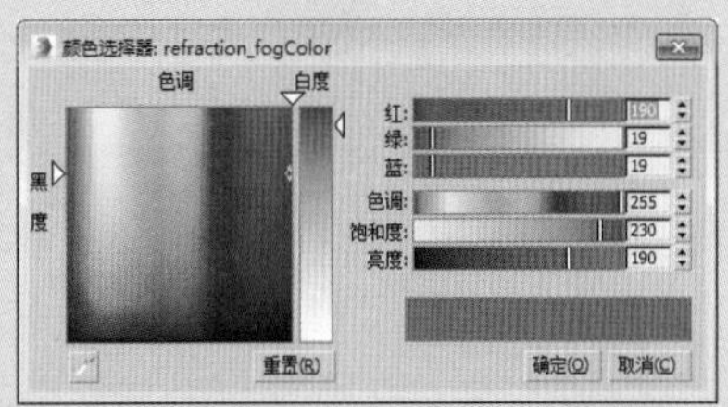

图 4-18　设置烟雾颜色

06 创建好的酒杯材质球效果如图 4-19 所示。

07 将创建好的材质指定给模型，渲染效果如图 4-20 所示。

图 4-19　酒杯材质球效果

图 4-20　渲染效果

4.2　常用贴图

在 3ds Max 中包含了许多贴图，根据使用方法不同分为 2D 贴图、3D 贴图、合成器、颜色修改器、其他等。贴图可以模拟纹理、反射以及折射等特殊效果，可以在不增加材质复杂度的前提下，为材质添加细节，有效地改善材质的外观和真实感。

4.2.1　位图贴图

位图贴图就是将位图图像文件作为贴图使用，它可以支持各种类型的图像和动画格式，包括 AVI、BMP、CIN、JPG、TIF、TGA 等。位图贴图的使用范围广泛，通常用在漫反射贴图通道、凹凸贴图通道、反射贴图通道、折射贴图通道中，如图 4-21 所示为位图贴图的材质效果。如图 4-22 所示为“位图”贴图的主要参数卷展栏。

图 4-21　位图贴图效果

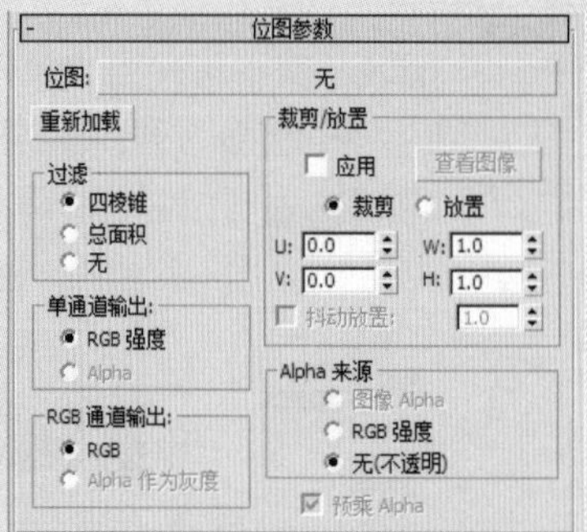

图 4-22　“位图参数”卷展栏

其中各选项含义介绍如下。

- 过滤：过滤选项组用于选择抗锯齿位图中平均使用的像素方法。
- 裁剪 / 放置：该选项组中的控件可以裁剪位图或减小其尺寸，用于自定义放置。
- 单通道输出：该选项组中的控件用于根据输入的位图确定输出单色通道的源。
- Alpha 来源：该选项组中的控件根据输入的位图确定输出 Alpha 通道的来源。

4.2.2　衰减贴图

“衰减”贴图是基于几何曲面上面法线的角度衰减生成从白色到黑色的值。在创建不透明的衰减效果时，衰减贴图提供了更大的灵活性，如图 4-23 所示为衰减贴图效果。

图 4-23　衰减贴图效果

小试身手——为水杯添加衰减贴图

下面将为水杯模型添加衰减贴图，具体操作介绍如下。

01 打开素材文件，按 M 键打开“材质编辑器”对话框，可以看到水杯材质已创建完成，只需在漫反射通道上添加衰减贴图，如图 4-24 所示。

02 为漫反射通道添加的衰减贴图如图 4-25 所示。

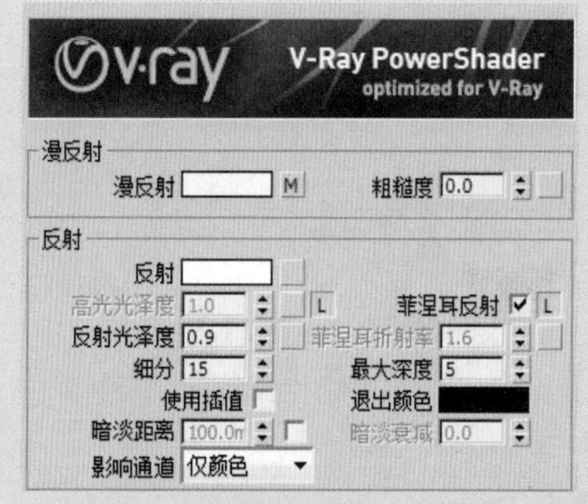

图 4-24　材质编辑器

图 4-25　添加衰减贴图

03 设置颜色 1 的颜色参数，如图 4-26 所示。

04 渲染模型，效果如图 4-27 所示。

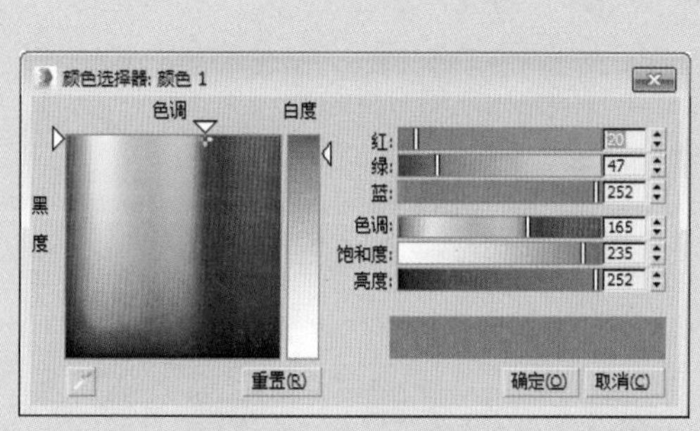

图 4-26　设置颜色 1 参数

图 4-27　渲染效果

4.2.3　噪波贴图

噪波贴图一般在凹凸通道中使用，用户可以通过设置“噪波参数”卷展栏来制作出紊乱不平的表面。“噪波”贴图基于两种颜色或材质的交互创建曲面的随机扰动，是三维形式的湍流图案，如图 4-28 所示为噪波贴图效果。

图 4-28　噪波贴图效果

4.2.4 渐变贴图

“渐变”贴图是指从一种颜色到另一种颜色进行着色，可以创建 3 种颜色的线性或径向渐变效果，如图 4-29 所示为渐变贴图效果，其参数卷展栏如图 4-30 所示。

图 4-29 渐变贴图效果

渐变参数
贴图
颜色 #1 无
颜色 #2 无
颜色 #3 无
颜色 2 位置: 0.5
渐变类型: 线性 径向
噪波:
数量: 0.0 规则 分形 湍流
大小: 1.0 相位: 0.0 级别: 4.0
噪波阈值:
低: 0.0 高: 1.0 平滑: 0.0

图 4-30 设置渐变参数

4.2.5 棋盘格贴图

“棋盘格”贴图可以产生类似棋盘的，由两种颜色组成的方格图案，并允许贴图替换颜色。如图 4-31 所示为棋盘格贴图效果，该贴图的卷展栏如图 4-32 所示。

图 4-31 棋盘格贴图效果

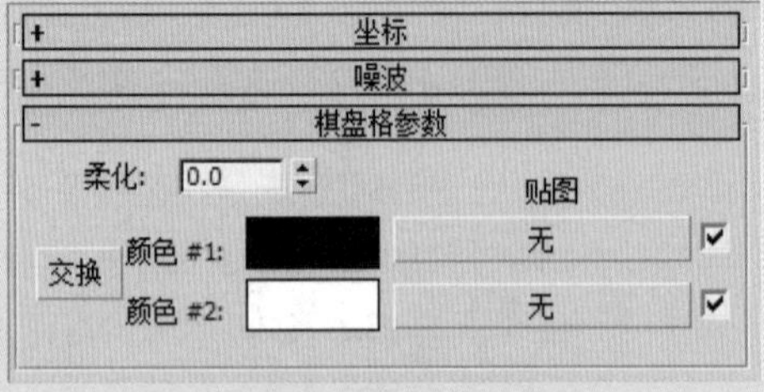

图 4-32 设置棋盘格参数

其中，各选项的含义介绍如下。

- 柔化：模糊方格之间的边缘，很小的柔化值就能生成很明显的模糊效果。
- 交换：单击该按钮可交换方格颜色。
- 颜色：用于设置方格的颜色，允许使用贴图代替颜色。

小试身手——为水杯添加棋盘格贴图

下面将为水杯模型添加棋盘格贴图，具体操作介绍如下。

01 打开素材文件，按 M 键打开“材质编辑器”对话框，可以看到水杯材质已创建完成，只需在漫反射通道上添加棋盘格贴图，如图 4-33 所示。

02 为漫反射通道添加的棋盘格贴图，如图 4-34 所示。

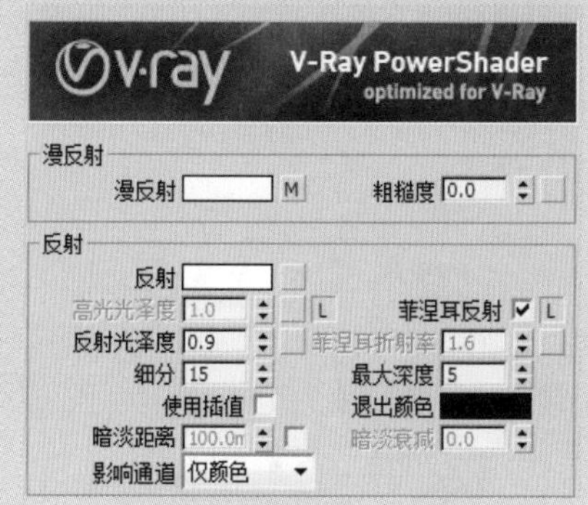

图 4-33 材质编辑器

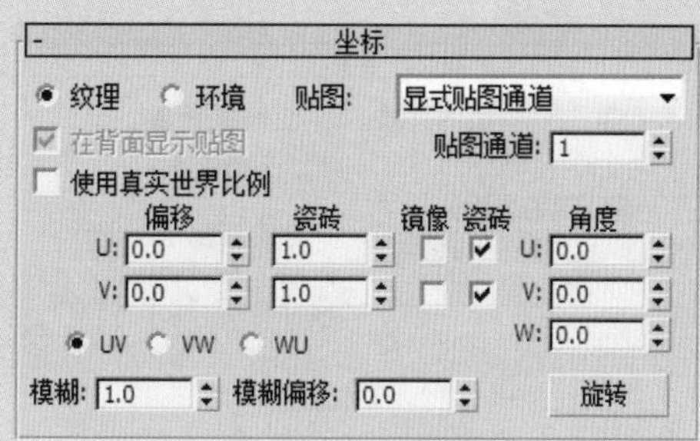

图 4-34 设置棋盘格参数

03 为模型添加“UVW 贴图”修改器效果如图 4-35 所示。

04 渲染模型效果如图 4-36 所示。

图 4-35 UVW 贴图效果

图 4-36 渲染效果

4.2.6 平铺贴图

平铺贴图是专门用来制作砖块效果的，常用在漫反射通道中，有时也可以用在凹凸贴图通道中，如图 4-37 所示为平铺贴图效果。

图 4-37 平铺贴图效果

在“标准控制”卷展栏中有的预设类型列表中列出了一些已定义的建筑砖图案，用户也可以自定义图案，设置砖块的颜色、尺寸以及砖缝的颜色、尺寸等，其参数卷展栏如图 4-38、图 4-39 所示。

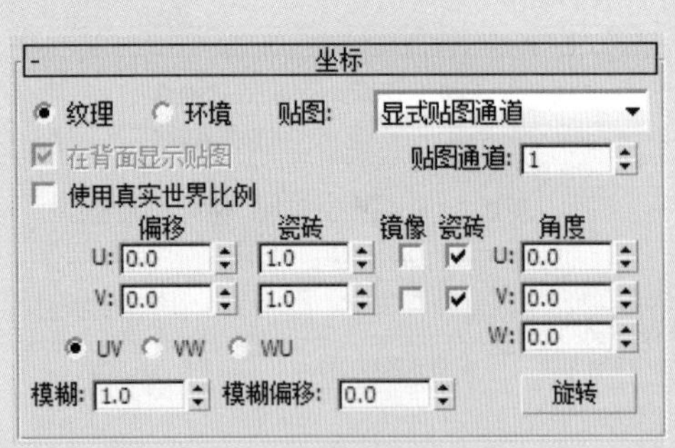

图 4-38 “坐标”卷展栏

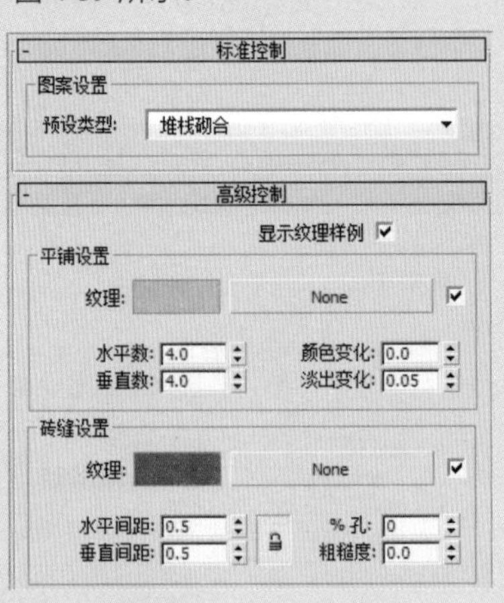

图 4-39 “高级控制”卷展栏

4.2.7 混合贴图

“混合”程序贴图可混合两种颜色或两种贴图，将两种颜色或材质合成在曲面的一侧，可以使用指定混合级别调整混合的量。混合贴图的展卷栏如图 4-40 所示。

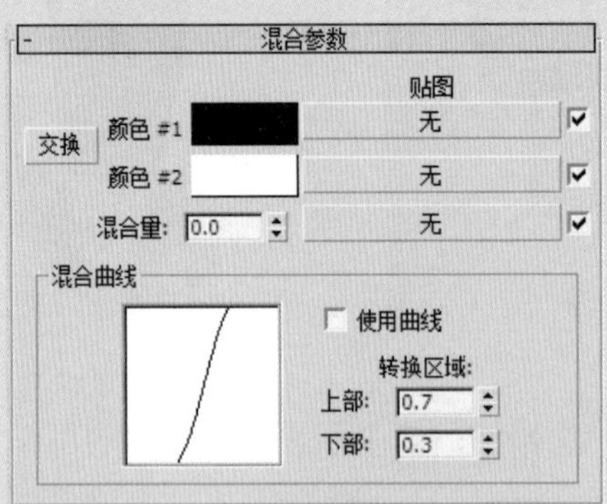

图 4-40 “混合参数”卷展栏

绘图技巧

若之前使用过材质编辑器，则按快捷键 M，再次打开材质编辑器后，系统默认打开上次的编辑器类型。如果需要使用 VRay 材质，首先要将渲染器改为 VRay 渲染器，设置完成后，在材质编辑器中就可以选择标准和 VRay 材质类型了。

4.2.8 VRayHDRI 贴图

HDRI 是 High Dynamic Range Image（高动态范围贴图）的简写，它是一种特殊的图形文件格式，它的每一个像素除了含有普通的 RGB 信息以外，还包含有该点的实际亮度信息，所以它在作为环境贴图的同时，还能照亮场景，为真实再现场景所处的环境奠定了基础，其“参数”卷展栏如图 4-41 所示。

其中，各选项的含义介绍如下。

- HDR 贴图：单击后面的“浏览”按钮选取贴图的路径。
- 倍增器：用于设置 HDRI 贴图的倍增强度。

- 水平旋转：控制贴图的水平方向上的旋转。
- 水平翻转：将贴图沿着水平方向旋转。
- 垂直旋转：控制贴图沿着垂直方向旋转。
- 垂直翻转：将贴图沿着垂直方向翻转。
- 贴图类型：选择贴图的坐标方式。
- 反向伽玛：设置 HDR 贴图的伽玛值。

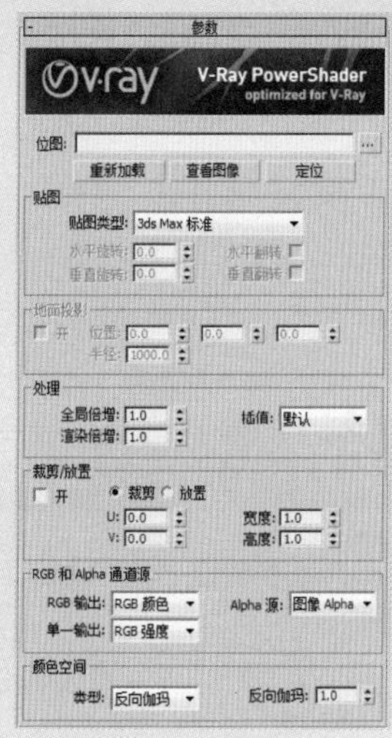

图 4-41　“参数”卷展栏

4.2.9　VR- 边纹理贴图

这个贴图类型可以使对象产生类似于 3ds Max 默认线框材质的效果，其参数面板如图 4-42 所示。其中，各选项的含义介绍如下。

图 4-42　“VRay 边纹理参数”卷展栏

- 颜色：设置线框的颜色。
- 隐藏边：开启该选项后可以渲染隐藏的边。
- 厚度：边框精细的设置。
- 世界单位：使用世界单位设置线框的宽度。

4.3　创建 VRay 材质

在进行渲染之前，需要创建材质，通过赋予相应的材质，提高渲染效果，利用 VRay 材质可以还原现实生活中的真实材质效果。下面以金属、陶瓷、玻璃、毛料为例，介绍 VRay 中常用材质。

4.3.1　金属材质

利用 VRayMtl 材质可以设置各种金属材质，金属材质具有一定反光性且光泽度较高，也是受光线影响最大的材质之一，并且应用十分广泛。

课堂练习——创建不锈钢材质

下面将介绍不锈钢材质的创建方法，具体操作介绍如下。

01 按 M 键打开“材质编辑器”对话框，设置材质类型为 VRayMtl，设置漫反射以及反射颜色，并设置反射光泽度、细分等参数，如图 4-43 所示。

02 设置漫反射颜色参数，如图 4-44 所示。

图 4-43 设置相关参数

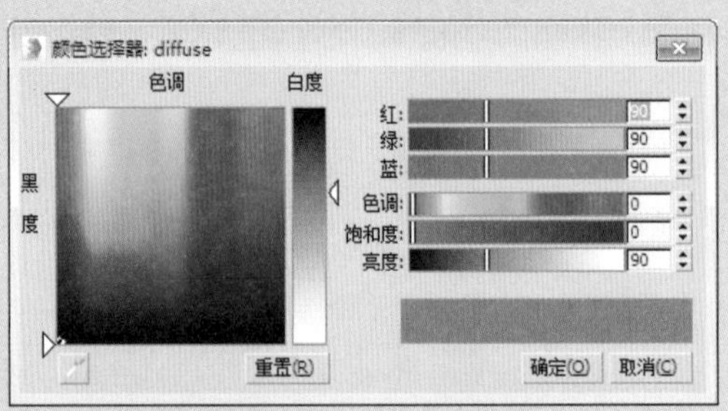

图 4-44 设置漫反射颜色参数

03 设置反射颜色参数，如图 4-45 所示。

04 在“双向反射分布函数”卷展栏中设置函数类型为“沃德”，如图 4-46 所示。

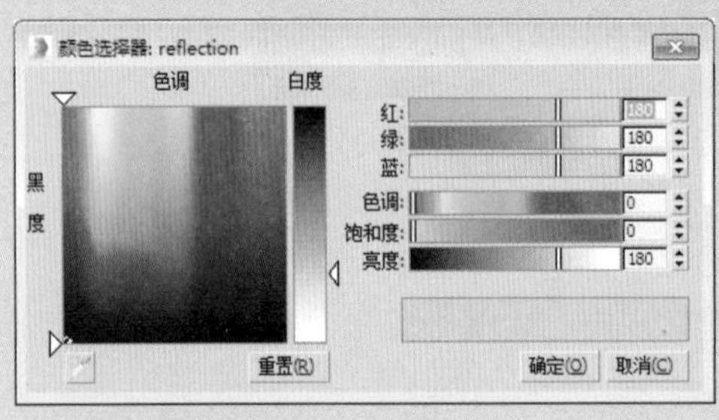

图 4-45 设置反射颜色参数

图 4-46 设置函数类型

05 创建好的不锈钢材质球效果如图 4-47 所示。

06 将材质指定给物体后的渲染效果，如图 4-48 所示。

图 4-47 不锈钢材质球效果

图 4-48 渲染效果

4.3.2 陶瓷材质

在现实生活中，陶瓷材质是天然或合成化合物经高温烧制而成的一类材料。在 VRay 材质中，它具有一定的光泽度，其表面十分光滑，该材质主要应用在装饰瓷器工艺品、花瓶等物体。

课堂练习——创建陶瓷材质

下面将以创建陶瓷器皿材质为例，介绍设置陶瓷材质的方法，具体操作介绍如下。

01 按 M 键打开“材质编辑器”对话框，设置材质类型为 VRayMtl，设置漫反射以及反射颜色，并设置反射光泽度和细分参数，如图 4-49 所示。

02 设置漫反射颜色参数，如图 4-50 所示。

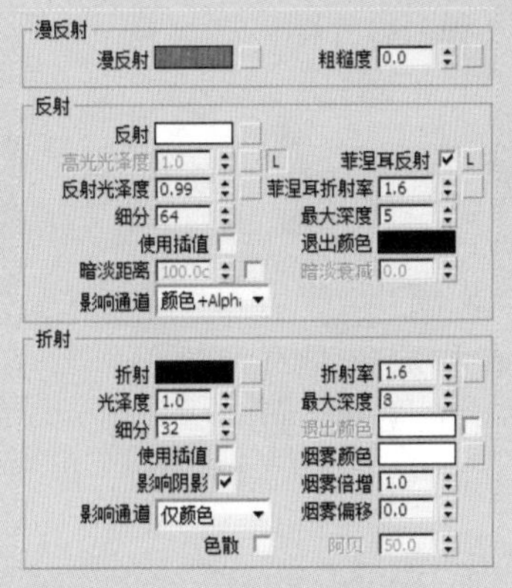

图 4-49 设置相关参数

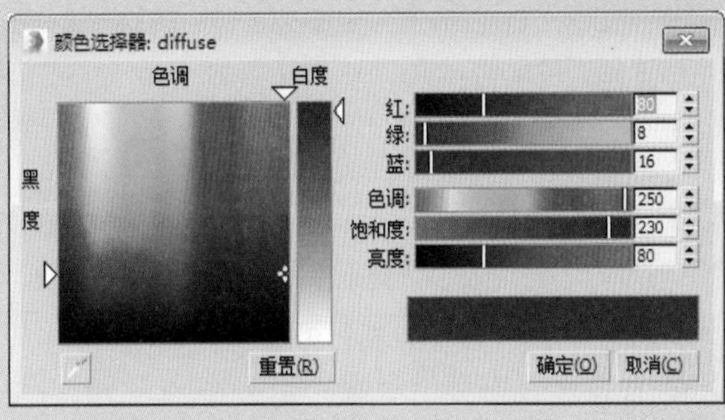

图 4-50 设置漫反射颜色参数

03 设置反射颜色参数，如图 4-50 所示。

04 在“双向反射分布函数”卷展栏中，设置函数类型为沃德，如图 4-51 所示。

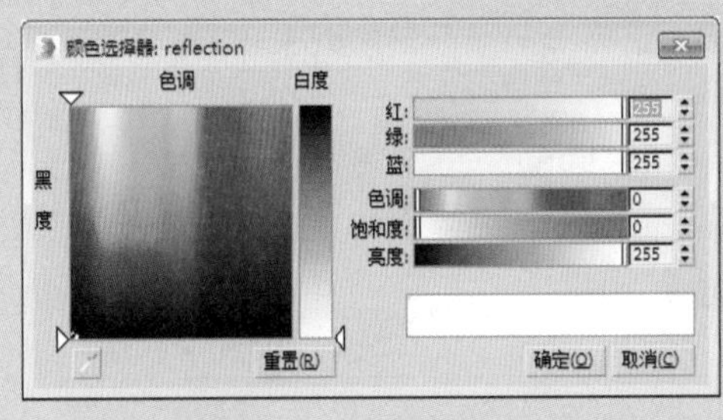

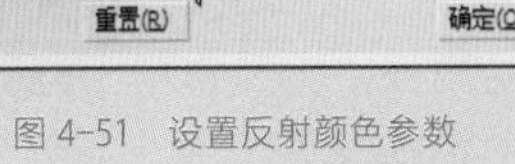

图 4-51 设置反射颜色参数

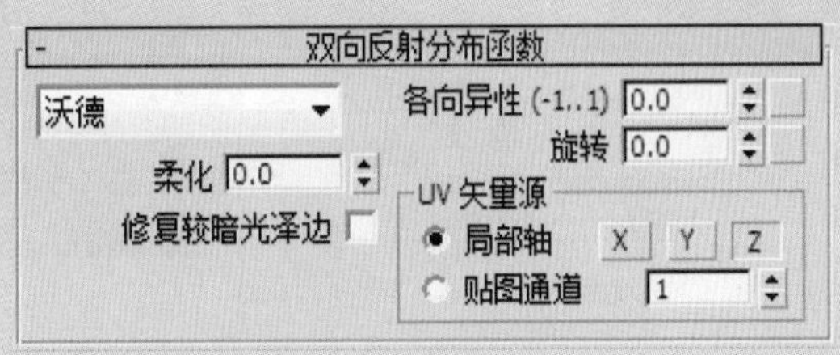

图 4-52 设置函数类型

05 创建好的陶瓷材质球效果如图 4-53 所示。

06 将材质指定给物体后的渲染效果，如图 4-54 所示。

图 4-53　陶瓷材质球效果

图 4-54　渲染效果

4.3.3　玻璃材质

玻璃材质属于透明材质，可以透视玻璃外的物体，通过漫反射、反射和折射参数可以设置玻璃材质。

课堂练习——创建玻璃材质

下面将介绍玻璃材质的创建方法，具体操作介绍如下。

01 按 M 键打开“材质编辑器”对话框，设置材质类型为 VRayMtl，设置漫反射以及反射颜色，并设置高光光泽度、细分参数，如图 4-55 所示。

02 设置漫反射颜色参数，如图 4-56 所示。

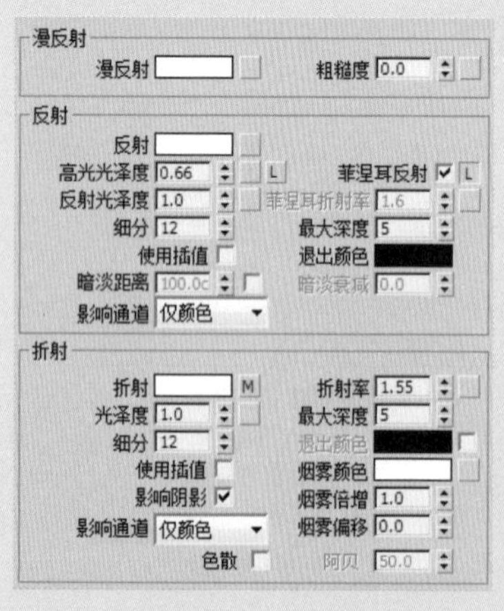

图 4-55　设置相关参数

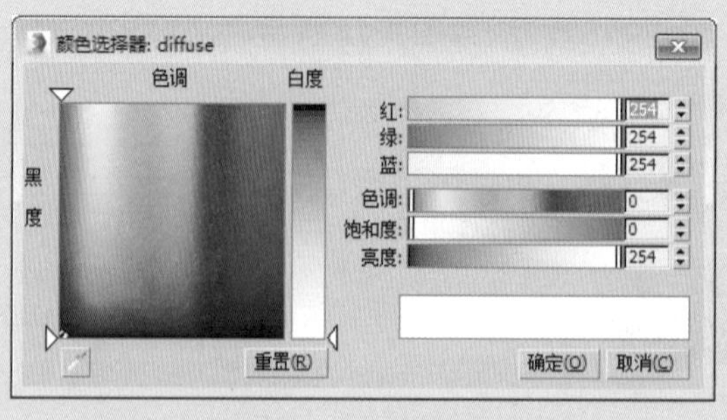

图 4-56　设置漫反射颜色参数

03 设置反射颜色参数，如图 4-57 所示。

04 为折射通道添加衰减贴图，设置颜色 1 的颜色参数为（255, 255, 255），设置颜色 2 的颜色参数为（0, 0, 0），并设置衰减类型，如图 4-58 所示。

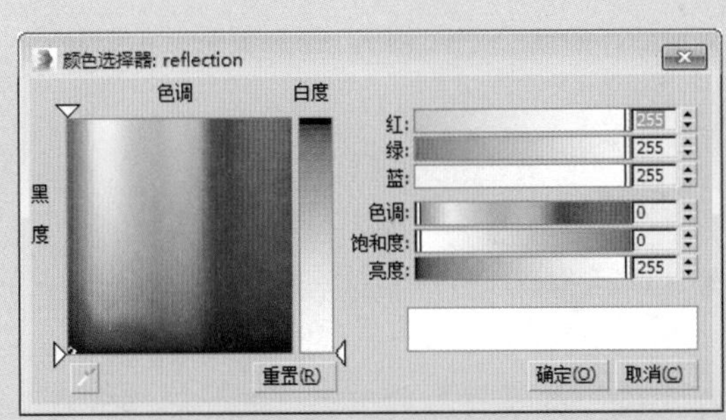

图 4-57　设置反射颜色参数

图 4-58　设置衰减参数

05 在“选项”卷展栏中设置相关参数，如图 4-59 所示。

06 创建好的玻璃材质球效果如图 4-60 所示。

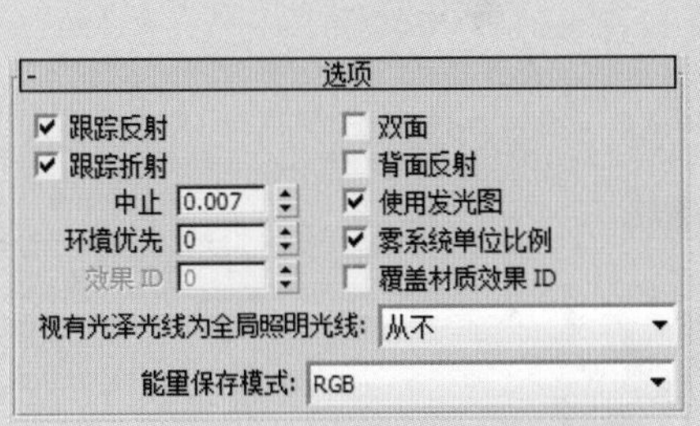

图 4-59　设置选项参数

图 4-60　玻璃材质球效果

07 将材质指定给物体后的渲染效果，如图 4-61 所示。

图 4-61　渲染效果

4.3.4 毛料材质

在 3ds Max 中，还包含许多毛料材质，如毛巾、地毯等，这些实体的质地是凹凸毛料效果。

课堂练习——创建毛料材质

01 按 M 键打开“材质编辑器”对话框，设置材质类型为 VRayMtl，如图 4-62 所示。

02 为漫反射通道添加衰减位图贴图，并设置衰减类型，如图 4-63 所示。

图 4-62 设置基本参数

图 4-63 设置衰减参数

03 为衰减颜色 1 添加位图贴图，如图 4-64 所示。

04 在“贴图”卷展栏中，为凹凸通道添加位图贴图，并设置凹凸值，如图 4-65 所示。

图 4-64 添加位图贴图

图 4-65 设置相关参数

05 为凹凸通道添加位图贴图，如图 4-66 所示。

06 创建好的沙发材质球效果如图 4-67 所示。

07 将材质指定给物体后的渲染效果，如图 4-68 所示。

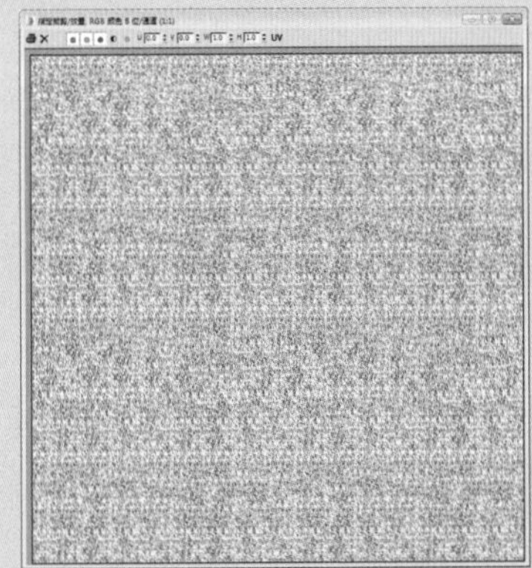

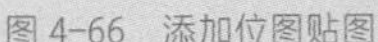

图 4-66 添加位图贴图

图 4-67 沙发材质球效果

图 4-68 渲染效果

4.4 课堂练习——为客厅场景赋予材质

制作客厅效果图，除了灯光外，还需要运用细腻的材质来表现出温馨柔软的感觉，从而表现出场景的真实性，下面将介绍如何为场景中的所有对象分别设置材质。

4.4.1 创建顶面墙面以及地面材质

建筑主体材质包括墙面乳胶漆材质、墙面以及地面等材质，下面将对这些材质的设置进行详细介绍，具体操作介绍如下。

01 创建乳胶漆材质，按 M 键打开“材质编辑器”对话框，在材质球示例框中选择一个未使用的材质球，设置材质类型为 VRayMtl，如图 4-69 所示。

02 设置漫反射颜色，设置高光和反射光泽度、细分参数，并勾选“菲涅耳反射”复选框，如图 4-70 所示。

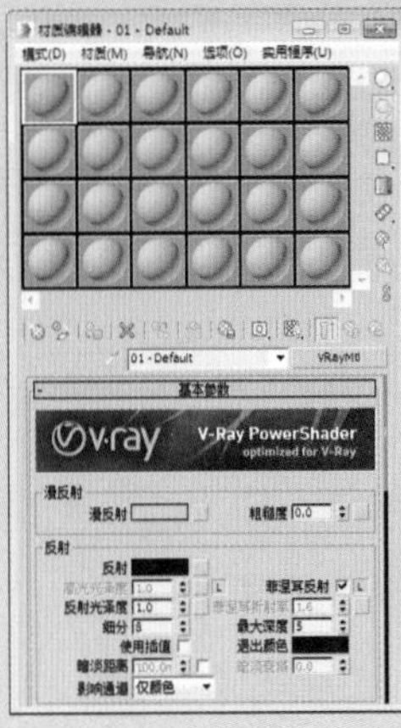

图 4-69 设置材质类型

图 4-70 设置漫反射颜色

03 设置漫反射颜色参数，如图 4-71 所示。

04 创建好的乳胶漆材质效果如图 4-72 所示。

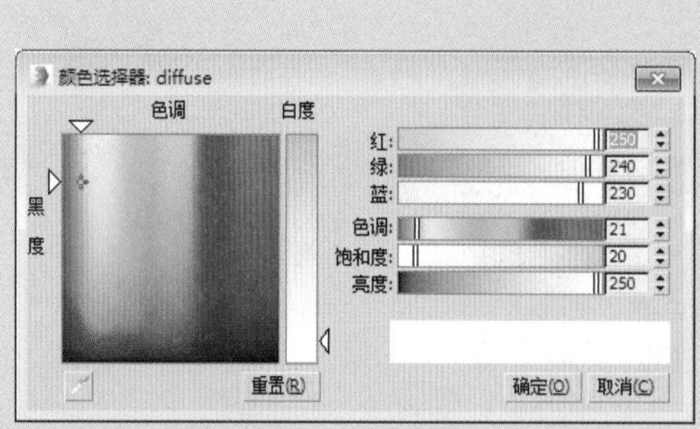

图 4-71 设置漫反射颜色参数

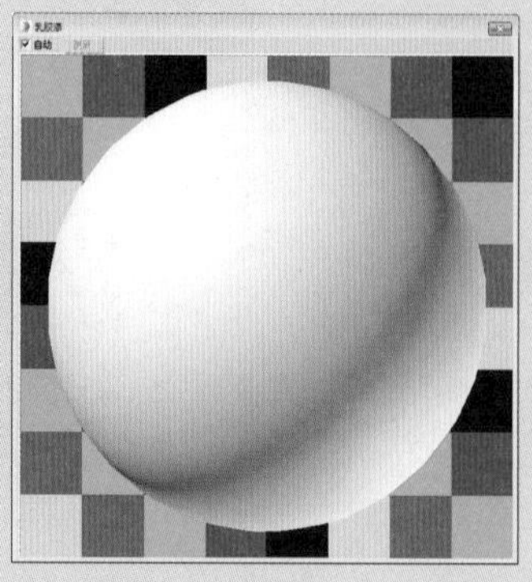

图 4-72 乳胶漆材质球效果

05 创建地砖材质，选择一个未使用的材质球，设置材质类型为 VRayMtl，设置高光光泽度，取消勾选“菲涅耳反射”复选框，如图 4-73 所示。

06 为漫反射添加贴图，如图 4-74 所示。

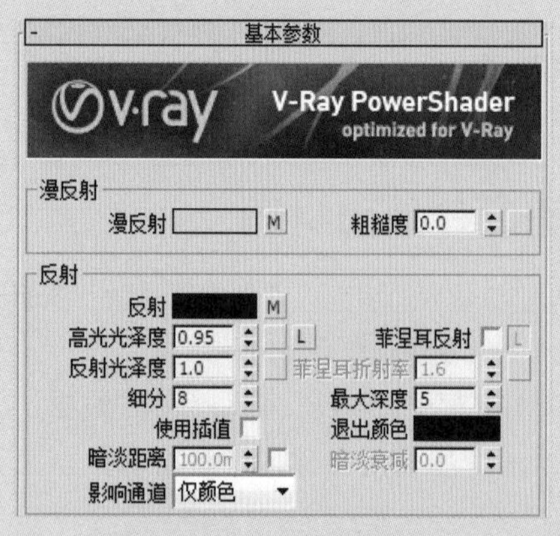

图 4-73 设置基本参数

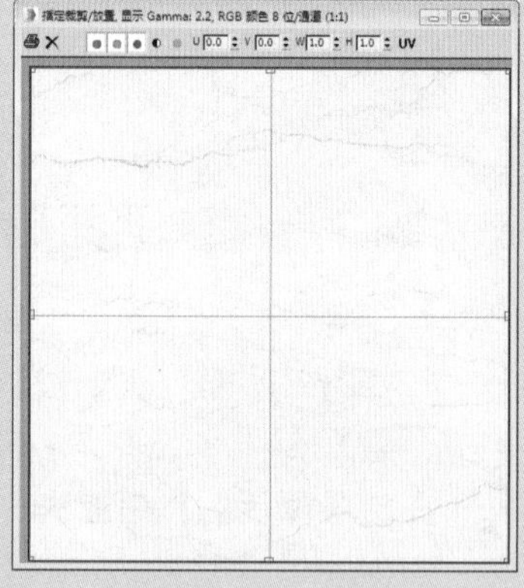

图 4-74 地砖贴图效果

07 为反射添加衰减贴图，并设置衰减类型，其余参数保持不变，如图 4-75 所示。

08 创建好的地砖材质球效果如图 4-76 所示。

图 4-75 添加衰减贴图

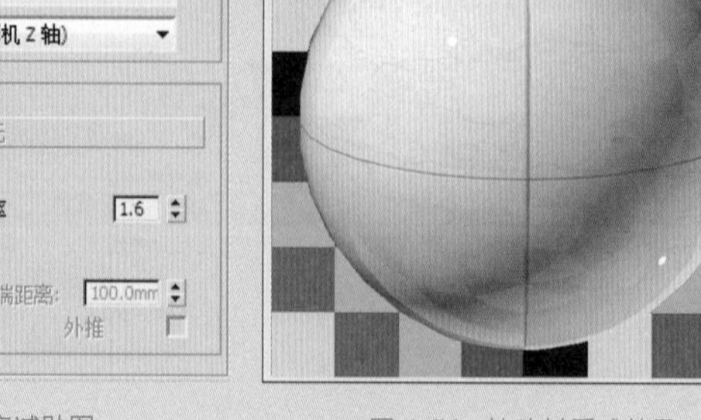

图 4-76 地砖材质球效果

09 创建墙砖材质，选择一个未使用的材质球，设置材质类型为 VRayMtl，设置高光和反射光泽度，如图 4-77 所示。

10 为漫反射添加位图贴图，如图 4-78 所示。

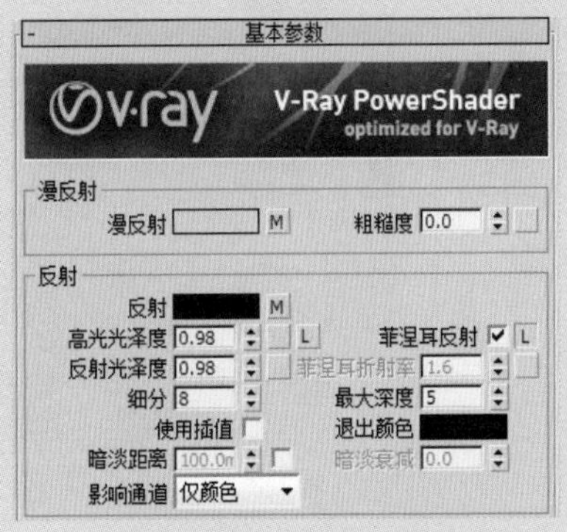

图 4-77　设置基本参数

图 4-78　添加位图贴图

11 为反射通道添加衰减贴图，并设置衰减类型，如图 4-79 所示。

12 创建好的墙砖材质球效果如图 4-80 所示。

图 4-78　设置衰减参数

图 4-79　墙砖材质球效果

13 创建茶镜材质，选择一个未使用的材质球，设置材质类型为 VRayMtl，设置漫反射和反射颜色，设置反射光泽度，并勾选“菲涅耳反射”复选框，如图 4-81 所示。

14 设置漫反射颜色参数，如图 4-82 所示。

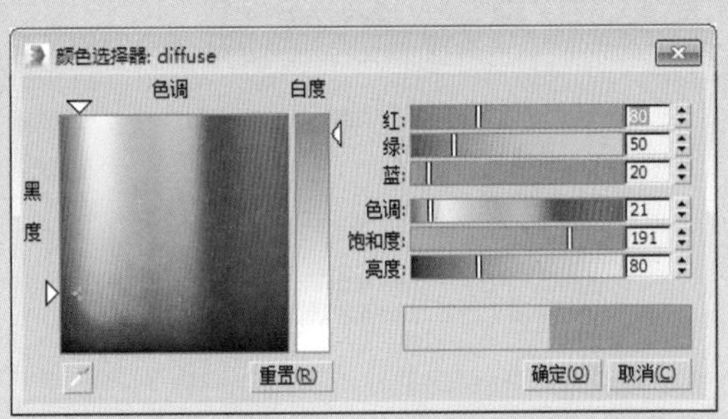

图 4-81　设置基本参数

图 4-82　设置漫反射颜色参数

15 设置反射颜色参数，如图 4-83 所示。

16 创建好的茶镜材质球效果如图 4-84 所示。

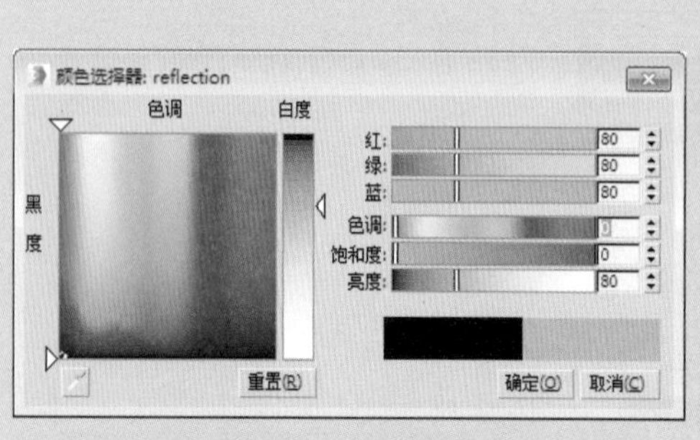

图 4-83　设置反射颜色参数

图 4-84　茶镜材质球效果

17 创建电视背景墙材质，选择一个未使用的材质球，设置材质类型为 VRayMtl，设置漫反射颜色为（255，255，255），设置反射颜色为（30，30，30），设置高光光泽度，如图 4-85 所示。

18 创建好的电视背景墙材质球效果如图 4-86 所示。

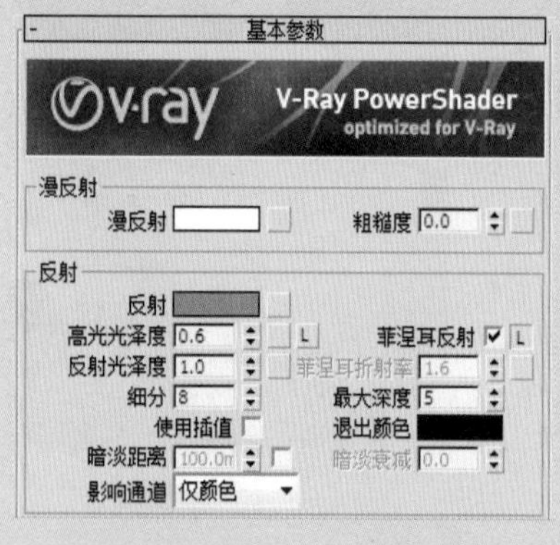

图 4-85　设置基本参数

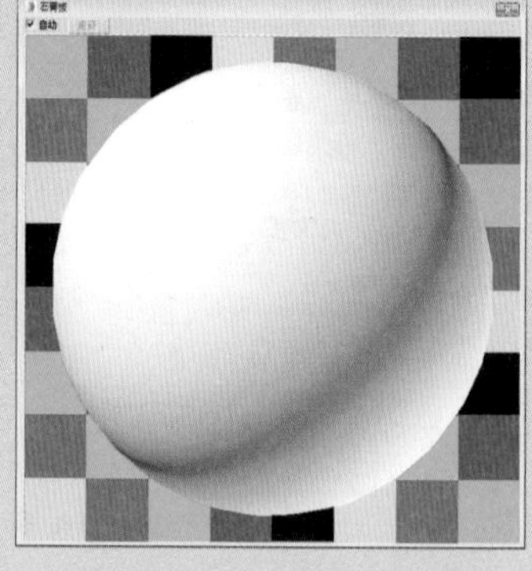

图 4-86　电视背景墙材质球效果

19 创建壁纸材质，选择一个未使用的材质球，设置材质类型为 VRayMtl，设置细分参数，如图 4-87 所示。

20 为漫反射添加混合贴图，如图 4-88 所示。

图 4-87　设置基本参数

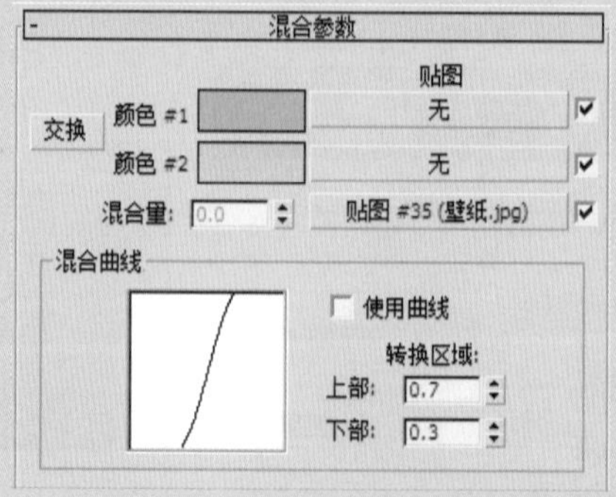

图 4-88　设置电视背景墙材质球参数

21 为混合量通道添加位图贴图，如图 4-89 所示。

22 在“混合参数”卷展栏中设置颜色 1 的颜色参数，如图 4-90 所示。

图 4-89　添加位图贴图效果

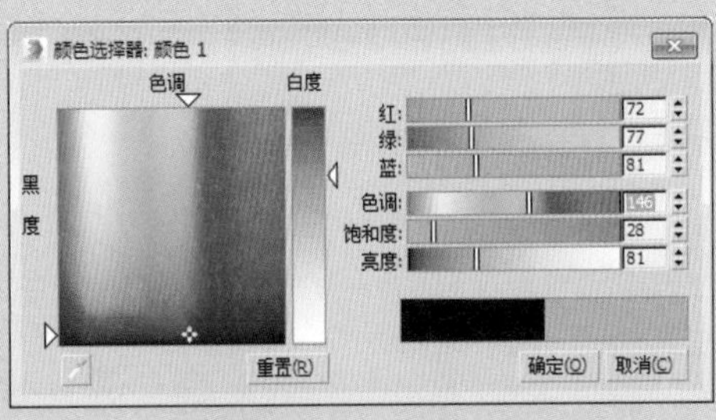

图 4-90　设置颜色 1 参数

23 设置颜色 2 的颜色参数，如图 4-91 所示。

24 在“贴图”卷展栏中，为凹凸通道添加位图贴图，设置凹凸参数，如图 4-92 所示。

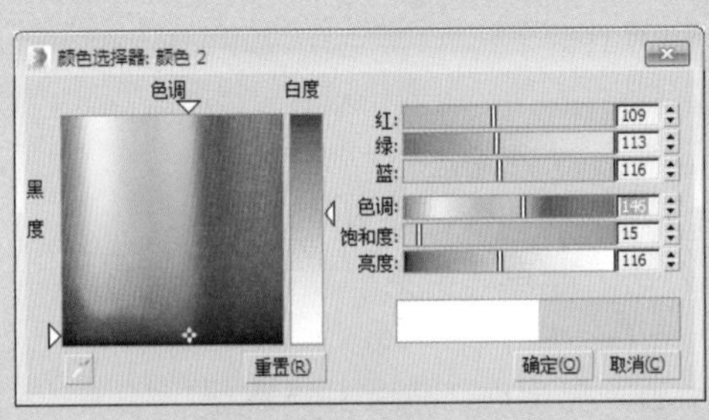

图 4-91　设置颜色 2 参数

图 4-92　设置凹凸参数

25 为凹凸通道添加位图贴图，如图 4-93 所示。

26 创建好的壁纸材质球效果如图 4-94 所示。

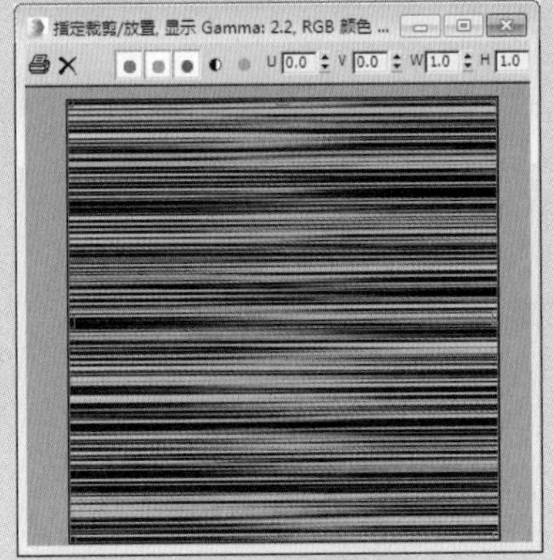

图 4-93　添加位图贴图效果

图 4-94　壁纸材质球效果

27 将创建的材质指定给场景中的墙体、顶面以及地面等模型，并为其添加 UVW 贴图，如图 4-95 所示。

图 4-95　赋予材质

4.4.2　创建家具材质

客厅中的家具较多，所以需要创建多个材质，下面将对这些材质的设置进行详细介绍，具体操作介绍如下。

01 创建沙发材质，选择一个未使用的材质球，设置材质类型为 VRayMtl，设置细分值，取消勾选“菲涅耳反射”复选框，如图 4-96 所示。

02 为漫反射添加衰减贴图，并设置衰减类型，如图 4-97 所示。

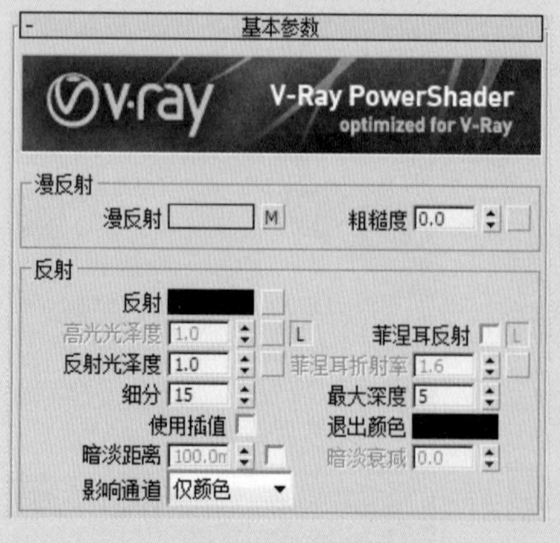

图 4-96　设置基本参数

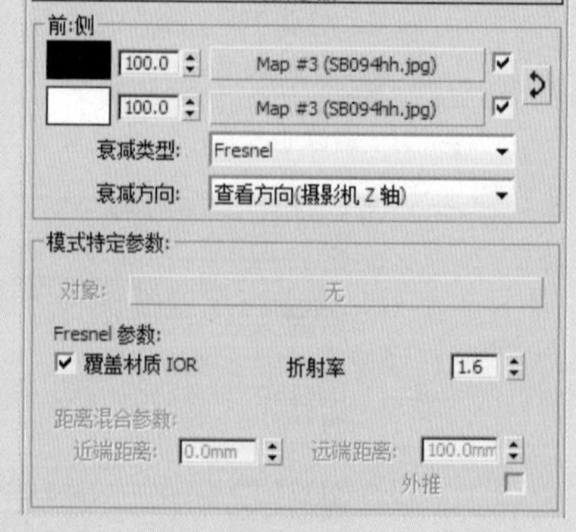

图 4-97　设置衰减参数

03 为颜色 1 和 2 通道添加位图贴图，如图 4-98 所示。

04 在“贴图”卷展栏中，为凹凸通道上添加位图贴图，并设置凹凸值为 30.0，如图 4-99 所示。

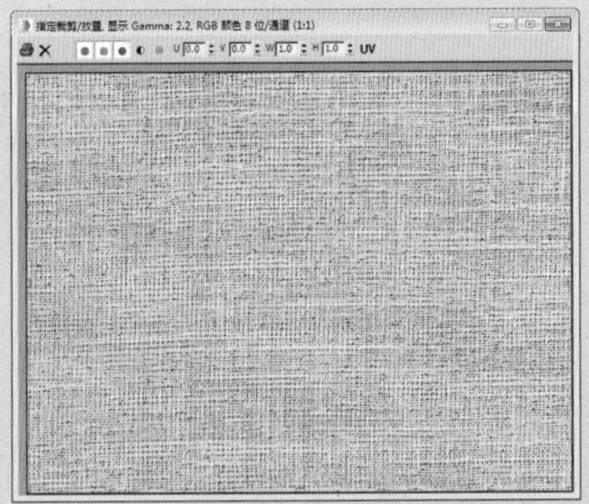

图 4-98 添加位图贴图

贴图			
漫反射	100.0	☑	贴图 #12（Falloff）
粗糙度	100.0	☑	无
自发光	100.0	☑	无
反射	100.0	☑	无
高光光泽	100.0	☑	无
反射光泽	100.0	☑	无
菲涅耳折射率	100.0	☑	无
各向异性	100.0	☑	无
各向异性旋转	100.0	☑	无
折射	100.0	☑	无
光泽度	100.0	☑	无
折射率	100.0	☑	无
半透明	100.0	☑	无
烟雾颜色	100.0	☑	无
凹凸	30.0	☑	贴图 #15（沙发凹凸.jpg）
置换	100.0	☑	无
不透明度	100.0	☑	无
环境		☑	无

图 4-99 设置凹凸参数

05 为凹凸通道上添加位图贴图，如图 4-100 所示。

06 创建好的双人沙发材质球效果如图 4-101 所示。

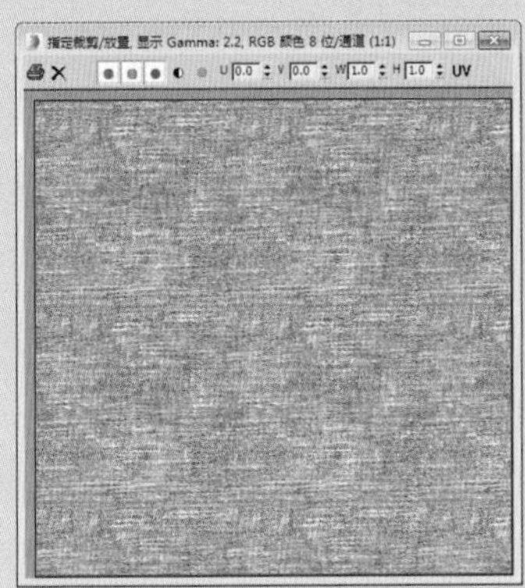

图 4-100 添加位图贴图

图 4-101 双人沙发材质球效果

07 按照上述相同的方法，创建单人沙发材质球效果如图 4-102 所示。

08 创建抱枕材质，选择一个未使用的材质球，设置材质类型为 VRayMtl，设置细分值，并取消勾选“菲涅耳反射”复选框，如图 4-103 所示。

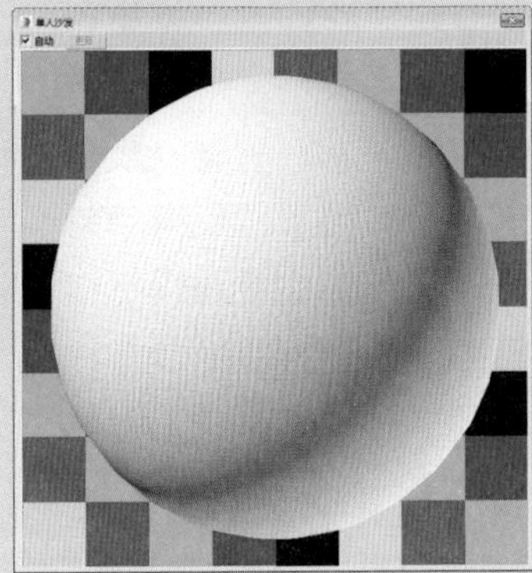

图 4-102 单人沙发材质球效果

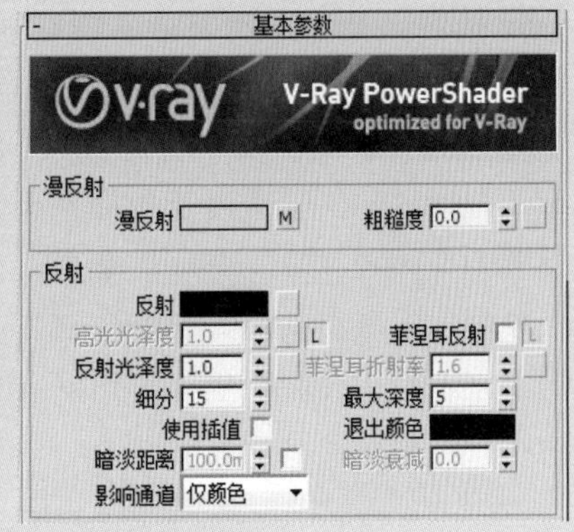

图 4-103 设置基本参数

09 为漫反射通道添加衰减贴图，并设置衰减类型，如图 4-104 所示。

10 为颜色 1 和 2 通道添加位图贴图，如图 4-105 所示。

图 4-104　设置衰减参数

图 4-105　添加位图贴图

11 在“贴图”卷展栏中，为凹凸通道添加位图贴图，设置凹凸值，如图 4-106 所示。

12 为凹凸通道添加位图贴图，如图 4-107 所示。

图 4-106　设置凹凸参数

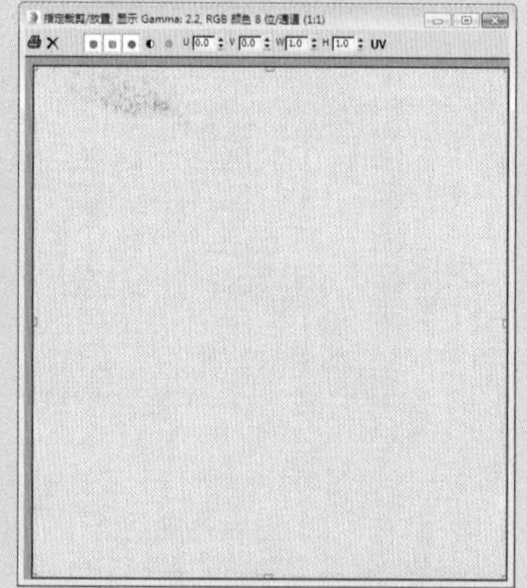

图 4-107　添加位图贴图

13 创建好的沙发抱枕材质球效果如图 4-108 所示。

14 按照上述相同的方法，创建其余沙发抱枕材质球效果如图 4-109 所示。

15 创建沙发腿材质，选择一个未使用的材质球，设置材质类型为 VRayMtl，设置漫反射颜色为（65，65，65），反射颜色设置为（190，190，190），设置高光光泽度和反射光泽度、细分参数，并取消勾选“菲涅耳反射”复选框，如图 4-110 所示。

16 创建好的不锈钢沙发腿材质球效果如图 4-111 所示。

图 4-108　沙发抱枕材质球效果

图 4-109　其余抱枕材质球效果

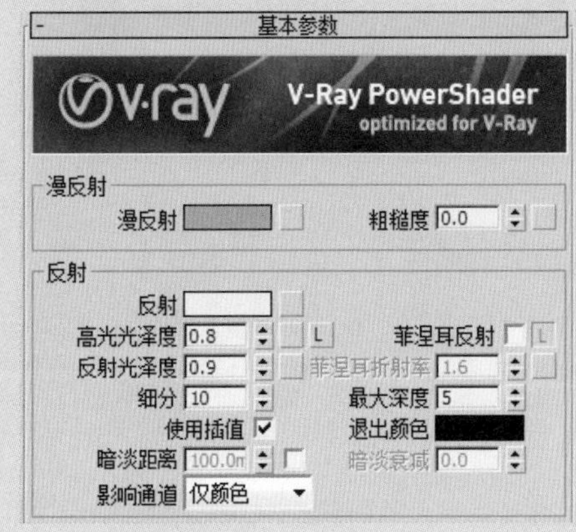

图 4-110　设置基本参数

图 4-111　不锈钢沙发腿材质球效果

17 创建灯罩材质，选择一个未使用的材质球，设置材质类型为多维/子对象，并设置ID1和ID2通道的材质类型，如图4-112所示。

18 设置ID1通道材质类型为VRayMtl，设置漫反射颜色为（238，238，238），设置反射颜色为（10，10，10），如图4-113所示。

多维/子对象基本参数

2 设置数量 添加 删除

ID	名称	子材质	启用/禁用
1		边（VRayMtl）	☑
2		布（VRayMtl）	☑

图 4-112　设置材质类型

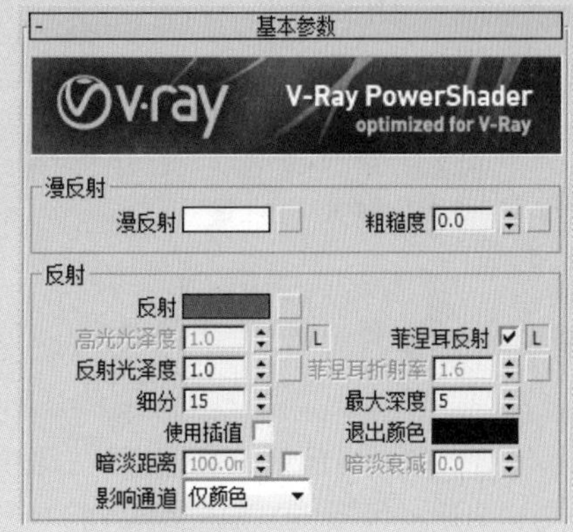

图 4-113　设置基本参数

19 设置 ID2 通道材质类型为 VRayMtl，设置漫反射颜色为（247，247，247），设置折射颜色为（40，40，40），设置折射光泽度，并取消勾选“菲涅耳反射”复选框，如图 4-114 所示。

20 创建好的灯罩材质球效果如图 4-115 所示。

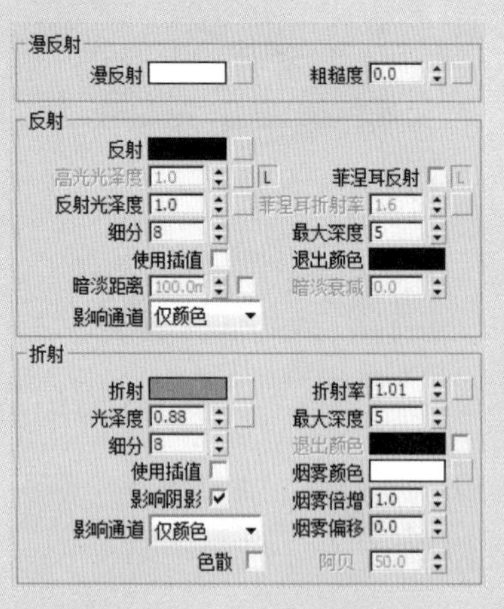

图 4-114 设置基本参数

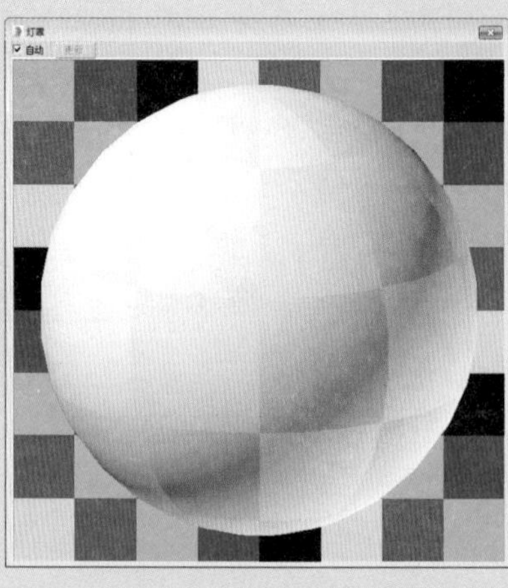

图 4-115 灯罩材质球效果

21 创建灯座材质，选择一个未使用的材质球，设置材质类型为 VRayMtl，设置漫反射颜色为（247，247，247），设置折射光泽度和折射率，取消勾选“菲涅耳反射”复选框，如图 4-116 所示。

22 创建好的灯座材质球效果如图 4-117 所示。

图 4-116 设置基本参数

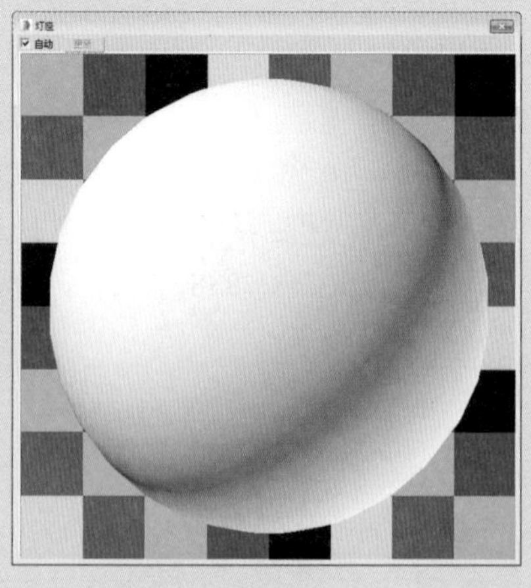

图 4-117 灯座材质球效果

23 创建茶几材质，选择一个未使用的材质球，设置材质类型为 VRayMtl，设置高光光泽度和反射光泽度，设置细分值，取消勾选“菲涅耳反射”复选框，如图 4-118 所示。

24 为漫反射通道添加位图贴图，如图 4-119 所示。

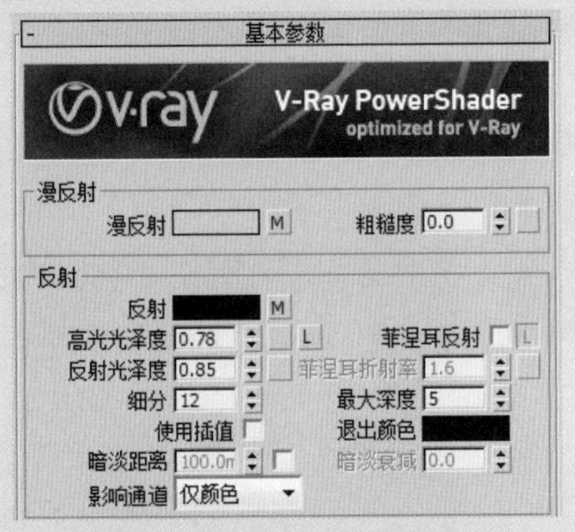

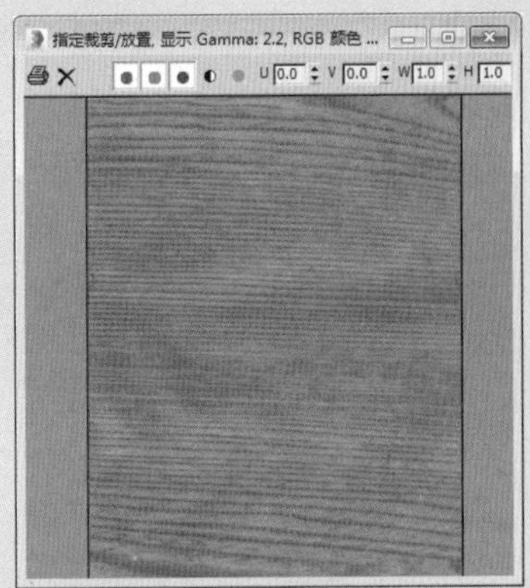

图 4-118　设置基本参数　　　　图 4-119　添加位图贴图

25 为反射通道添加衰减贴图，并设置衰减类型，如图 4-120 所示。

26 设置颜色 2 的参数，如图 4-121 所示。

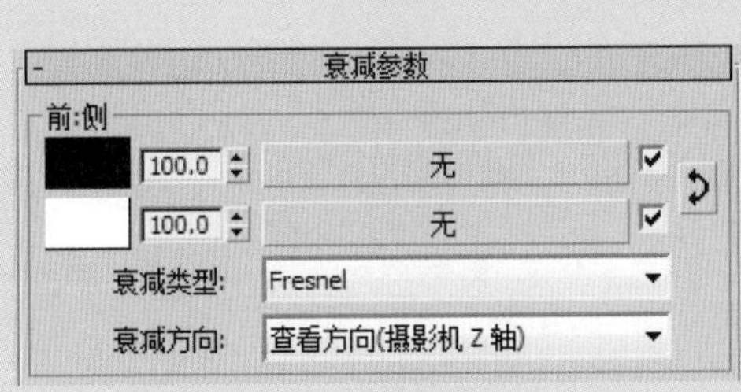

图 4-120　设置衰减类型　　　　图 4-121　设置颜色参数

27 在“贴图”卷展栏中，复制漫反射通道的贴图放置在凹凸通道中，并设置凹凸值，如图 4-122 所示。

28 创建好的茶几材质球效果如图 4-123 所示。

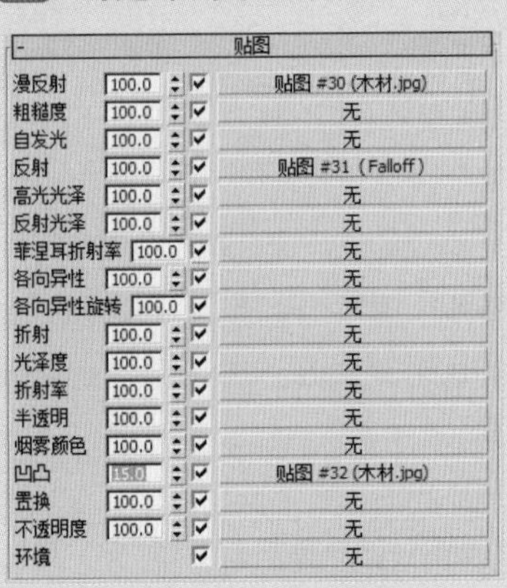

图 4-122　设置凹凸参数　　　　图 4-123　茶几材质球效果

29 创建茶盘材质，选择一个未使用的材质球，设置材质类型为 VRayMtl，设置漫反射颜色为（55，55，55），设置反射颜色为（25，25，25），设置反射光泽度，并勾选“菲涅耳反射”复选框，如图 4-124 所示。

30 为漫反射通道添加位图贴图，如图 4-125 所示。

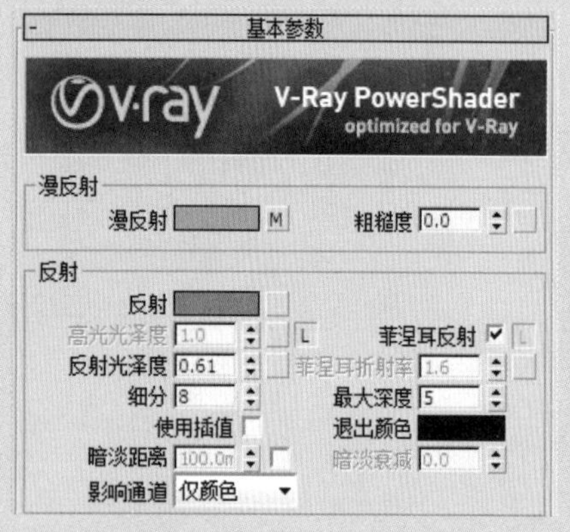

图 4-124　设置基本参数

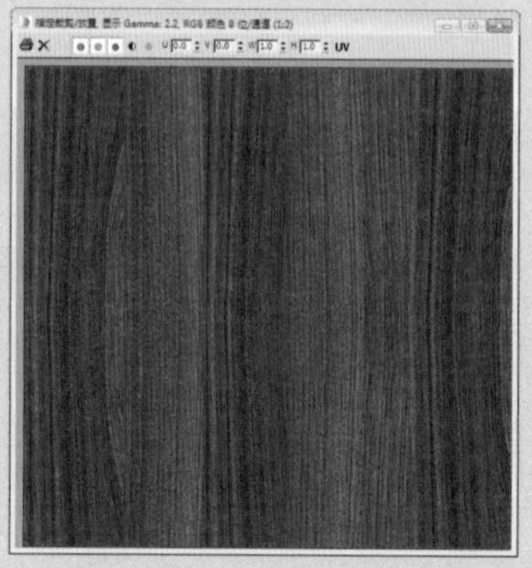

图 4-125　添加位图贴图

31 创建好的茶盘材质球效果如图 4-126 所示。

32 创建茶杯材质，选择一个未使用的材质球，设置材质类型为多维 / 子对象，设置 ID1 和 ID2 的材质类型，如图 4-127 所示。

图 4-126　茶盘材质球效果

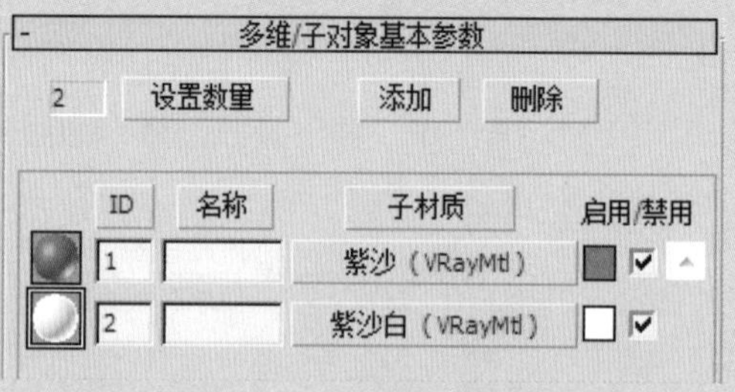

图 4-127　设置材质类型

33 设置 ID1 的材质类型为 VRayMtl，设置反射颜色为（20，20，20），设置漫反射颜色、反射光泽度，并取消勾选“菲涅耳反射”复选框，如图 4-128 所示。

34 设置漫反射颜色参数，如图 4-129 所示。

35 设置 ID2 的材质类型为 VRayMtl，设置漫反射颜色为（250，250，250），反射颜色为（255，255，255），设置高光光泽度和反射光泽度，设置细分值，如图 4-130 所示。

36 创建好的茶杯材质球效果如图 4-131 所示。

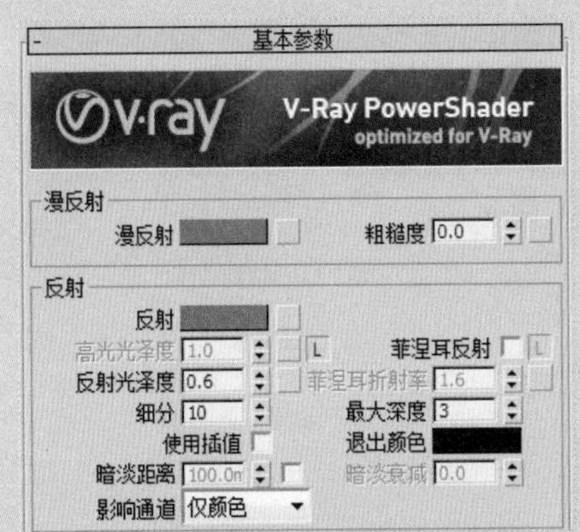

图 4-128 设置基本参数

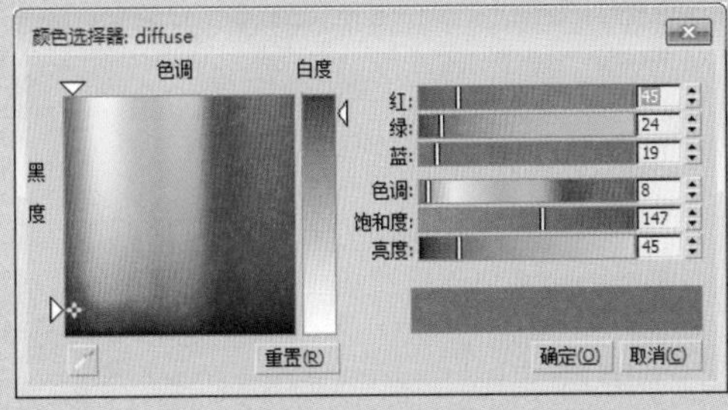

图 4-129 设置漫反射颜色参数

图 4-130 设置基本参数

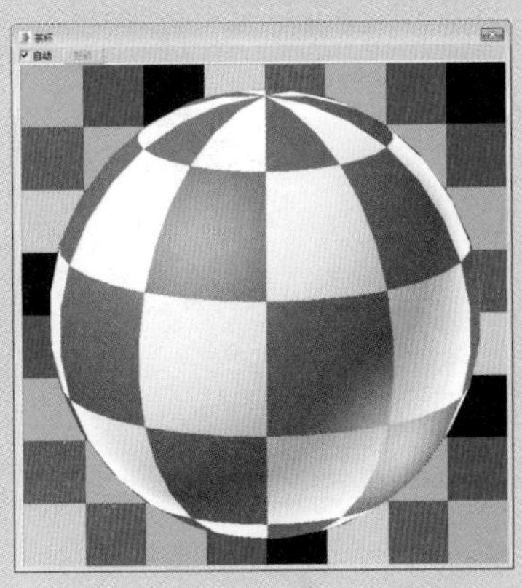

图 4-131 茶杯材质球效果

37 创建地毯材质，选择一个未使用的材质球，设置材质类型为 VRayMtl，设置漫反射颜色为（245，245，245），设置反射颜色为（35，35，35），设置高光光泽度和反射光泽度，设置细分值，并取消勾选“菲涅耳反射”复选框，如图 4-132 所示。

38 为漫反射通道添加位图贴图，如图 4-133 所示。

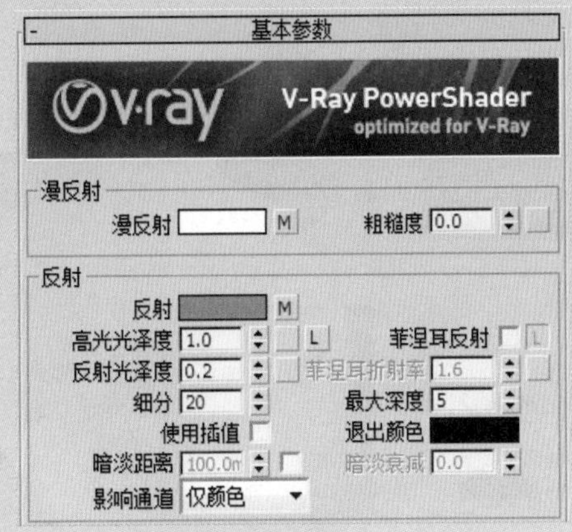

图 4-132 设置基本参数

图 4-133 添加位图贴图

39 为反射添加衰减贴图，设置衰减类型，如图 4-134 所示。

40 在“贴图”卷展栏中，为凹凸通道添加位图贴图，并设置凹凸值为 100.0，如图 4-135 所示。

图 4-134 设置衰减类型

贴图			
漫反射	100.0	✓	贴图 #46 (地毯.jpg)
粗糙度	100.0	✓	无
自发光	100.0	✓	无
反射	100.0	✓	贴图 #69 (Falloff)
高光光泽	100.0	✓	无
反射光泽	100.0	✓	无
菲涅耳折射率	100.0	✓	无
各向异性	100.0	✓	无
各向异性旋转	100.0	✓	无
折射	100.0	✓	无
光泽度	100.0	✓	无
折射率	100.0	✓	无
半透明	100.0	✓	无
烟雾颜色	100.0	✓	无
凹凸	100.0	✓	贴图 #54 (地毯.jpg)
置换	100.0	✓	无
不透明度	100.0	✓	无
环境		✓	无

图 4-135 设置凹凸参数

41 为凹凸通道添加位图贴图，如图 4-136 所示。

42 创建好的地毯材质球效果如图 4-137 所示。

图 4-136 添加位图贴图

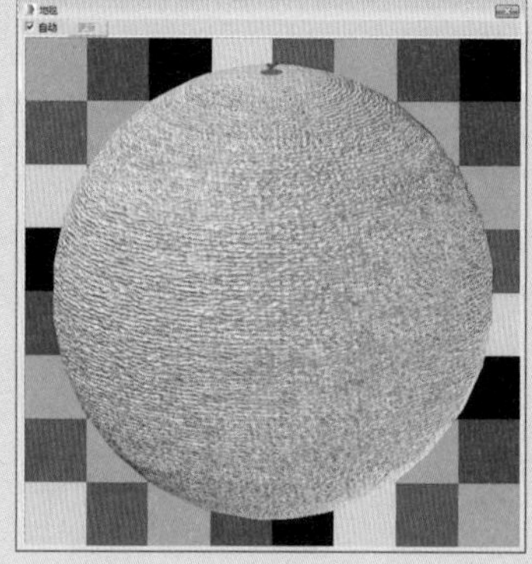

图 4-137 地毯材质球效果

43 创建画框材质，选择一个未使用的材质球，设置材质类型为 VRayMtl，设置漫反射颜色为（255，255，255），设置反射颜色，设置高光光泽度和反射光泽度，如图 4-138 所示。

44 创建好的画框材质球效果，如图 4-138 所示。

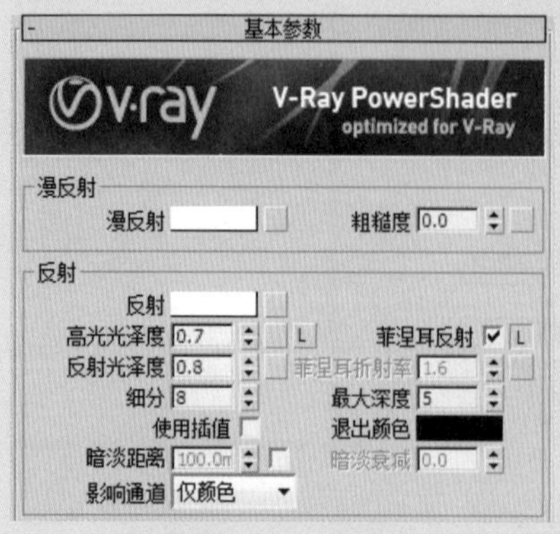

图 4-138 设置基本参数

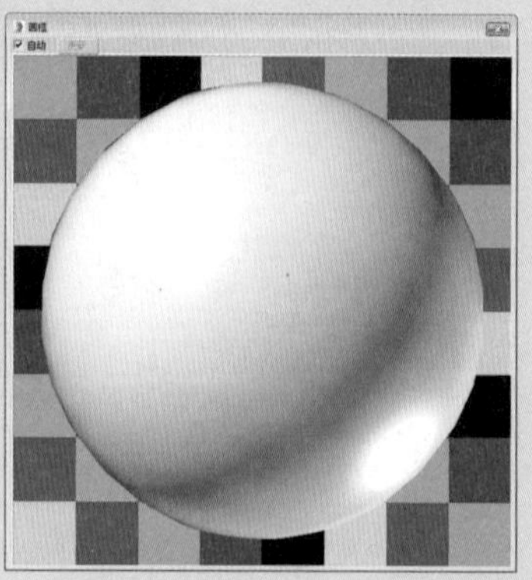

图 4-139 画框材质球效果

45 创建装饰画材质，选择一个未使用的材质球，设置材质类型为 VRayMtl，如图 4-140 所示。

46 为漫反射通道添加位图贴图，如图 4-141 所示。

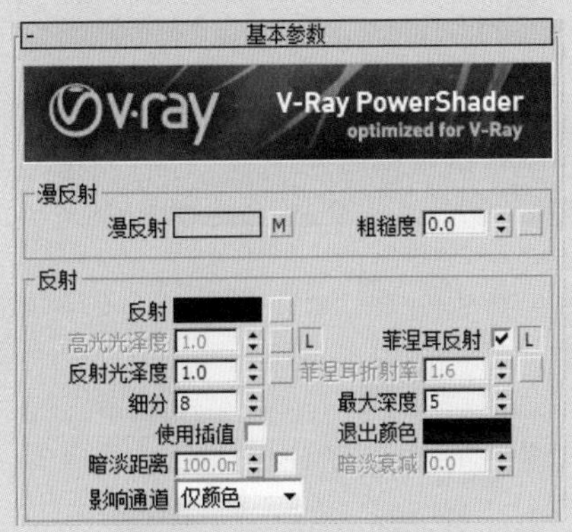

图 4-140　设置基本参数

图 4-141　添加位图贴图

47 创建好的装饰画材质球效果如图 4-142 所示。

48 按照上述相同的方法，创建其余装饰画材质，如图 4-143 所示。

图 4-142　装饰画材质球效果

图 4-143　创建其余装饰画材质

49 创建透光窗帘材质，选择一个未使用的材质球，设置材质类型为 VRayMtl，设置漫反射颜色为（250，250，250），设置折射光泽度和折射率值，如图 4-144 所示。

50 为折射通道添加衰减贴图，如图 4-145 所示。

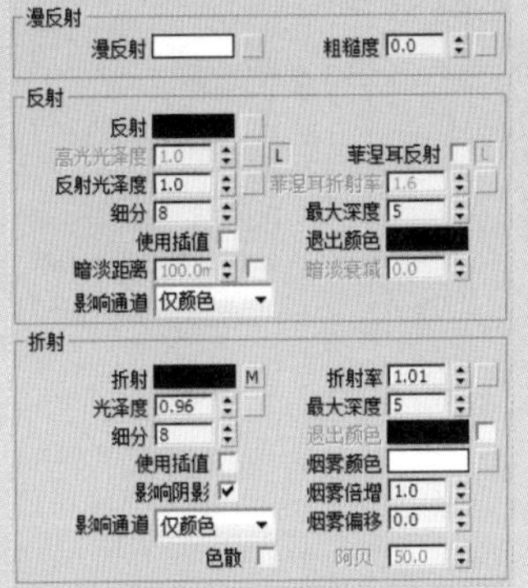

图 4-144　设置基本参数

图 4-145　设置衰减参数

51 创建好的透光窗帘材质球效果如图 4-146 所示。

52 创建不透光窗帘材质，选择一个未使用的材质球，设置材质类型为 VRayMtl，设置反射颜色为（27，27，27），设置漫反射颜色，反射光泽度值，如图 4-147 所示。

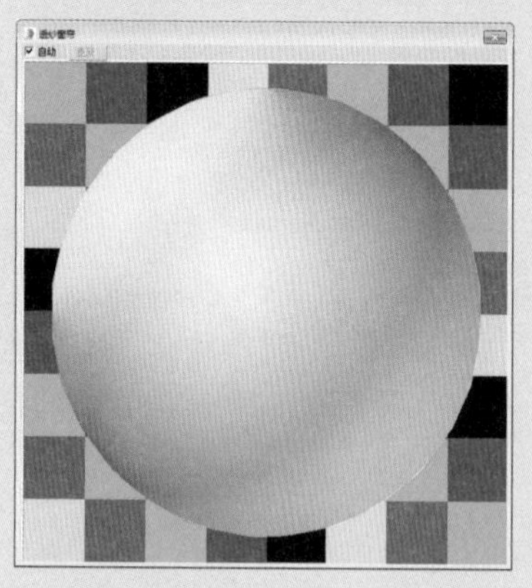

图 4-146 透光窗帘材质球效果

图 4-147 设置基本参数

53 设置漫反射颜色参数，如图 4-148 所示。

54 为漫反射通道添加衰减贴图，并设置颜色 1 和颜色 2 的颜色，如图 4-149 所示。

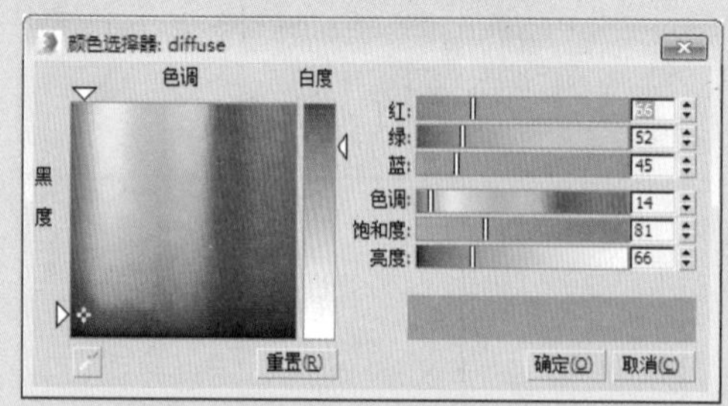

图 4-148 设置漫反射颜色参数

衰减参数
前:侧
100.0 无
100.0 无
衰减类型: 垂直/平行
衰减方向: 查看方向(摄影机 Z 轴)

图 4-149 设置衰减参数

55 设置颜色 1 的颜色参数，如图 4-150 所示。

56 设置颜色 2 的颜色参数，如图 4-151 所示。

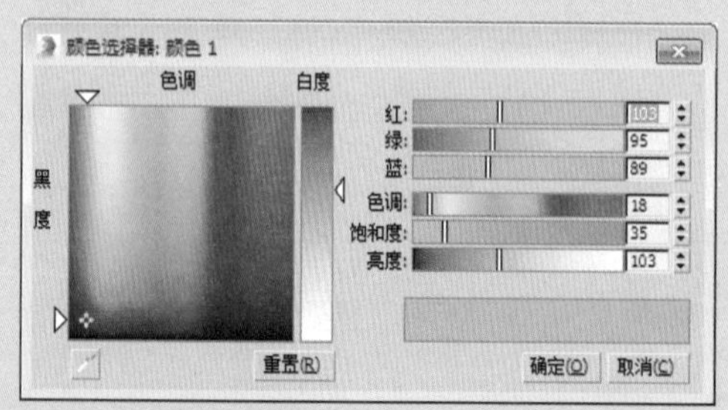

图 4-150 设置颜色 1 的参数

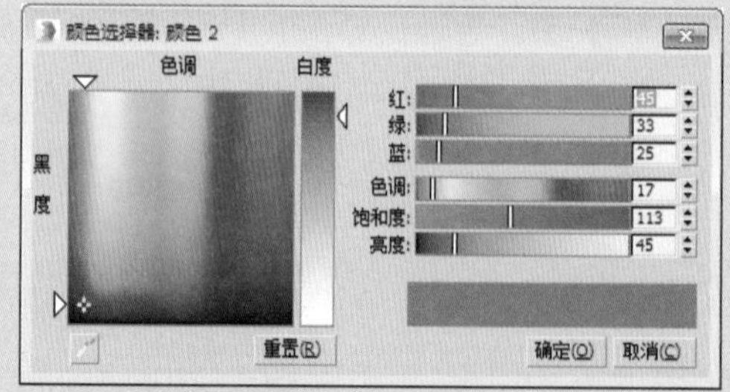

图 4-151 设置颜色 2 的参数

57 在“贴图”卷展栏中为凹凸通道添加噪波贴图，设置凹凸值，如图 4-152 所示。

58 为凹凸通道添加噪波贴图，如图 4-153 所示。

图 4-152 设置凹凸参数

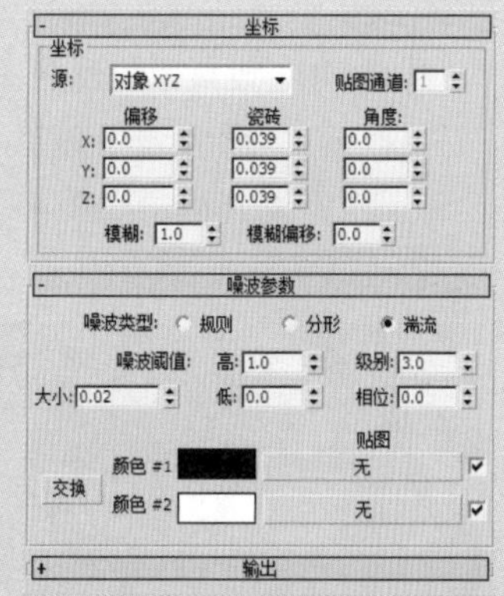

图 4-153 设置噪波参数

59 创建好的不透光窗帘材质球效果如图 4-154 所示。

60 创建铝合金推拉门门框材质，选择一个未使用的材质球，设置材质类型为 VRayMtl，设置漫反射和反射颜色，设置反射和高光光泽度，并取消勾选“菲涅耳反射”复选框，如图 4-155 所示。

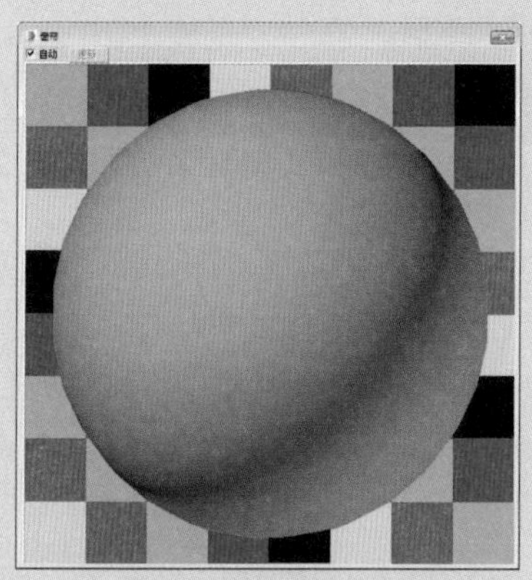

图 4-154 不透光窗帘材质球效果

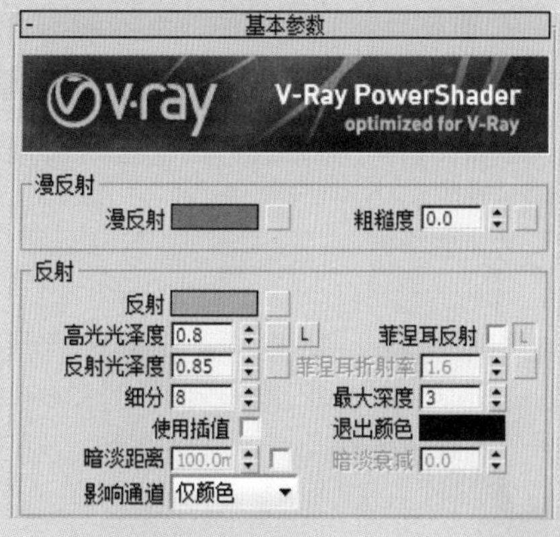

图 4-155 设置基本参数

61 设置漫反射颜色参数，如图 4-156 所示。

62 设置反射颜色参数，如图 4-157 所示。

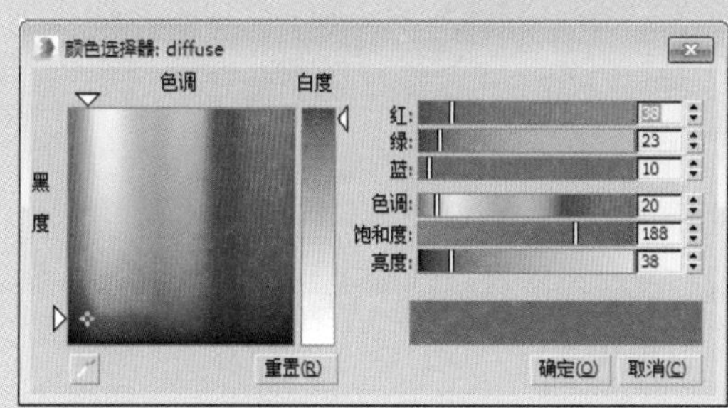

图 4-156 设置漫反射颜色参数

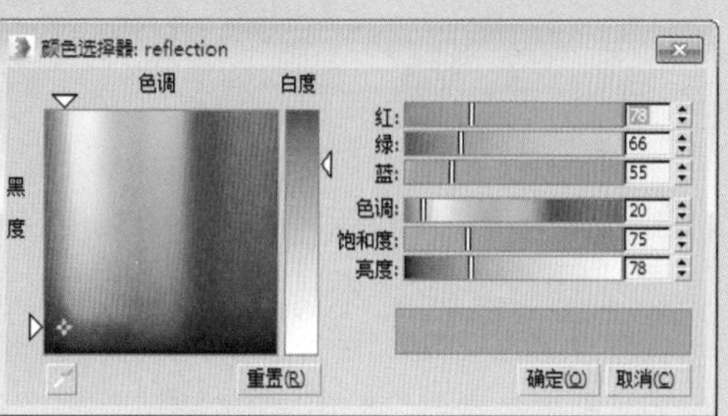

图 4-157 设置反射颜色参数

63 创建好的门框材质球效果如图 4-158 所示。

64 创建玻璃材质，选择一个未使用的材质球，设置材质类型为 VRayMtl，设置反射颜色为（33，33，33），折射颜色为（255，255，255），设置漫反射颜色、反射光泽度，并取消勾选“菲涅耳反射”复选框，如图 4-159 所示。

图 4-158 门框材质球效果

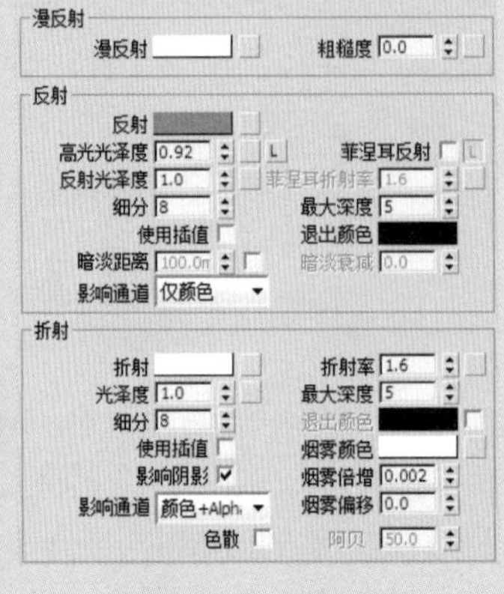

图 4-159 设置基本参数

65 创建好的玻璃材质球效果如图 4-160 所示。

66 将创建好的材质球赋予到场景模型中进行渲染，效果如图 4-161 所示。

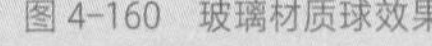

图 4-160 玻璃材质球效果

图 4-161 渲染效果

67 创建电视机框材质，选择一个未使用的材质球，设置材质类型为 VRayMtl，设置漫反射颜色为（0，0，0），设置反射颜色为（27，27，27），设置高光光泽度、细分值，并取消勾选“菲涅耳反射”复选框，如图 4-162 所示。

68 为反射通道添加衰减贴图，如图 4-163 所示。

图 4-162　设置基本参数

图 4-163　设置衰减参数

69 在“贴图”卷展栏中为凹凸通道添加噪波贴图，并设置凹凸值，如图 4-164 所示。

70 为凹凸通道添加噪波贴图，如图 4-165 所示。

图 4-164　设置凹凸参数

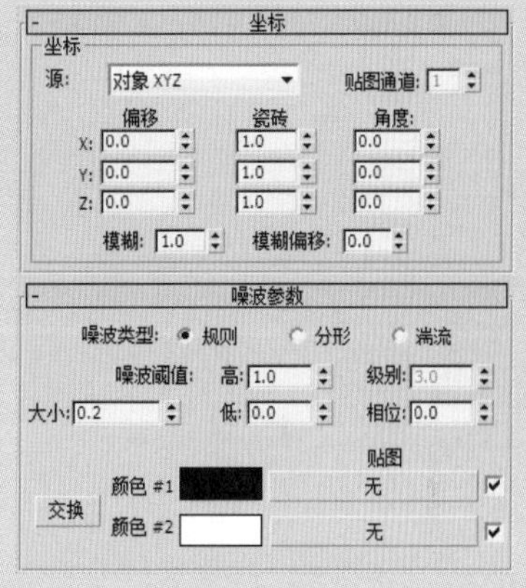

图 4-165　设置噪波参数

71 创建好的电视机框材质球效果如图 4-166 所示。

72 创建显示屏材质，选择一个未使用的材质球，设置材质类型为 VRayMtl，设置反射颜色为（64，64，64），设置漫反射颜色，取消勾选“菲涅耳反射”复选框，如图 4-167 所示。

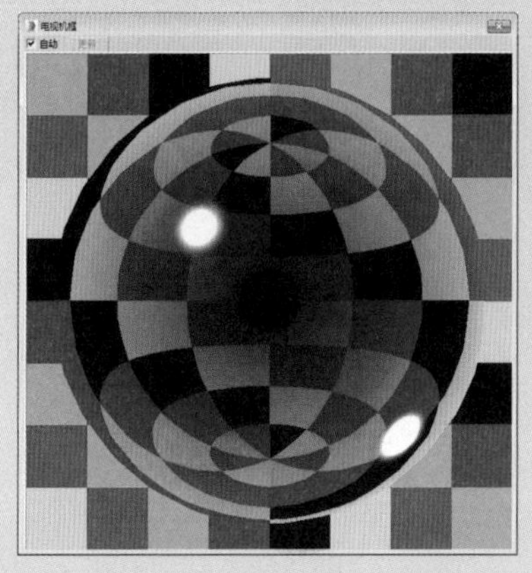

图 4-166　电视机框材质球效果

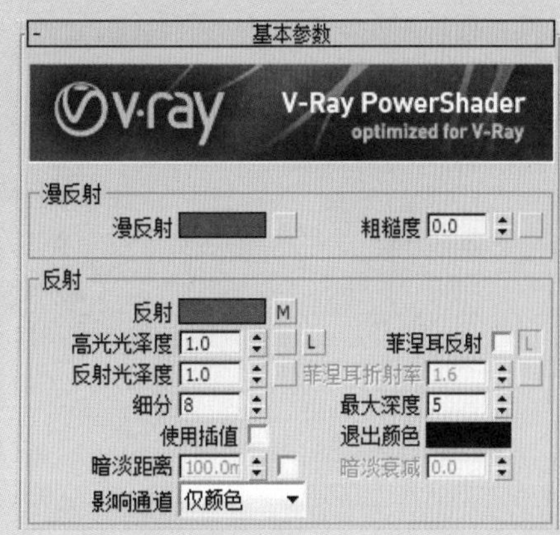

图 4-167　设置基本参数

73 设置漫反射颜色参数，如图 4-168 所示。

74 为反射通道添加位图贴图，如图 4-169 所示。

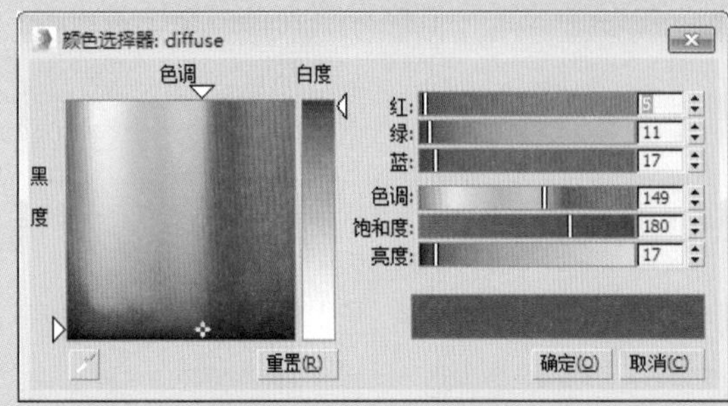

图 4-168 设置漫反射颜色参数

图 4-169 添加位图贴图

75 在“贴图”卷展栏中设置反射值为 10.0，如图 4-170 所示。

76 创建好的显示屏材质球效果如图 4-171 所示。

图 4-170 设置反射值

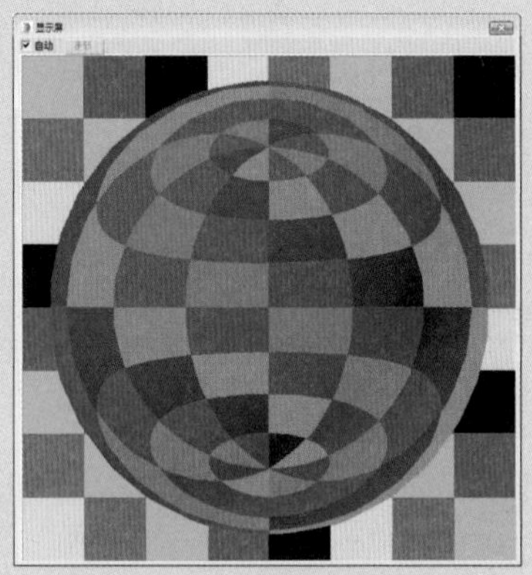

图 4-171 显示屏材质球效果

77 将创建好的材质球赋予到场景模型中进行渲染，效果如图 4-172 所示。

图 4-172 渲染效果

4.4.3 创建摆件材质

场景中还剩下灯具以及一些装饰品的材质未创建，下面将对这些材质的设置进行详细介绍，具体操作介绍如下。

01 创建鞋柜材质，选择一个未使用的材质球，设置材质类型为 VRayMtl，设置漫反射颜色为（255，255，255），设置反射颜色为（185，185，185），设置高光光泽度和反射光泽度，如图 4-173 所示。

02 设置好的鞋柜材质球效果如图 4-174 所示。

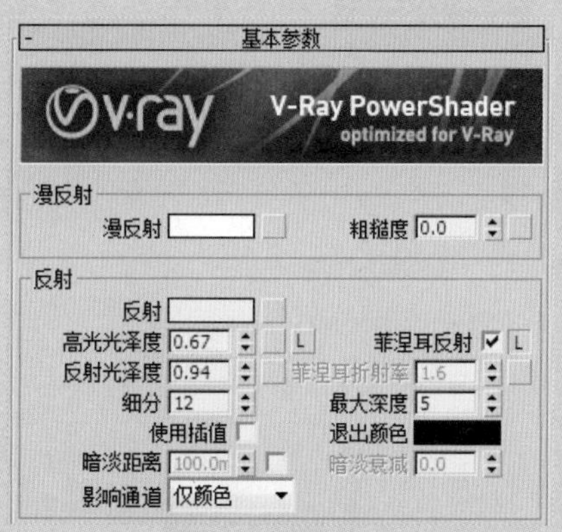

图 4-173 设置基本参数

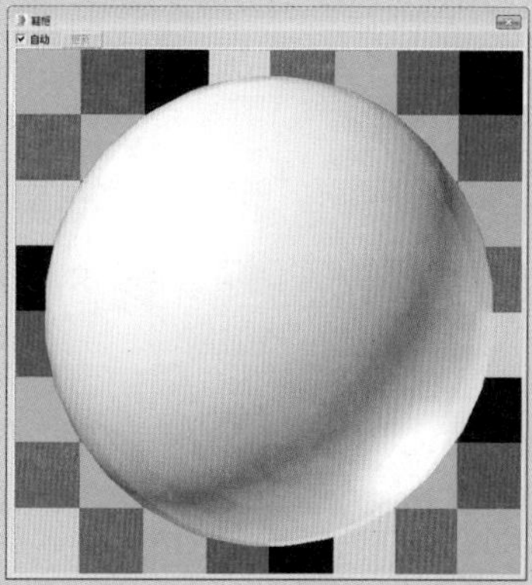

图 4-174 鞋柜材质球效果

03 创建花架材质，选择一个未使用的材质球，设置材质类型为 VRayMtl，设置漫反射颜色为（245，245，245），设置反射颜色为（45，45，45），设置反射光泽度，并取消勾选“菲涅耳反射”复选框，如图 4-175 所示。

04 创建好的花架材质球效果如图 4-176 所示。

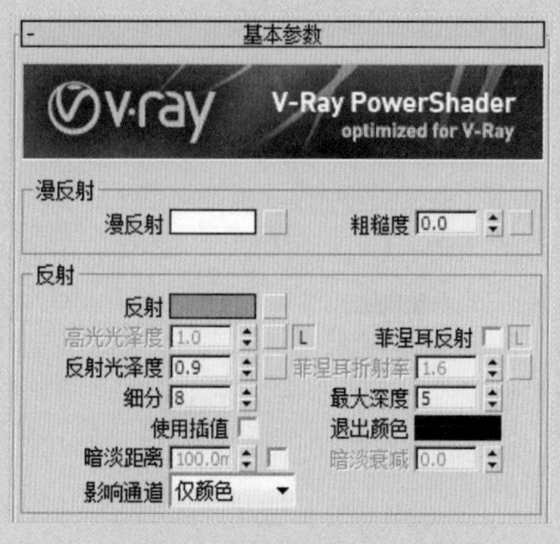

图 4-175 设置基本参数

图 4-176 花架材质球效果

05 创建吸顶灯灯罩 1 材质，选择一个未使用的材质球，设置材质类型为 VRayMtl，设置折射颜色为（242，242，242），设置漫反射和反射颜色，如图 4-177 所示。

06 设置漫反射颜色参数，如图 4-178 所示。

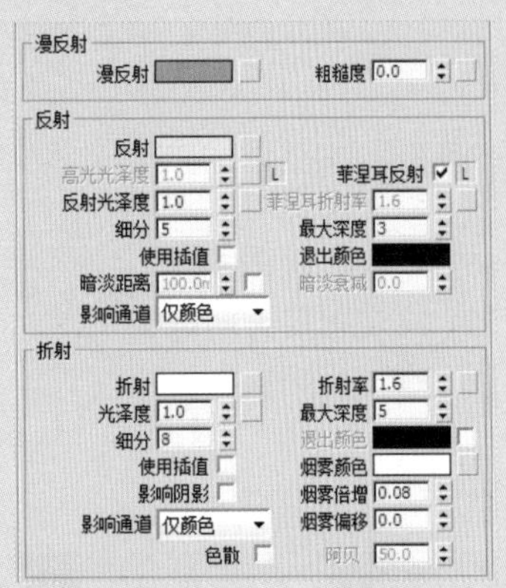

图 4-177　设置基本参数

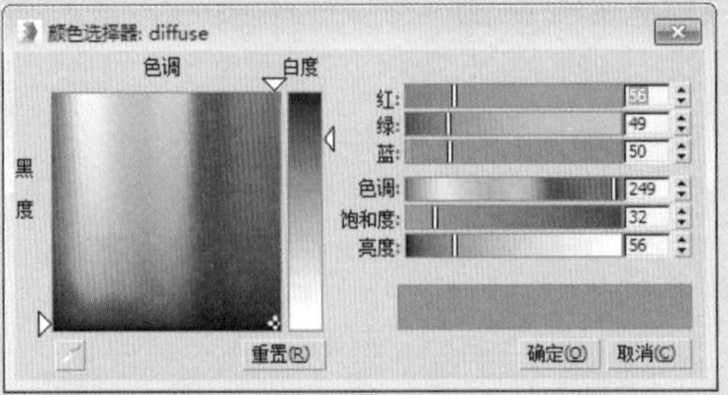

图 4-178　设置漫反射颜色参数

07 设置反射颜色参数，如图 4-179 所示。

08 设置烟雾倍增颜色参数，如图 4-180 所示。

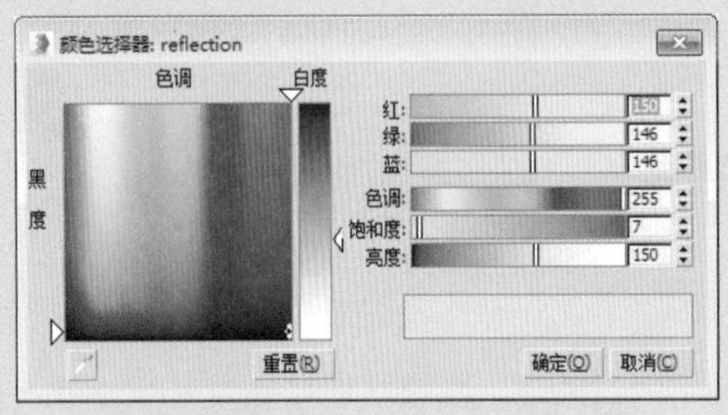

图 4-179　设置反射颜色参数

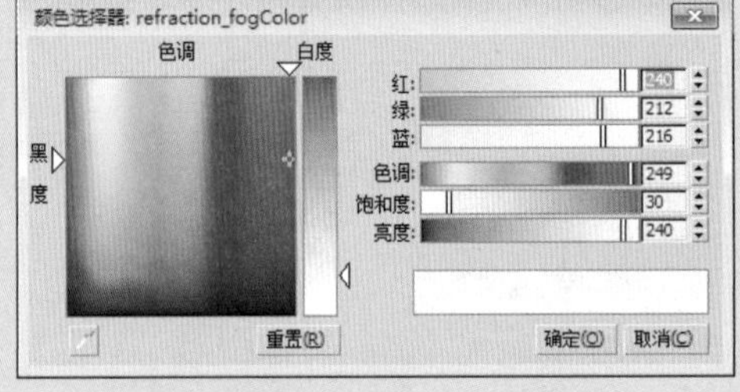

图 4-180　设置烟雾倍增颜色参数

09 创建好的灯罩材质球效果如图 4-181 所示。

10 创建吸顶灯灯罩 2 材质，选择一个未使用的材质球，设置材质类型为 VRayMtl，设置漫反射颜色为（248，248，248），折射颜色为（40，40，40），并设置折射光泽度、影响阴影、影响通道参数，如图 4-182 所示。

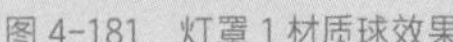
图 4-181　灯罩 1 材质球效果

图 4-182　设置基本参数

⑪ 创建好的灯罩 2 材质球效果如图 4-183 所示。

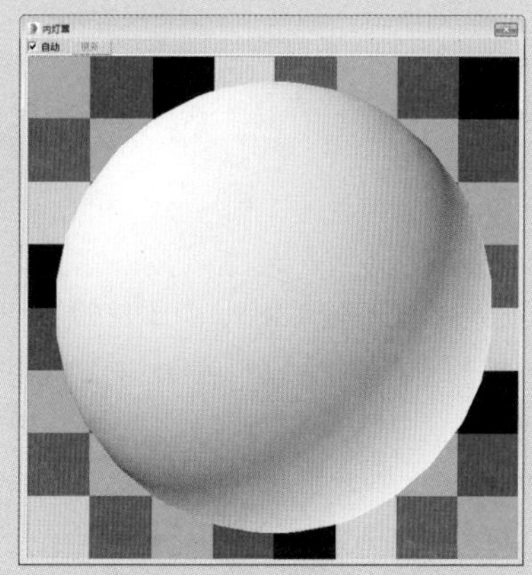

图 4-183　灯罩 2 材质球效果

⑫ 将创建好的材质球赋予到场景模型中进行渲染，效果如图 4-184 所示。

图 4-184　场景渲染效果

强化训练

通过本章的学习，读者对于常用材质类型、常用贴图等知识有了一定的认识。为了使读者更好地掌握本章所学知识，在此列举两个针对本章知识的习题，以供读者练手。

1. 创建茶几材质

利用材质编辑器，创建如图 4-185、图 4-186 所示的茶几材质。

01 打开“材质编辑器”对话框，设置材质类型为 VRayMtl，设置漫反射颜色为（255，255，255），反射为（37，37，37），折射颜色为（220，220，220），并勾选“菲涅尔反射”复选框，完成茶几玻璃材质的创建。

02 选择新材质球，设置材质类型为 VRayMtl，设置漫反射和反射等相关参数，如图 4-185 所示。

03 将材质指定给场景中的模型，并进行渲染，效果如图 4-186 所示。

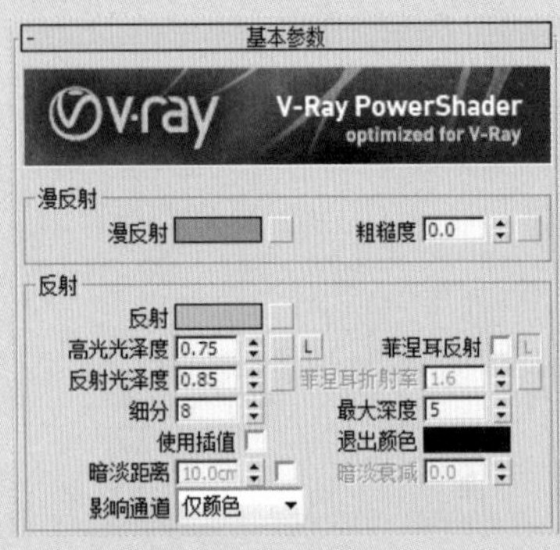

图 4-185 设置相关参数

图 4-186 渲染材质效果

2. 创建抱枕材质

利用材质编辑器，创建如图 4-187、图 4-188 所示的抱枕材质。

01 打开“材质编辑器”对话框，设置材质类型为 VRayMtl，为漫反射添加贴图，并设置其他参数，如图 4-187 所示。

02 在“贴图”卷展栏中，设置凹凸值，并为其通道添加位图贴图。

03 将设置好的材质赋予模型上，并进行渲染，如图 4-188 所示。

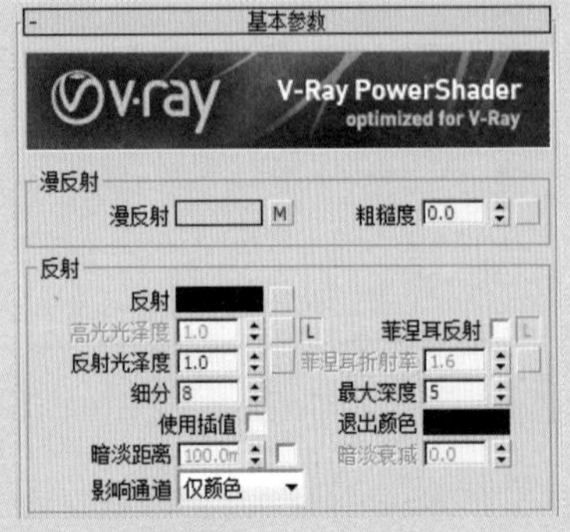

图 4-187 设置相关参数

图 4-188 渲染材质效果

第5章
灯光技术

本章概述 SUMMARY

在室内设计中，灯光起到了画龙点睛的效果。只创建模型和材质，往往达不到真实的效果，这时就需要利用灯光以体现空间的层次、设计的风格和材质的质感，最终实现照片级效果的呈现。

■ 学习目标

√ 掌握目标灯光的使用方法
√ 掌握 VR- 灯光的使用方法
√ 掌握 VR- 太阳的使用方法
√ 掌握阴影类型的参数设置方法

◎卧室场景效果

◎客厅场景效果

5.1 常用灯光类型

3ds Max 中的灯光可以模拟真实世界中的发光效果，如各种人工照明设备或太阳，也为场景中的几何体提供照明。下面将对 3ds Max 中常用灯光类型进行介绍。

5.1.1 平行灯光

平行灯光包括目标平行灯和自由平行灯两种，主要用于模拟太阳在地球表面投射的光线，即以一个方向投射的平行光，如图 5-1 所示为平行光类型，图 5-2 所示为平行光照射效果。

图 5-1 平行光类型

图 5-2 平行光照射效果

5.1.2 目标灯光

3ds Max 2016 将光度学灯光进行整合，将所有的目标光度学灯光合为一个对象，可以在该对象的参数卷展栏中选择不同的模板和类型，如 40W 强度的灯或线性灯光类型，如图 5-3 所示为所有类型的目标灯光，图 5-4 所示为目标灯光照射效果。

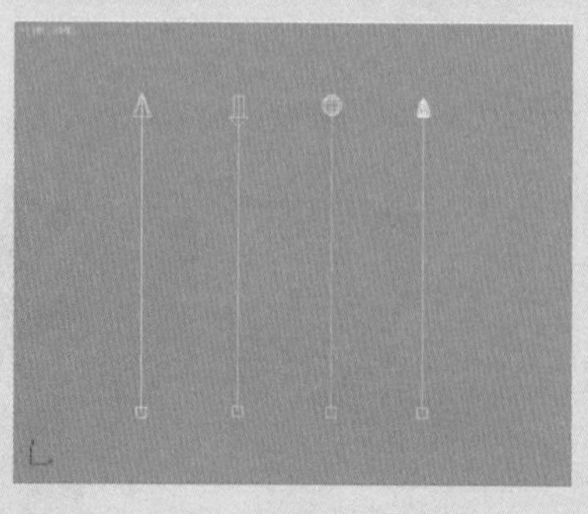

图 5-3 目标灯光

图 5-4 照射效果

> **提示一下**
>
> 目标聚光灯会根据指定的目标点和光源点创建灯光，在创建灯光后产生光束效果，照射物体并产生阴影效果，当有物体遮挡住光束时，光束将被折断。
>
> 自由聚光灯没有目标点，选择该按钮后，在任意视图单击鼠标左键即可创建灯光，该灯光常在制作动画时使用。

5.1.3 VR- 灯光

在安装过 VRay 灯光后，灯光栏中就会增加 VRay 灯光，VR- 灯光包括平面、穹顶、球体和网格 4 种显示方式，在“参数”卷展栏中选择灯光类型，可以更改灯光形态。如图 5-5 所示为 VR- 灯光的 4 种形态。如图 5-6 所示场景中的吊顶灯带效果运用了 VR- 灯光平面类型，吊灯效果运用了 VR- 灯光球体类型。

图 5-5　VR- 灯光类型

图 5-6　VR- 灯光效果

在 VRay 灯光创建命令面板中选择 VR- 灯光，即可进入灯光设置面板，如图 5-7 所示。其中，常用选项的含义介绍如下。

- 类型：VRay 提供平面、穹顶、球体、网格体 4 种灯光类型供用户选择。
- 倍增：设置灯光颜色的倍增值。
- 颜色：设置灯光的颜色。
- 1/2 长、1/2 宽：灯光长度和宽度的一半。
- 投射阴影：设置灯光产生阴影。
- 双面：用来控制灯光的双面都产生照明效果，当灯光类型为片光时有效，其他灯光类型无效。
- 不可见：这个参数设置在最后的渲染效果中 VRay 的光源形状是否可见，如果不勾选，光源将会被使用当前灯光颜色来渲染，否则是不可见的。
- 不衰减：在真实世界中，光线亮度会按照与光源的距离的平方的倒数的方式进行衰减。
- 天光入口：在这个选项勾选后，前面设置的颜色和倍增值都将被 VRay 忽略，代之以环境的相关参数设置。
- 存储发光图：当勾选该选项时，如果计算 GI 的方式使用的是发光贴图方式，系统将会计算 VRay 灯光的光照效果，并将计算结果保存在发光贴图中。
- 影响漫反射：这个选项决定灯光是否影响物体材质属性的漫反射。
- 影响高光：这个选项决定灯光是否影响物体材质属性的高光。
- 影响反射：这个选项决定灯光是否影响物体材质属性的反射。

图 5-7　“参数”卷展栏

5.1.4 VRay IES

VRay IES 灯光是一种特殊的使用物理计算的灯光，它是一种射线形式的灯光，并可以通过色温控制灯光的色调，灯光特性类似于光度学灯光，可以添加 IES 光域网文件，渲染出的灯光效果更加真实。创建灯光后视图中的显示状态如图 5-8 所示。如图 5-9 所示场景中的射灯效果运用了 VRay IES 灯光。

图 5-8　显示状态

图 5-9　VRay IES 灯光效果

VRay IES 是一个 V 形射线光源的特定插件，它的灯光特性类似于光度学灯光，可以加载 IES 灯光，能使光的分布更加逼真，常用来模拟现实灯光的均匀分布。VRay IES 参数卷展栏如图 5-10 所示。

其中，各选项的含义介绍如下。

- 启用视口着色：控制空气的清澈程度。可以调 0 ~ 20 的值，代表清晨到傍晚时候的太阳，10 代表正午的太阳。
- 中止：控制灯光影响的结束值，当灯光由于衰减亮度低于设定的数字时，灯光效果将被忽略。
- 阴影偏移：控制物体与阴影的偏移距离，值越大，阴影越偏向光源。
- 投影阴影：用来控制灯光是否产生阴影投射效果。
- 使用灯光图形：用来控制阴影效果的处理，使阴影边缘虚化或者清晰。
- 图形细分：控制灯光及投影的效果品质。
- 颜色模式：利用“颜色”和“温度”设置灯光的颜色。
- 功率：调整 VRay IES 灯光的强度。

VRay IES 参数
启用
启用视口着色
显示分布
目标
IES 文件 无
X 轴旋转 0.0
Y 轴旋转 0.0
Z 轴旋转 0.0
中止 0.001
阴影偏移 0.2mm
投影阴影
影响漫反射
影响高光
使用灯光图形 仅阴影
覆盖图形
图形 点
高度 0.0mm
宽度 0.0mm
长度 0.0mm
直径 0.0mm
图形细分 8
颜色模式 颜色
颜色
色温 6500.0
功率 1700.0
区域高光
视口线框颜色
启用视口线框颜色

图 5-10　“VRay IES 参数”卷展栏

> **知识拓展**
>
> 实例复制的多个物体，利用缩放工具对其中一个物体进行大小缩放后，其物体的参数相同，视觉大小不变。

5.1.5 VR- 太阳

VR- 太阳是模拟真实世界中的阳光的灯光类型，位置不同，灯光效果也不同，在参数面板中可以设置目标点的大小和灯光的强弱与颜色等。如图 5-11 所示为 VR- 太阳，如图 5-12 所示为 VR- 太阳的光照效果。

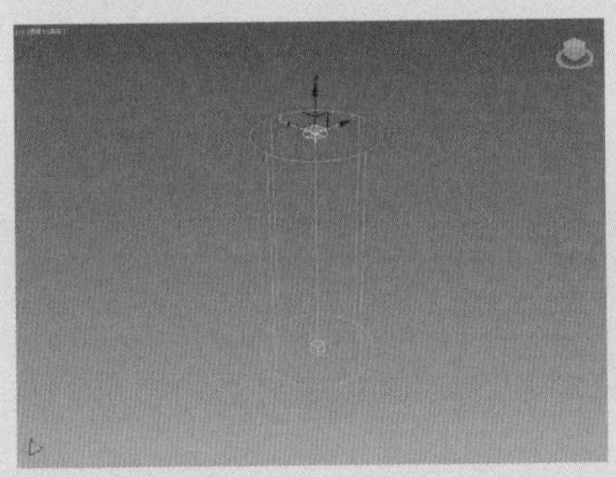

图 5-11　VR- 太阳

图 5-12　光照效果

VR- 太阳要用来模拟室外的太阳光照明。在渲染室外建筑效果图时，在 VR 里的太阳光就像日常生活里的灯光一样，也有影子、反射。VR- 太阳参数卷展栏如图 5-13 所示。

VRay 太阳参数	
启用	☑
不可见	☐
影响漫反射	☑
影响高光	☑
投射大气阴影	☑
浊度	3.0
臭氧	0.35
强度倍增	1.0
大小倍增	1.0
过滤颜色	
颜色模式	过滤
阴影细分	3
阴影偏移	0.2mm
光子发射半径	50.0mr
天空模型	Preetham et
间接水平照明	25000.
排除...	

图 5-13　"VRay 太阳参数"卷展栏

其中，各选项的含义介绍如下。

- 浊度：主要控制大气的浑浊度，光线穿过浑浊的空气时，空气中的悬浮颗粒会使光线发生衍射。浑浊度越高表示大气中的悬浮颗粒越多，光线的传播就会减弱。
- 臭氧：模拟大气中的臭氧成分，它可以控制光线到达地面的数量，值越小表示臭氧越少，光线到达地面的数量越多。
- 强度倍增：可以控制太阳光的 强度，数值越大表示阳光越强烈。
- 大小倍增：主要用来控制太阳的大小，这个参数会对物体的阴影产生影响，较小的取值可以得到比较锐利的阴影效果。
- 阴影细分：主要用来控制阴影的采样质量，较小的取值会得到噪点比较多的阴影效果，数值越高阴影质量越好，但是会增加渲染的时间。
- 阴影偏移：主要用来控制对象和阴影之间的距离，值为 1 时表示不产生偏移，大于 1 时远离对象，小于 1 时接近对象。
- 光子发射半径：和"光子贴图"计算引擎有关。

绘图技巧

如果需要观察灯光效果，必须在视图中创建实体，起到衬托作用，这样才可以渲染出灯光效果。

小试身手——为卧室场景添加灯光

下面将以创建卧室灯光为例，介绍创建灯光的方法，具体操作介绍如下。

01 打开素材文件，如图 5-14 所示。

02 创建吊灯光源，在"灯光"命令面板中单击"VR- 灯光"按钮，选择灯光类型为球体，设置倍增为 5，并设置颜色、倍增等其他参数，如图 5-15 所示。

03 设置吊灯灯光的颜色参数，如图 5-16 所示。

04 将创建好的球体灯光源放在吊灯合适位置，并将其进行实例复制，如图 5-17 所示。

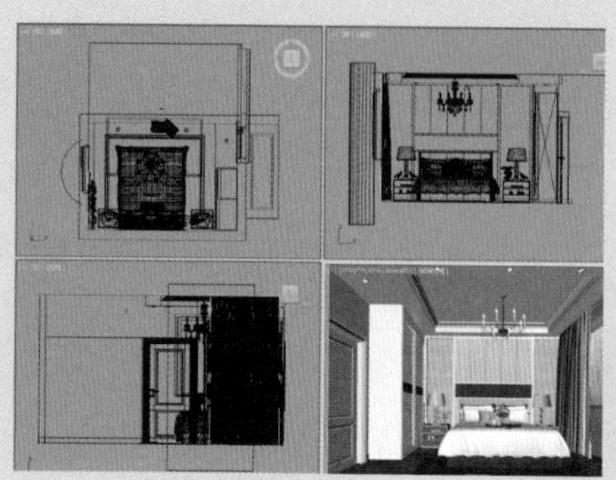

图 5-14　打开素材文件

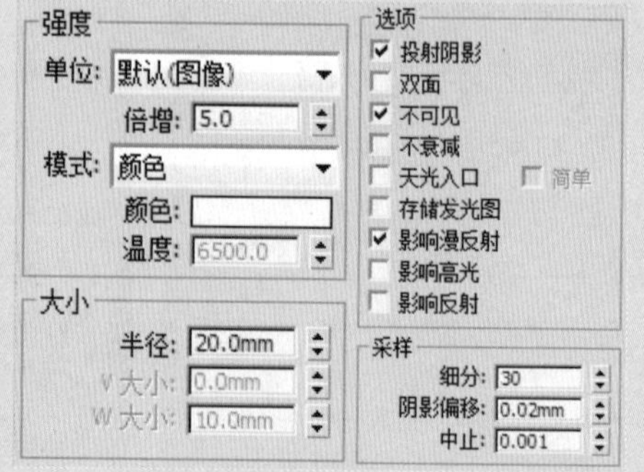

图 5-15　设置相关参数

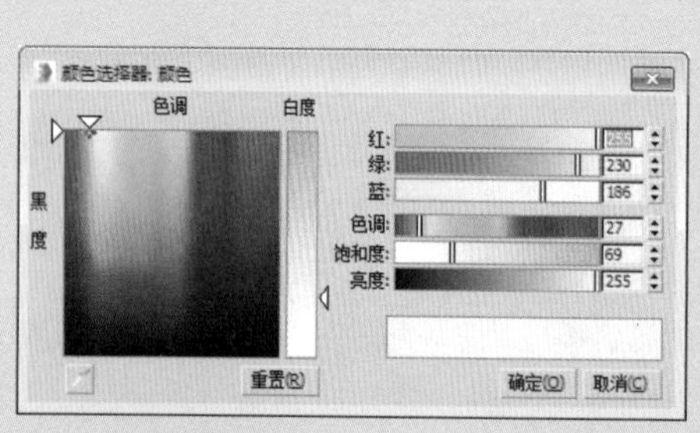

图 5-16　设置灯光颜色参数

图 5-17　放置吊灯光源

05 继续创建台灯光源，选择灯光类型为球体，设置倍增为30，并设置颜色、细分等其他参数，如图 5-18 所示。

06 其中，颜色参数如图 5-19 所示。

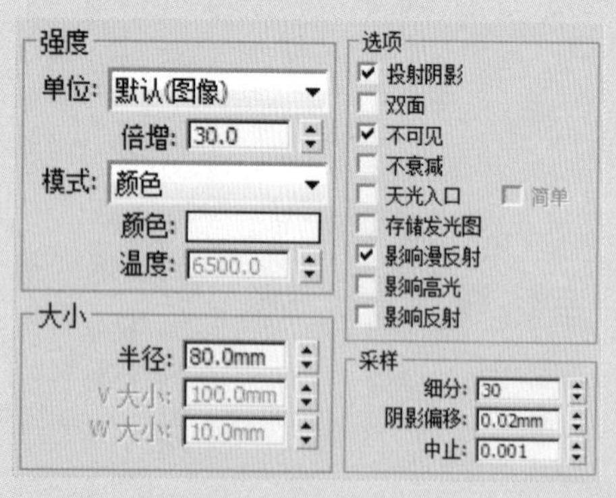

图 5-18　设置相关参数

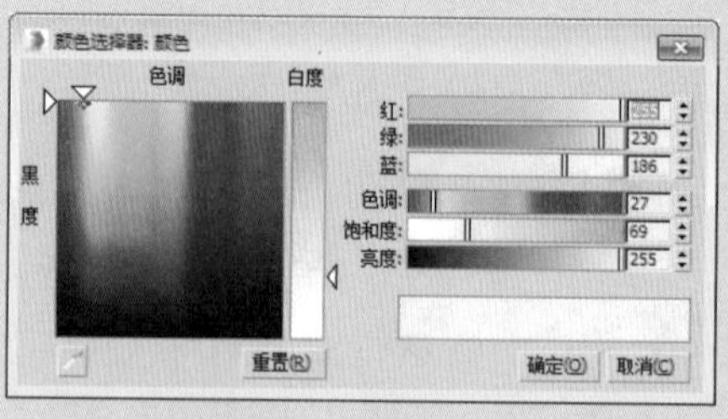

图 5-19　设置颜色参数

07 将创建好的台灯光源放在台灯模型的合适位置，并将其进行实例复制，如图 5-20 所示。

08 创建吊灯补光光源，单击“VR- 灯光”按钮，选择灯光类型为平面，设置倍增为 15.0，并设置颜色、大小、细分等参数，如图 5-21 所示。

图 5-20　放置台灯光源

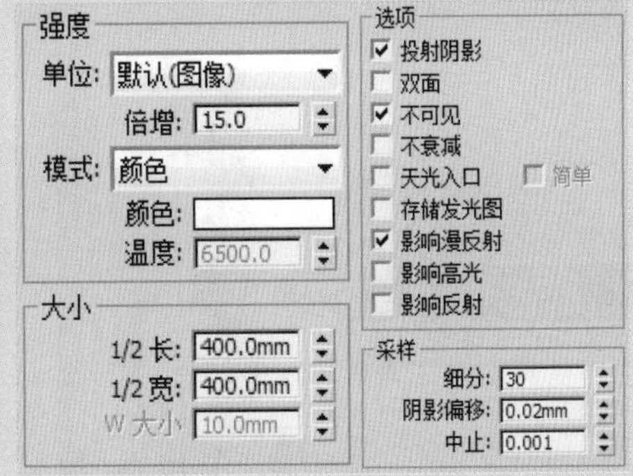

图 5-21　设置相关参数

09 设置吊灯补光的颜色参数，如图 5-22 所示。

10 将创建好的平面光源放在吊灯的正下方，如图 5-23 所示。

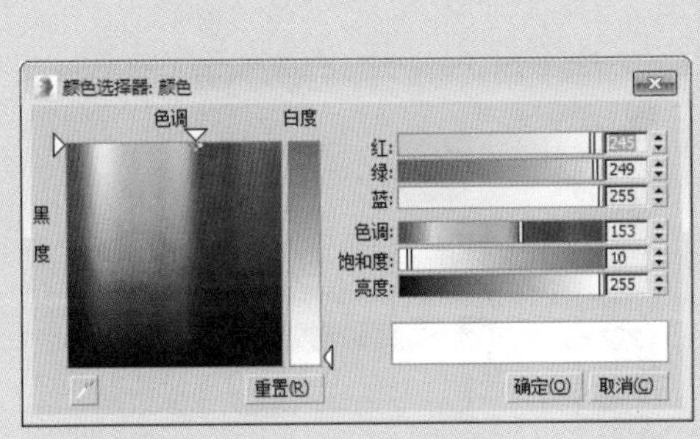

图 5-22　设置灯光颜色参数

图 5-23　放置平面光源

11 创建室外补光光源，继续创建平面光源，并设置灯光倍增、颜色、大小、细分等参数，如图 5-24 所示。

12 设置室外补光的颜色参数如图 5-25 所示。

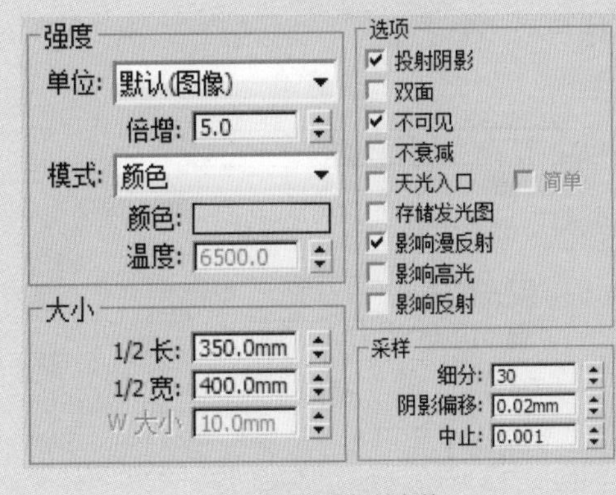

图 5-24　设置相关参数

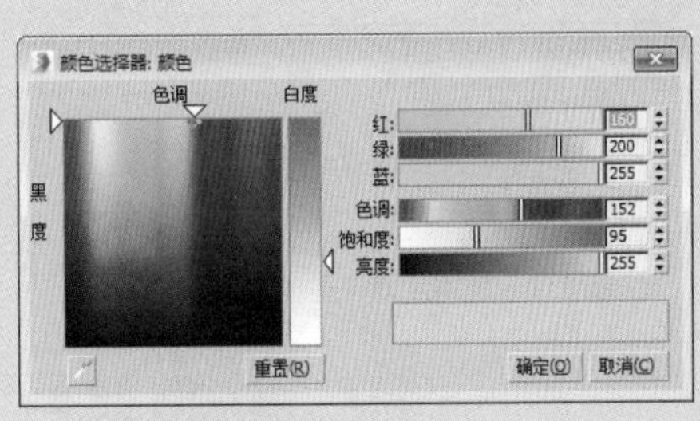

图 5-25　设置颜色参数

13 将创建好的平面光源放在图中合适位置，如图 5-26 所示。

14 单击“目标灯光”按钮，创建射灯光源，设置相关参数，并为其添加光域网文件，如图 5-27 所示。

图 5-26　放置平面光源

图 5-27　设置相关参数

15 在“强度 / 颜色 / 衰减”卷展栏中设置过滤颜色，其余参数保持不变，如图 5-28 所示。

16 将创建好的射灯光源进行实例复制，并放在射灯合适位置，完成灯光的创建，如图 5-29 所示。

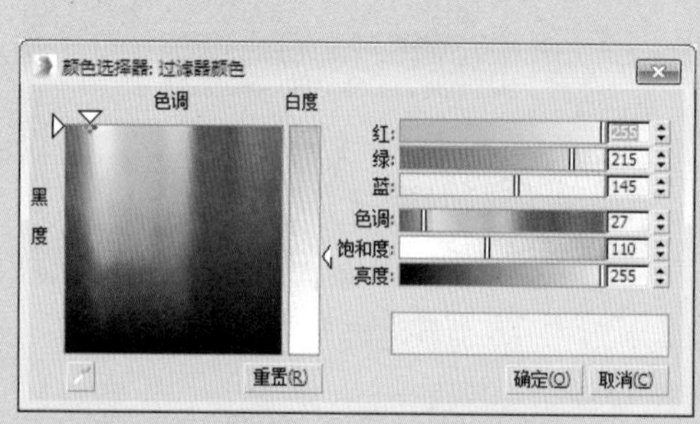

图 5-28　设置过滤颜色

图 5-29　复制射灯光源

17 创建太阳灯光，单击“目标平行光”按钮，创建太阳光源，设置灯光类型、阴影、设置倍增为 5.0、颜色、平行光参数，如图 5-30 所示。

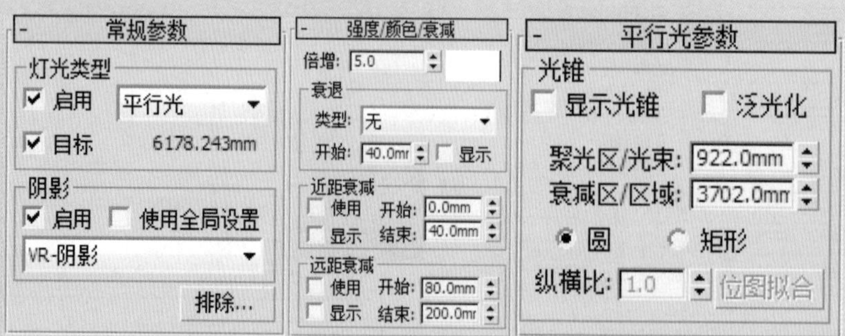

图 5-30　设置目标平行光参数

18 设置太阳光的颜色参数，如图 5-31 所示。

19 调整太阳光的高度及角度，如图 5-32 所示。

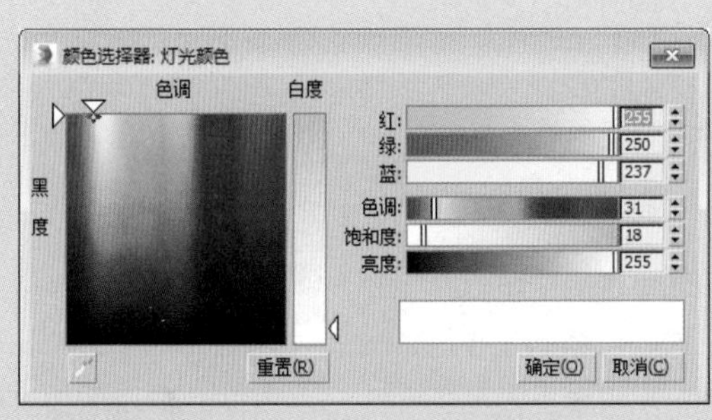

图 5-31　设置太阳光颜色参数

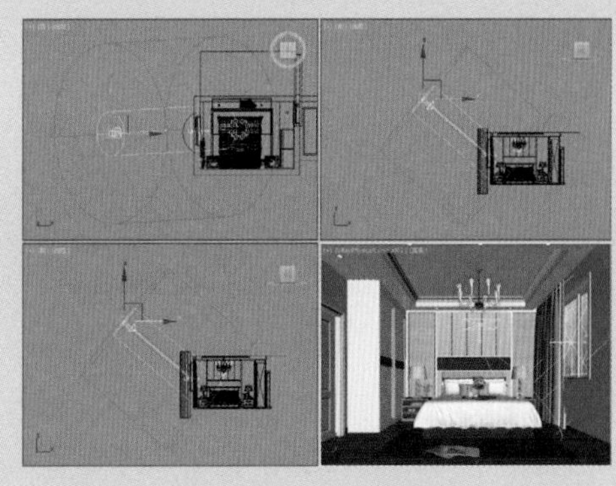
图 5-32　调整太阳光

20 将场景进行渲染，效果如图 5-33 所示。

图 5-33　渲染效果

5.2　阴影类型

标准灯光、光度学灯光和 VRay 灯光中所有类型的灯光，在“参数”卷展栏中，除了可以对灯光进行开关设置外，还可以选择不同形式的阴影方式。

5.2.1　阴影贴图

阴影贴图是最常用的阴影生成方式，它能产生柔和的阴影，并且渲染速度快。不足之处是会占用大量的内存，并且不支持使用透明度或不透明度贴图的对象。

使用阴影贴图，灯光参数面板中会出现“阴影贴图参数”卷展栏，如图 5-34 所示。

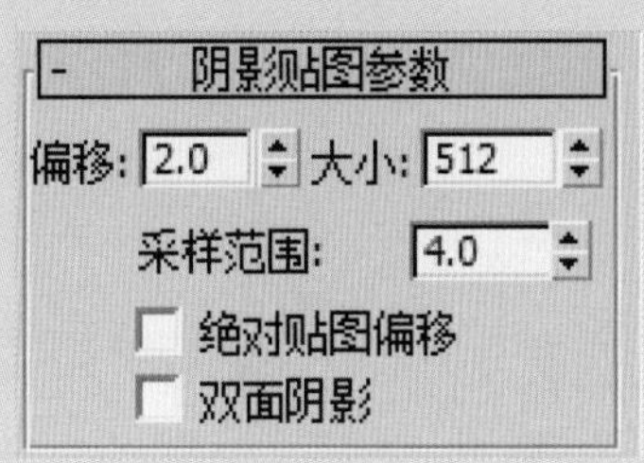

图 5-34　“阴影贴图参数”卷展栏

卷展栏中各选项的含义介绍如下。

- 偏移：位图偏移面向或背离阴影投射对象移动阴影。
- 大小：设置用于计算灯光的阴影贴图大小。
- 采样范围：采样范围决定阴影内平均有多少区域，影响柔和阴影边缘的程度。范围为 0.01 ~ 50.0。

- 绝对贴图偏移：勾选该复选框，阴影贴图的偏移未标准化，以绝对方式计算阴影贴图偏移量。
- 双面阴影：勾选该复选框，计算阴影时背面将不被忽略。

5.2.2 光线跟踪阴影

使用“光线跟踪阴影”功能可以支持透明度和不透明度贴图，产生清晰的阴影，但该阴影类型渲染计算速度较慢，不支持柔和的阴影效果。

选择“光线跟踪阴影”选项后，参数面板中会出现相应的卷展栏，如图 5-35 所示。其中，各选项的含义介绍如下。

- 光线偏移：该参数用于设置光线跟踪偏移面向或背离阴影投射对象移动阴影的多少。
- 双面阴影：勾选该复选框，计算阴影时其背面将不被忽略。
- 最大四元树深度：该参数可调整四元树的深度。增大四元树深度值可以缩短光线跟踪时间，但要占用大量的内存空间。四元树是一种用于计算光线跟踪阴影的数据结构。

- 光线跟踪阴影参数
光线偏移：0.2
双面阴影
最大四元树深度：7

图 5-35 “光线跟踪阴影参数”卷展栏

5.2.3 VR- 阴影

安装 VRay 渲染器插件以后，不仅增加了 VRay 自己的灯光，而且还增加了一个阴影类型，即 VRayShadows。如果使用 VRay 渲染器，通常会采用 VRayShadows，它有很多的优点：比如支持模糊（或面积）阴影，也可以正确表现来自 VRay 的置换物体或者透明物体的阴影。

VRay 阴影参数展卷如图 5-36 所示。其中，各选项的含义介绍如下。

- 透明阴影：这个参数确定场景中透明物体投射阴影的行为，勾选后，VRay 将不管灯光物体中的阴影设置（颜色、密度、贴图等）来计算阴影，此时来自透明物体的阴影颜色将是正确的。不勾选时，将考虑灯光中物体阴影参数的设置，但是来自透明物体的阴影颜色将变成单色（仅为灰度梯度）。
- 偏移：控制阴影向左或向右的移动，偏移值越大，越影响到阴影的真实性，通常情况下，不修改该值。
- 区域阴影：控制是否作为区域阴影类型。
- 长方体：当 VRay 计算阴影时，将其视作方体状的光源投射。
- 球体：当 VRay 计算阴影时，将其视作球状的光源投射。
- U 大小：当 VRay 计算面积阴影时，表示 VRay 获得的光源的 U 向的尺寸（如果光源为球状，则相应地表示球的半径）。
- V 大小：当 VRay 计算面积阴影时，表示 VRay 获得的光源的 V 向的尺寸（如果光源为球状，则没有效果）。
- W 大小：当 VRay 计算面积阴影时，表示 VRay 获得的光源的

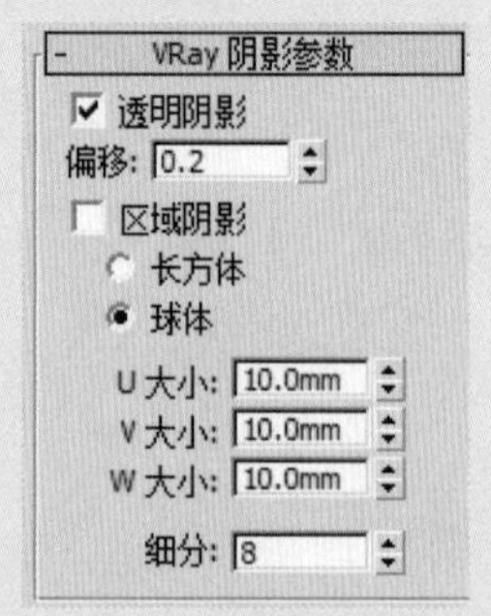

图 5-36 “VRay 阴影参数”卷展栏

W 向的尺寸（如果光源为球状，则没有效果）。

- 细分：设置在某个特定点计算面积阴影效果时使用的样本数量，较高的取值将产生平滑的效果，但是会耗费更多的渲染时间。

5.3 课堂练习——为客厅场景创建灯光

灯光的色调影响室内的整体效果，暖色调会使室内环境更加温馨，冷色调则简单干练，一般情况下，客厅应该以明亮为主，使整体环境干净整洁，下面介绍为客厅场景创建灯光的操作方法，具体操作介绍如下。

01 打开客厅场景模型，如图 5-37 所示。

02 创建吸顶灯光源，在“灯光”命令面板中单击“VR- 灯光”按钮，选择灯光类型为球体，设置倍增为 60.0，并设置颜色、大小、细分等参数，如图 5-38 所示。

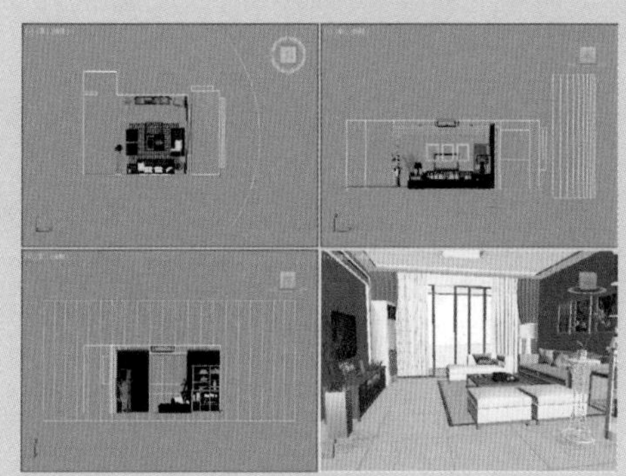

图 5-37 打开客厅场景模型

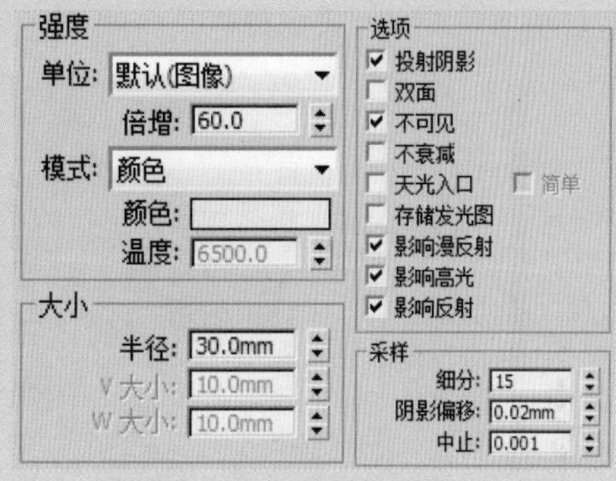

图 5-38 设置相关参数

03 设置吸顶灯灯光的颜色参数，如图 5-39 所示。

04 将创建好的吸顶灯光源放在灯具合适位置，并将其进行实例复制，如图 5-40 所示。

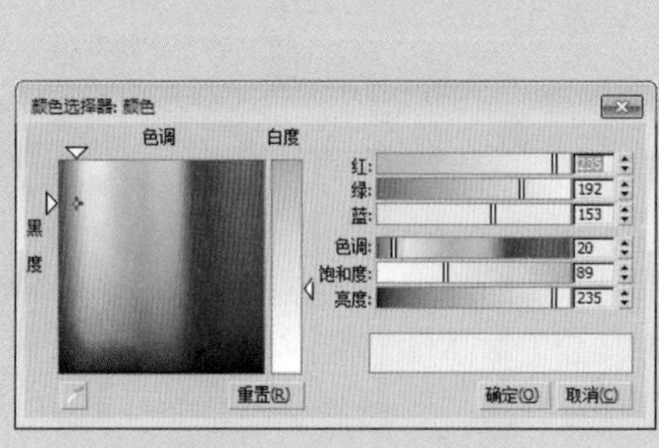

图 5-39 设置灯光颜色参数

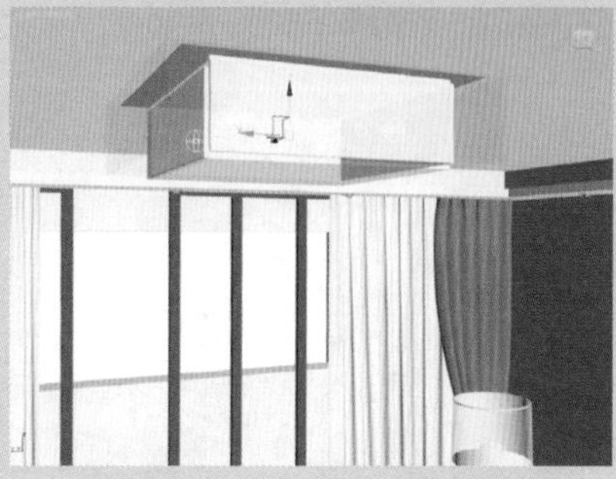

图 5-40 放置吸顶灯光源

05 创建台灯光源，单击“VR- 灯光”按钮，选择灯光类型为球体，设置倍增为 150.0，并设置颜色、细分等参数，如图 5-41 所示。

06 设置台灯灯光的颜色参数，如图 5-42 所示。

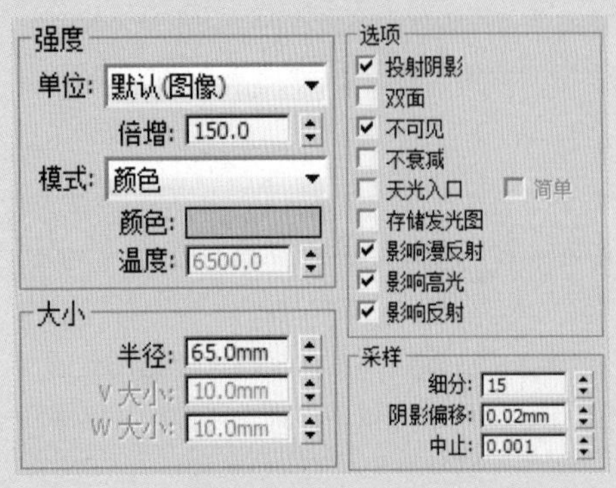

图 5-41 设置相关参数

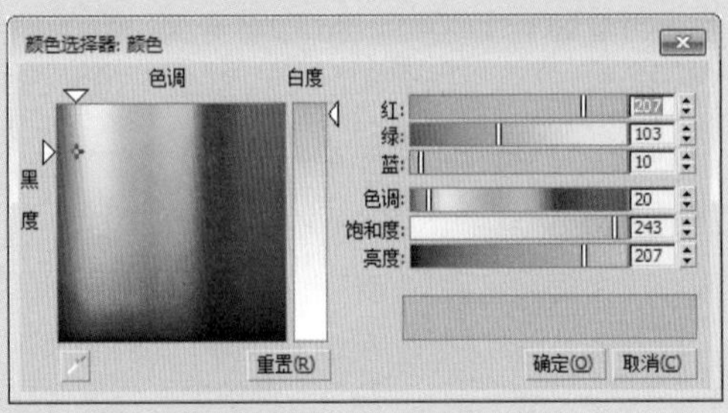

图 5-42 设置灯光颜色参数

07 将创建好的光源进行实例复制，放在落地灯和台灯的合适位置，如图 5-43 所示。

08 创建灯带光源，单击“VR-灯光”按钮，选择灯光类型为平面，设置倍增为 4.0，并设置颜色、大小、细分等参数，如图 5-44 所示。

图 5-43 设置效果参数

图 5-44 设置相关参数

09 设置灯带灯光的颜色参数，如图 5-45 所示。

10 将创建好的灯带光源放在吊顶合适位置，并将其进行实例复制和旋转操作，如图 5-46 所示。

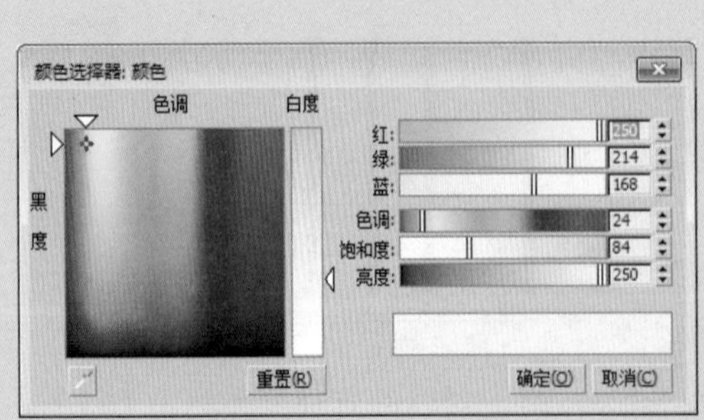

图 5-45 设置灯光颜色参数

图 5-46 放置灯带光源

11 创建室外补光光源，创建 VR- 平面灯光，设置倍增为 9.5，并设置大小、细分等参数，如图 5-47 所示。

12 设置室外补光光源灯光颜色的参数，如图 5-48 所示。

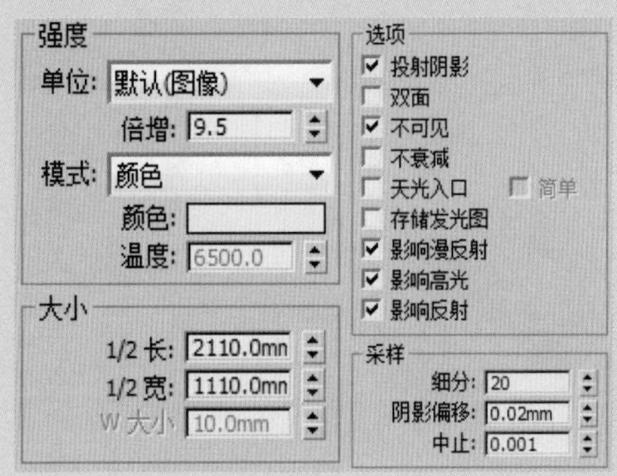

图 5-47 设置相关参数

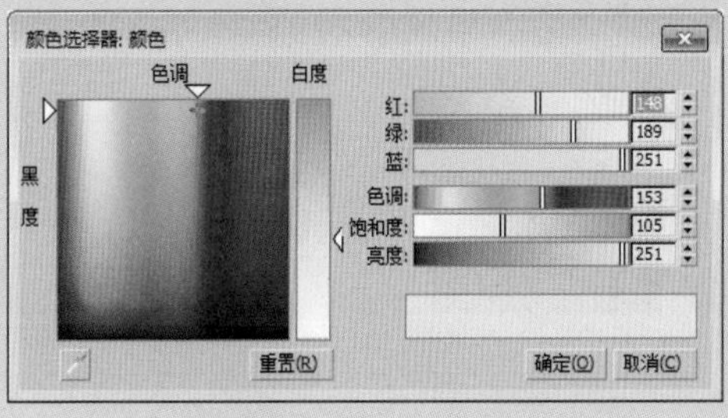

图 5-48 设置灯光颜色参数

13 将创建好的光源放在阳台合适位置，如图 5-49 所示。

14 复制创建好的室外补光光源，放在阳台，设置倍增为 5，颜色参数为（255，255，255），如图 5-50 所示。

图 5-49 放置补光光源

图 5-50 复制光源

15 创建射灯光源，单击“目标灯光”按钮，设置相关参数，如图 5-51 所示。

16 在“分布（光度学 Web）”卷展栏中，单击通道按钮，在打开的“打开光域 Web 文件”对话框中，选择需要的光域网文件，如图 5-52 所示。

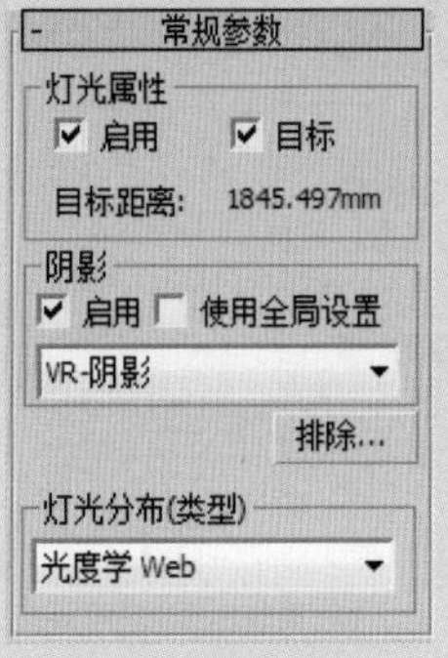

图 5-51 设置相关参数

图 5-52 “打开选择光域 Web 文件”对话框

17 单击“打开”按钮，加载光域网文件，在“强度/颜色/衰减”卷展栏中设置过滤颜色参数，其余参数保持不变，如图 5-53 所示。

18 将创建好的光源放在射灯合适位置，并将其进行实例复制，如图 5-54 所示。

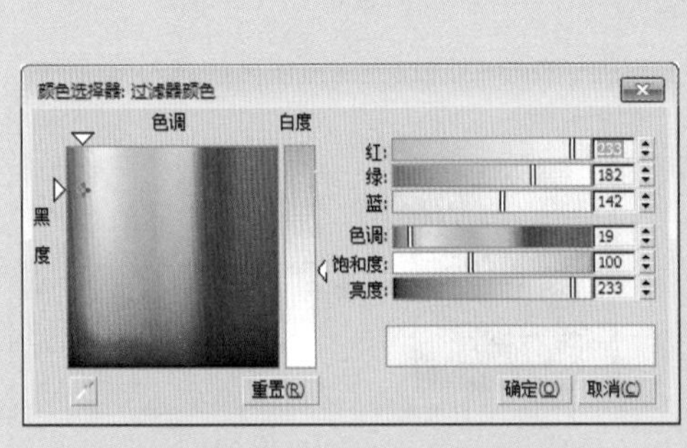

图 5-53　设置射灯颜色参数

图 5-54　放置射灯光源

19 创建太阳光源，单击“目标平行光”按钮，放在图中合适位置，如图 5-55 所示。

20 选择创建的目标平行光，进入修改器面板设置相关参数，如图 5-56 所示。

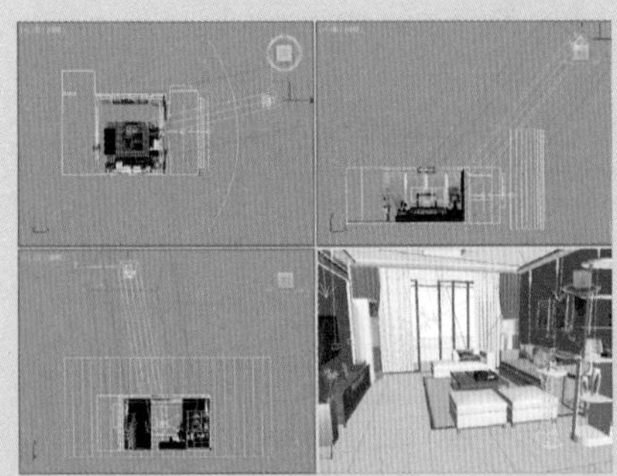

图 5-55　设置太阳光源

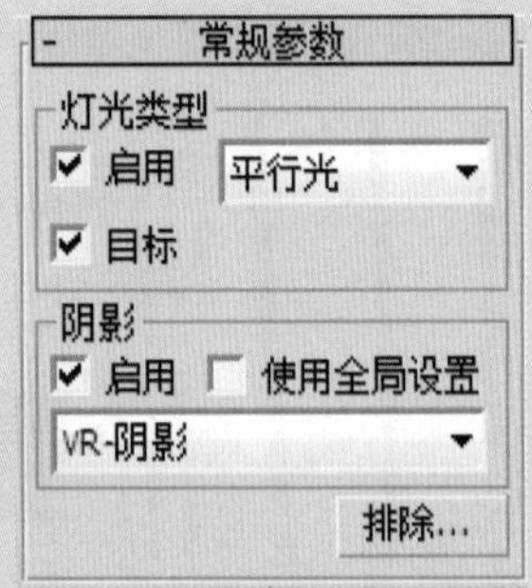

图 5-56　设置相关参数

21 单击“排除”通道按钮，打开“排除/包含”对话框，排除窗帘、外景对象，使其太阳光能够照射到室内，如图 5-57 所示。

22 在“强度/衰减/颜色”卷展栏中设置颜色、倍增参数，如图 5-58 所示。

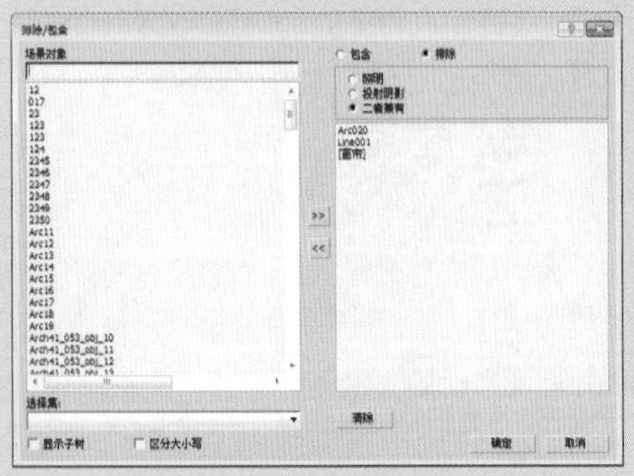

图 5-57　排除对象

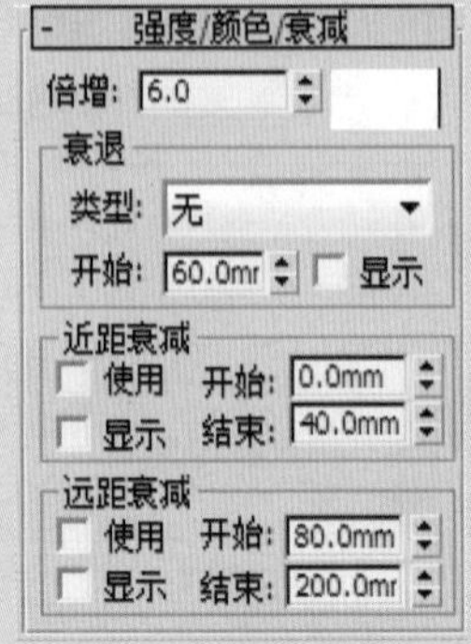

图 5-58　设置相关参数

23 设置太阳光的颜色参数，如图 5-59 所示。

24 在“平行光参数”卷展栏中设置相关参数，如图 5-60 所示。

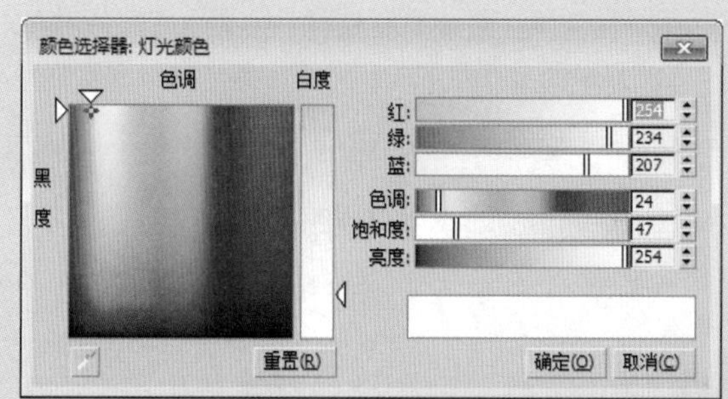

图 5-59　设置太阳光颜色

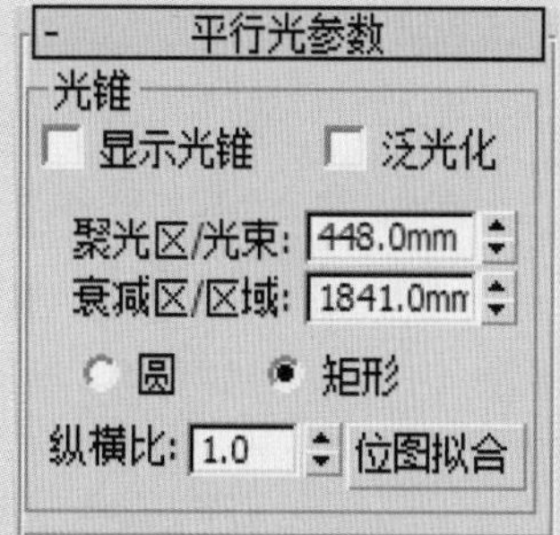

图 5-60　设置相关参数

25 至此，完成客厅场景灯光的创建，如图 5-61 所示。

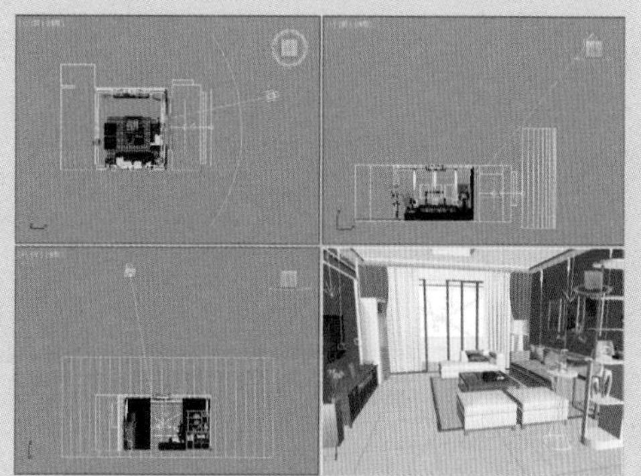

图 5-61　完成客厅场景灯光的创建

26 渲染场景后的效果如图 5-62 所示。

图 5-62　渲染效果

强化训练

通过本章的学习，读者对于常用灯光类型、阴影类型等知识有了一定的认识。为了使读者更好地掌握本章所学知识，在此列举两个针对本章知识的习题，以供读者练手。

1. 为落地灯模型创建灯光

利用 VR- 灯光，创建如图 5-63、图 5-64 所示的落地灯光源。

01 创建 VRay 球体灯，设置倍增为 100，半径为 20，细分为 20，并勾选“不可见”复选框，创建落地灯光源。

02 创建 VRay 平面灯，设置倍增为 18，长宽均为 600，细分为 20，并勾选“不可见”复选框，创建补光光源，并将其放在合适位置，如图 5-63 所示。

03 渲染后的效果，如图 5-64 所示。

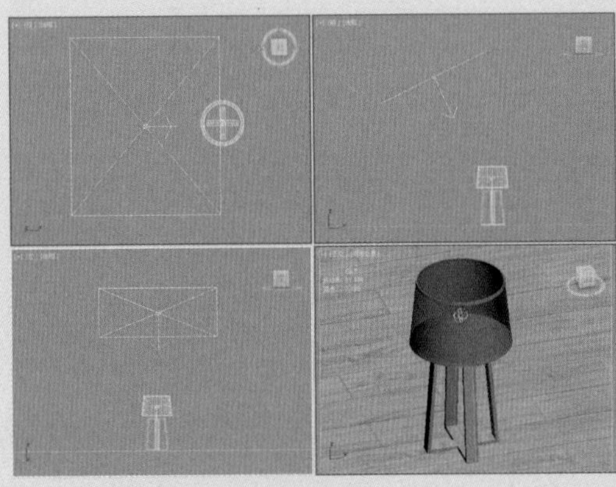

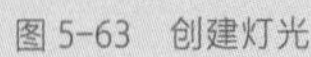

图 5-63　创建灯光

图 5-64　渲染效果

2. 为书房创建 VR- 太阳灯光

利用 VR- 灯光，创建如图 5-65、图 5-66 所示的光源。

01 单击“VR- 太阳”按钮，创建 VR- 太阳光，放在合适位置，并设置相关参数，如图 5-65 所示。

02 渲染后的效果，如图 5-66 所示。

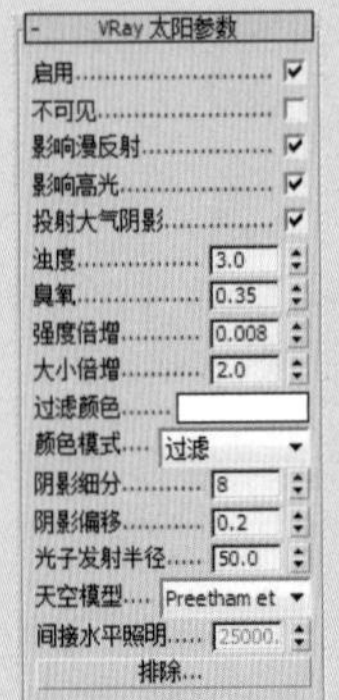

图 5-65　设置灯光参数

图 5-66　渲染效果

第6章 摄影机技术

本章概述 SUMMARY

3ds Max 中的摄影机与现实世界中的摄影机十分相似。摄影机的位置、摄影角度、焦距等都可以调整，这样不仅方便观看场景中各部分的细节，还可以利用摄影机的移动创建浏览动画。另外使用摄影机还可以制作一些特殊效果，如景深、运动模糊等。

■ 学习目标

√ 掌握目标摄影机的使用方法
√ 掌握物理摄影机的使用方法
√ 掌握 VR- 物理摄影机的使用方法
√ 掌握 VRay 穹顶摄影机的使用方法

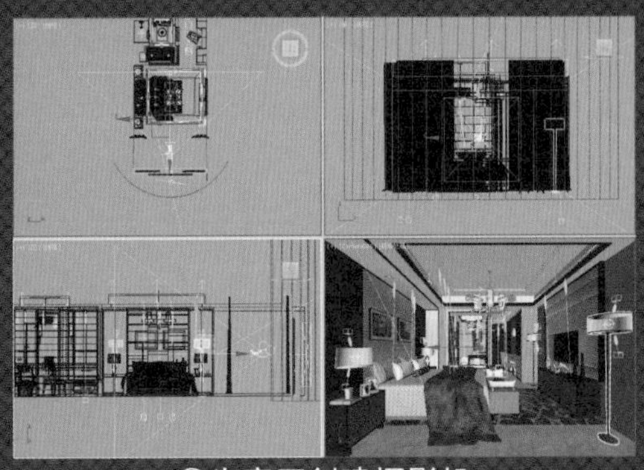
◎为客厅创建摄影机

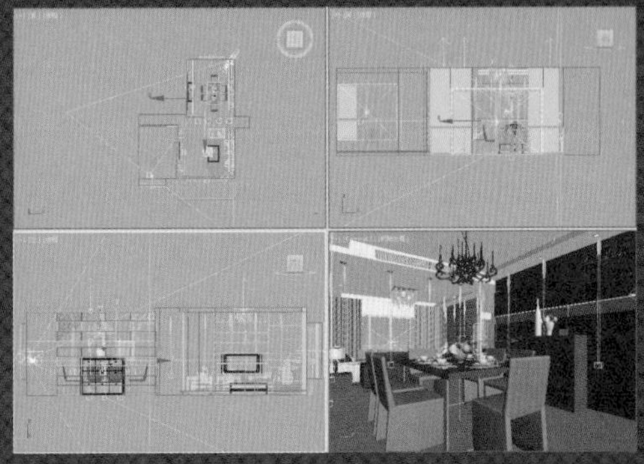
◎为餐厅创建摄影机

6.1　常用摄影机类型

摄影机就像人的眼睛，用户通过摄影机可以观察场景对象，布置灯光，调整材质所创作的效果。下面将向用户介绍常用摄影机类型。

6.1.1　自由摄影机

自由摄影机在摄影机指向的方向查看区域，与目标摄影机非常相似，就像目标聚光灯和自由聚光灯的区别。不同的是，自由摄影机比目标摄影机少了一个目标点，自由摄影机由单个图标表示，可以更轻松地设置摄影机动画。其参数设置面板如图 6-1 所示。

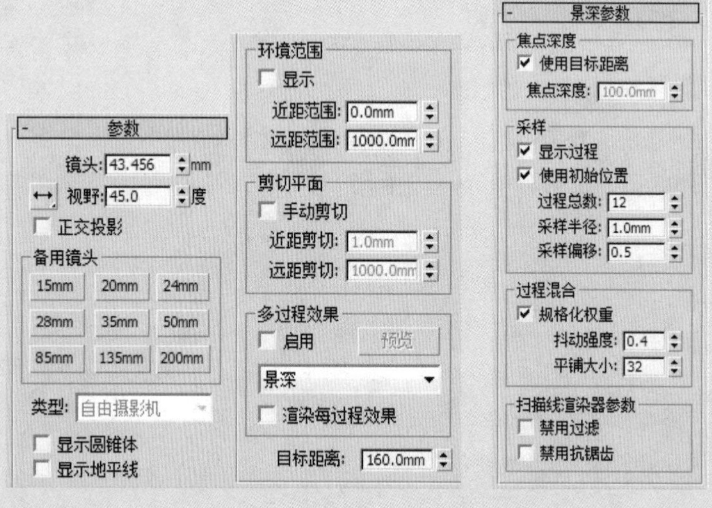

图 6-1　自由摄影机参数

> **绘图技巧**
>
> 如果场景中只有一个摄影机时，若要取消选择，则按下 C 键，视图将会自动转换为摄影机视图；如果有多个摄影机，按下 C 键，将会弹出“选择摄影机”对话框，选择合适的摄影机类型。

6.1.2　目标摄影机

目标摄影机用于观察目标点附近的场景内容，它有摄影机、目标两部分，可以很容易地单独进行控制调整，并分别设置动画。

1. 常用参数

摄影机的常用参数主要包括镜头的选择、视野的设置、大气范围和裁剪范围的控制等多个参数，如图 6-2 所示为摄影机对象与相应的参数面板。

参数面板中各个参数的含义如下。

- 镜头：以毫米为单位设置摄影机的焦距。
- 视野：用于决定摄影机查看区域的宽度，可以通过水平、垂直或对角线这 3 种方式测量应用。
- 正交投影：启用该选项后，摄影机视图为用户视图；关闭该选项后，摄影机视图为标准的透视图。

- 备用镜头：该选项组用于选择各种常用预置镜头。
- 类型：切换摄影机的类型，包含目标摄影机和自由摄影机两种。
- 显示圆锥体：显示摄影机视野定义的锥形光线。
- 显示地平线：在摄影机中的地平线上显示一条深灰色的线条。
- 显示：显示出在摄影机锥形光线内的矩形。
- 近距 / 远距范围：设置大气效果的近距范围和远距范围。
- 手动剪切：启用该选项可以定义剪切的平面。
- 近距 / 远距剪切：设置近距和远距平面。
- 多过程效果：该选项组中的参数主要用来设置摄影机的景深和运动模糊效果。
- 目标距离：当使用目标摄影机时，设置摄影机与其目标之间的距离。

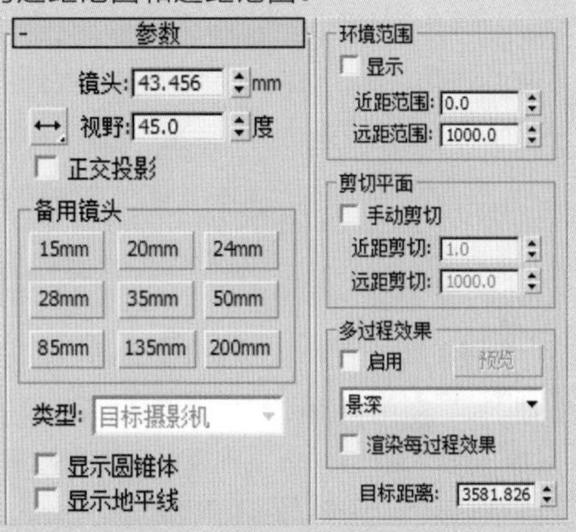

图 6-2 “参数”卷展栏

2. 景深参数

景深是多重过滤效果，通过模糊到摄影机焦点某距离处的帧的区域，使图像焦点之外的区域产生模糊效果。

景深的启用和控制，主要在摄影机参数面板的“多过程效果”选项组和“景深参数”卷展栏中进行设置，如图 6-3 所示，各个参数的含义如下。

- 使用目标距离：启用该选项后，系统会将摄影机的目标距离用作每个过程偏移摄影机的点。
- 焦点深度：当关闭“使用目标距离”选项，该选项可以用来设置摄影机的偏移深度。
- 显示过程：启用该选项后，“渲染帧窗口”对话框中将显示多个渲染通道。
- 使用初始位置：启用该选项后，第一个渲染过程将位于摄影机的初始位置。
- 过程总数：设置生成景深效果的过程数。增大该值可以提高效果的真实度，但是会增加渲染时间。
- 采样半径：设置生成的模糊半径。数值越大，模糊越明显。
- 采样偏移：设置模糊靠近或远离“采样半径”的权重。增加该值将增加景深模糊的数量级，从而得到更加均匀的景深效果。
- 规格化权重：启用该选项后可以产生平滑的效果。
- 抖动强度：设置应用于渲染通道的抖动程度。

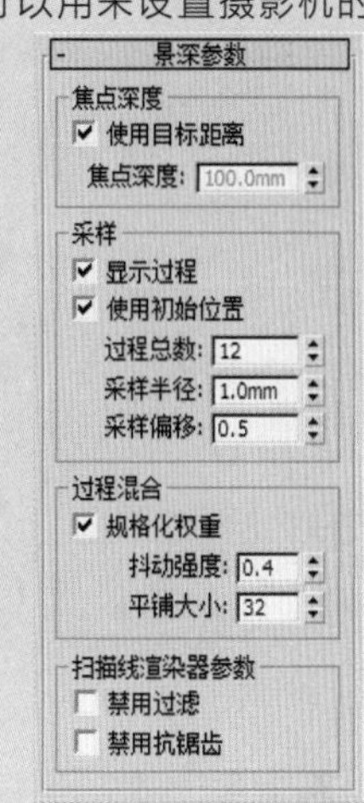

图 6-3 “景深参数”卷展栏

- 平铺大小：设置图案的大小。
- 禁用过滤：启用该选项后，系统将禁用过滤的整个过程。
- 禁用抗锯齿：启用该选项后，可以禁用抗锯齿功能。

3. 运动模糊参数

运动模糊可以通过模拟实际摄影机的工作方式，增强渲染动画的真实感。摄影机有快门速度，如果在打开快门时物体出现明显的移动情况，胶片上的图像将变模糊。

在摄影机的参数面板中选择“运动模糊”选项时，会打开相应的参数卷展栏，用于控制运动模糊效果，如图 6-4 所示，各个选项的含义如下。

运动模糊参数
采样
☑ 显示过程
过程总数: 12
持续时间(帧): 1.0
偏移: 0.5
过程混合
☑ 规格化权重
抖动强度: 0.4
瓷砖大小: 32
扫描线渲染器参数
☐ 禁用过滤
☐ 禁用抗锯齿

图 6-4 “运动模糊参数”卷展栏

- 显示过程：启用该选项后，“渲染帧窗口”对话框中将显示多个渲染通道。
- 过程总数：用于生成效果的过程数。增加此值可以增加效果的精确性，但渲染时间会更长。
- 持续时间(帧)：用于设置在动画中将应用运动模糊效果的帧数。
- 偏移：更改模糊，以便其显示出在当前帧的前后帧中更多的内容。
- 偏移：设置模糊的偏移距离。
- 抖动强度：用于控制应用于渲染通道的抖动程度，增加此值会增加抖动量，并且生成颗粒状效果，尤其在对象的边缘上。
- 瓷砖大小：设置图案的大小。

知识拓展

在利用移动工具调整摄影机时，状态栏中的数值会随着摄影机移动进行更改。用户也可以利用旋转工具对摄影机进行旋转操作，从而更改视觉角度。

小试身手——为场景创建目标摄影机

下面将为客厅场景创建目标摄影机，具体操作介绍如下。

01 单击“目标摄影机”按钮，设置备用镜头焦距为 20mm，如图 6-5 所示。

02 渲染摄影机视图效果如图 6-6 所示。

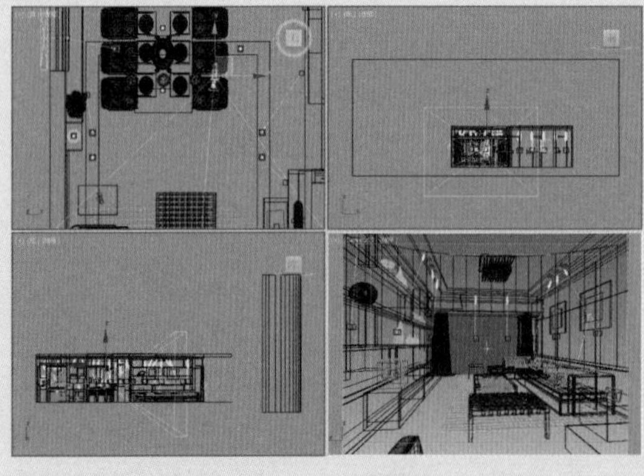

图 6-5 创建摄影机

图 6-6 渲染效果

6.1.3 物理摄影机

物理摄影机可模拟用户熟悉的真实摄影机设置，例如快门速度、光圈、景深和曝光。借助增强的控件和额外的视口内反馈，使创建逼真的图像和动画变得更加容易。它将场景的帧设置与曝光控制和其他效果集在一起，是用于基于物理的真实照片级渲染的最佳摄影机类型。

1. 基本参数

“基本”卷展栏如图 6-7 所示。其中常用参数的含义介绍如下。

- 目标：启用该选项后，摄影机包括目标对象，并与目标摄影机的行为相似。
- 目标距离：设置目标与焦平面之间的距离，会影响聚焦、景深等。
- 显示圆锥体：在显示摄影机圆锥体时选择“选定时”“始终”或“从不”。

2. 物理摄影机参数

“物理摄影机”卷展栏如图 6-8 所示，其中常用参数的含义介绍如下。

- 预设值：选择胶片模型或电荷耦合传感器。选项包含 35mm 胶片，以及多种行业标准设置。每个设置都有其默认宽度值。“自定义”选项用于选择任意宽度。
- 宽度：可以手动调整帧的宽度。
- 焦距：设置镜头的焦距，默认值为 40mm。
- 缩放：在不更改摄影机位置的情况下缩放镜头。
- 光圈：将光圈设置为光圈数，或“F 制光圈”。此值将影响曝光和景深。光圈值越低，光圈越大并且景深越窄。
- 启用景深：启用该选项时，摄影机在不等于焦距的距离上生成模糊效果。景深效果的强度基于光圈设置。
- 持续时间：根据所选的单位类型设置快门速度。该值可能影响曝光、景深和运动模糊。
- 启用运动模糊：启用该选项后，摄影机可以生成运动模糊效果。

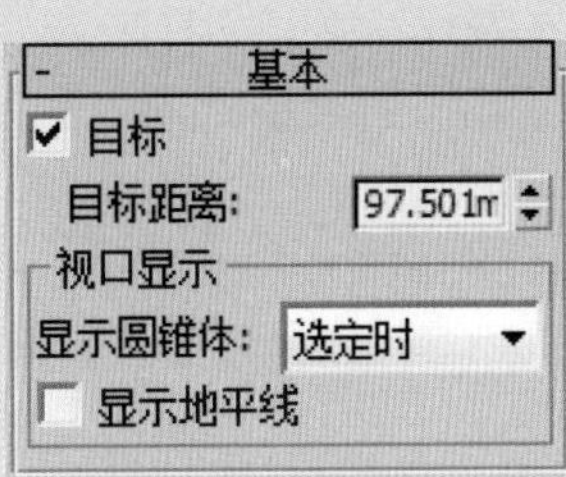

图 6-7 “基本”卷展栏

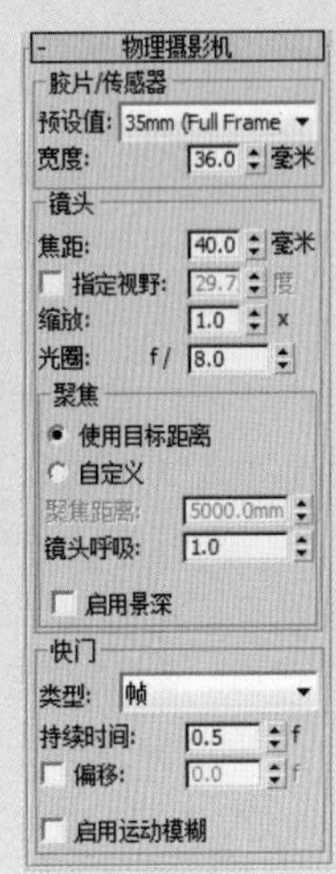

图 6-8 “物理摄影机”卷展栏

3. 曝光参数

“曝光”卷展栏如图 6-9 所示，常用参数的含义介绍如下。

- 曝光控制已安装：单击以使物理摄影机曝光控制处于活动状态。
- 手动：当该选项处于活动状态时，通过此值、快门速度和光圈设置计算曝光。该数值越高，曝光时间越长。
- 目标：值越高，生成的图像越暗，值越低，生成的图像越亮。默认设置为 6.0。
- 光源：按照标准光源设置色彩平衡。
- 温度：以色温形式设置色彩平衡，以开尔文度表示。
- 自定义：用于设置任意色彩平衡。单击色样以打开“颜色选择器”，可以从中设置希望使用的颜色。
- 启用渐晕：启用时，渲染模拟出现在胶片平面边缘的变暗效果。
- 数量：增加此数量以增强渐晕效果。

图 6-9 “曝光”卷展栏

4. 散景（景深）参数：

“散景（景深）”卷展栏如图 6-10 所示，常用参数含义介绍如下。

- 圆形：散景效果基于圆形光圈。
- 叶片式：景深效果使用带有边的光圈。使用“叶片”值设置每个模糊圈的边数，使用“旋转”值设置每个模糊圈旋转的角度。
- 中心偏移（光环效果）：使光圈透明度向中心（负值）或边（正值）偏移。正值会增加焦区域的模糊量，而负值会减少模糊量。
- 光学渐晕（CAT 眼睛）：通过模拟猫眼效果使帧呈现渐晕效果。
- 各向异性（失真镜头）：通过垂直（负值）或水平（正值）拉伸光圈模拟失真镜头。

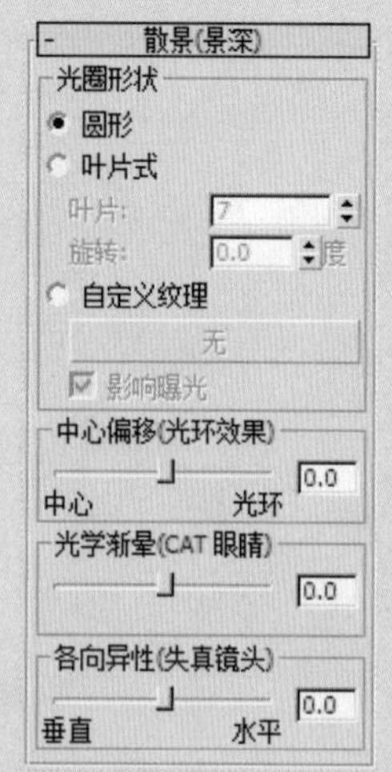

图 6-10 “散景”（景深）卷展栏

6.1.4 VR- 物理摄影机

VRay 物理摄影机和 3ds Max 本身带的摄影机相比，它能模拟真实成像，更轻松地调节透视关系，单靠摄影机就能控制曝光，另外还有许多非常不错的其他特殊功能和效果。VRay 物理摄影机就具有这些功能，简单地讲，如果发现灯光不够亮，直接修改 VRay 摄影机的部分参数就能提高画面质量，而不用重新修改灯光的亮度。

VRay 物理摄影机的“基本参数”卷展栏如图 6-11 所示。

- 类型：VRay 物理摄影机内置了 3 种类型的摄影机，用户可以在这里进行选择。
- 目标：勾选此项，摄影机的目标点将放在焦平面上。
- 胶片规格（mm）：控制摄影机看到的范围，数值越大，看到的范围也就越大。

知识拓展

VR-物理摄影机功能非常强大，相对于3ds Max自带的目标摄影机而言，增加了很多优秀的功能，比如焦距、光圈、白平衡、快门速度和曝光等，这些参数与单反相机是相似的，因此想要熟练地应用VR-物理摄影机，可以适当学习一些单反相机的相关知识。

- 焦距（mm）：控制摄影机的焦距。
- 缩放因子：控制摄影机视口的缩放。
- 光圈数：用于设置摄影机光圈的大小。数值越小，渲染图片亮度越高。
- 目标距离：摄影机到目标点的距离，默认情况下不启用此选项。
- 焦点距离：控制焦距的大小。
- 光晕：模拟真实摄影机的渐晕效果。
- 白平衡：控制渲染图片的色偏。
- 自定义平衡：自定义图像颜色色偏。
- 快门速度（s^-1）：控制进光时间，数值越小，进光时间越长，渲染图片越亮。
- 快门角度（度）：只有选择电影摄影机类型此项才激活，用于控制图片的明暗。
- 快门偏移（度）：只有选择电影摄影机类型此项才激活，用于控制快门角度的偏移。
- 延迟（秒）：只有选择视频摄影机类型此项才激活，用于控制图片的明暗。
- 胶片速度（ISO）：控制渲染图片亮暗。数值越大，表示感光系数越大，图片也就越暗。

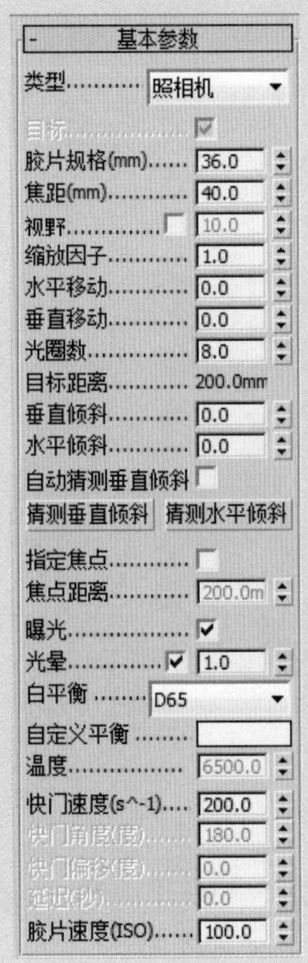

图 6-11 “基本参数”卷展栏

6.1.5 VRay 穹顶摄影机

VR-穹顶摄影机主要用于渲染半球圆顶的效果，通过“翻转X”“翻转Y”和“fov”选项可以设置摄影机参数。

创建并确定摄影机为选中状态，打开“修改”选项卡，在命令面板的下面具体介绍设置VR-穹顶摄影机各选项的含义。

- 翻转X：使渲染图像在X坐标轴上翻转。
- 翻转Y：使渲染图像在Y坐标轴上翻转。
- fov：设置摄影机的视觉大小。下方将弹出参数卷展栏，如图6-12所示。

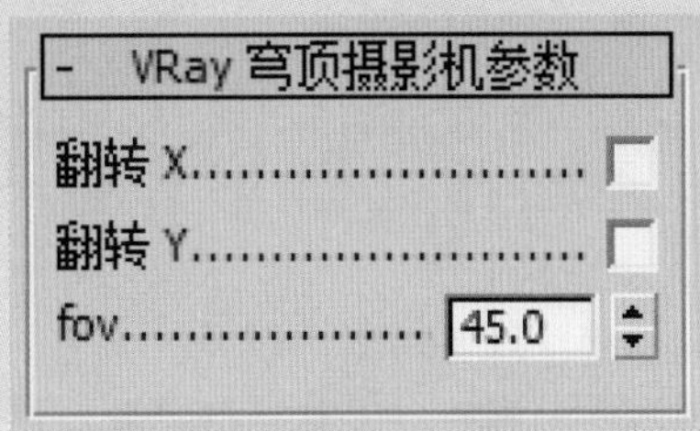

图 6-12 “VRay 穹顶摄影机参数”卷展栏

6.2 课堂练习——为客厅场景创建摄影机

摄影机的架设是效果图制作中关键的一步，这关系到效果图制作过程中场景的观察以及最后效果图的美感。本场景的模型及材质在前几章是制作好的，下面将通过为客厅场景创建摄影机来介绍创建摄影机的操作方法，具体操作介绍如下。

01 打开已创建好的客厅场景，此时场景已将光源和材质设置完成，如图 6-13 所示。

02 单击 3ds Max 自带的目标摄影机，创建一个镜头为 24mm 的目标摄影机并设置参数，如图 6-14 所示。

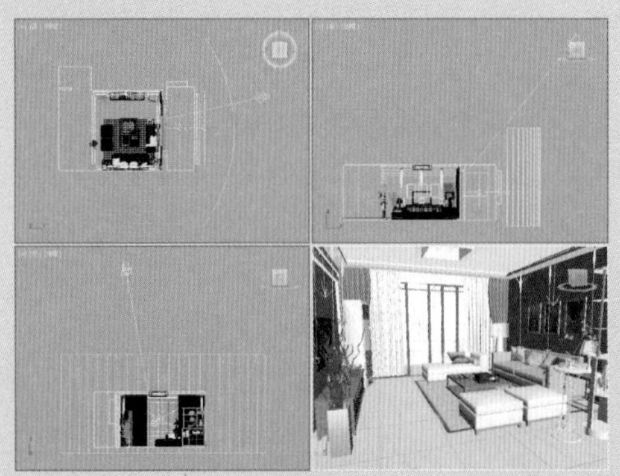

图 6-13 打开素材文件

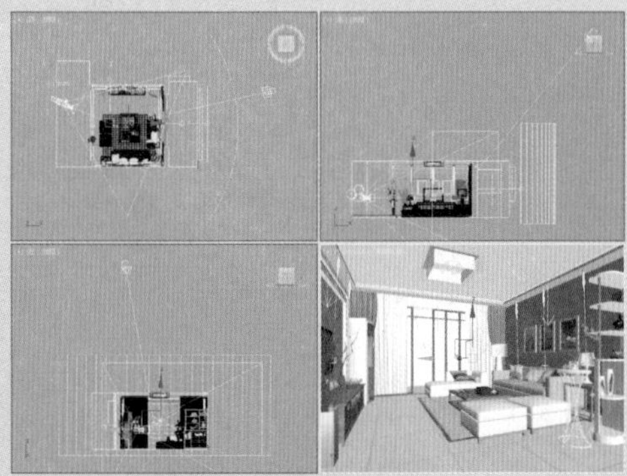

图 6-14 创建摄影机

03 渲染目标摄影机视图，效果如图 6-15 所示。

04 打开 VRay 摄影机创建命令面板，在顶视图中创建一盏 VRay 物理摄影机，并调整相机头及目标点的位置，如图 6-16 所示。

图 6-15 渲染效果

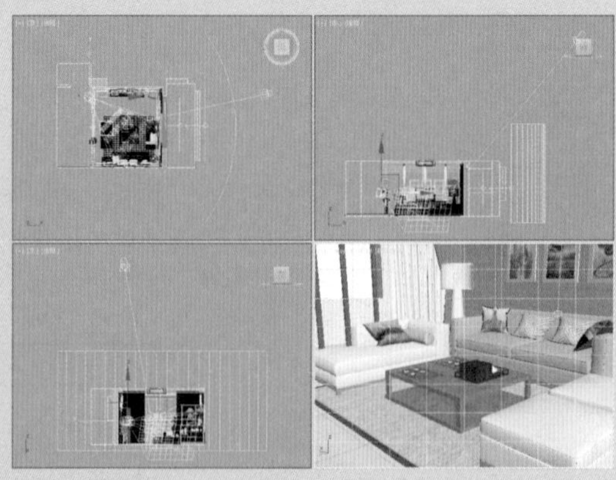

图 6-16 创建物理摄影机

05 渲染摄影机视图，效果如图 6-17 所示。

06 在“基本参数”卷展栏中设置相机参数，将快门速度设置为 40，渲染物理摄影机视图，渲染的图片亮度得到提高，但整体偏暗，如图 6-18 所示。

07 在“基本参数”卷展栏中将光圈数设置为 4，渲染物理摄影机视图，渲染的图片亮度再次提高，如图 6-19 所示。

08 在“基本参数”卷展栏中将胶片速度设置为 200，渲染物理摄影机视图，渲染效果又要亮一些，如图 6-20 所示。

图 6-17 渲染效果

图 6-18 设置快门速度为 40 的渲染效果

图 6-19 设置光圈数为 4 的渲染效果

图 6-20 设置胶片速度为 200 的渲染效果

09 再综合进行调整设置胶片规格为 42，焦距为 22mm 以及光圈数为 3.5，渲染物理摄影机视图，效果如图 6-21 所示。

图 6-21 最终渲染效果

强化训练

通过本章的学习，读者对于常用摄影机类型等知识有了一定的认识。为了使读者更好地掌握本章所学知识，在此列举两个针对本章知识的习题，以供读者练手。

1. 为鱼缸创建摄影机

下面为鱼缸创建并调整摄影机，切换摄影机视图，并渲染视图，效果如图 6-22、图 6-23 所示。

01 打开素材文件，在顶视图创建目标摄影机。

02 创建并调整摄影机的位置，如图 6-22 所示。

03 将视图切换为摄影机视图，并进行渲染，效果如图 6-23 所示。

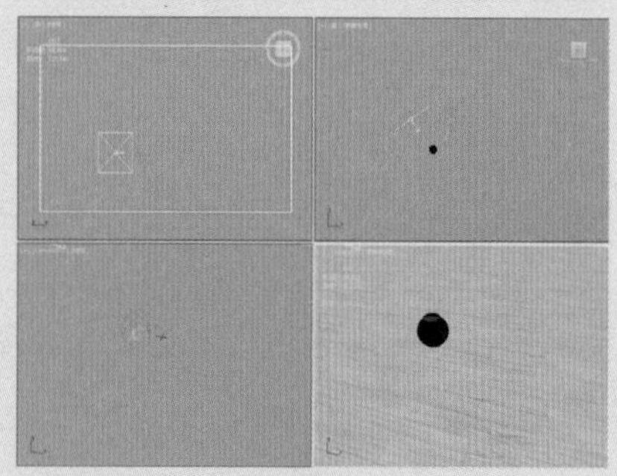

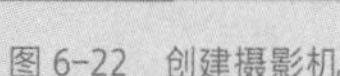

图 6-22 创建摄影机

图 6-23 渲染效果

2. 为餐厅创建摄影机

下面为餐厅创建并调整摄影机，切换摄影机视图，并渲染视图，效果如图 6-24、图 6-25 所示。

01 打开素材文件，在顶视图创建目标摄影机。

02 激活透视图，按快捷键 C 切换至摄影机视图，如图 6-24 所示。

03 按 F9 快捷键渲染摄影机视图，效果如图 6-25 所示。

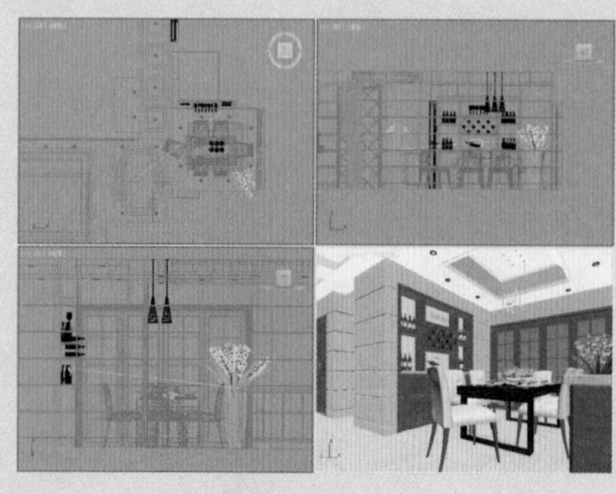

图 6-24 创建摄影机

图 6-25 渲染效果

第7章

VRay 渲染器

本章概述 SUMMARY

VRay 渲染器是诸多渲染器中非常优秀的一款渲染工具，其渲染效果真实，光线较柔和，层次感很好，渲染速度快，渲染质量高，可以真实地显示纱帘、玻璃等自带有透明和反射、折射的材质，已被大多数行业设计师所认同。本章将对 VRay 渲染器的参数设置进行介绍。

■ 学习目标

√ 掌握帧缓冲区的参数设置方法
√ 掌握图像采样器的参数设置方法
√ 掌握发光图的参数设置方法
√ 掌握系统的参数设置方法

◎卧室渲染效果

◎餐厅渲染效果

7.1 VRay 渲染参数

VRay 渲染器提供了自己的“渲染设置”对话框，在指定渲染器之后，“渲染设置”对话框就会更改为 VRay 渲染设置，在该对话框中可以设置渲染器类型、全局照明、灯光缓存等参数，下面将对这些参数进行介绍。

7.1.1 帧缓冲区

帧缓冲区卷展栏下的参数可以代替 3ds Max 自身的帧缓冲窗口。这里可以设置渲染图像的大小，以及保存渲染图像等，其参数设置卷展栏，如图 7-1 所示。

- 启用内置帧缓冲区：可以使用 VRay 自身的渲染窗口。
- 内存帧缓冲区：勾选该选项，可将图像渲染到内存，再由帧缓冲区窗口显示出来，可以方便用户观察渲染过程。
- 从 MAX 获取分辨率：当勾选该复选框时，将从 3ds Max 的渲染设置对话框的公用选项卡的“输出大小”选项组中获取渲染尺寸。
- 图像纵横比：控制渲染图像的长宽比。
- 宽度 / 高度：设置像素的宽度 / 高度。
- V-Ray Raw 图像文件：控制是否将渲染后的文件保存到所指定的路径中。
- 单独的渲染通道：控制是否单独保存渲染通道。
- 保存 RGB/Alpha：控制是否保存 RGB 色彩 /Alpha 通道。
- ...按钮：单击该按钮可以保存 RGB 和 Alpha 文件。

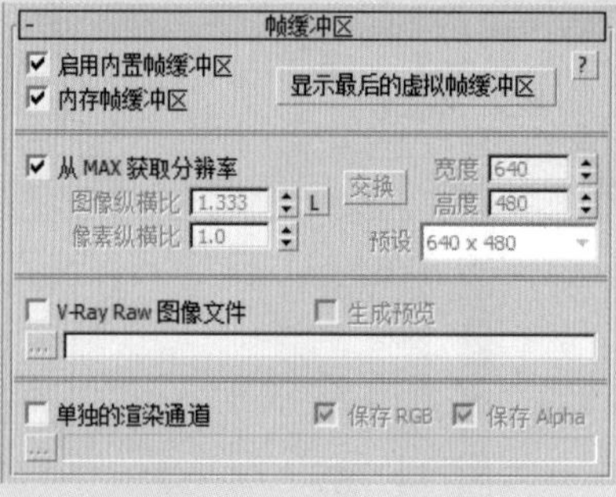

图 7-1 “帧缓冲区”卷展栏

7.1.2 全局开关

全局开关展卷栏下的参数主要用来对场景中的灯光、材质、置换等进行全局设置，比如是否使用默认灯光、是否开启阴影、是否开启模糊等，3ds Max 2016 版中的“全局开关”卷展栏中又分为基本模式、高级模式、专家模式三种，基本模式和高级模式如图 7-2、图 7-3 所示。

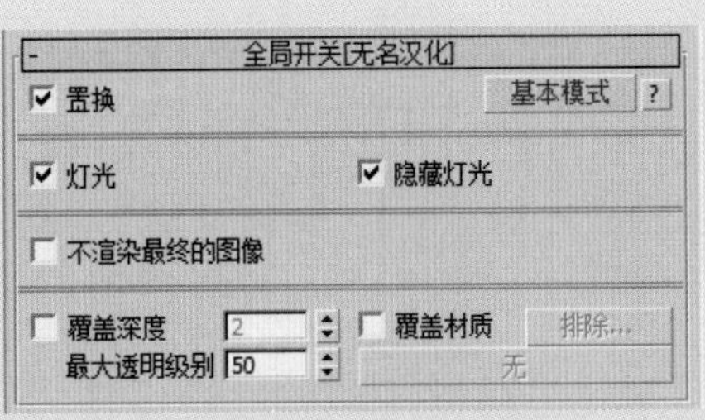

图 7-2　基本模式

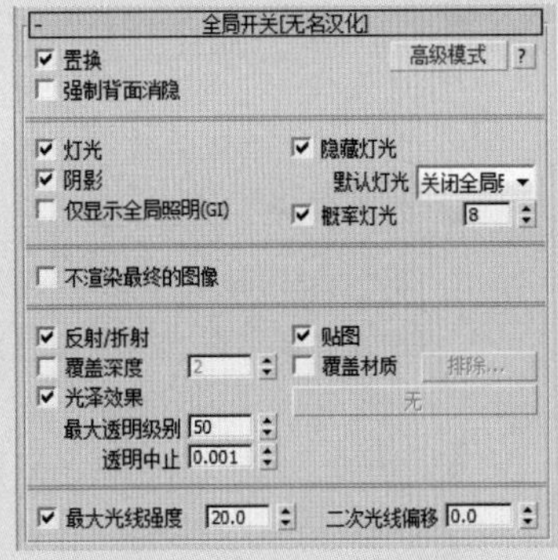

图 7-3　高级模式

而专家模式面板是最为全面的，如图 7-4 所示。其相关参数含义介绍如下。

- 置换：控制是否开启场景中的置换效果。
- 强制背面消隐：背面强制隐藏与创建对象时背面消隐选项相似，强制背面隐藏是针对渲染而言的，勾选该选项后反法线的物体将不可见。
- 灯光：控制是否开启场景中的光照效果。当关闭该选项时，场景中放置的灯光将不起作用。
- 隐藏灯光：控制场景是否让隐藏的灯光产生光照。这个选项对于调节场景中的光照非常方便。
- 阴影：控制场景是否产生阴影。
- 仅显示全局照明：当勾选该选项时，场景渲染结果只显示全局照明的光照效果。
- 概率灯光：控制场景是否使用 3ds Max 系统中的默认光照，通常不会勾选它。
- 不渲染最终的图像：控制是否渲染最终图像。
- 反射 / 折射：控制是否开启场景中的材质的反射和折射效果。
- 覆盖深度：控制整个场景中的反射、折射的最大深度，后面的输入框数值表示反射、折射的次数。
- 光泽效果：是否开启反射或折射模糊效果。
- 贴图：控制是否让场景中的物体的程序贴图和纹理贴图渲染出来。
- 过滤贴图：这个选项用来控制 VRay 渲染时是否使用贴图纹理过滤。
- 过滤 GI：控制是否在全局照明中过滤贴图。
- 最大透明级别：控制透明材质被光线追踪的最大深度。值越高，被光线追踪的深度越深，效果越好，但渲染速度会变慢。
- 透明中止：控制 VRay 渲染器对透明材质的追踪终止值。
- 覆盖材质：当在后面的通道中设置了一个材质后，那么场景中所有的物体都将使用该材质进行渲染，这在测试阳光的方向时非常有用。

- 二次光线偏移：设置光线发生二次反弹的时候的偏移距离，主要用于检查建模时有无重面。
- 传统阳光 / 天空 / 摄影机模型：由于 3ds Max 存在版本问题，因此该选项可以选择是否启用旧版阳光 / 天光 / 相机的模式。
- 3ds Max 光度学比例：默认情况下是勾选该选项的，也就是默认使用 3ds Max 光度学比例。

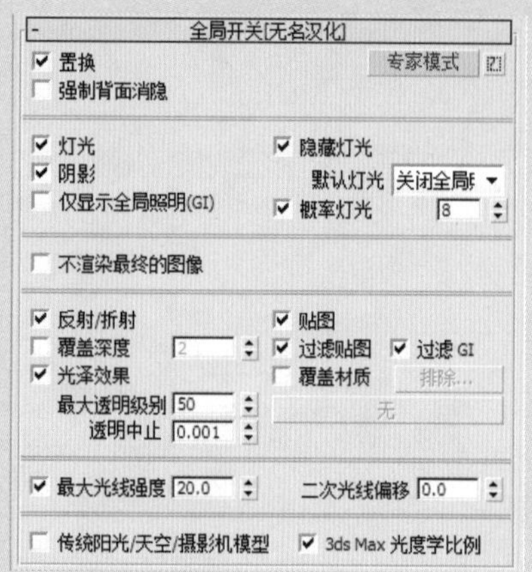

图 7-4　专家模式

7.1.3　图像采样器

抗锯齿在渲染设置中是一个必须调整的参数，其数值的大小决定了图像的渲染精度和渲染时间，但抗锯齿与全局照明精度的高低没有关系，只作用于场景物体的图像和物体的边缘精度，其参数设置卷展栏，如图 7-5 所示。

- 类型：设置图像采样器的类型，包括固定、自适应和自适应细分。
- 划分着色细分：当关闭抗锯齿过滤器时，常用于测试渲染，渲染速度非常快、质量较差。
- 图像过滤器：设置渲染场景的抗锯齿过滤器。当勾选“图像过滤器”选项后，即可从后面的下拉列表中选择一个抗锯齿方式来对场景进行抗锯齿处理。
- 大小：设置过滤器的大小。

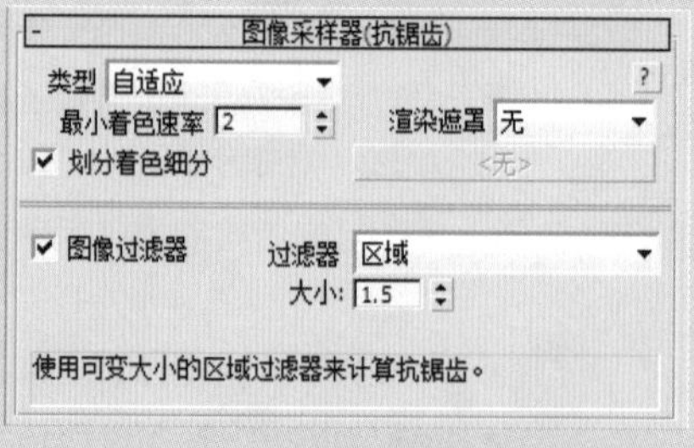

图 7-5　“图像采样器（抗锯齿）”卷展栏

7.1.4　自适应图像采样器

自适应图像采样器是一种高级抗锯齿采样器。在“图像采样器”选项组下设置“类型”为自适应，此时系统会增加一个“自适应图像采样器”卷展栏，如图 7-6 所示。

- 最小细分：定义每个像素使用样本的最小数量。
- 最大细分：定义每个像素使用样本的最大数量。
- 使用确定性蒙特卡洛采样器阈值：若勾选该选项，颜色阈值将不起作用。
- 颜色阈值：色彩的最小判断值，当色彩的判断达到这个值以后，就停止对色彩的判断。

知识拓展

下面将介绍图像采样器类型的含义。

固定：对每个像素使用一个固定的细分值。

自适应：可以根据每个像素以及与它相邻像素的明暗差异，不同像素使用不同的样本数量。

自适应细分：适用没有或者有少量的模糊效果的场景中，这种情况下，它的渲染速度最快。

渐进：这个采样器可以适合渐进的效果，是新增的一个种类。

图 7-6 “自适应图像采样器”卷展栏

7.1.5 环境

环境卷展栏分为全局照明（GI）环境、反射 / 折射环境和折射环境 3 个选项组，如图 7-7 所示。

（1）全局照明（GI）环境

- 开启：控制是否开启 VRay 的天光。
- 颜色：设置天光的颜色。
- 倍增：设置天光亮度的倍增。值越高，天光的亮度越高。

（2）反射 / 折射环境

- 开启：当勾选该选项后，当前场景中的反射环境将由它来控制。
- 颜色：设置反射环境的颜色。
- 倍增：设置反射环境亮度的倍增。值越高，反射环境的亮度越高。

（3）折射环境

- 开启：当勾选该选项后，当前场景中的折射环境由它来控制。
- 颜色：设置折射环境的颜色。
- 倍增：设置反射环境亮度的倍增。值越高，折射环境的亮度越高。

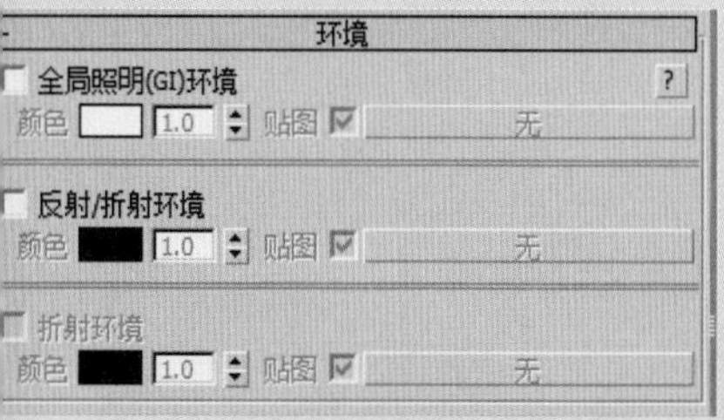

图 7-7 “环境”卷展栏

7.1.6 颜色贴图

颜色贴图卷展栏下的参数用来控制整个场景的色彩和曝光方式，下面仅以专家模式面板为例进行介绍，其参数设置面板如图 7-8 所示。

- 类型：包括线性倍增、指数、HSV 指数、强度指数、伽玛校正、强度伽玛、莱因哈德 7 种模式。
  - 线性倍增：这种模式将基于最终色彩亮度来进行线性的倍增，容易产生曝光效果，不建议使用。
  - 指数：这种曝光采用指数模式，可以降低靠近光源处表面的曝光效果，产生柔和效果。
  - HSV 指数：其与指数曝光相似，不同在于可保持场景的饱和度。
  - 强度指数：这种方式是对上面两种指数曝光的结合，既抑制曝光效果，又保持物体的饱和度。
  - 伽玛校正：采用伽玛来修正场景中的灯光衰减和贴图色彩，其效果和线性倍增曝光模式类似。
  - 强度伽玛：这种曝光模式不仅拥有伽玛校正的优点，同时还可以修正场景灯光的亮度。
  - 莱因哈德：这种曝光模式可以把线性倍增和指数曝光混合起来。
- 子像素贴图：勾选后，物体的高光区与非高光区的界限处不会有明显的黑边。
- 钳制输出：勾选该选项后，在渲染图中有些无法表现出来的色

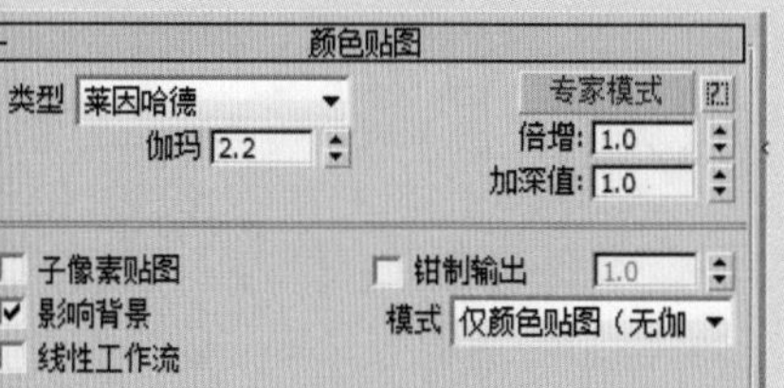

图 7-8 “颜色贴图”卷展栏

彩会通过限制来自动纠正。

- 影响背景：控制是否让曝光模式影响背景。当关闭该选项时，背景不受曝光模式的影响。
- 模式：在使用 HDRI 和 VR 灯光材质时，若不开启该选项，颜色映射卷展栏下的参数将对这些具有发光功能的材质或贴图产生影响。
- 线性工作流：该选项就是一种通过调整图像的灰度值，来使得图像得到线性化显示的技术流程。

7.1.7 全局照明

在修改 VRay 渲染器时，首先要开启全局照明，这样才能出现真实的渲染效果。开启 VRayGI 后，光线会在物体与物体间互相反弹，因此光线计算得会更准确，图像也更加真实，下面仅以专家模式面板为例进行介绍，其参数设置卷展栏如图 7-9 所示。

- 启用全局照明（GI）：勾选该选项后，将开启 GI 效果。
- 首次引擎 / 二次引擎：VRay 计算的光的方法是真实的，光线发射出来然后进行反弹，再进行反弹。
- 倍增：控制首次反弹和二次反弹光的倍增值。
- 反射全局照明（GI）焦散：控制是否开启反射焦散效果。
- 折射全局照明焦散：控制是否开启折射焦散效果。
- 饱和度：可以用来控制色溢，降低该数值可以降低色溢效果。
- 对比度：控制色彩的对比度。
- 对比度基数：控制饱和度和对比度的基数。
- 环境阻光：该选项可以控制 AO 贴图的效果。
- 半径：控制环境阻光（AO）的半径。
- 细分：环境阻光（AO）的细分。

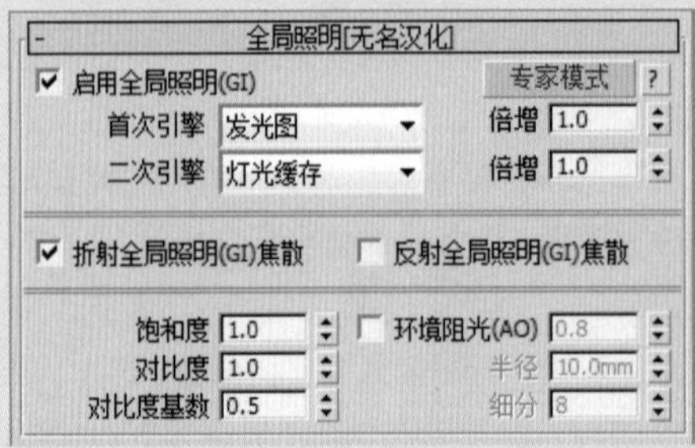

图 7-9 “全局照明 [无名汉化]” 卷展栏

7.1.8 发光图

在 VRay 渲染器中，发光图是计算场景中物体的漫反射表面发光时会采取的一种有效的方法。因此在计算 GI 的时候，并不是场景的每一个部分都需要同样的细节表现，它会自动判断在重要的部分进行更加准确的计算，而在不重要的部分进行粗略的计算。发光图是计算 3D 空间点的集合的 GI 光。发光图是一种常用的全局照明引擎，它只存在于首次反弹引擎中，其参数设置卷展栏，如图 7-10 所示。

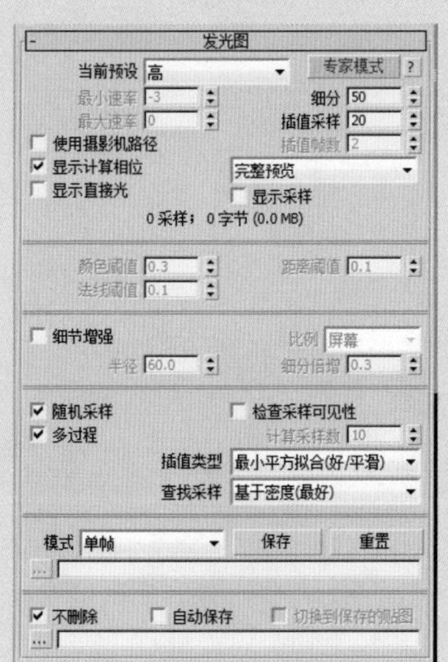

图 7-10 “发光图”卷展栏

（1）基本参数

该选项组主要用来选择当前预设的类型及控制样本的数量、采样的分布等。

- 当前预设：设置发光图的预设类型，共有以下 8 种。
  - 自定义：选择该模式时，可以手动调节参数。
  - 非常低：这是一种非常低的精度模式，主要用于测试阶段。
  - 低：一种比较低的精度模式。
  - 中：是一种中级品质的预设模式
  - 中 - 动画：用于渲染动画效果，可以解决动画闪烁的问题。
  - 高：一种高精度模式，一般用在光子贴图中。
  - 高 - 动画：比中等品质效果更好的一种动画渲染预设模式。
  - 非常高：是预设模式中精度最高的一种，可以用来渲染高品质的效果图。
- 最小 / 最大速率：主要控制场景中比较平坦，面积比较大、细节比较多、弯曲较大的面的质量受光。
- 细分：数值越高，表现光线越多，精度也就越高，渲染的品质也越好。
- 插值采样：这个参数是对样本进行模糊处理，数值越大渲染越精细。
- 插值帧数：该数值用于控制插补的帧数。
- 使用摄影机路径：勾选该选项将会使用相机的路径。
- 显示计算相位：勾选后，可看到渲染帧里的 GI 预计算过程，建议勾选。
- 显示直接光：预计算的时候显示直接光，以方便用户观察直接光照的位置。
- 显示采样：显示采样分布以及分布的密度，帮助用户分析 GI 的精度够不够。

（2）选项

该选项组中的参数主要用于控制渲染过程的显示方式和样本是否可见。

- 颜色阈值：这个值主要是让渲染器分辨哪些是平坦区域，哪些不是平坦区域，它是按照颜色的灰度来区分的。值越小，对灰度的敏感度越高，区分能力越强。
- 法线阈值：这个值主要是让渲染器分辨哪些是交叉区域，哪些不是交叉区域，它是按照法线的方向来区分的。值越小，对法线方向的敏感度越高，区分能力越强。

- 距离阈值：这个值主要是让渲染器分辨哪些是弯曲表面区域，哪些不是弯曲表面区域，它是按照表面距离和表面弧度的比较来区分的。值越高，表示弯曲表面的样本越多，区分能力越强。

（3）细节增强

细节增强是使用高蒙特卡洛积分计算方式来单独计算场景物体的边线、角落等细节地方，这样就可以在平坦区域不需要很高的 GI，总体上来说节约了渲染时间，并且提高了图像的品质。

- 细节增强：是否开启细部增强功能，勾选后细节非常精细，但是渲染速度非常慢。
- 比例：细分半径的单位依据，有屏幕和世界两个单位选项。屏幕是指用渲染图的最后尺寸来作为单位；世界是用 3ds Max 系统中的单位来定义的。
- 半径：半径值越大，使用细部增强功能的区域也就越大，渲染时间也越慢。
- 细分倍增：控制细部的细分，但是这个值和发光图里的细分有关系。值越低，细部就越会产生杂点，渲染速度比较快；值越高，细部就越可以避免产生杂点，同时渲染速度会变慢。

（4）高级选项

该选项组下的参数主要是对样本的相似点进行插值、查找。

- 随机采样：控制发光图的样本是否随机分配。
- 多过程：当勾选该选项时，VRay 会根据最大比率和最小比率进行多次计算。
- 检查采样可见性：在灯光通过比较薄的物体时，很有可能会产生漏光现象，勾选该选项可以解决这个问题。
- 计算采样数：用在计算发光图过程中，主要计算已经被查找后的插补样本的使用数量。较低的数值可以加速计算过程，但是渲染质量较低；较高的值计算速度会减慢，渲染质量较好。推荐使用 10~25 的数值。
- 插值类型：VRay 提供了 4 种样本插补方式，为发光图的样本的相似点进行插补。
- 查找采样：它主要控制哪些位置的采样点是适合用来作为基础插补的采样点。VRay 内部提供了 4 种样本查找方式。

（5）模式

该选项组中的参数主要是提供发光图的使用模式。

- 模式：一共有以下 8 种模式。
  - 单帧：一般用来渲染静帧图像。
  - 多帧增量：用于渲染仅有摄影机移动的动画。当 VRay 计算完第 1 帧的光子后，后面的帧根据第 1 帧里没有的光子信息进行计算，节约了渲染时间。

- 从文件：当渲染完光子以后，可以将其保存起来，这个选项就是调用保存的光子图进行动画计算。
- 添加到当前贴图：当渲染完一个角度的时候，可以把摄影机转一个角度再全新计算新角度的光子，最后把这两次的光子叠加起来，这样的光子信息更丰富、更准确，同时也可以进行多次叠加。
- 增量添加到当前贴图：这个模式和添加到当前贴图相似，只不过它不是全新计算新角度的光子，而是只对没有计算过的区域进行新的计算。
- 块模式：把整个图分成块来计算，渲染完一个块再进行下一个块的计算，但是在低 GI 的情况下，渲染出来的块会出现错位的情况。它主要用于网络渲染，速度比其他方式快。
- 动画（预通过）：适合动画预览，使用这种模式要预先保存好光子贴图。
- 动画（渲染）：适合最终动画渲染，这种模式要预先保存好光子贴图。

- 保存按钮：将光子图保存到硬盘。
- 重置按钮：将光子图从内存中清除。
- 文件：设置光子图所保存的路径。
- 浏览按钮：从硬盘中调用需要的光子图进行渲染。

（6）渲染结束时光子图处理

该选项组中的参数主要用于控制光子图在渲染完以后如何处理。

- 不删除：当光子渲染完以后，不把光子从内存中删掉。
- 自动保存：当光子渲染完以后，自动保存在硬盘中，单击浏览按钮就可以选择保存位置。
- 切换到保存的贴图：当勾选了自动保存选项后，在渲染结束时会自动进入“从文件”模式并调用光子贴图。

7.1.9　系统

设置选项卡主要包括默认置换和系统两个卷展栏，下面将对“系统”卷展栏下的主要参数进行介绍。该卷展栏下的参数不仅对渲染速度有影响，而且还会影响渲染的显示和提示功能，同时还可以完成联机渲染，其参数卷展栏如图 7-11 所示。

- 渲染块宽度 / 高度：表示宽度 / 高度方向的渲染块的尺寸。
- 序列：控制渲染块的渲染顺序，共有以下 6 种方式，分别是上→下、左→右、棋盘格、螺旋、三角剖分、稀耳伯特曲线。
- 反向排序：当勾选该选项以后，渲染顺序将和设定的顺序相反。

- 动态分割：控制是否进行动态的分割。
- 上次渲染：确定在渲染开始时，在 3ds Max 默认的帧缓冲区框以哪种方式处理渲染图像。
- 动态内存限制（MB）：控制动态内存的总量。
- 默认几何体：控制内存的使用方式，共有 3 种方式。
- 最大树向深度：控制根节点的最大分支数量。较高的值会加快渲染速度，同时会占用较多的内存。
- 最小叶片尺寸：控制叶节点的最小尺寸，当达到叶节点尺寸以后，系统停止计算场景。
- 面 / 级别系数：控制一个节点中的最大三角面数量，当未超过临近点时计算速度快。
- 使用高性能光线跟踪：控制是否使用高性能光线跟踪。
- 使用高性能光线跟踪运动模糊：控制是否使用高性能光线跟踪运动模糊。
- 高精度：控制是否使用高精度效果。
- 节省内存：控制是否需要节省内存。
- 帧标记：当勾选该选项后，就可以显示水印。
- 全宽度：水印的最大宽度。当勾选该选项后，它的宽度和渲染图像的宽度相当。
- 对齐：控制水印里的字体排列位置，包括左、中、右 3 个选项。

图 7-11 “系统”卷展栏

小试身手——渲染卧室场景

下面以渲染卧室场景为例来介绍设置 VRay 渲染器参数渲染图片的操作方法，具体操作介绍如下。

01 打开素材文件，此时灯光、材质、摄影机等已经创建完毕，如图 7-12 所示。

02 在未设置渲染器参数的情况下渲染摄影机视图，效果如图 7-13 所示。

图 7-12 打开素材文件

图 7-13 渲染效果

03 执行“渲染”|“渲染设置”命令，打开“渲染设置”窗口，在“V-Ray”选项卡中打开“帧缓冲区”卷展栏，取消勾选“启用内置帧缓冲区”复选框，如图 7-14 所示。

04 再次渲染摄影机视图，如图 7-15 所示。

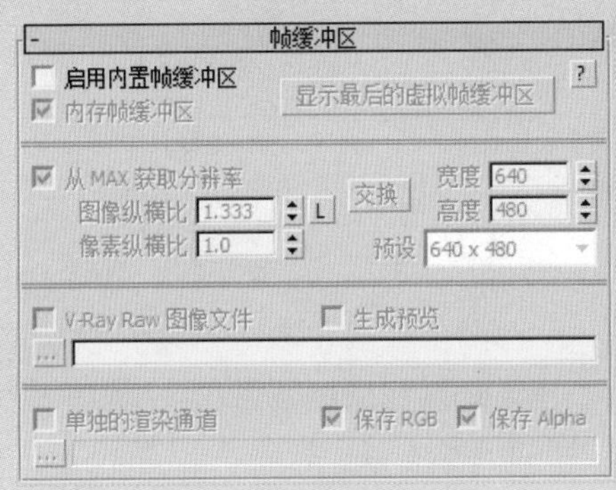

图 7-14 “帧缓冲区”卷展栏

图 7-15 渲染效果

05 打开“颜色贴图”卷展栏，设置颜色贴图类型为指数，并设置暗度和明亮倍增，如图 7-16 所示。

06 在“GI”选项卡的“全局照明[无名汉化]”卷展栏中启用全局照明，设置二次引擎为“灯光缓存”，如图 7-17 所示。

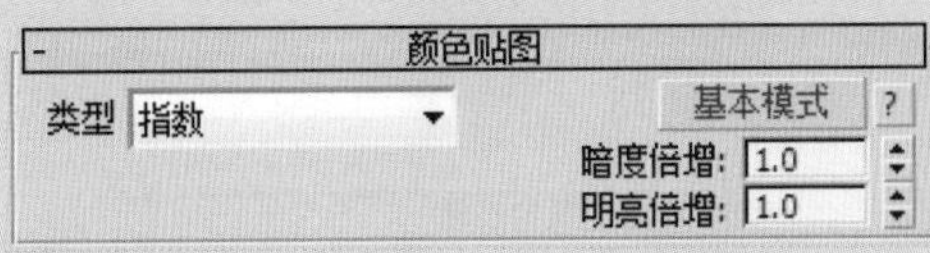

图 7-16 “颜色贴图”卷展栏

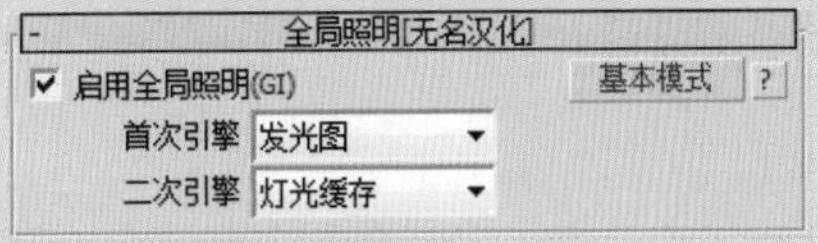

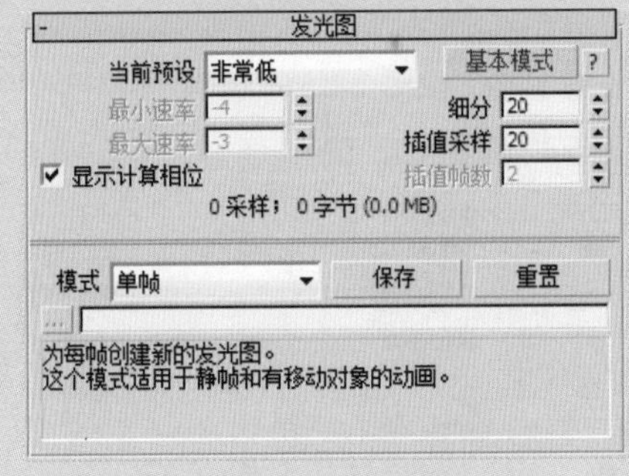

图 7-17 “全局照明[无名汉化]”卷展栏

07 在“发光图”卷展栏中设置当前预设模式为“非常低”，并设置细分值与插值采样值，如图 7-18 所示。

08 在“灯光缓存”卷展栏中设置细分值等参数，如图 7-19 所示。

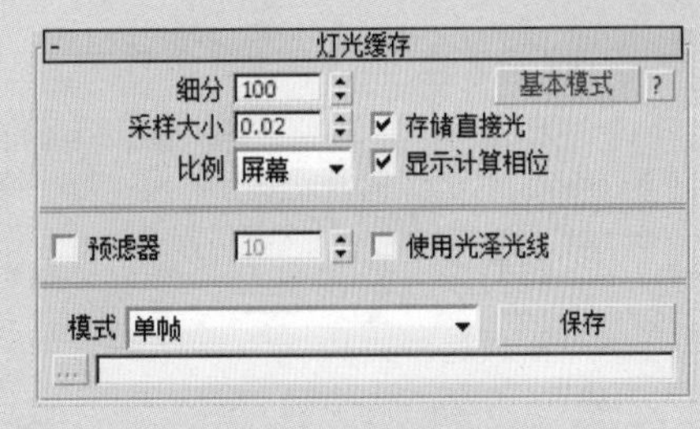

图 7-18 “发光图”卷展栏

图 7-19 “灯光缓存”卷展栏

09 渲染摄影机视图，此时渲染效果，如图 7-20 所示。

10 进行最终渲染效果的设置，设置出图大小，如图 7-21 所示。

图 7-20　渲染效果

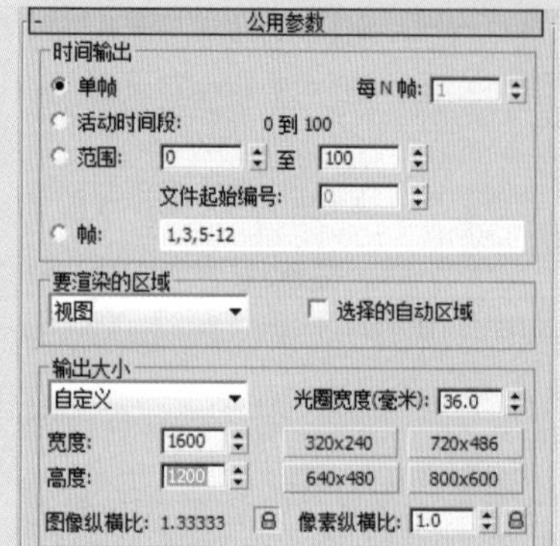

图 7-21　“公用参数”卷展栏

11 在“图像采样器（抗锯齿）”卷展栏中设置过滤器类型为自适应；在“自适应图像采样器”卷展栏中设置最大、最小细分，如图 7-22 所示。

12 在“全局确定性蒙特卡洛”卷展栏中设置自适应数量和噪波阈值，如图 7-23 所示。

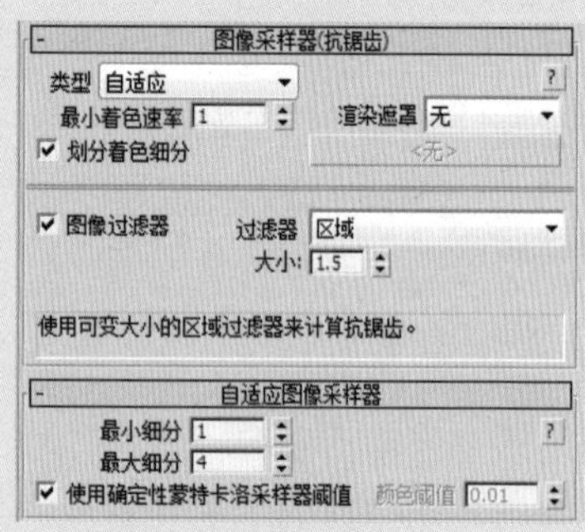

图 7-22　“图像采样器（抗锯齿）”卷展栏

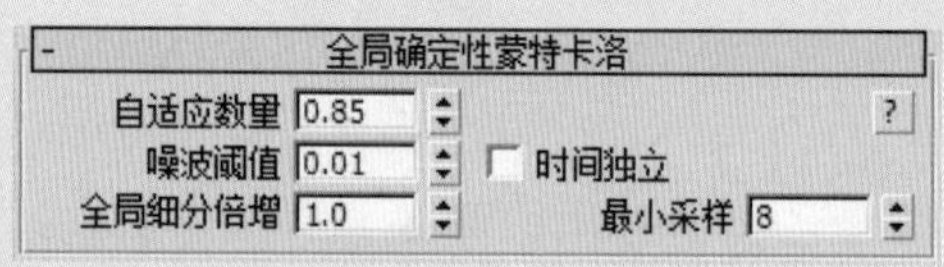

图 7-23　“全局确定性蒙特卡洛”卷展栏

13 在“发光图”卷展栏中设置预设类型，并设置细分值及插值采样值，如图 7-24 所示。

14 在“灯光缓存”卷展栏中设置细分值等参数，如图 7-25 所示。

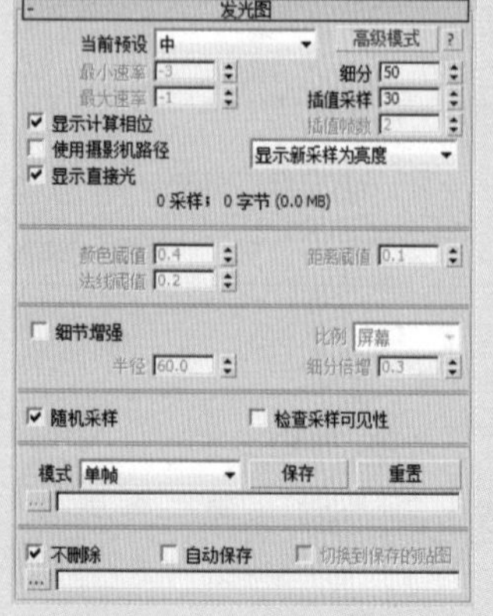

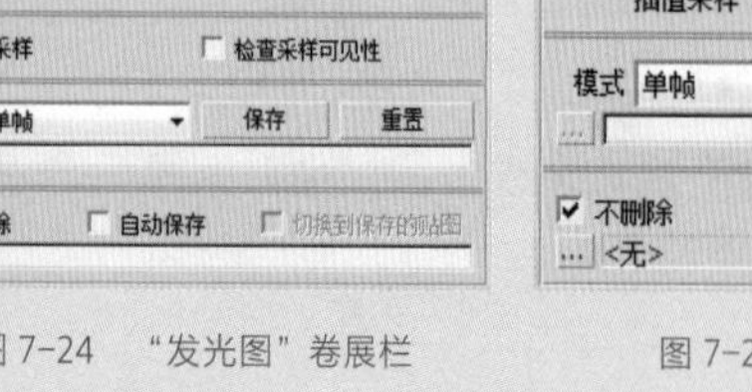

图 7-24　“发光图”卷展栏

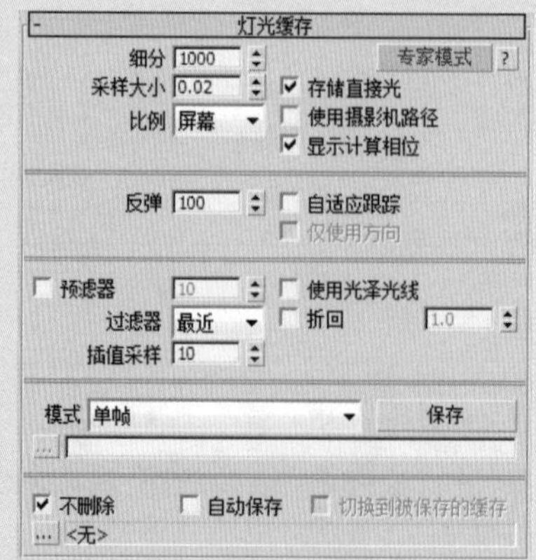

图 7-25　“灯光缓存”卷展栏

15 在“设置”选项卡的“系统”卷展栏中设置渲染块宽度值为 64，并设置序列类型为“上 -> 下”，如图 7-26 所示。

16 渲染摄影机视图，最终效果如图 7-27 所示。

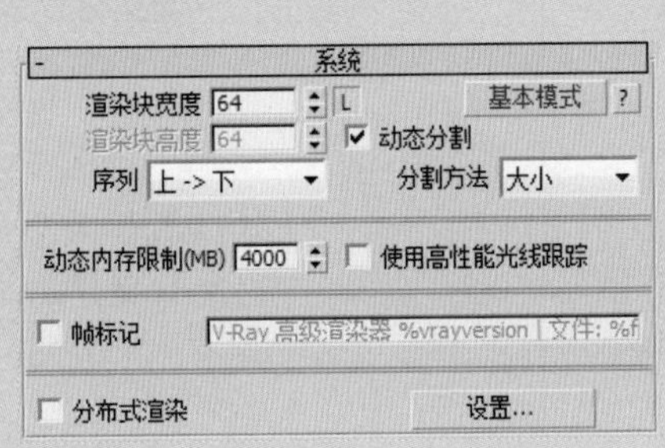

图 7-26 “系统”卷展栏

图 7-27 最终渲染效果

7.2 渲染帧窗口

当渲染器指定为“V-Ray 渲染器”之后，渲染帧窗口也会随之更改为 V-Ray 窗口。利用“渲染帧窗口”渲染场景后，用户可以查看和编辑渲染结果。

7.2.1 保存图像

在渲染场景后，渲染结果就会显示在渲染帧窗口中，利用该窗口可以设置图像的保存路径、格式和名称。下面将具体介绍保存渲染效果的方法。

01 首先激活“透视”视图，按 F9 快捷键，打开“VRay 渲染帧窗口”渲染视图，渲染完成后单击窗口上方的“保存”按钮，如图 7-28 所示。

02 此时打开“保存图像”对话框，在其中设置保存路径、名称和类型，如图 7-29 所示。

图 7-28 单击“保存”按钮

图 7-29 设置保存路径及名称

03 单击“保存”按钮，打开“JPEG 图像控制”对话框，并在其中设置图像质量的各选项，设置完成后单击“确定”按钮，即可保存图像，如图 7-30 所示。

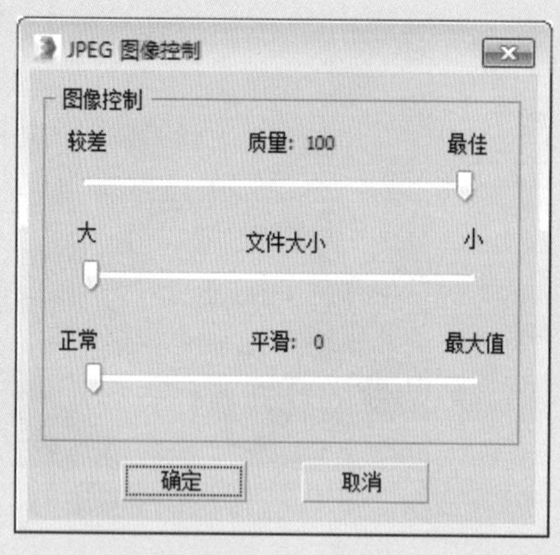

图 7-30　单击“确定”按钮

> **提示一下**
>
> 在完成渲染后保存文件时，只能将其保存为各种位图格式，如果保存为视频格式，将只有一帧的画面。

7.2.2　局部渲染

利用“VRay 渲染帧窗口”可以渲染区域，这样系统将会根据指定的区域进行渲染，利用这一功能可有效地节约时间，更快速地渲染需要查看的位置。下面将具体介绍设置渲染区域的方法。

01 在功能区中单击“渲染帧窗口”按钮，此时并没有进行渲染，所以窗口中没有渲染实体效果，如图 7-31 所示。

02 在“要渲染的区域”中单击“区域”按钮，在渲染帧窗口中单击并拖动鼠标创建红色矩形区域，如图 7-32 所示。

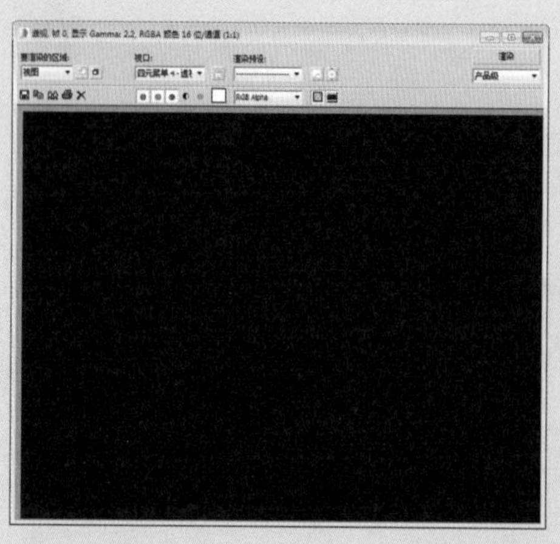
图 7-31　单击“渲染帧窗口”按钮

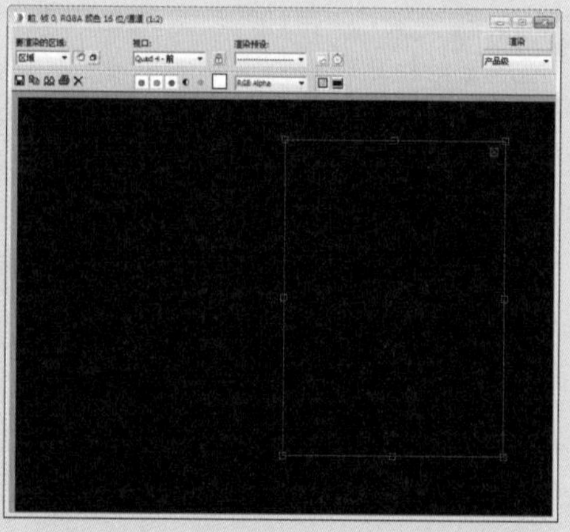
图 7-32　创建区域

03 单击“渲染”按钮，在选定区域内就开始进行渲染，如图 7-33 所示。

04 渲染完成后，渲染效果如图 7-34 所示。

图 7-33　渲染区域

图 7-34　渲染区域效果

7.3　课堂练习——渲染客厅效果

场景中的材质、灯光、摄影机以全部创建完毕，下面就可以对灯光效果进行测试渲染，在测试渲染时，可以将“渲染设置”窗口中的参数设置低一些，加快渲染速度。然后调节不满意的地方，最后进行高品质效果的渲染。下面通过结合以上所学知识渲染客厅场景效果，具体操作介绍如下。

01 打开素材文件，此时灯光、材质、摄影机等已经创建完毕，如图 7-35 所示。

02 在未设置渲染器的情况下渲染摄影机视图，效果如图 7-36 所示。

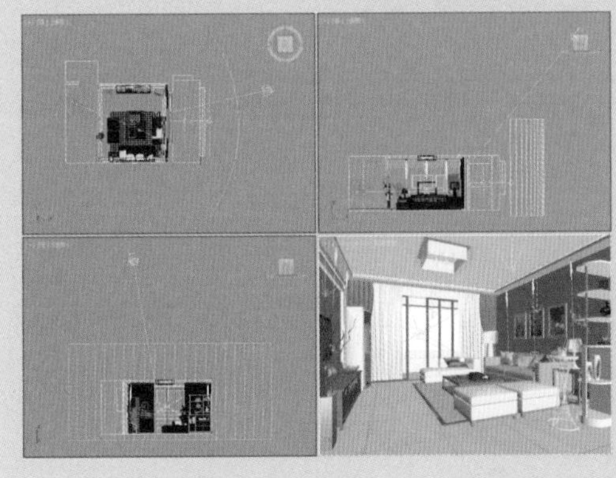

图 7-35　打开素材文件

图 7-36　渲染效果

03 执行“渲染”|“渲染设置”命令，打开“渲染设置”窗口，在“V-Ray”选项卡中打开“帧缓冲区”卷展栏，取消勾选“启用内置帧缓冲区”复选框，如图 7-37 所示。

04 再次渲染摄影机视图，如图 7-38 所示。

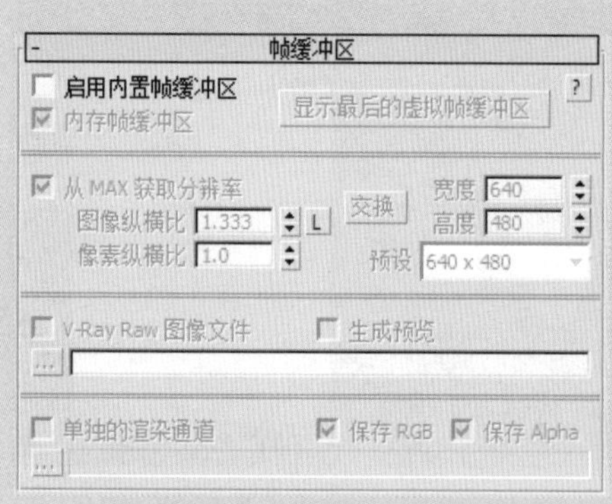

图 7-37 “帧缓冲区”卷展栏

图 7-38 渲染效果

05 打开“颜色贴图”卷展栏，设置颜色贴图类型为指数，并设置暗度和明亮倍增，如图 7-39 所示。

06 在“GI”选项卡的“全局照明 [无名汉化]”卷展栏中启用全局照明，设置二次引擎为“灯光缓存”，如图 7-40 所示。

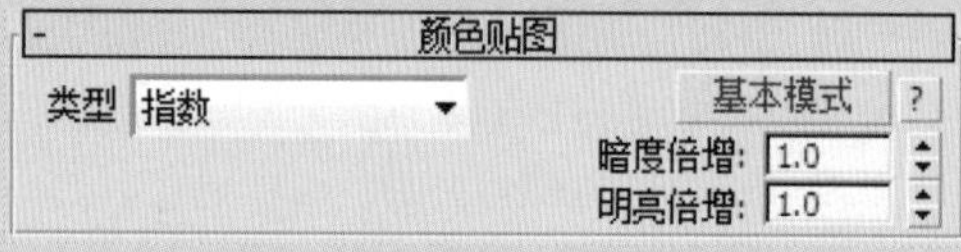

图 7-39 “颜色贴图”卷展栏

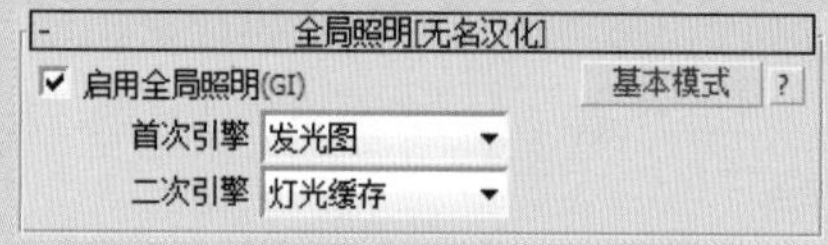

全局照明[无名汉化]
启用全局照明(GI)
基本模式
首次引擎 发光图
二次引擎 灯光缓存

图 7-40 “全局照明 [无名汉化]”卷展栏

07 在“发光图”卷展栏中设置当前预设模式为“非常低”，并设置细分值与插值采样值，如图 7-41 所示。

08 在“灯光缓存”卷展栏中设置细分值等参数，如图 7-42 所示。

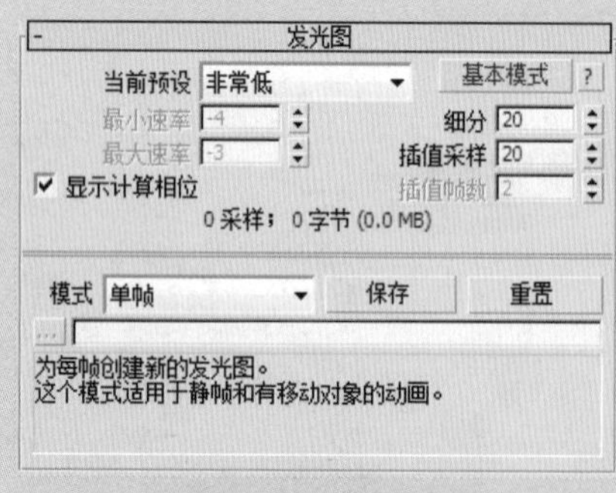

图 7-41 “发光图”卷展栏

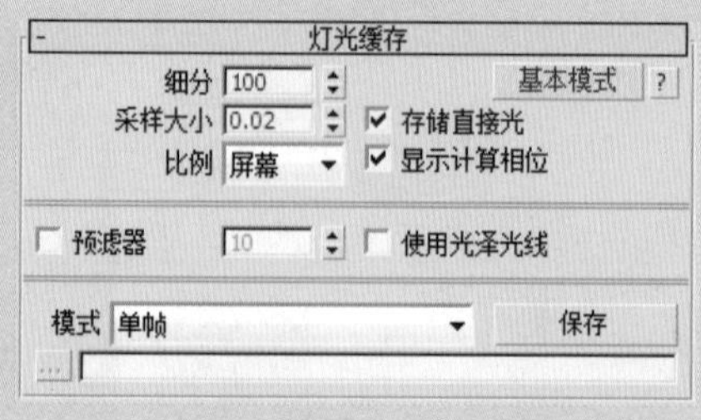

图 7-42 “灯光缓存”卷展栏

09 渲染摄影机视图，此时渲染效果，如图 7-43 所示。

10 进行最终渲染效果的设置，设置出图大小，如图 7-44 所示。

11 在“图像采样器（抗锯齿）”卷展栏中设置过滤器类型为自适应；在“自适应图像采样器”卷展栏中设置最大、最小细分，如图 7-45 所示。

12 在“全局确定性蒙特卡洛”卷展栏中设置噪波阈值，如图 7-46 所示。

图 7-43　渲染效果

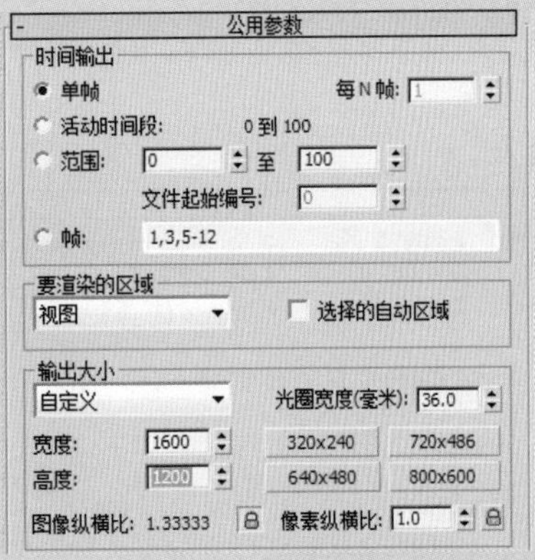

图 7-44　“公用参数”卷展栏

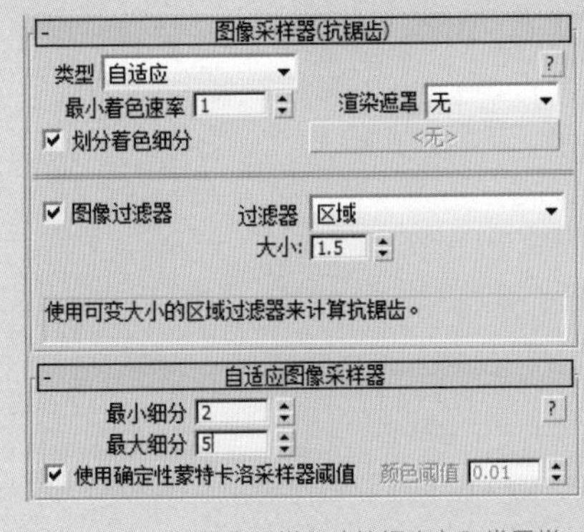

图 7-45　“图像采样器（抗锯齿）”卷展栏

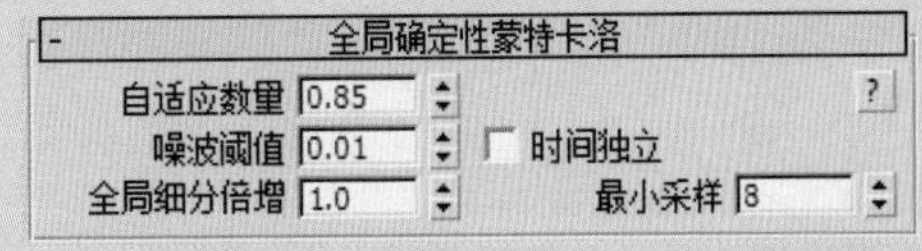

图 7-46　“全局确定性蒙特卡洛”卷展栏

13 在“发光图”卷展栏中设置预设类型，并设置细分值及插值采样值，如图 7-47 所示。

14 在“灯光缓存”卷展栏中设置细分值等参数，如图 7-48 所示。

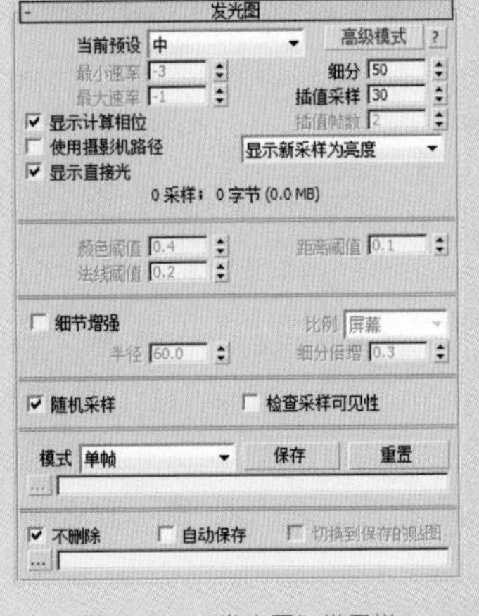

图 7-47　“发光图”卷展栏

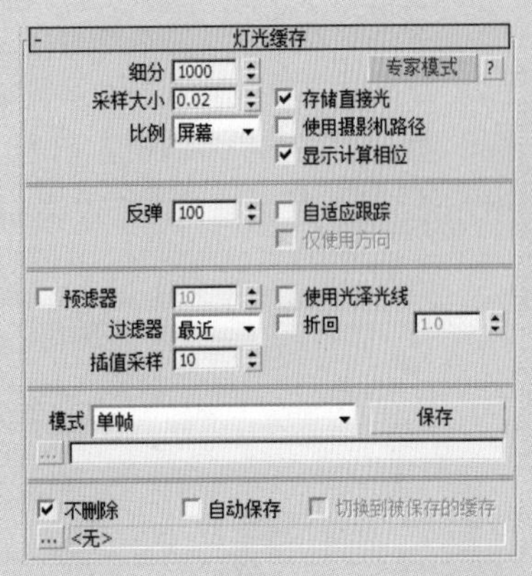

图 7-48　“灯光缓存”卷展栏

15 在“设置”选项卡的“系统”卷展栏中设置渲染块宽度值为 64，并设置序列类型为“上 -> 下”，如图 7-49 所示。

16 渲染摄影机视图，最终效果如图 7-50 所示。

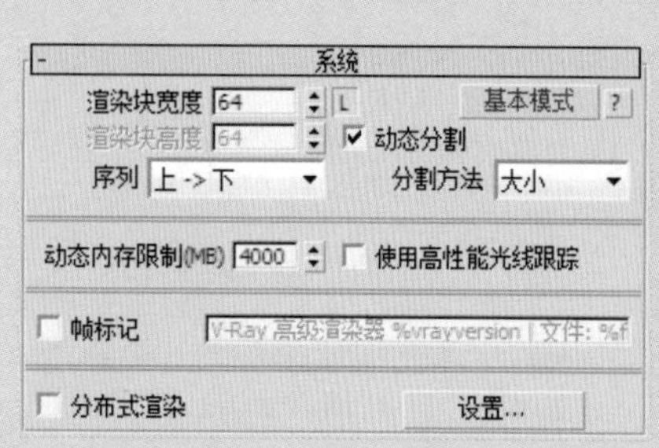

图 7-49 “系统”卷展栏

图 7-50 最终渲染效果

17 在Photoshop中打开渲染好的“卧室.jpg”文件，如图7-51所示。

18 执行“图像”|“调整”|“色彩平衡”命令，打开“色彩平衡”对话框，调整色阶参数，如图 7-52 所示。

图 7-51 打开渲染图片

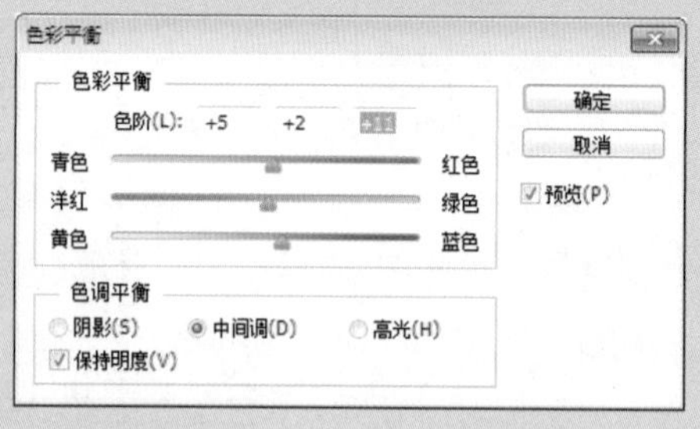

图 7-52 “色彩平衡”对话框

19 单击“确定”按钮关闭该对话框，观察效果，如图7-53所示。

20 执行“图像”|“调整”|“色相/饱和度”命令，打开“色相/饱和度”对话框，调整效果图的整体饱和度，如图7-54所示。

图 7-53 调整后的效果

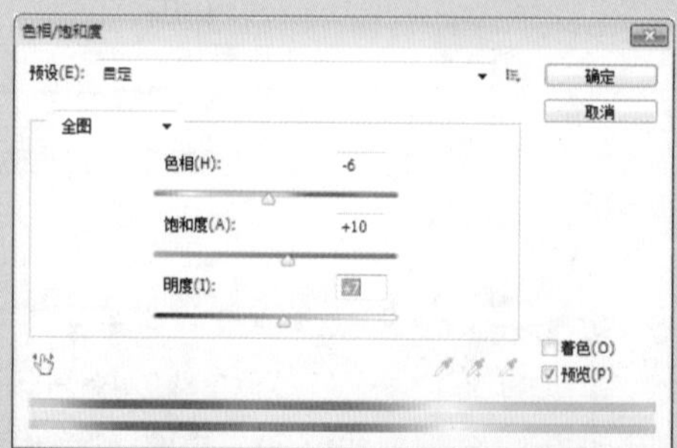

图 7-54 “色相/饱和度”对话框

21 单击“确定”按钮，效果如图 7-55 所示。

22 执行“图像”|“调整”|“亮度 / 对比度”命令，打开“亮度 / 对比度”对话框，调整对比度值，如图 7-56 所示。

图 7-55 调整后的效果

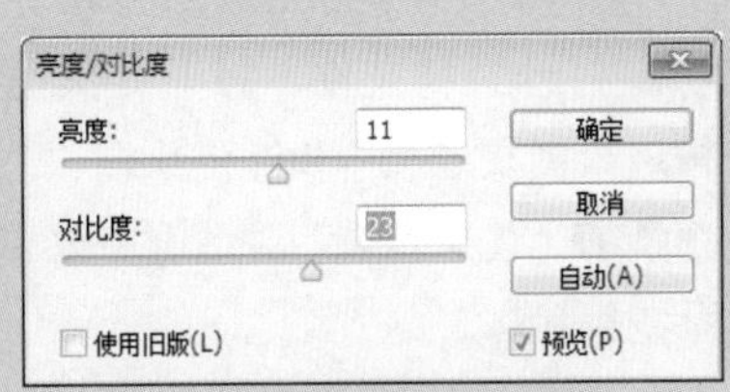

图 7-56 “亮度 / 对比度”对话框

23 单击“确定”按钮，效果如图 7-57 所示。

24 执行“图像”|“调整”|“曲线”命令，打开“曲线”对话框，添加控制点调整曲线，如图 7-58 所示。

图 7-57 调整后的效果

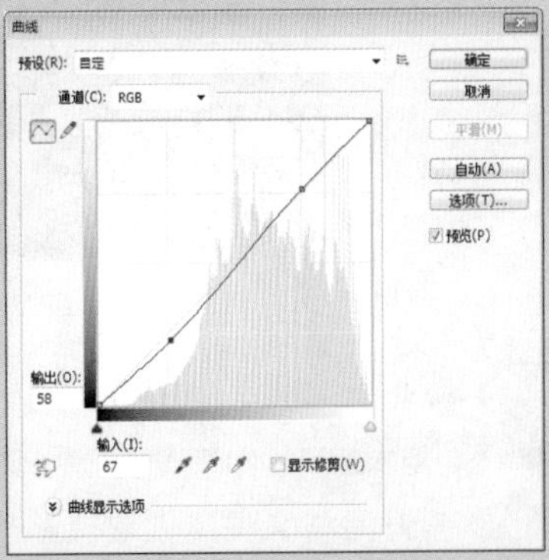

图 7-58 调整曲线

25 观察调整前后的效果，如图 7-59、图 7-60 所示。

图 7-59 调整前效果

图 7-60 调整后效果

强化训练

通过本章的学习，读者对于VRay渲染器相关知识有了一定的认识。为了使读者更好地掌握本章所学知识，在此列举两个针对本章知识的习题，以供读者练手。

1. 渲染餐厅效果

利用本章所学知识渲染餐厅模型，效果如图7-61所示。

01 打开素材文件，按F10快捷键打开“渲染设置”对话框，将渲染器更改为VRay渲染器。

02 在“渲染设置”对话框中设置输出大小、颜色贴图、发光图、系统等参数。

03 关闭对话框，按F9快捷键进行渲染。

图7-61 渲染效果

2. 渲染卫生间效果

利用本章所学知识渲染卫生间模型，效果如图7-62所示。

01 打开素材文件，创建摄影机并调整到合适位置。

02 创建灯光并调整灯光的强度、颜色和位置。

03 将渲染器更改为VRay渲染器，设置输出大小、颜色贴图、发光图、系统等参数，并进行渲染。

图7-62 渲染效果

第8章

卧室场景效果表现

本章概述 SUMMARY

在装修之前，设计师会针对户型和客户要求使用 Max 软件对室内进行设计，使设计以效果图的形式呈现出来，让客户直观地观察装修出来的结果。本章将通过卧室场景的制作，进行具体介绍。

■ 学习目标

√ 掌握绘图与编辑工具的使用
√ 掌握地板材质的创建
√ 掌握床头柜材质的创建
√ 掌握射灯光源的创建
√ 掌握渲染参数的设置

◎卧室场景效果

◎客厅场景效果

8.1 检测模型

下面将介绍如何在 3ds Max 中打开并检测已经创建完成的场景模型，下面将对其具体操作步骤进行介绍。

01 打开素材文件，如图 8-1 所示。

02 在摄影机创建命令面板中单击“目标”按钮，在顶视图中创建一架摄影机，调整摄影机的高度和角度，并设置备用镜头为 24mm，效果如图 8-2 所示。

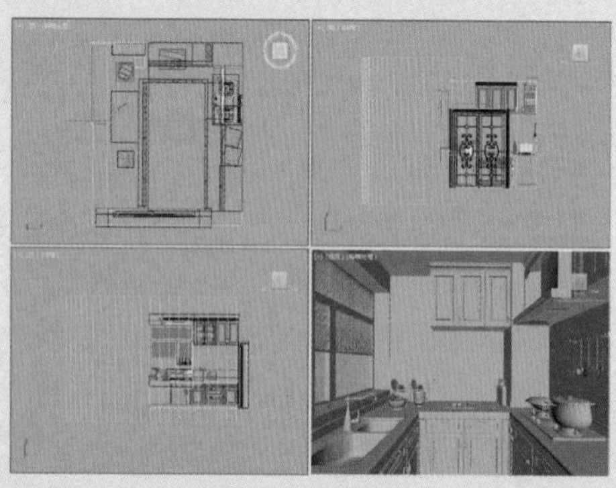

图 8-1 打开素材文件

图 8-2 创建摄影机

03 渲染摄影机视图，效果如图 8-3 所示。通过渲染出的图片来检测模型是否有破面，以便进行修整。

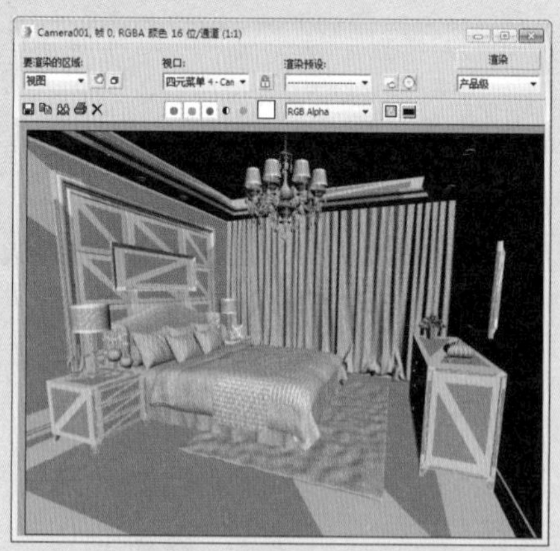

图 8-3 渲染效果

8.2 为卧室场景赋予材质

下面将介绍如何为场景中的对象分别设置材质，其具体操作步骤介绍如下。

01 创建壁纸材质，按 M 键打开材质编辑器，在材质球示例窗口中选择一个未使用的材质球，设置材质类型为混合材质，设置材质 1 和材质 2 的材质类型，并为遮罩通道添加位图贴图，如图 8-4 所示。

02 单击“材质 1”通道，设置材质类型为 VRayMtl，设置漫反射颜色，并勾选“菲涅耳反射”复选框，其他设置保持不变，如图 8-5 所示。

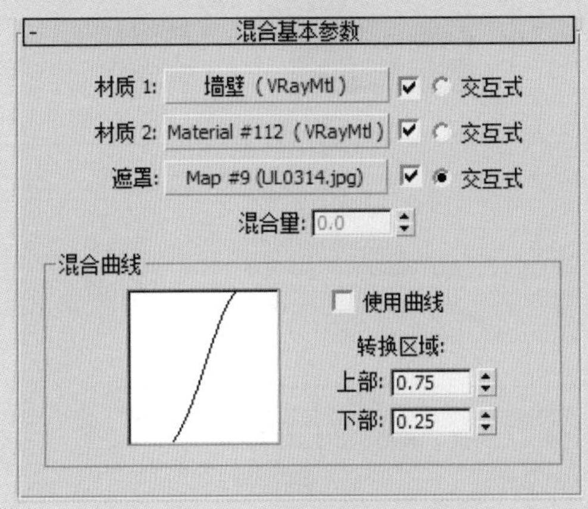

图 8-4 “混合基本参数”卷展栏

图 8-5 设置基本参数

03 设置漫反射颜色参数，如图 8-6 所示。

04 返回“混合基本参数”卷展栏，单击“材质 2”通道按钮，设置材质类型为 VRayMtl，设置漫反射和反射颜色、高光光泽度和反射光泽度，并取消勾选“菲涅耳反射”复选框，如图 8-7 所示。

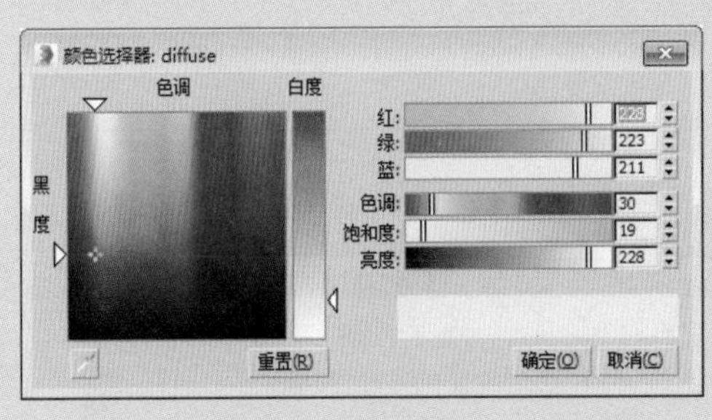

图 8-6 设置漫反射颜色

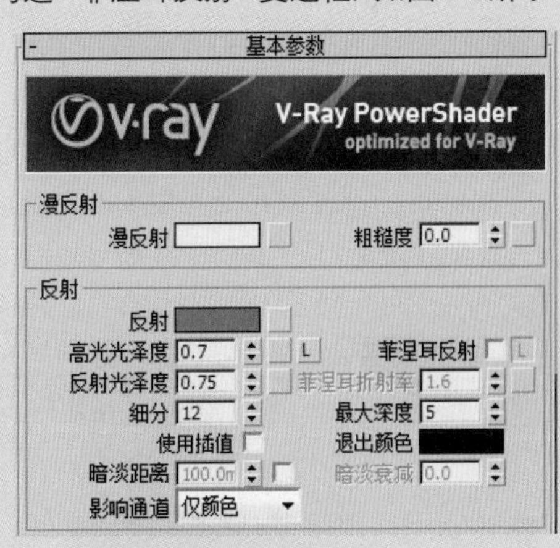

图 8-7 设置基本参数

05 设置漫反射颜色参数，如图 8-8 所示。

06 设置反射颜色参数，如图 8-9 所示。

07 返回“混合基本参数”卷展栏，单击“遮罩”通道按钮，为其添加位图贴图，如图 8-10 所示。

08 在“坐标”卷展栏中设置瓷砖的 U 值、V 值、角度 W 值以及模糊值，如图 8-11 所示。

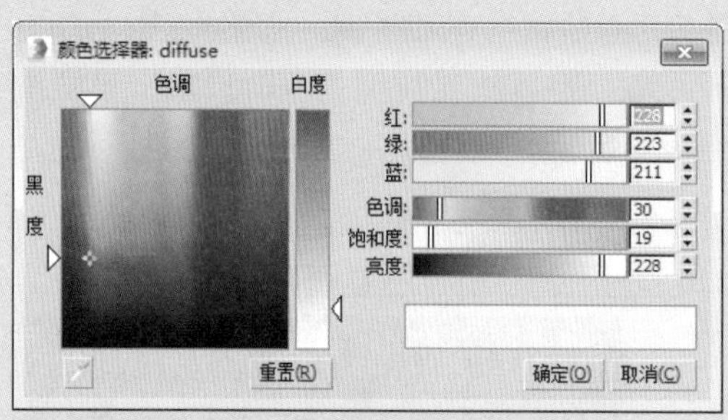

图 8-8　设置漫反射颜色参数

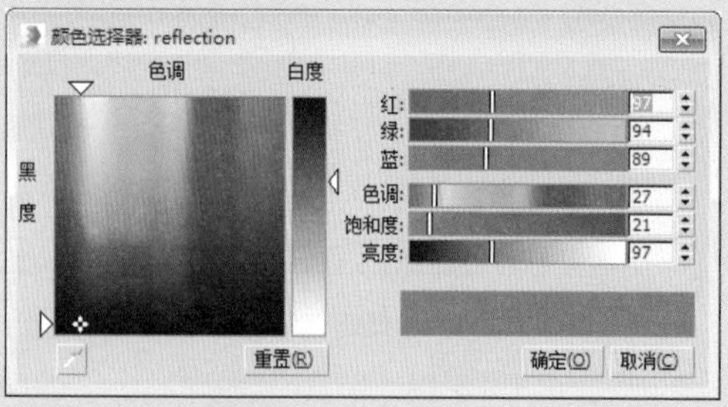

图 8-9　设置反射颜色参数

图 8-10　添加位图贴图

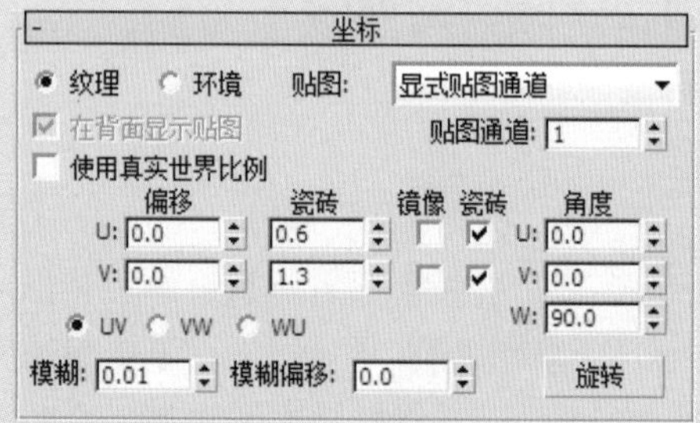

图 8-11　设置坐标参数

09 返回“混合基本参数”卷展栏，创建好的壁纸材质球效果如图 8-12 所示。

10 创建地板材质，选择一个未使用的材质球，设置材质类型为 VRayMtl，设置高光光泽度和反射光泽度，并取消勾选“菲涅耳反射”复选框，如图 8-13 所示。

图 8-12　壁纸材质球效果

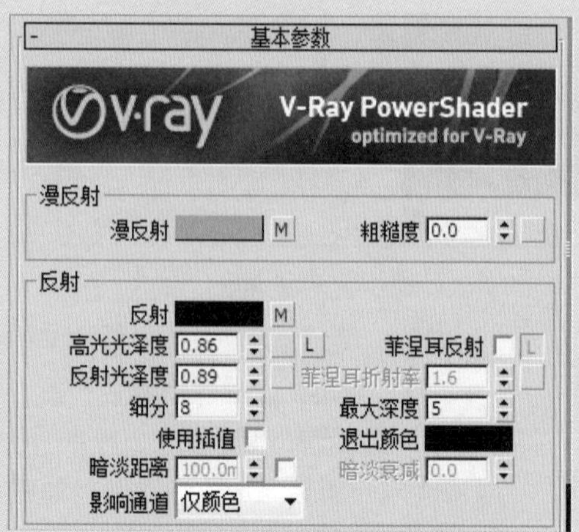

图 8-13　设置基本参数

11 为漫反射通道添加位图贴图，如图 8-14 所示。

12 为反射通道添加衰减贴图，并设置衰减类型，如图 8-15 所示。

图 8-14　添加位图贴图

图 8-15　“衰减参数”卷展栏

13 在“坐标”卷展栏中设置瓷砖 U 值、V 值、模糊值，如图 8-16 所示。

14 创建好的地板材质球效果如图 8-17 所示。

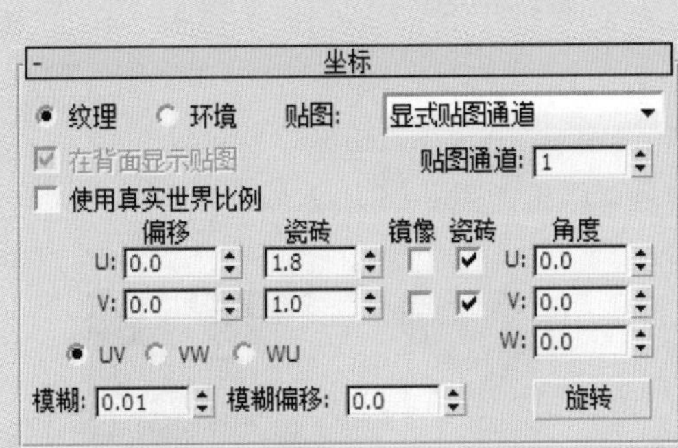

图 8-16　设置坐标参数　　　　图 8-17　地板材质球效果

15 创建乳胶漆吊顶材质，选择一个未使用的材质球，设置材质类型为 VRayMtl，设置漫反射颜色为（243，243，243），取消勾选“菲涅耳反射”复选框，设置细分，如图 8-18 所示。

16 创建好的乳胶漆吊顶材质球效果如图 8-19 所示。

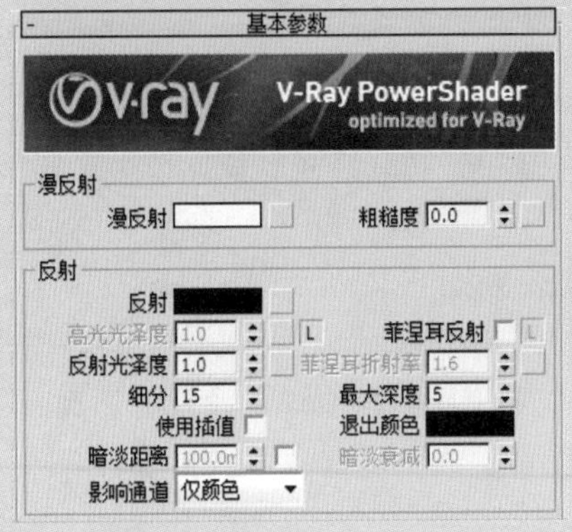

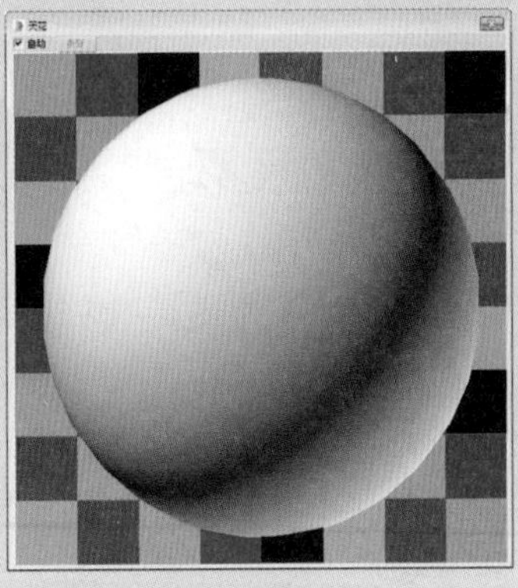

图 8-18　设置基本参数　　　　图 8-19　乳胶漆吊顶材质球效果

17 创建背景墙木质清漆材质，选择一个未使用的材质球，设置材质类型为 VR 材质包裹器，设置基本材质类型为 VRayMtl，并设置接收全局照明为 1.2，如图 8-20 所示。

18 设置基本材质为 VRayMtl，设置漫反射颜色为（238，238，`238），并设置高光光泽度和反射光泽度，取消勾选“菲涅耳反射”复选框，如图 8-21 所示。

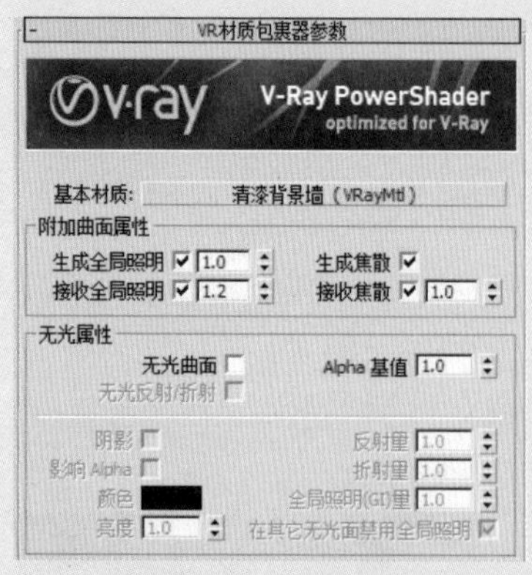

图 8-20 设置基本参数

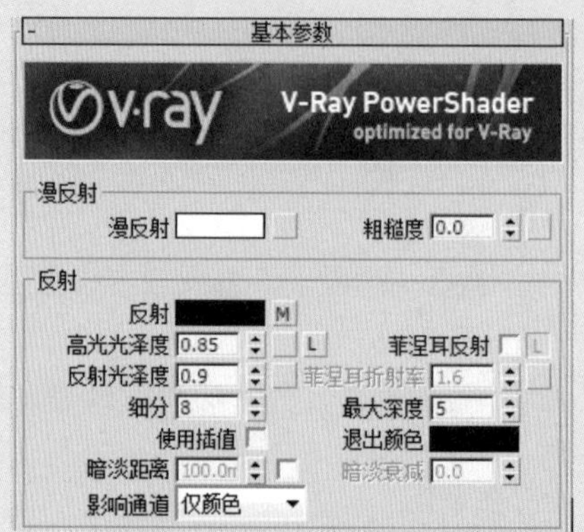

图 8-21 设置基本参数

19 为反射通道添加衰减贴图，并设置衰减类型，如图 8-22 所示。

20 创建好的木质清漆背景墙材质球效果如图 8-23 所示。

图 8-22 添加衰减贴图

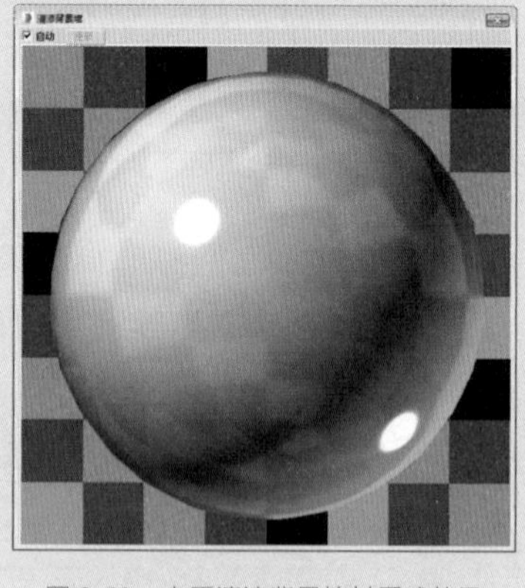

图 8-23 木质清漆背景墙材质球效果

21 创建软包材质，选择一个未使用的材质球，设置材质类型为 VRayMtl，取消勾选“菲涅耳反射”复选框，其余参数保持不变，如图 8-24 所示。

22 为漫反射通道添加位图贴图，如图 8-25 所示。

23 创建好的软包材质球效果如图 8-26 所示。

24 创建装饰画材质，选择一个未使用的材质球，设置材质类型为 VRayMtl，取消勾选“菲涅耳反射”复选框，其余参数保持不变，如图 8-27 所示。

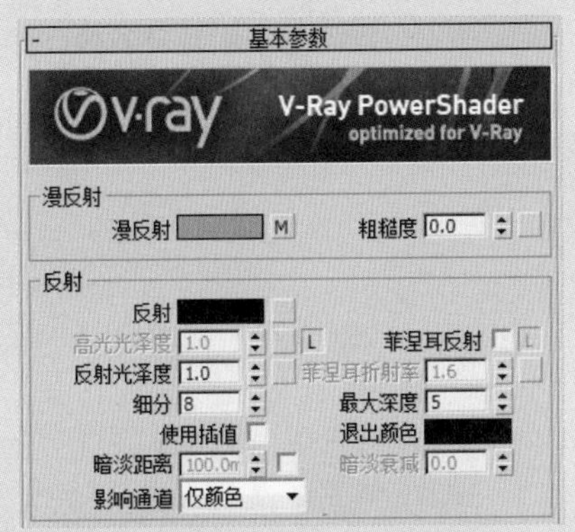

图 8-24　设置基本参数

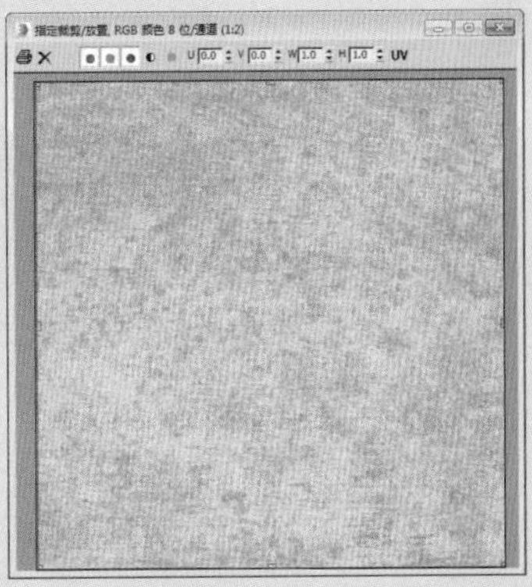

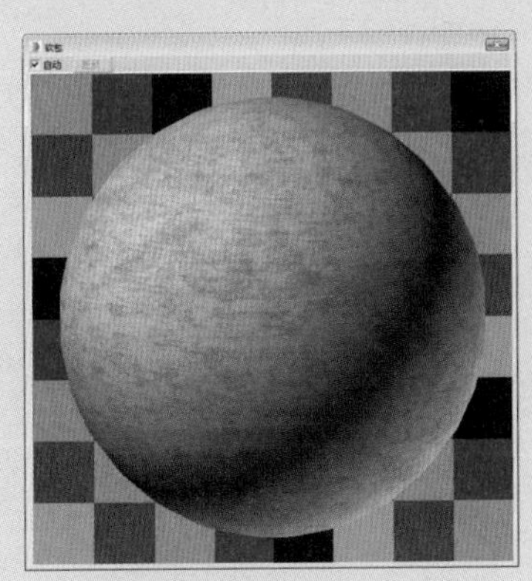

图 8-25　添加位图贴图

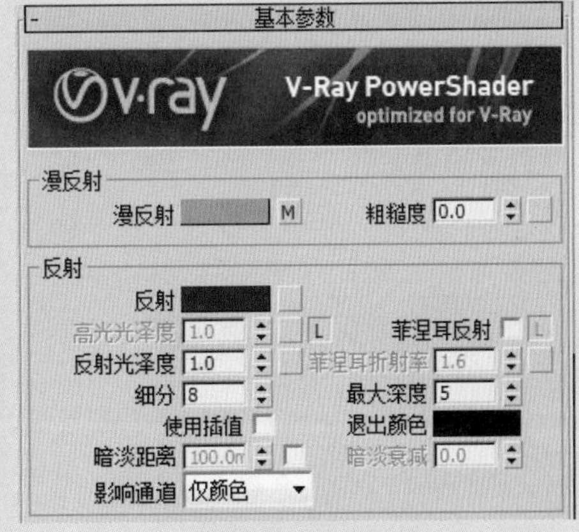

图 8-26　软包材质球效果

图 8-27　设置基本参数

25 为漫反射通道添加位图贴图，如图 8-28 所示。

26 创建好的装饰画材质球效果如图 8-29 所示。

图 8-28　添加位图贴图

图 8-29　装饰画材质球效果

27 创建画框材质，选择一个未使用的材质球，设置材质类型为 VRayMtl，设置高光光泽度和反射光泽度，并取消勾选“菲涅耳反射”复选框，如图 8-30 所示。

28 设置漫反射与反射颜色参数相同，这里只展示漫反射颜色参数，如图 8-31 所示。

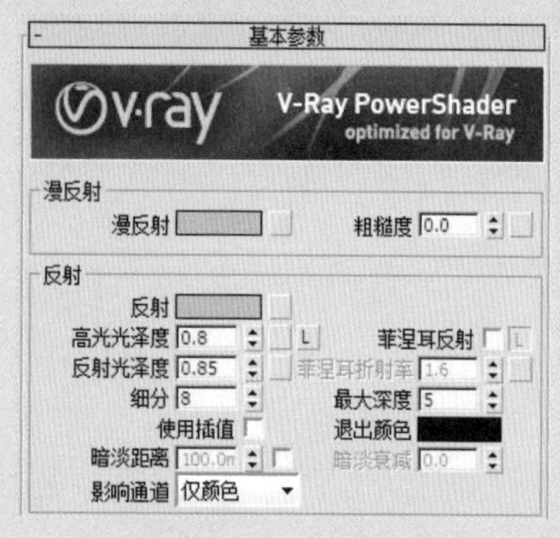

图 8-30 设置基本参数

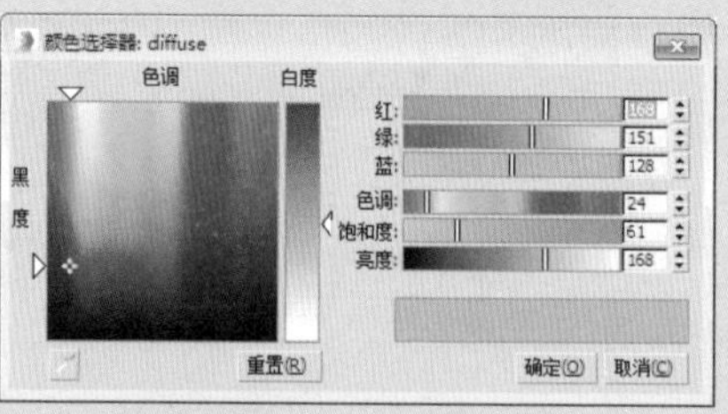

图 8-31 设置漫反射颜色参数

29 创建好的画框材质球效果如图 8-32 所示。

30 创建皮革材质，选择一个未使用的材质球，设置材质类型为 VRayMtl，设置反射颜色为（38，38，39），并设置漫反射颜色，设置高光光泽度和反射光泽度、细分，取消勾选“菲涅耳反射”复选框等，如图 8-33 所示。

图 8-32 画框材质球效果

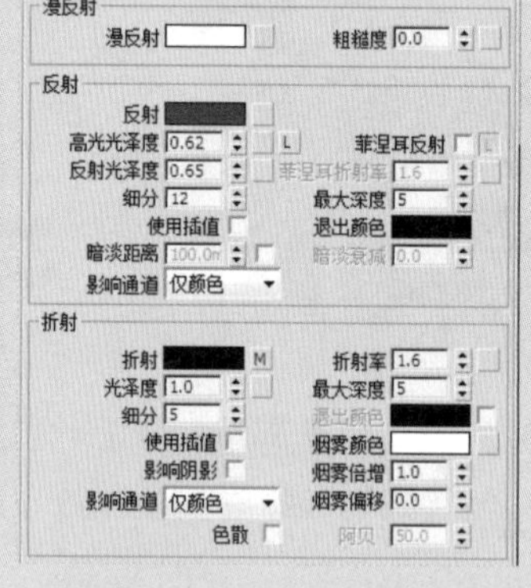

图 8-33 设置基本参数

31 设置漫反射颜色参数，如图 8-34 所示。

32 为折射通道添加衰减贴图，并设置衰减类型，如图 8-35 所示。

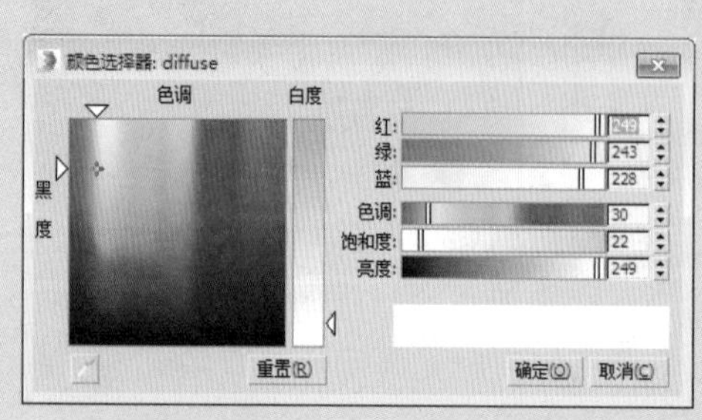

图 8-34 设置漫反射颜色参数

图 8-35 设置衰减参数

33 在“贴图”卷展栏中为凹凸通道添加位图贴图，并设置凹凸值为50，如图8-36所示。

34 创建好的皮革材质球效果如图 8-37 所示。

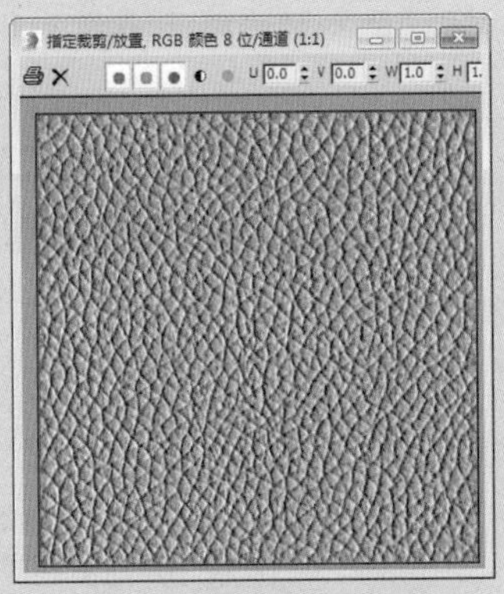

图 8-36　添加位图贴图

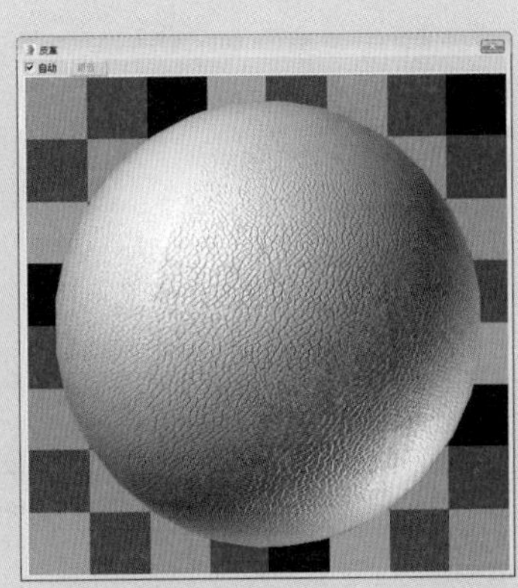

图 8-37　皮革材质球效果

35 创建腰枕材质，选择一个未使用的材质球，设置材质类型为混合材质，设置材质 1 和材质 2 的材质类型为 VRayMtl，为遮罩通道添加位图贴图，如图 8-38 所示。

36 设置材质 1 的材质类型为 VRayMtl，设置反射颜色为（20，20，20），设置漫反射颜色、高光光泽度，取消勾选“菲涅耳反射”复选框，如图 8-39 所示。

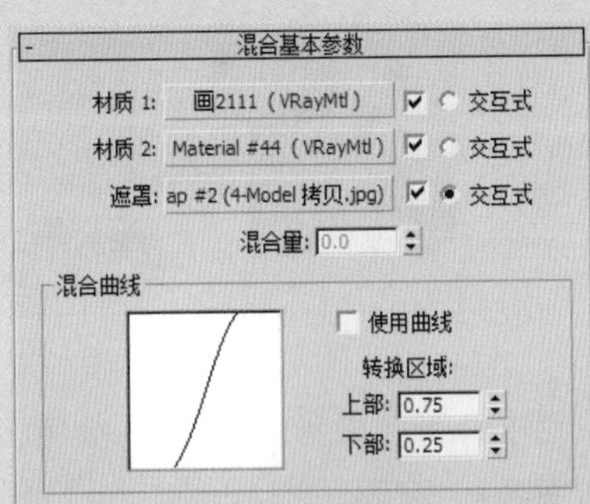

图 8-38　设置材质类型

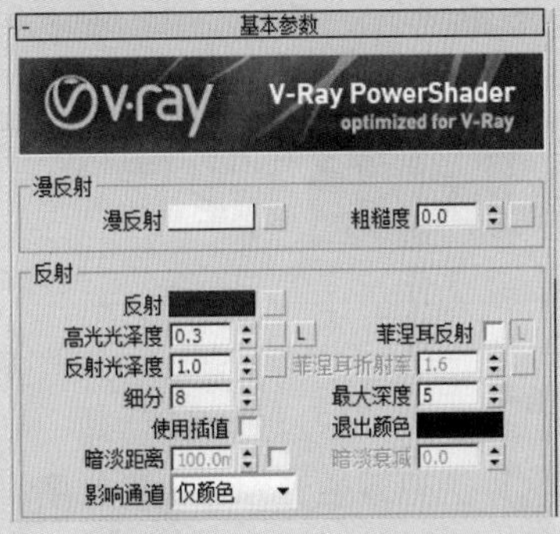

图 8-39　设置基本参数

37 设置漫反射颜色参数，如图 8-40 所示。

38 在“贴图”卷展栏中为凹凸通道添加位图贴图，如图 8-41 所示。

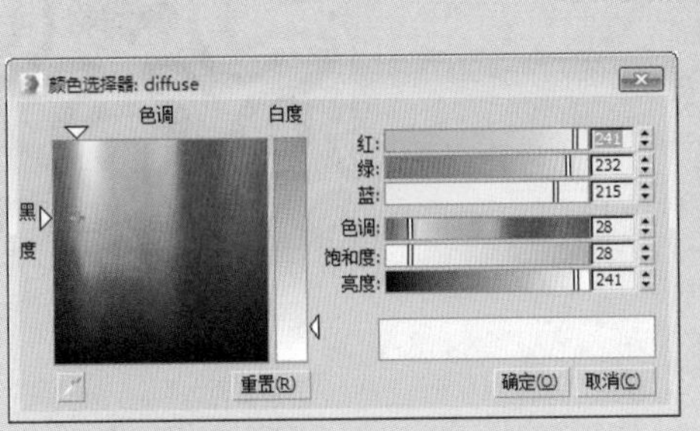

图 8-40　设置漫反射颜色参数

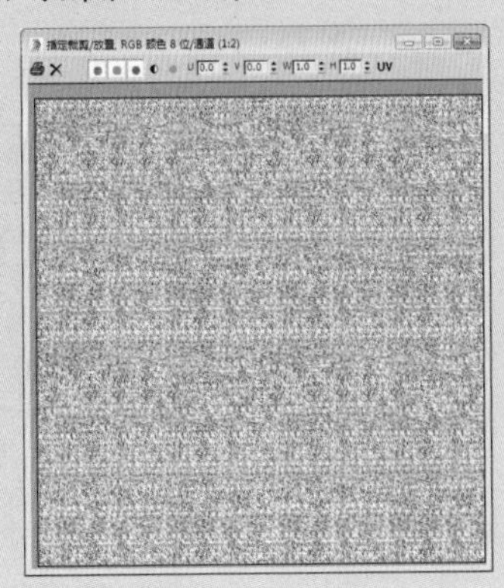

图 8-41　添加位图贴图

39 在“坐标”卷展栏中设置瓷砖 U 值、V 值，如图 8-42 所示。

40 设置材质 2 通道的材质类型为 VRayMtl，设置漫反射和反射颜色、高光光泽度和反射光泽度，取消勾选“菲涅耳反射”复选框，如图 8-43 所示。

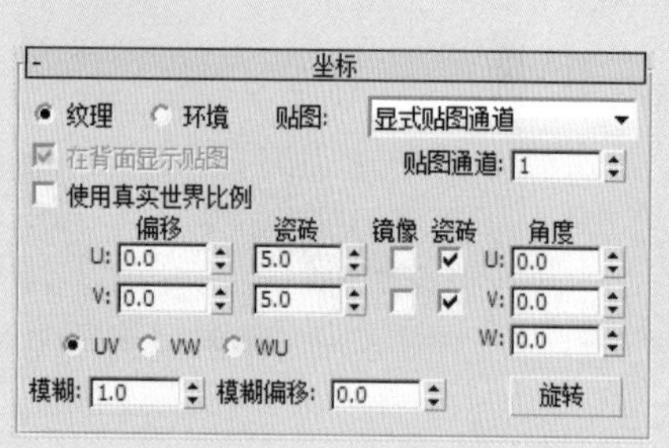

图 8-42　设置坐标参数

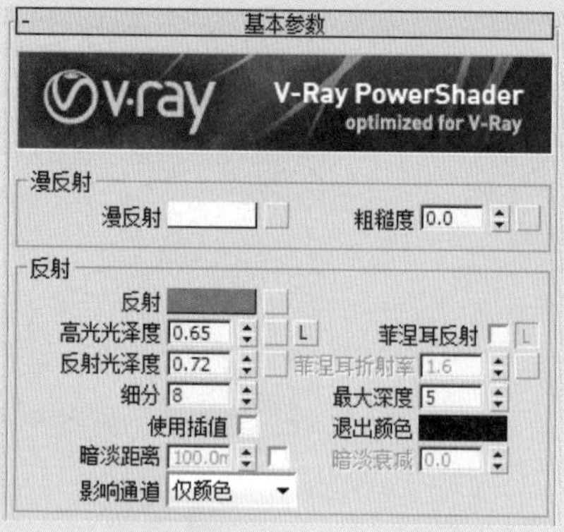

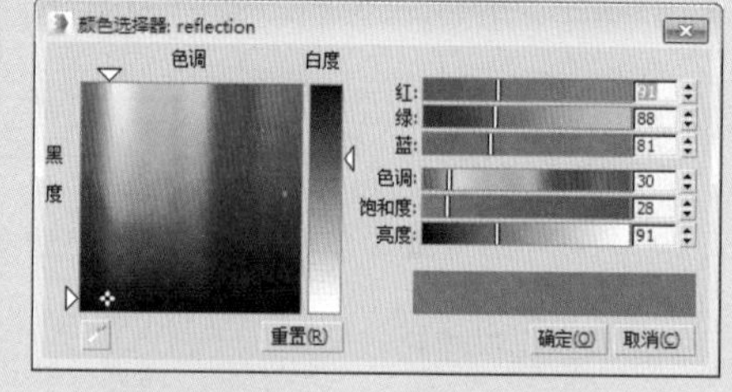

图 8-43　设置基本参数

41 设置漫反射颜色参数，如图 8-44 所示。

42 设置反射颜色参数，如图 8-45 所示。

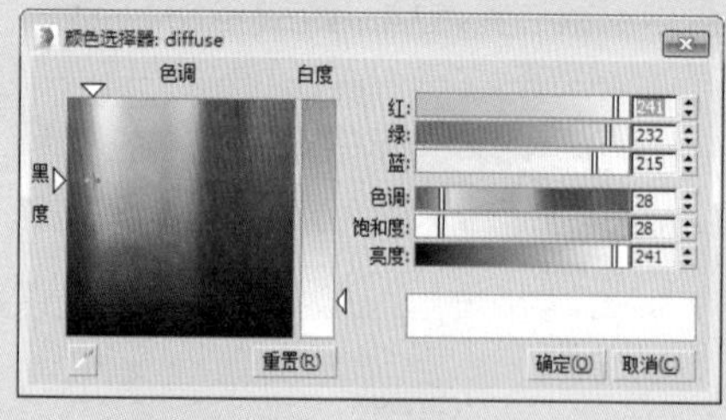

图 8-44　设置漫反射颜色参数

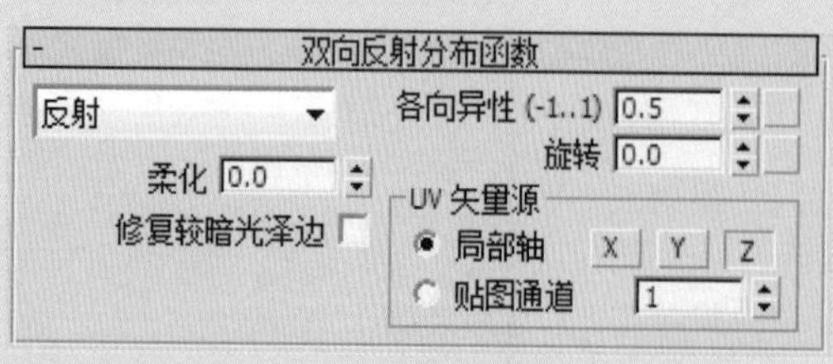

图 8-45　设置反射颜色参数

43 在“双向反射分布函数”卷展栏中设置各向异性为 0.5，如图 8-46 所示。

44 为遮罩通道添加位图贴图，如图 8-47 所示。

图 8-46　设置双向参数

图 8-47　添加位图贴图效果

45 创建好的腰枕材质球效果如图 8-48 所示。

46 创建抱枕 1 材质，选择一个未使用的材质球，设置材质类型为 VRayMtl，并反射颜色为（50，50，50），并设置漫反射颜色、高光光泽度和反射光泽度，取消勾选“菲涅耳反射”复选框，如图 8-49 所示。

图 8-48　腰枕材质球效果

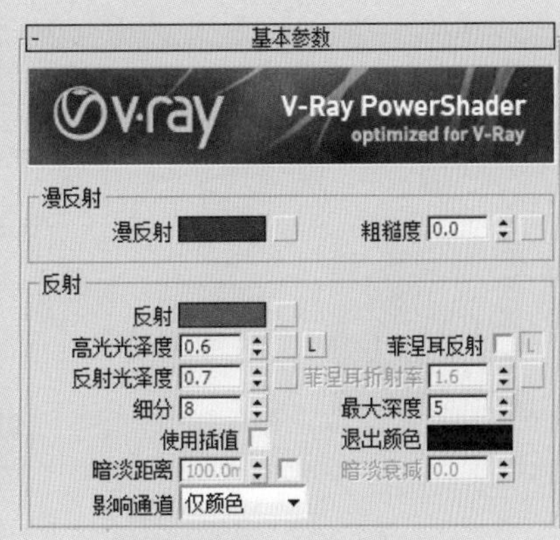

图 8-49　设置基本参数

47 设置漫反射颜色参数，如图 8-50 所示。

48 在“双向”卷展栏中设置各向异性为 0.5，如图 8-51 所示。

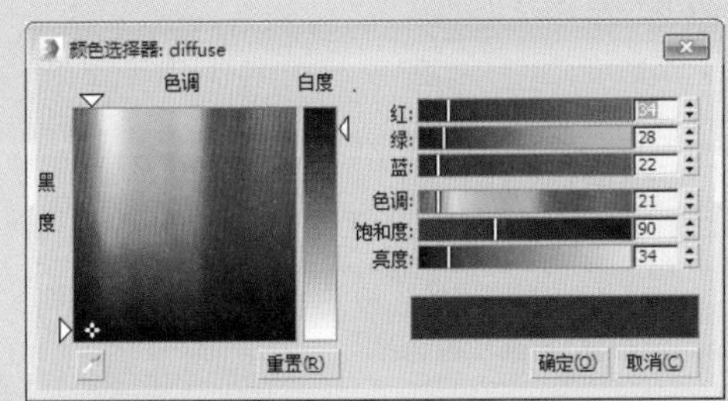

图 8-50　设置漫反射颜色参数

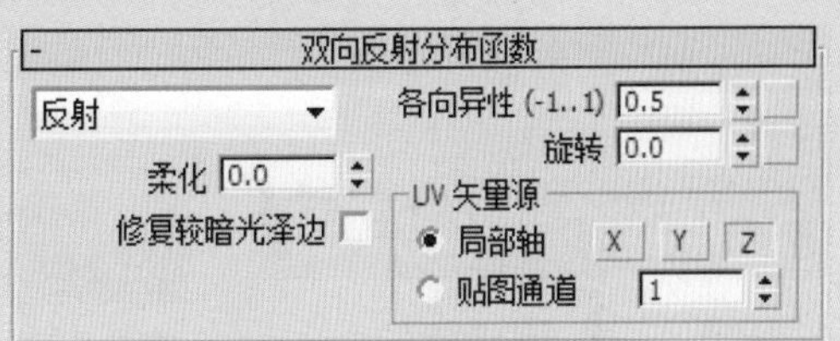

图 8-51　设置双向参数

49 创建好的抱枕 1 材质球效果如图 8-52 所示。

50 创建抱枕 2 材质，选择一个未使用的材质球，设置材质类型为 VRayMtl，设置漫反射颜色，并取消勾选“菲涅尔反射”复选框，其余参数保持不变，如图 8-53 所示。

图 8-52　抱枕 1 材质球效果

图 8-53　设置基本参数

51 设置漫反射颜色参数，如图 8-54 所示。

52 创建好的抱枕 2 材质球效果如图 8-55 所示。

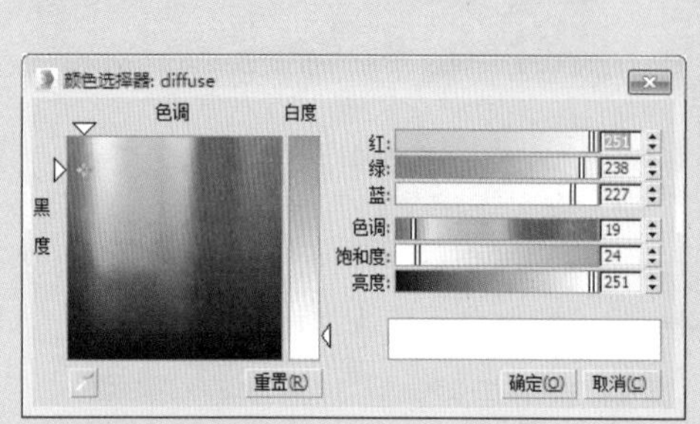

图 8-54 设置漫反射颜色参数

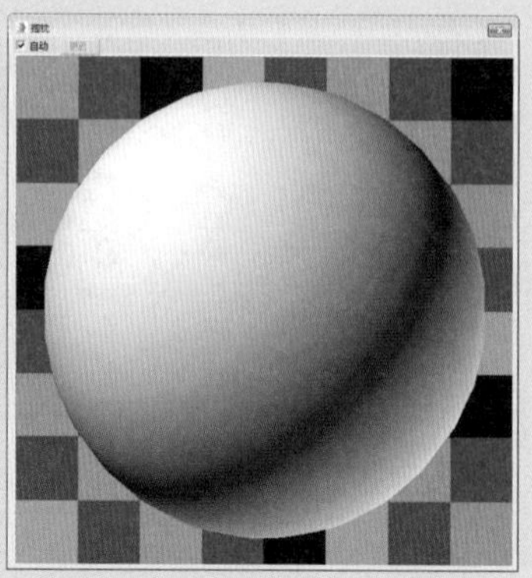

图 8-55 抱枕 2 材质球效果

53 创建床头柜材质，选择一个未使用的材质球，设置材质类型为 VR- 材质包裹器，设置基本材质为 VRayMtl，并设置接收全局照明，如图 8-56 所示。

54 设置基本材质为 VRayMtl，设置漫反射颜色为（238，238，238），设置高光光泽度和反射光泽度，并取消勾选“菲涅耳反射”复选框，如图 8-57 所示。

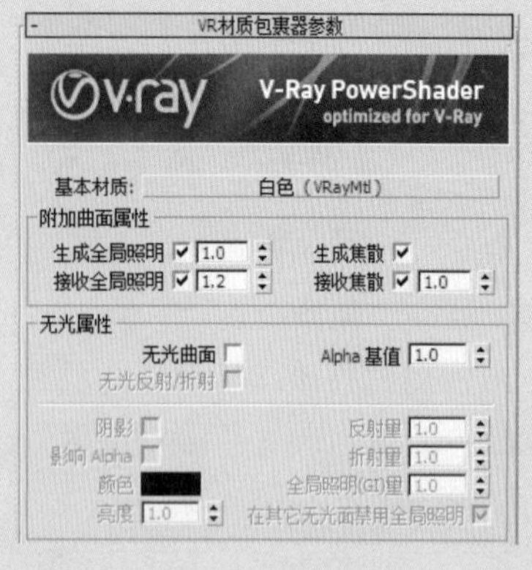

图 8-56 设置材质类型

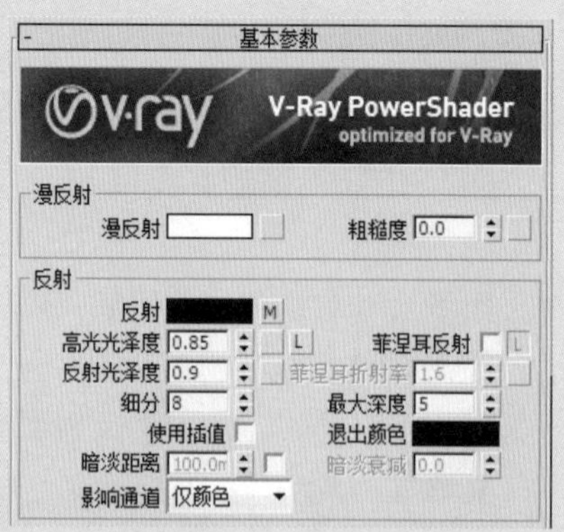

图 8-57 设置基本参数

55 创建好的床头柜材质球效果如图 8-58 所示。

56 创建床头柜门材质，选择一个未使用的材质球，设置材质类型为 VRayMtl，设置漫反射和反射颜色为（228，228，228），取消勾选“菲涅耳反射”复选框，如图 8-59 所示。

57 创建好的床头柜门材质球效果如图 8-60 所示。

58 创建装饰品材质，选择一个未使用的材质球，设置材质类型为 VRayMtl，设置漫反射颜色为（0，0，0），并设置反射颜色、高光和反射光泽度，取消勾选“菲涅耳反射”复选框，如图 8-61 所示。

图 8-58　床头柜材质球效果

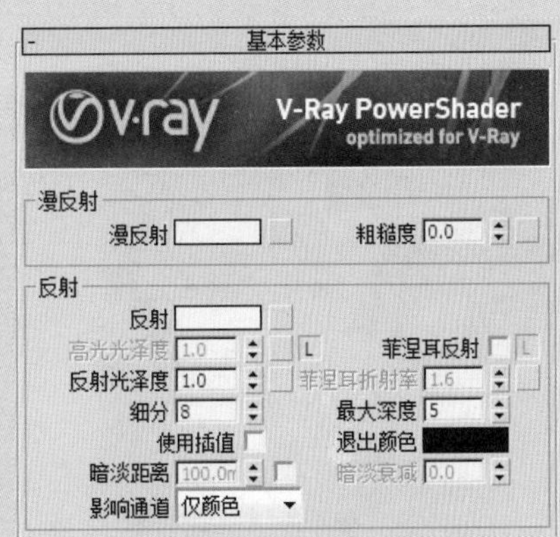

图 8-59　设置基本参数

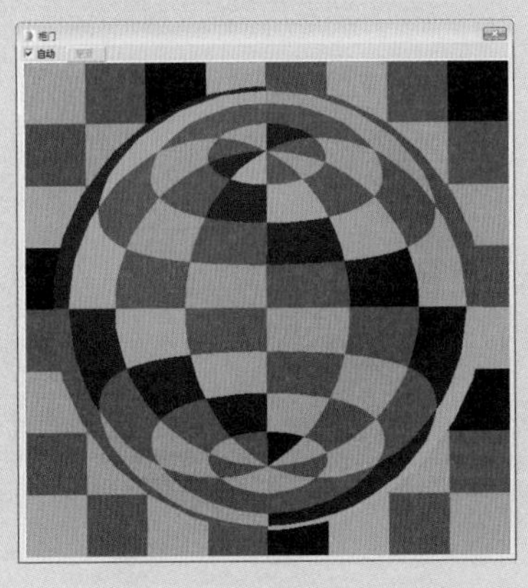

图 8-60　床头柜门材质球效果

图 8-61　设置基本参数

59 设置反射颜色参数，如图 8-62 所示。

60 在“双向反射分布函数”卷展栏中设置各向异性值为 0.5，如图 8-63 所示。

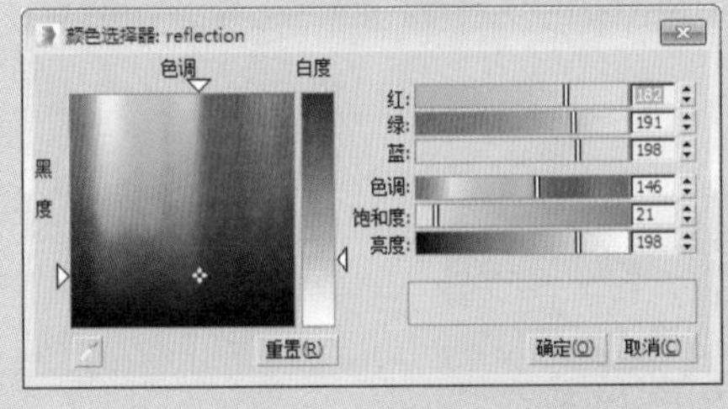

图 8-62　设置反射颜色参数

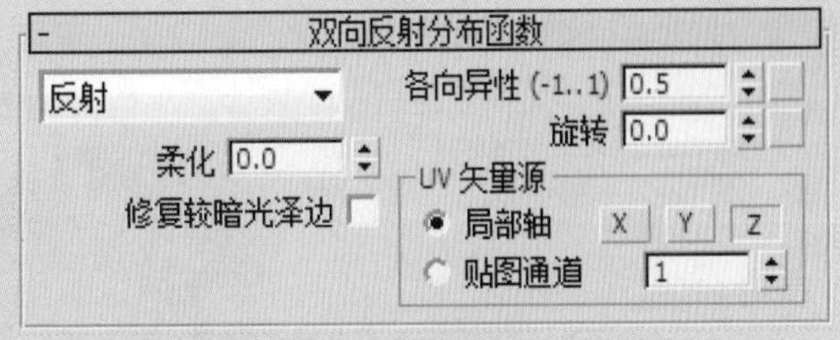

图 8-63　设置双向参数

61 创建好的装饰品材质球效果如图 8-64 所示。

62 创建灯罩材质，选择一个未使用的材质球，设置材质类型为 VRayMtl，设置折射颜色为（80，80，80），并设置折射颜色、光泽度、影响通道参数，并取消勾选“菲涅耳反射”复选框，如图 8-65 所示。

63 为漫反射通道添加位图贴图，如图 8-66 所示。

64 创建好的灯罩材质球效果如图 8-67 所示。

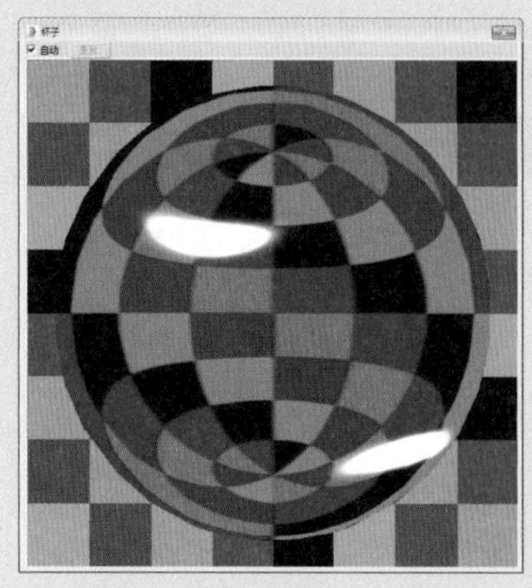

图 8-64　装饰品材质球效果

图 8-65　设置基本参数

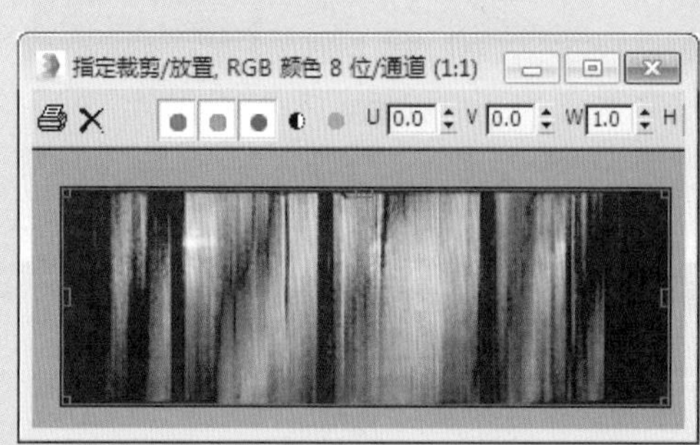

图 8-66　添加位图贴图

图 8-67　灯罩材质球效果

65 创建灯杆材质，设置材质类型为 VRayMtl，设置漫反射颜色为（237，237，237），反射颜色为（20，20，20），折射颜色为（240，240，240），并设置影响阴影，取消勾选“菲涅耳反射”复选框，如图 8-68 所示。

66 创建好的灯杆材质球效果如图 8-69 所示。

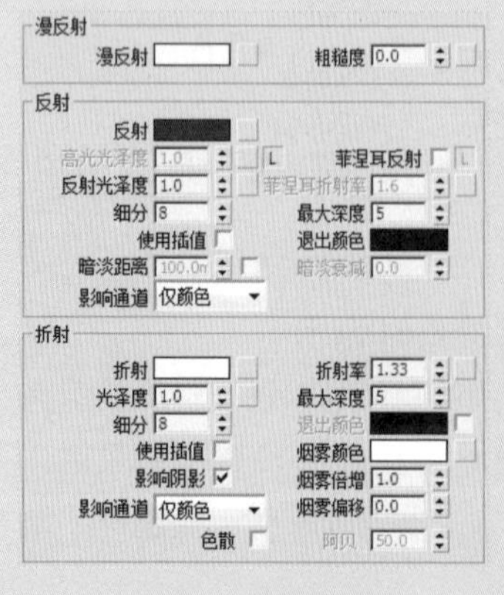

图 8-68　设置基本参数

图 8-69　灯杆材质球效果

67 创建台灯底座材质，选择一个未使用的材质球，设置材质类型为 VRayMtl，设置漫反射颜色为（0，0，0），设置高光光泽度和反射光泽度，取消勾选“菲涅耳反射”复选框，如图 8-70 所示。

68 设置的反射颜色效果如图 8-71 所示。

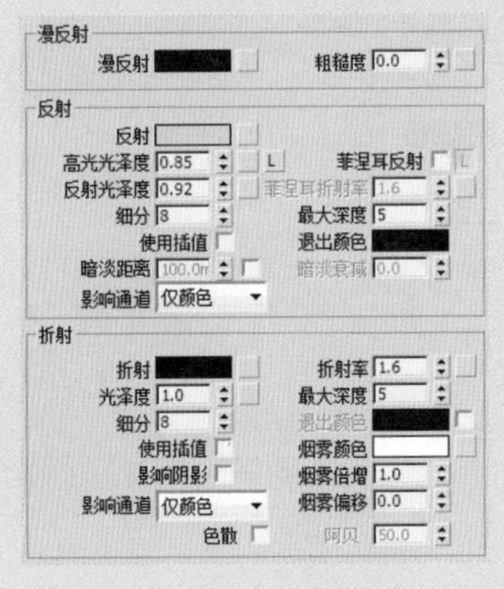

图 8-70　设置基本参数

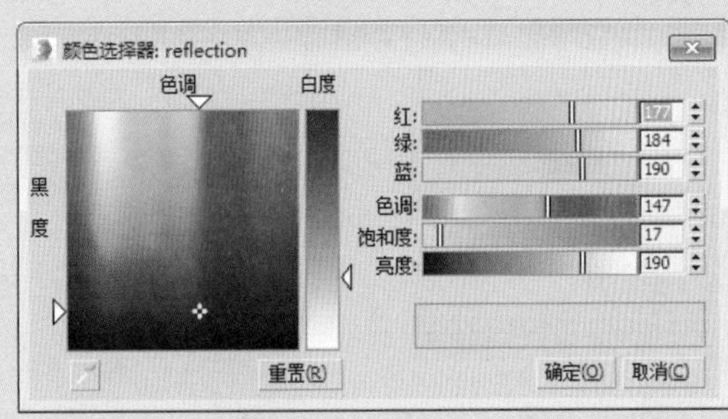

图 8-71　设置反射颜色

69 创建好的台灯底座材质球效果如图 8-72 所示。

70 将创建好的材质球赋予到场景模型中进行渲染，效果如图 8-73 所示。

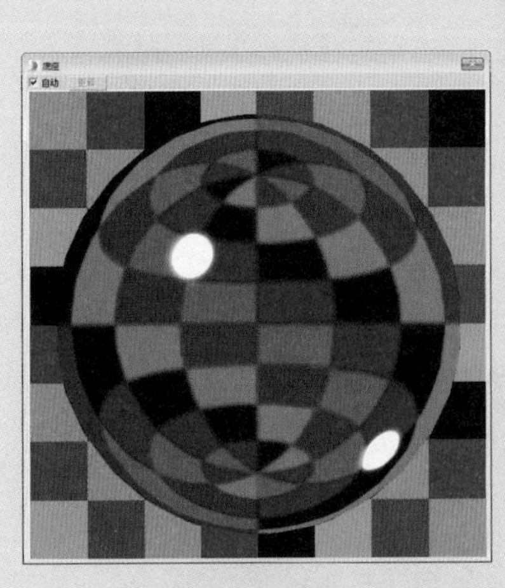

图 8-72　台灯底座材质球效果

图 8-73　渲染效果

71 创建花瓣材质，选择一个未使用的材质球，设置材质类型为 VR- 材质包裹器，设置基本参数为 VRayMtl，并设置接收全局照明值为 1.3，如图 8-74 所示。

72 设置基本参数为 VRayMtl，取消勾选“菲涅尔反射”复选框，为漫反射通道添加衰减贴图并设置通道颜色，如图 8-75 所示。

73 为漫反射通道添加衰减贴图并设置颜色参数，如图 8-76 所示。

74 设置颜色 1 的颜色参数，如图 8-77 所示。

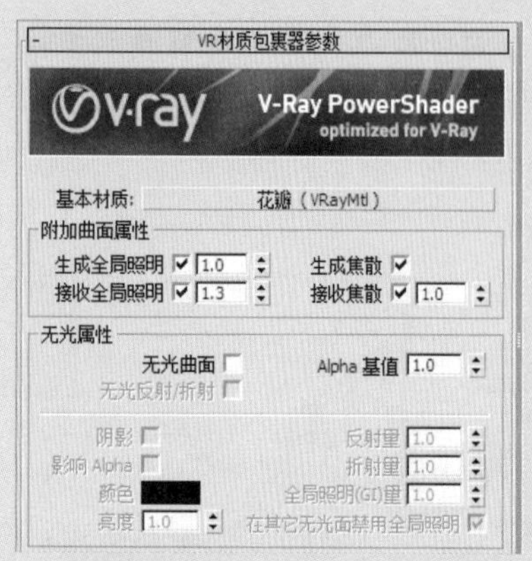

图 8-74　设置材质类型

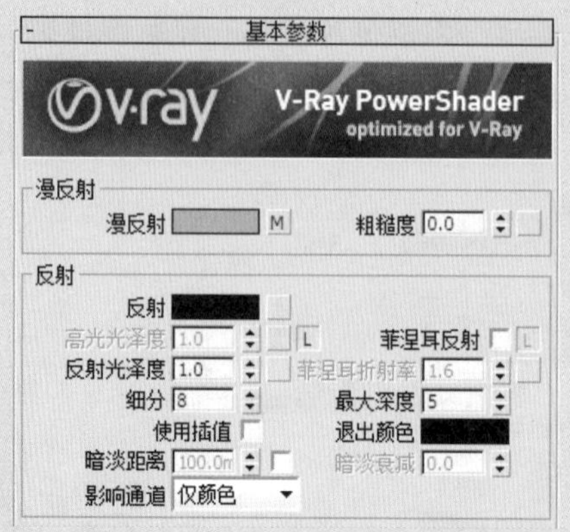

图 8-75　设置基本参数

图 8-76　添加衰减贴图并设置颜色参数

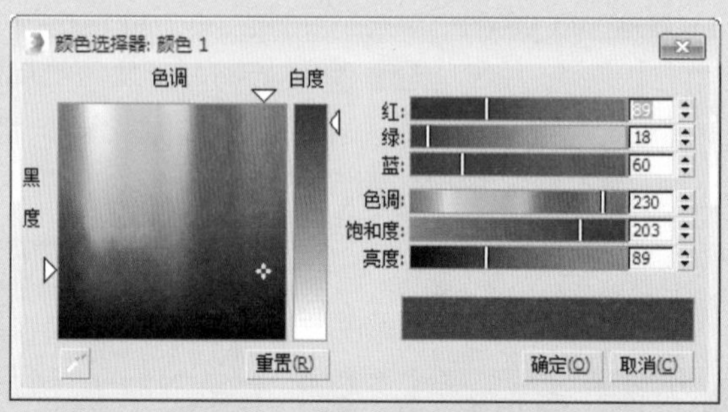

图 8-77　设置颜色 1 参数

75 设置颜色 2 的颜色参数，如图 8-78 所示。

76 创建好的花瓣材质球效果如图 8-79 所示。

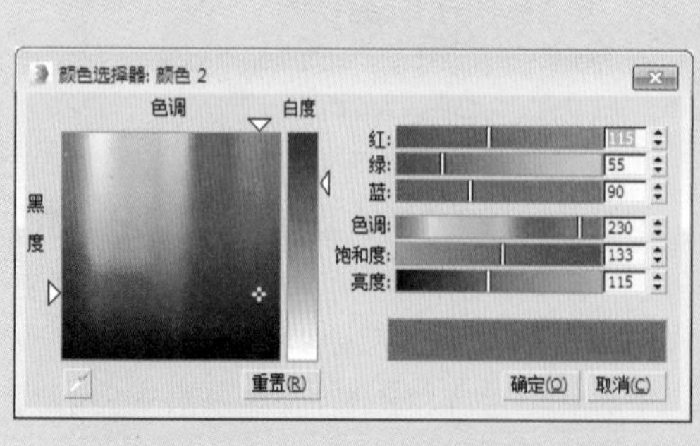

图 8-78　设置颜色 2 参数

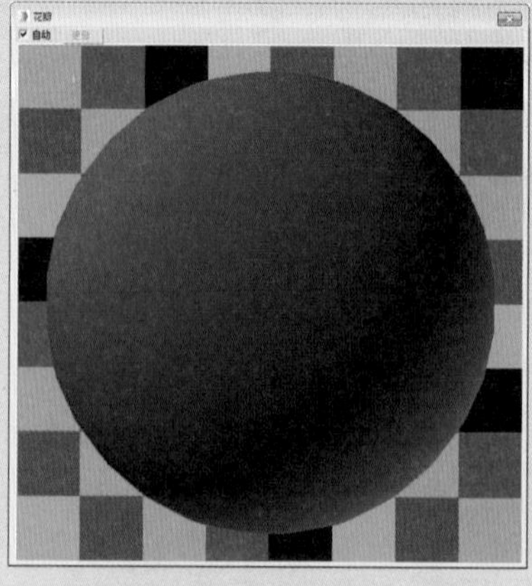

图 8-79　花瓣材质球效果

77 创建绿叶材质，选择一个未使用的材质球，设置材质类型为 VRayMtl，设置反射颜色为（5，5，5），反射光泽度，并取消勾选“菲涅耳反射”复选框，如图 8-80 所示。

78 为漫反射通道上添加位图贴图，如图 8-81 所示。

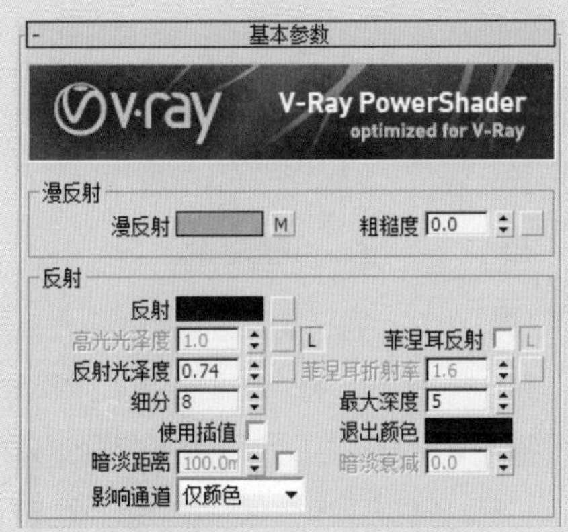

图 8-80 设置基本参数

图 8-81 添加位图贴图

79 创建好的绿叶材质球效果如图 8-82 所示。

80 创建电视机显示屏材质，选择一个未使用的材质球，设置材质类型为 VRayMtl，设置漫反射颜色为（12，12，12），反射颜色为（30，30，30），并设置其他参数，如图 8-83 所示。

图 8-82 绿叶材质球效果

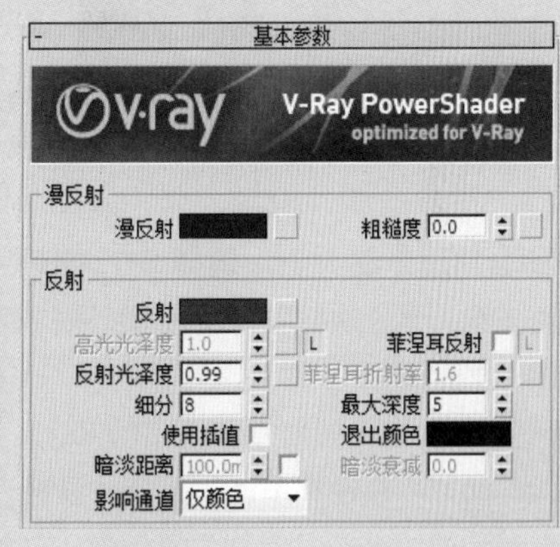

图 8-83 设置基本参数

81 创建好的电视机显示屏材质球效果如图 8-84 所示。

82 创建电视框材质，选择一个未使用的材质球，设置材质类型为 VRayMtl，设置漫反射颜色为（164，164，164），反射颜色为（171，171，171），设置高光光泽度和反射光泽度，并取消勾选“菲涅耳反射”复选框，如图 8-85 所示。

83 创建好的电视机框材质球效果如图 8-86 所示。

84 将创建好的材质球赋予到场景模型中进行渲染，效果如图 8-87 所示。

图 8-84 显示屏材质球效果

图 8-85 设置基本参数

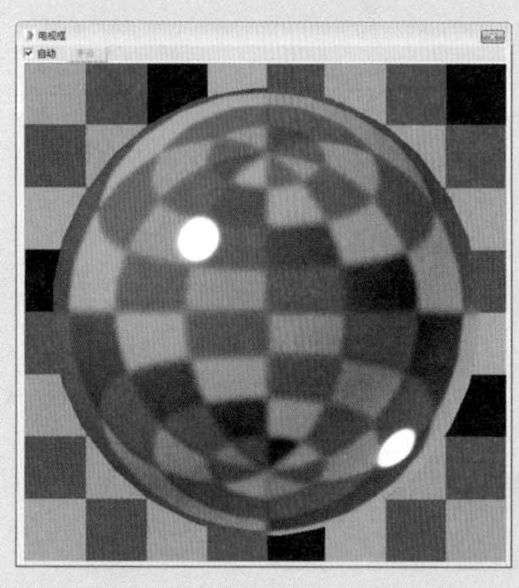

图 8-86 电视机框材质球效果

图 8-87 渲染效果

85 创建床旗材质，选择一个未使用的材质球，设置材质类型为多维 / 子对象材质，设置 ID1 和 ID2 的材质类型为 VRayMtl，如图 8-88 所示。

86 设置 ID1 的材质类型为 VRayMtl，设置反射颜色为（50，50，50），并设置漫反射颜色，设置高光光泽度和反射光泽度，取消勾选“菲涅耳反射”复选框，如图 8-89 所示。

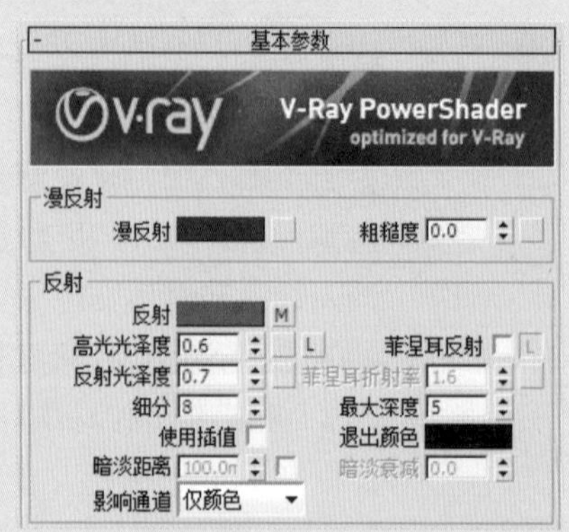

图 8-89 设置基本参数

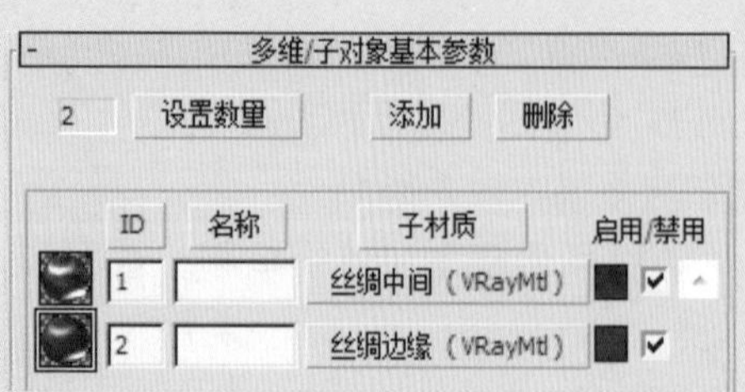

图 8-88 设置材质类型

87 设置漫反射颜色参数，如图 8-90 所示。

88 为反射通道添加位图贴图，如图 8-91 所示。

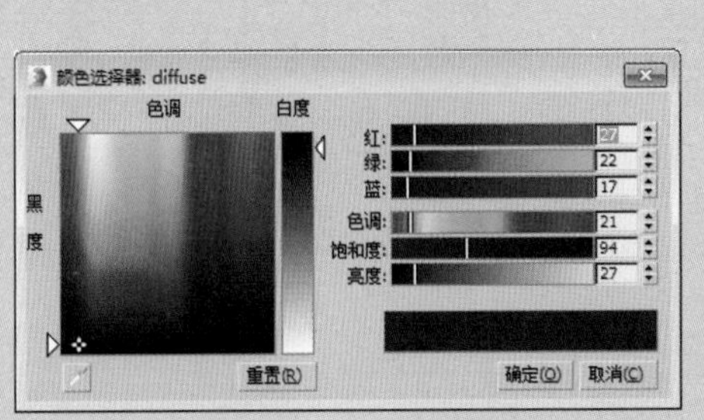

图 8-90 设置漫反射颜色参数

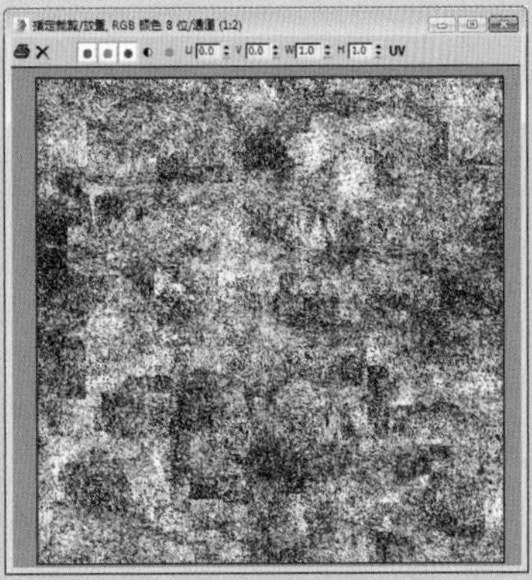

图 8-91 添加位图贴图

89 在“坐标”卷展栏中设置瓷砖 U 值、V 值，如图 8-92 所示。

90 在“双向反射分布函数”卷展栏中设置各向异性为 0.5，如图 8-93 所示。

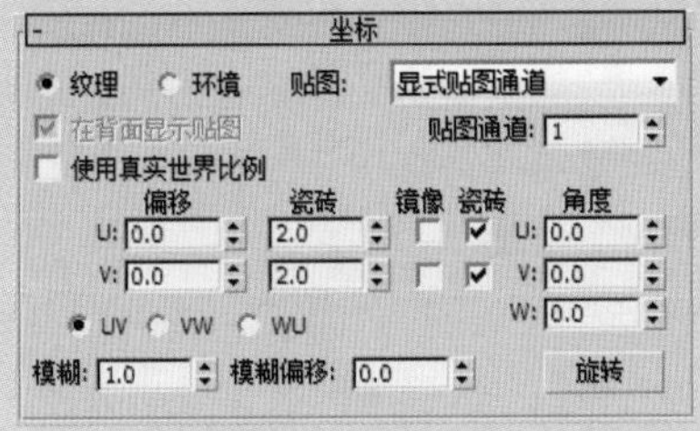

图 8-92 设置坐标参数

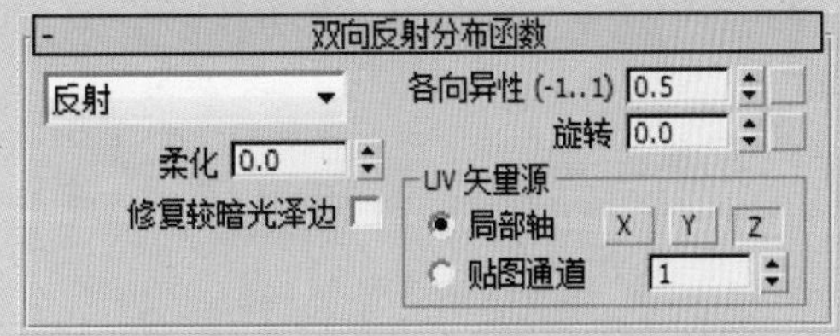

图 8-93 设置双向参数

91 设置 ID2 通道的材质为 VRayMtl，设置反射颜色为（50，50，50），并设置漫反射颜色，设置高光光泽度和反射光泽度，取消勾选“菲涅耳反射”复选框，如图 8-94 所示。

92 设置漫反射颜色效果如图 8-95 所示。

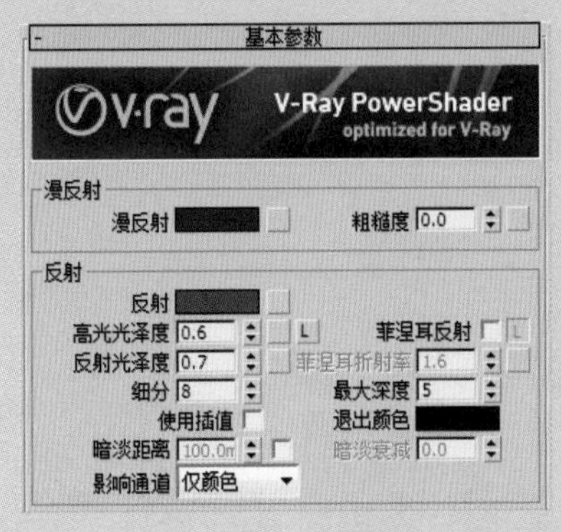

图 8-94 设置基本参数

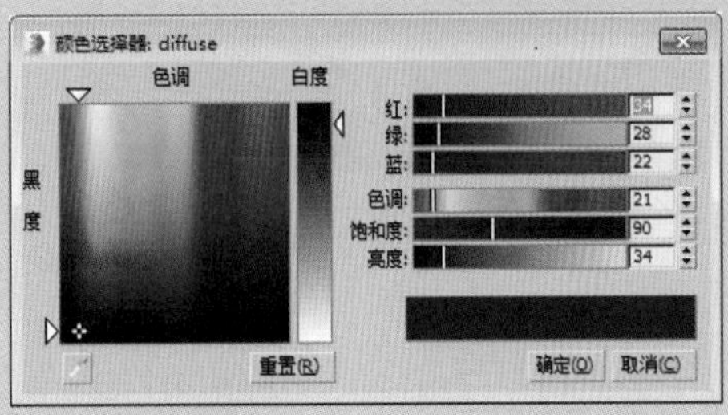

图 8-95 设置漫反射颜色参数

93 在“双向反射分布函数”卷展栏中设置各向异性为 0.5，如图 8-96 所示。

94 创建好的床旗材质球效果如图 8-97 所示。

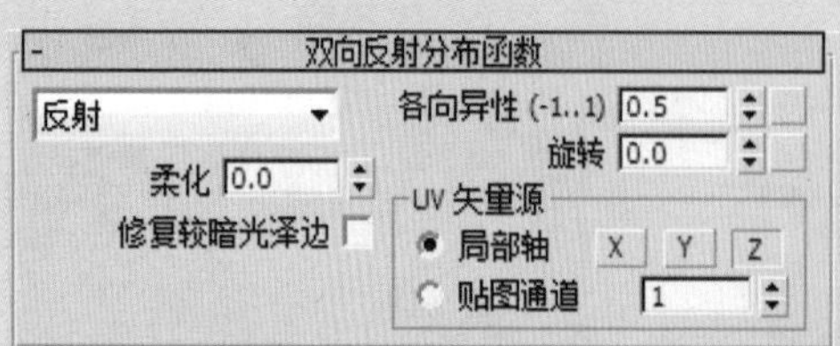

图 8-96　设置双向参数

图 8-97　床旗材质球效果

95 创建地毯材质，在地毯正下方创建VR-毛皮，如图8-98所示。

96 在修改器命令面板修改其参数，如图 8-99 所示。

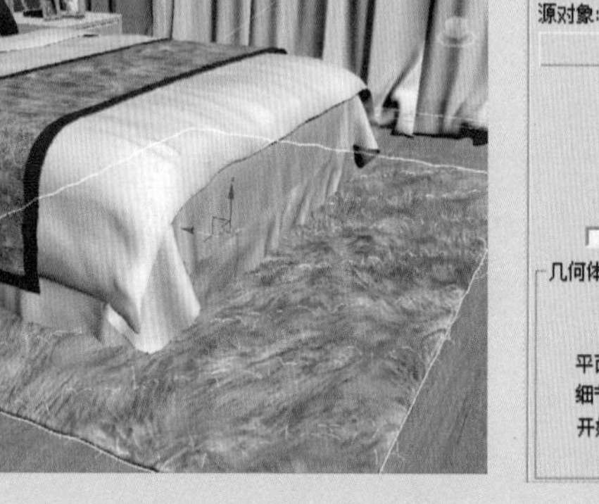

图 8-98　创建 VR- 毛皮

图 8-99　设置参数

97 选择一个未使用的材质球，为 VR- 毛皮创建材质，设置材质类型为 VRayMtl，设置反射颜色为（30，30，30），设置高光光泽度和反射光泽度，并取消勾选“菲涅耳反射”复选框，如图 8-100 所示。

98 设置漫反射颜色参数，如图 8-101 所示。

图 8-100　设置基本参数

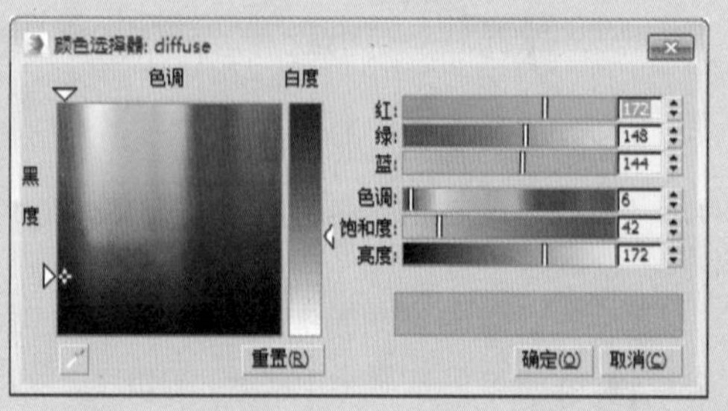

图 8-101　设置漫反射颜色参数

99 为漫反射通道添加位图贴图，如图 8-102 所示。

100 在“贴图”卷展栏中将漫反射贴图复制到凹凸通道上，如图 8-103 所示。

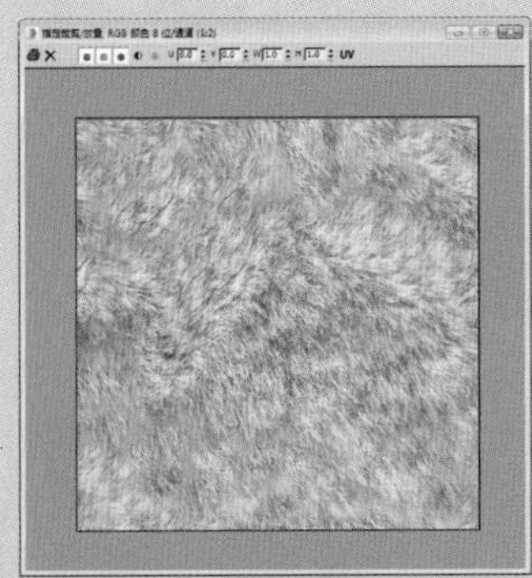

图 8-102　添加位图贴图

图 8-103　设置贴图参数

101 创建好的地毯材质球效果如图 8-104 所示。

102 创建透光窗帘材质，选择一个未使用的材质球，设置材质类型为 VRayMtl，设置漫反射颜色为（254，254，254），勾选“菲涅耳反射”选项，并设置折射光泽度、影响通道参数，如图 8-105 所示。

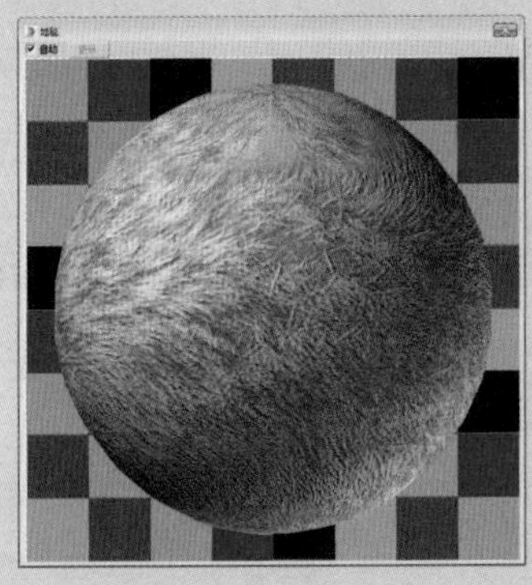

图 8-104　地毯材质球效果

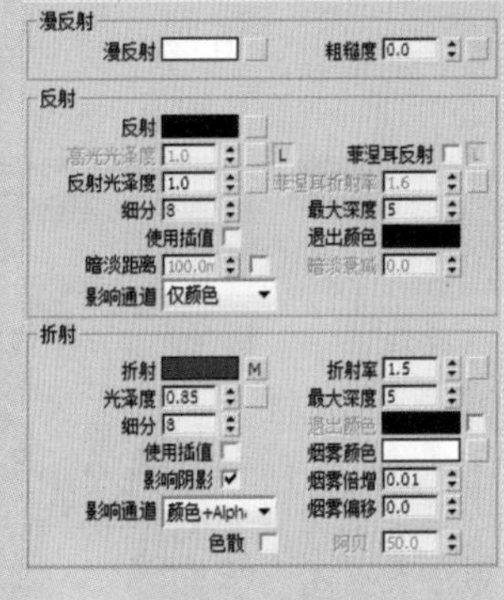

图 8-105　设置基本参数

103 为折射通道添加衰减贴图，设置颜色 1 的颜色参数为（126，126，126），颜色 2 的颜色参数为（0，0，0），如图 8-106 所示。

104 创建好的透光窗帘材质球效果如图 8-107 所示。

图 8-106　添加衰减贴图

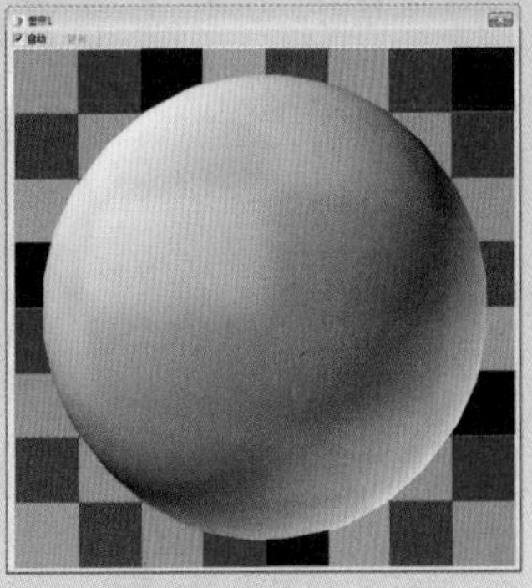

图 8-107　透光窗帘材质球效果

105 创建不透光窗帘材质，选择一个未使用的材质球，设置材质类型为 VRayMtl，设置反射颜色为（64，64，64），并设置漫反射颜色，设置高光光泽度和反射光泽度，取消勾选“菲涅耳反射”复选框，如图 8-108 所示。

106 设置漫反射颜色效果如图 8-109 所示。

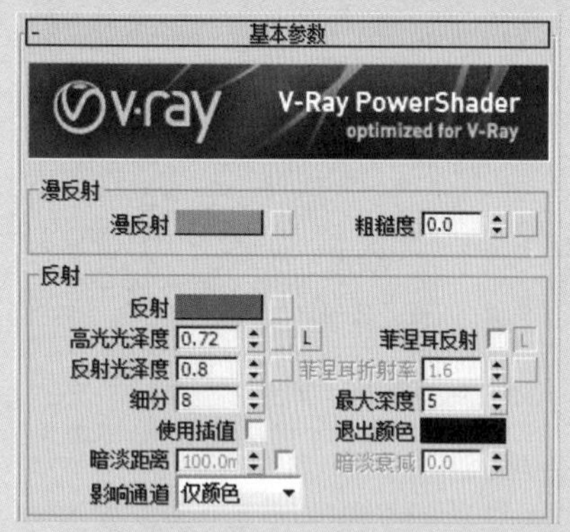

图 8-108　设置基本参数

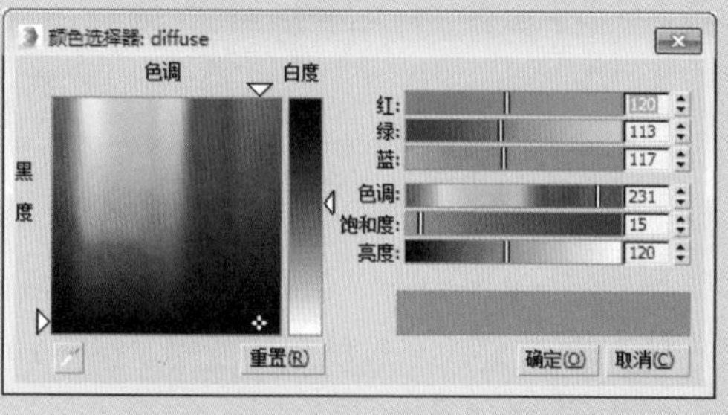

图 8-109　设置漫反射颜色参数

107 创建好的不透光窗帘材质球效果如图 8-110 所示。

108 创建吊灯材质，选择一个未使用的材质球，设置材质类型为 VRayMtl，设置漫反射和反射颜色为（210，210，210），设置反射光泽度，并取消勾选“菲涅耳反射”复选框，如图 8-111 所示。

图 8-110　不透光窗帘材质球效果

图 8-111　设置基本参数

109 创建好的吊灯材质球效果如图 8-112 所示。

110 创建射灯材质，选择一个未使用的材质球，设置材质类型为 VR-灯光材质，如图 8-113 所示。

图 8-112　吊灯材质球效果

图 8-113　设置参数

111 创建好的射灯材质球效果如图 8-114 所示。

112 将创建好的材质球赋予到场景模型中进行渲染，效果如图 8-115 所示。

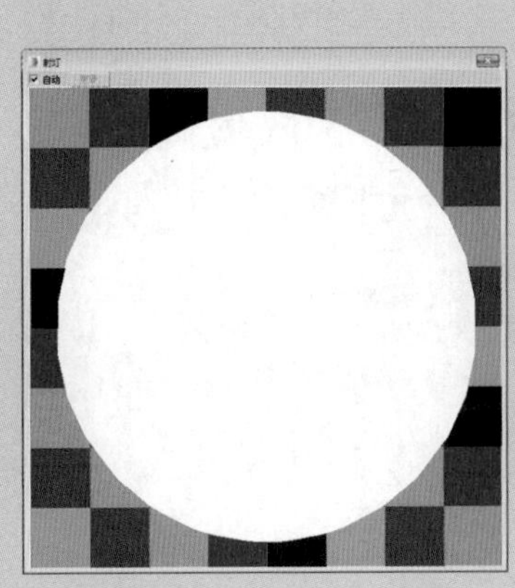

图 8-114 射灯材质球效果

图 8-115 渲染效果

8.3 为卧室场景创建灯光

下面将介绍如何为场景创建灯光，其具体操作步骤介绍如下。

01 创建吊灯光源，在灯光命令面板中单击“VR- 灯光”按钮，创建球体灯光，并设置倍增、颜色大小等参数，如图 8-116 所示。

02 设置吊灯的灯光颜色参数，如图 8-117 所示。

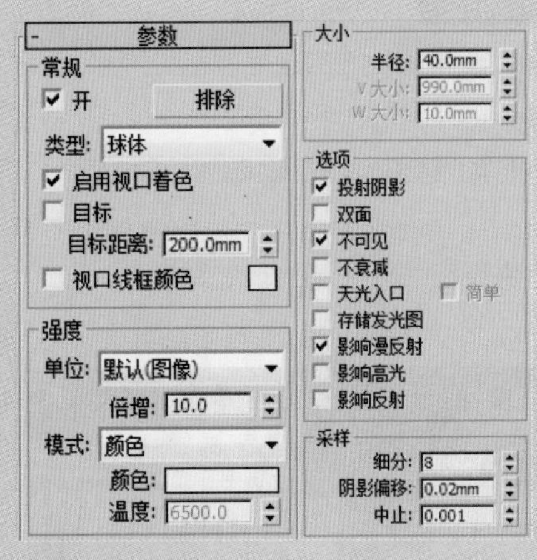

图 8-116 设置参数

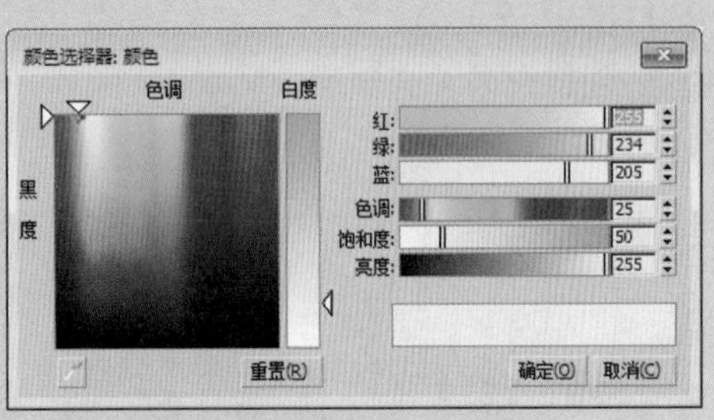

图 8-117 设置颜色参数

03 将创建好的球体灯进行实例复制，并放在吊灯合适位置，如图 8-118 所示。

04 继续创建台灯光源，创建 VR- 球体灯光，设置倍增为 15，半径为 80，其他参数不变，并将其进行实例复制，如图 8-119 所示。

图 8-118　创建吊灯光源

图 8-119　创建台灯光源

05 继续创建灯带光源，创建 VR- 平面灯光，设置倍增、颜色、大小等参数，如图 8-120 所示。

06 设置灯带的灯光颜色参数，如图 8-121 所示。

图 8-120　设置参数

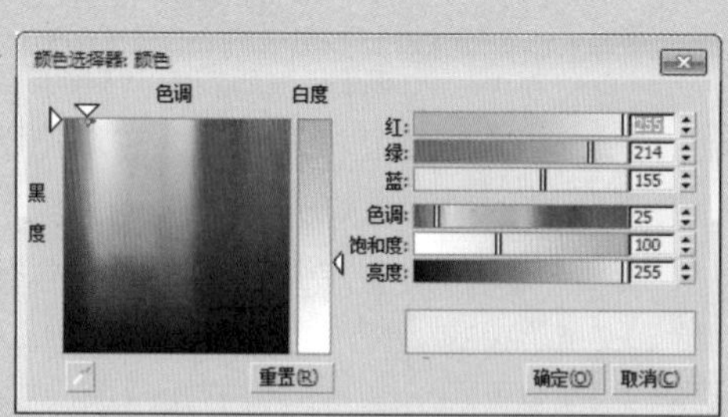

图 8-121　设置颜色参数

07 将创建好的平面灯光沿 y 轴进行镜像并实例复制，效果如图 8-122 所示。

08 创建室内补光光源，将创建好的补光光源放在吊灯正下方，如图 8-123 所示。

图 8-122　创建灯带光源

图 8-123　创建补光光源

09 设置补光的灯光颜色参数，如图 8-124 所示。

10 设置倍增、颜色、大小等参数，如图 8-125 所示。

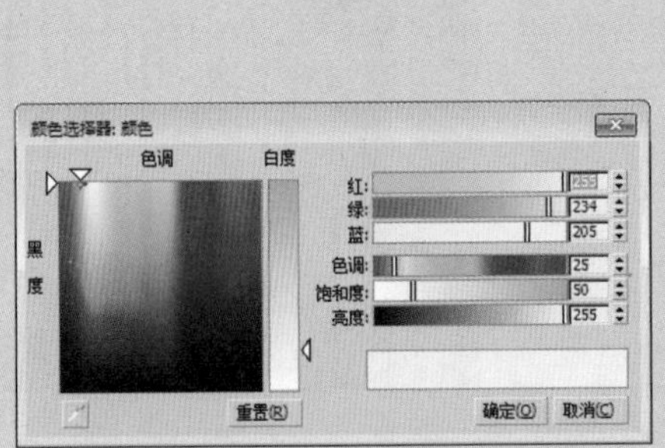

图 8-124 设置颜色参数

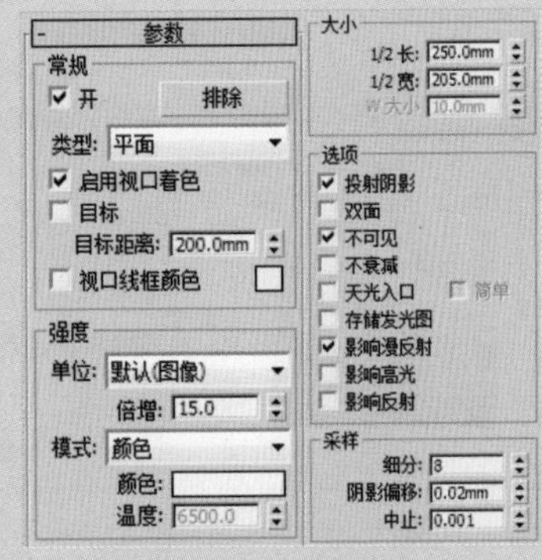

图 8-125 设置参数

11 继续创建射灯光源，添加光源网文件并设置灯光分布、颜色、强度等参数，如图 8-126 所示。

12 设置射灯的过滤颜色参数，如图 8-127 所示。

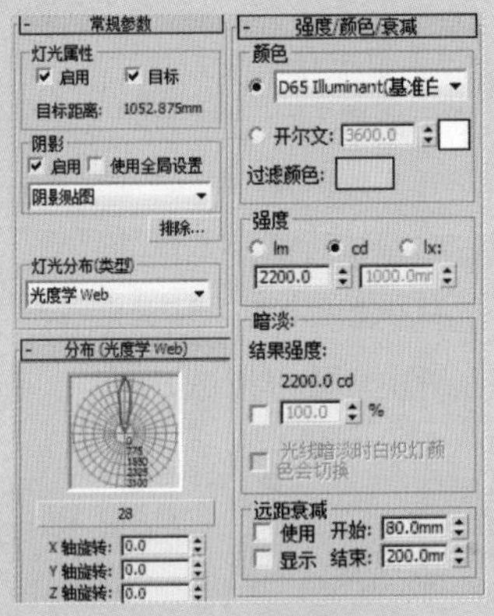

图 8-126 设置参数

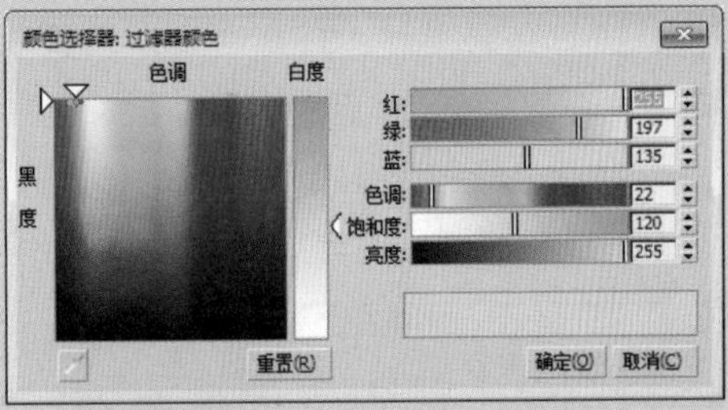

图 8-127 设置颜色参数

13 将创建好的射灯光源进行实例复制，并放在射灯的正下方，如图 8-128 所示。

14 继续室外光源，创建 VR- 平面灯光，设置倍增、颜色、大小等参数，如图 8-129 所示。

图 8-128 创建射灯光源

图 8-129 设置参数

15 设置室外光源的颜色参数，如图 8-130 所示。

16 将创建好的室外光源放在窗帘内侧，如图 8-131 所示。

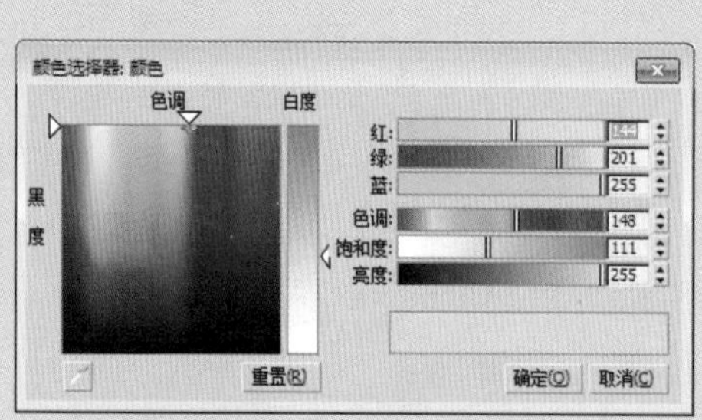

图 8-130　设置颜色参数

图 8-131　放置室外光源

8.4　渲染卧室场景效果

灯光和材质都已经创建完毕，这里需要先对场景进行一个测试渲染，对场景进行测试渲染直到满意后，就可以正式渲染最终成品图像了，下面将具体介绍渲染参数的设置。

01 按 F10 快捷键，打开“渲染设置”窗口，在“帧缓冲区”卷展栏下取消勾选“启用内置帧缓冲区”复选框，如图 8-132 所示。

02 打开“颜色贴图”卷展栏，设置颜色贴图类型为指数，并设置暗度和明亮倍增，如图 8-133 所示。

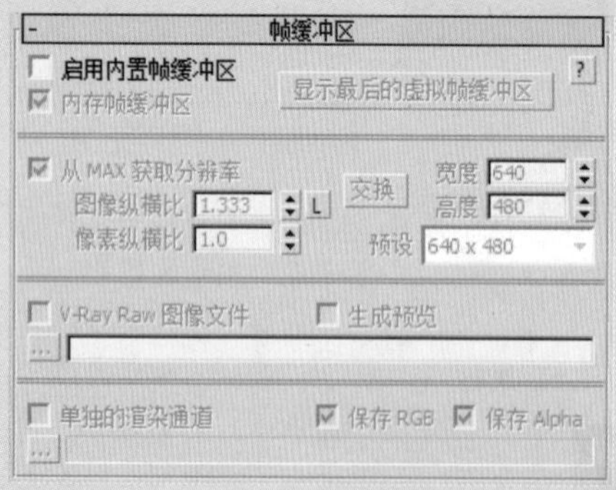

图 8-132　设置帧缓冲区

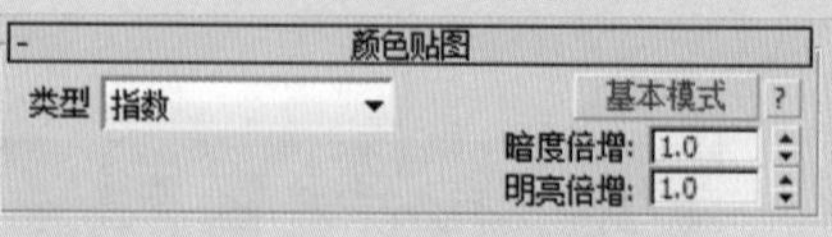

图 8-133　设置颜色贴图

03 在“GI”选项卡的“全局照明 [无名汉化]”卷展栏中启用全局照明，设置二次引擎为“灯光缓存”，如图 8-134 所示。

04 在“发光图”卷展栏中设置当前预设模式为“非常低”，并设置细分值与插值采样值，如图 8-135 所示。

05 在“灯光缓存”卷展栏中设置细分值等参数，如图 8-136 所示。

06 渲染摄影机视图，此时渲染效果，如图 8-137 所示。

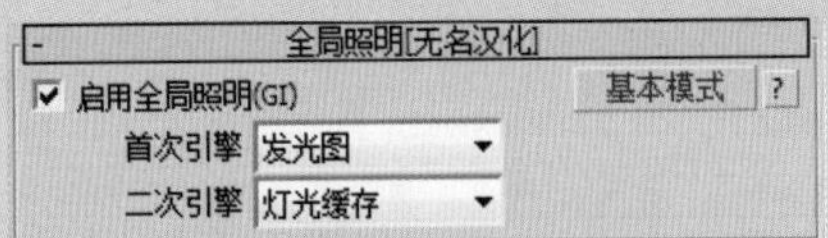

图 8-134 设置全局照明

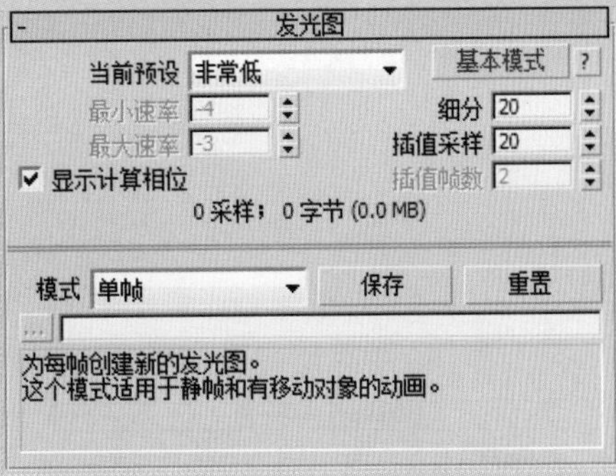

发光图
当前预设 非常低
基本模式
最小速率 -4
最大速率 -3
细分 20
插值采样 20
插值帧数 2
显示计算相位
0 采样； 0 字节 (0.0 MB)
模式 单帧
保存
重置
为每帧创建新的发光图。
这个模式适用于静帧和有移动对象的动画。

图 8-135 设置发光图

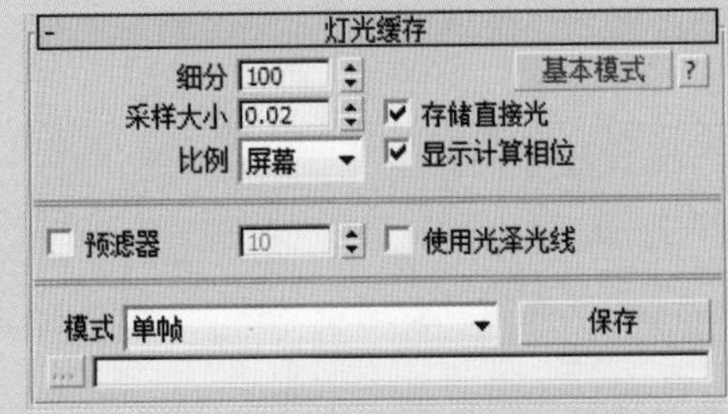

灯光缓存
细分 100
采样大小 0.02
比例 屏幕
基本模式
存储直接光
显示计算相位
预滤器 10
使用光泽光线
模式 单帧
保存

图 8-136 设置灯光缓存

图 8-137 渲染效果

07 进行最终渲染效果的参数设置，设置出图大小，如图 8-138 所示。

08 在“图像采样器（抗锯齿）”卷展栏中设置过滤器类型为“Catmull-Rom”，如图 8-139 所示。

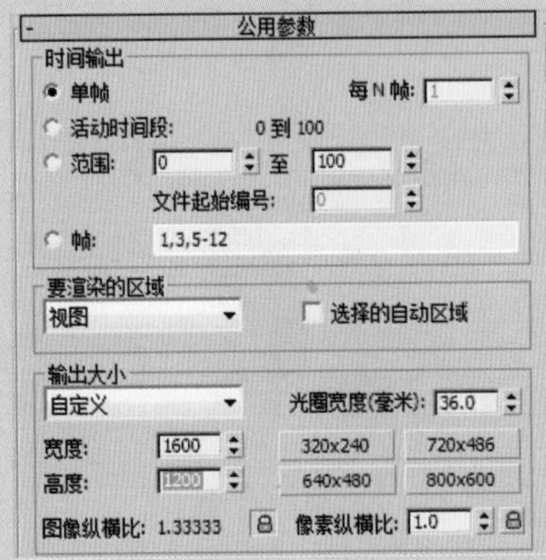

图 8-138 设置图大小

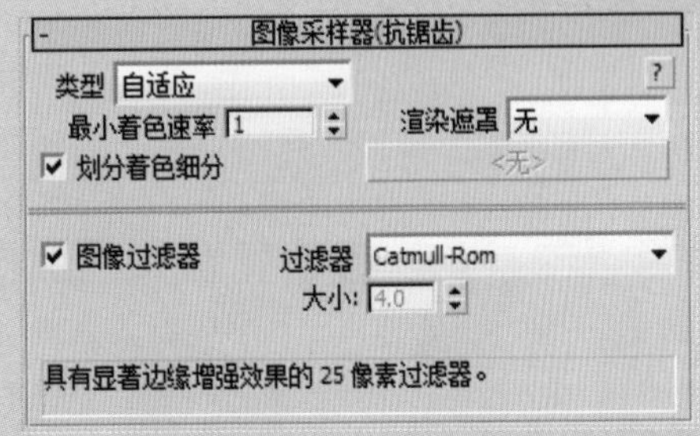

图 8-139 设置采样器

09 在“全局确定性蒙特卡洛”卷展栏中设置噪波阈值，如图 8-140 所示。

10 在“发光图”卷展栏中设置预设类型，并设置细分值及插值采样值，如图 8-141 所示。

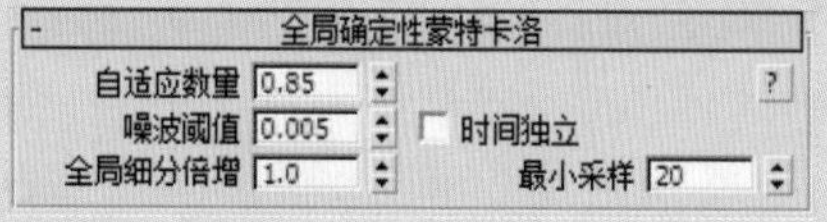

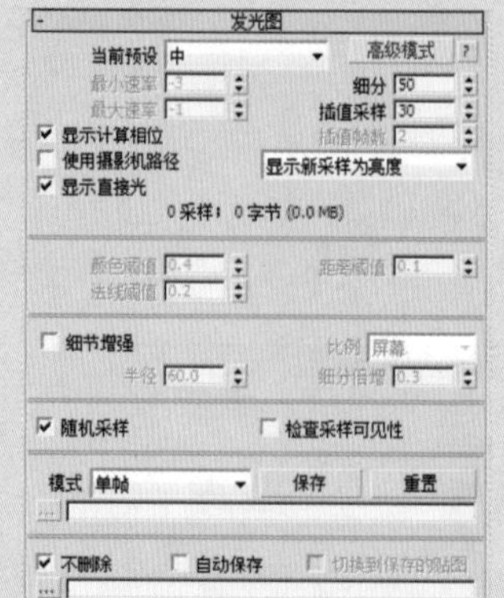

全局确定性蒙特卡洛
自适应数量 0.85
噪波阈值 0.005
时间独立
全局细分倍增 1.0
最小采样 20

图 8-140　设置噪波阈值

图 8-141　设置预设类型

11 在“灯光缓存”卷展栏中设置细分值等参数，如图 8-142 所示。

12 在“设置”选项卡的“系统”卷展栏中设置渲染块宽度值为 64，并设置序列类型为“上 -> 下”，如图 8-143 所示。

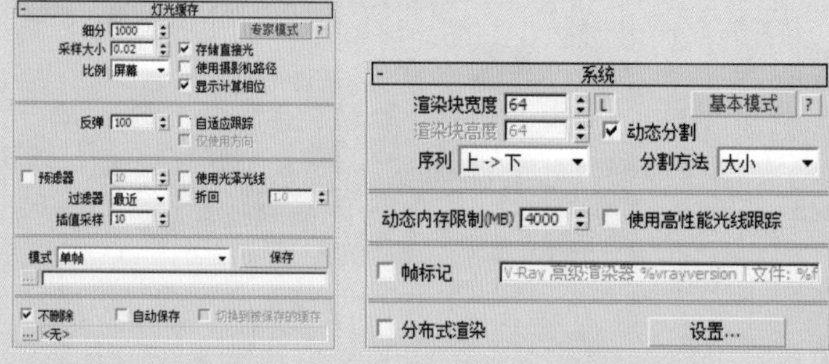

图 8-142　设置灯光缓存　　图 8-143　设置系统

13 渲染摄影机视图，最终效果如图 8-144 所示。

图 8-144　渲染效果

8.5 Photoshop 后期处理

通过上面的制作，已经得到了成品图。由于受环境的影响，图像的色彩不够鲜明，这里就需要利用 Photoshop 软件对其进行调整，具体操作介绍如下。

01 在 Photoshop 中打开渲染好的“卧室.jpg”文件，如图 8-145 所示。

02 执行“图像”|“调整”|“色彩平衡”命令，打开“色彩平衡”对话框，调整色阶参数，如图 8-146 所示。

图 8-145 打开图片

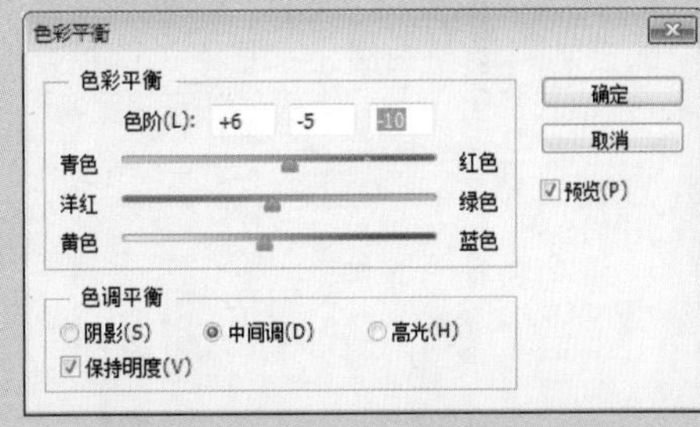

图 8-146 设置色彩平衡

03 单击“确定”按钮关闭该对话框，观察效果，如图 8-147 所示。

04 执行“图像”|“调整”|“色相 / 饱和度”命令，打开“色相 / 饱和度”对话框，调整效果图的整体饱和度，如图 8-148 所示。

图 8-147 调整结果

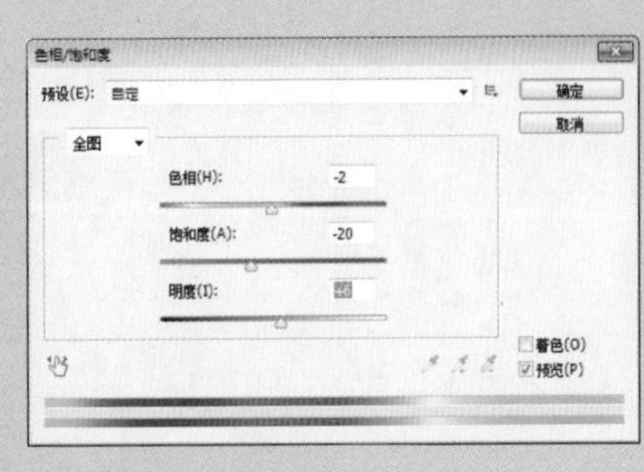

图 8-148 设置色相 / 饱和度

05 单击“确定”按钮，效果如图 8-149 所示。

06 执行“图像”|“调整”|“亮度 / 对比度”命令，打开“亮度 / 对比度”对话框，调整对比度值，如图 8-150 所示。

图 8-149　调整结果

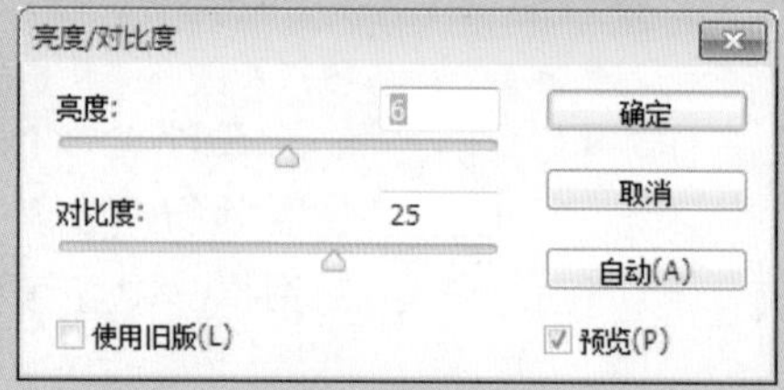

图 8-150　设置亮度 / 对比度

07 单击“确定”按钮，效果如图 8-151 所示。

08 执行“图像”|“调整”|“曲线”命令，打开“曲线”对话框，添加控制点调整曲线，如图 8-152 所示。

图 8-151　调整结果

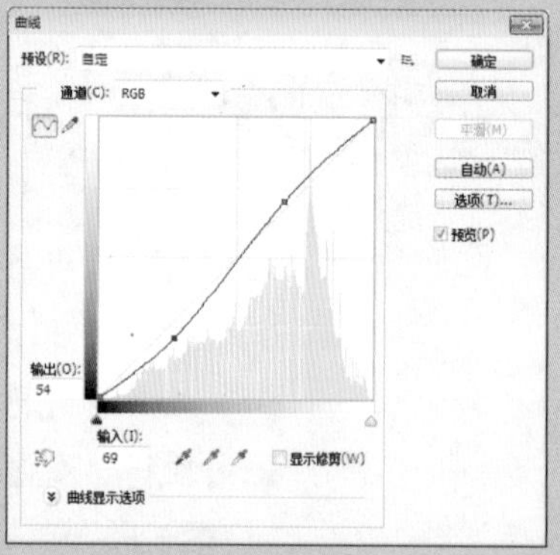

图 8-152　设置曲线

09 观察调整前后的效果，如图 8-153、图 8-154 所示。

图 8-153　调整前效果

图 8-154　调整后效果

第9章

厨房场景效果表现

本章概述 SUMMARY

本实例所要表现的是一个欧式风格的厨房场景，整个创建过程包含了检测模型、赋予材质、创建灯光、创建摄影机以及渲染模型。本章将通过欧式厨房场景的制作，来介绍厨房场景效果的表现方法。

■ 学习目标

√ 掌握瓷砖地面材质的创建

√ 掌握不锈钢水槽材质的创建

√ 掌握石英石台面材质的创建

√ 掌握吸顶灯光源的创建

◎客厅场景效果

◎卧室场景效果

9.1 检测模型

下面将介绍如何在 3ds Max 中打开并检测已经创建完成的场景模型，其具体操作步骤介绍如下。

01 打开素材文件，如图 9-1 所示。

02 在摄影机创建命令面板中单击“目标”按钮，在顶视图中创建一架摄影机，调整摄影机的高度和角度，并设置备用镜头为 24mm，效果如图 9-2 所示。

03 渲染摄影机视图，效果如图 9-3 所示。通过渲染出的图片来检测模型是否有破面，以便进行修整。

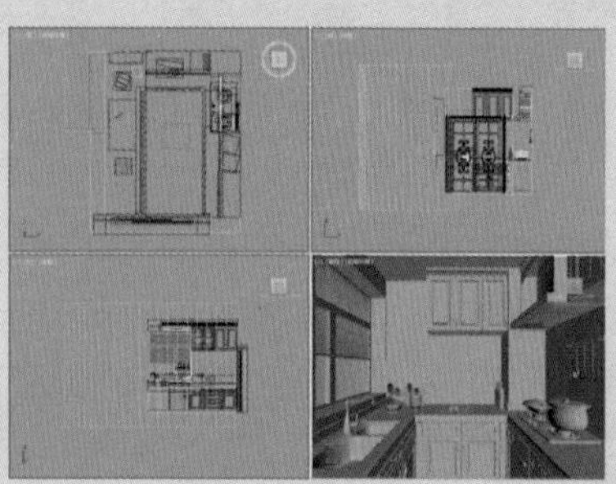

图 9-1 打开素材文件

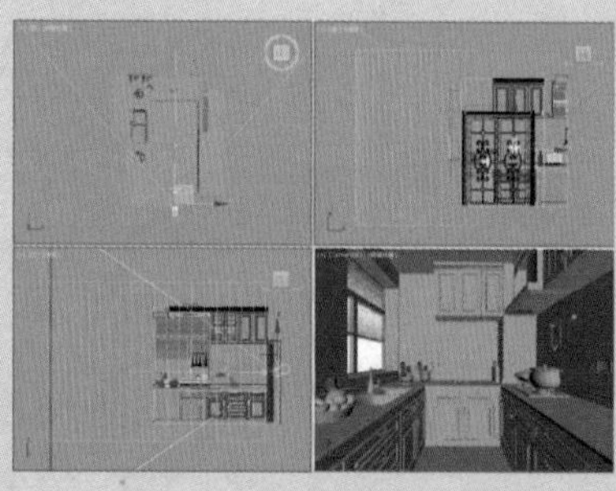

图 9-2 创建摄影机

图 9-3 渲染效果

9.2 为厨房场景赋予材质

下面将介绍如何为场景中的对象分别设置材质，其具体操作步骤介绍如下。

01 创建墙砖材质，按 M 键打开材质编辑器，在材质球示例窗口中选择一个未使用的材质球，设置材质类型为 VRayMtl，设置反射颜色为（20，20，20），并设置高光光泽度和反射光泽度、细分等参数，如图 9-4 所示。

02 为漫反射通道添加位图贴图，如图 9-5 所示。

图 9-4 设置基本参数

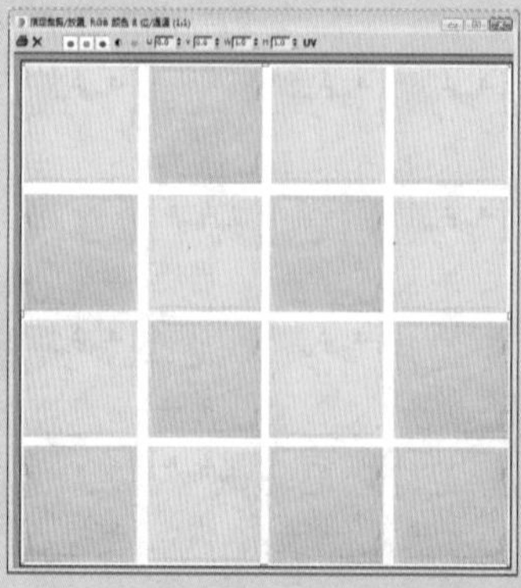

图 9-5 添加位图贴图

03 创建好的墙砖材质球效果如图 9-6 所示。

04 创建地砖材质，选择一个未使用的材质球，设置材质类型为 VRayMtl，设置反射颜色为（20，20，20），取消勾选“菲涅耳反射”复选框，并设置高光光泽度和反射光泽度、细分等参数，如图 9-7 所示。

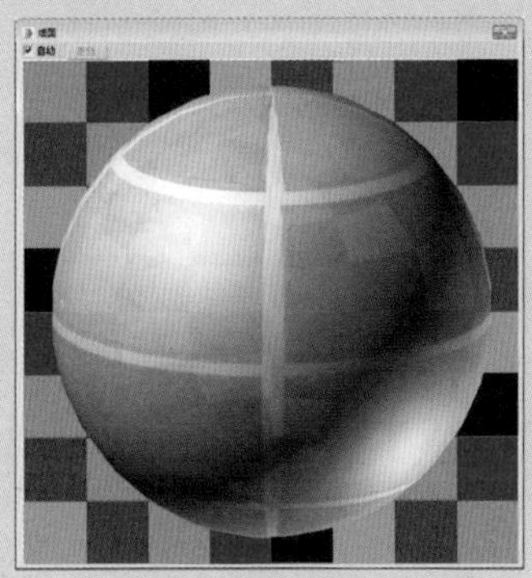

图 9-6　墙面材质球效果

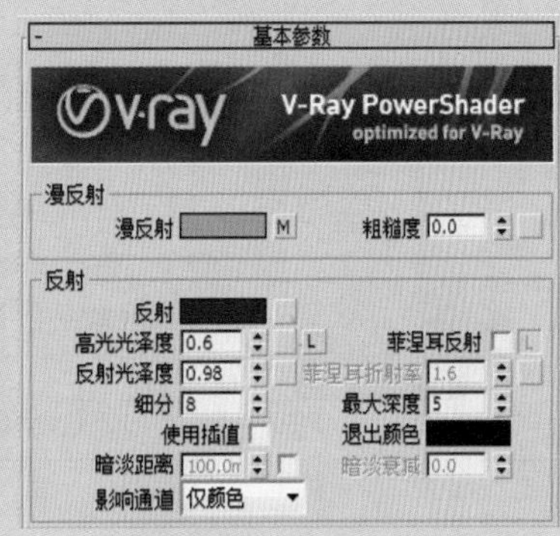

图 9-7　设置基本参数

05 为漫反射通道添加位图贴图，如图 9-8 所示。

06 在“坐标”卷展栏中设置角度 W 为 45，如图 9-9 所示。

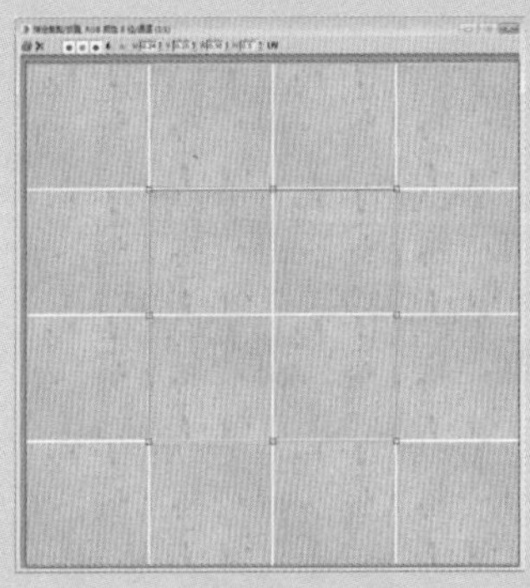

图 9-8　添加位图贴图

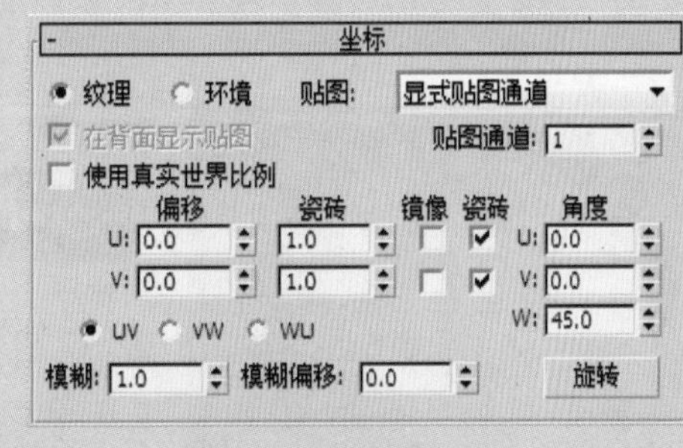

图 9-9　设置坐标参数

07 创建好的地砖材质球效果如图 9-10 所示。

08 创建铝扣板吊顶材质，选择一个未使用的材质球，设置材质类型为 VRayMtl，设置反射颜色为（27，27，27），并设置漫反射颜色、高光光泽度和反射光泽度，取消勾选“菲涅耳反射”复选框，如图 9-11 所示。

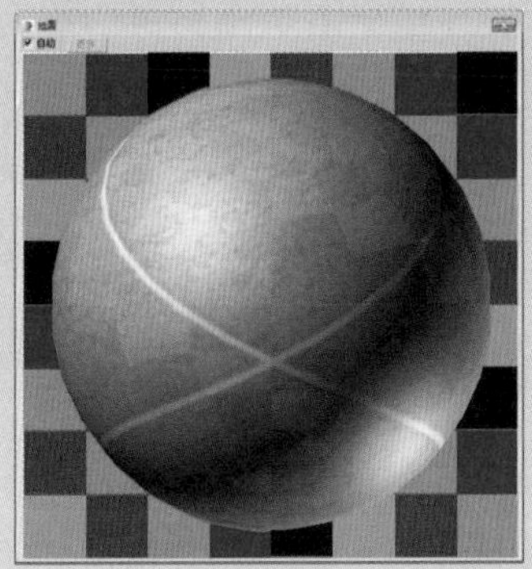

图 9-10　地砖材质球

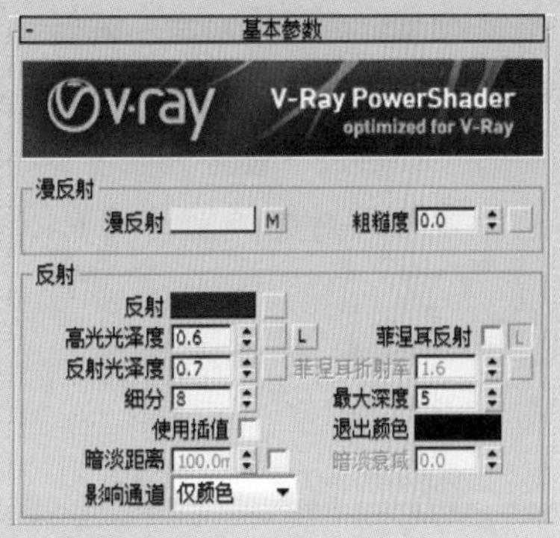

图 9-11　设置坐标参数

09 设置漫反射颜色参数，如图 9-12 所示。

10 为漫反射通道添加位图贴图，效果如图 9-13 所示。

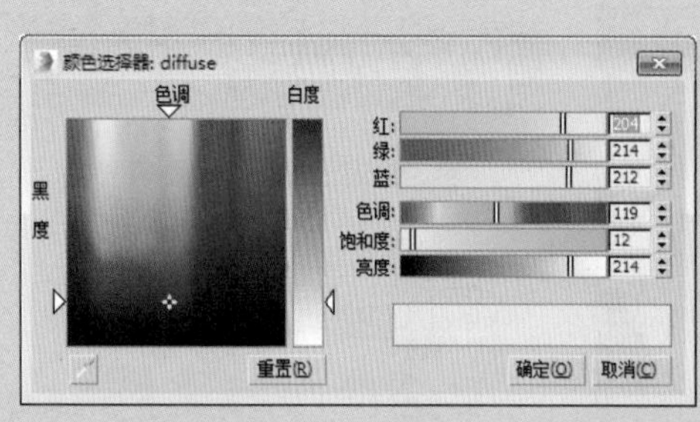

图 9-12　设置漫反射颜色参数

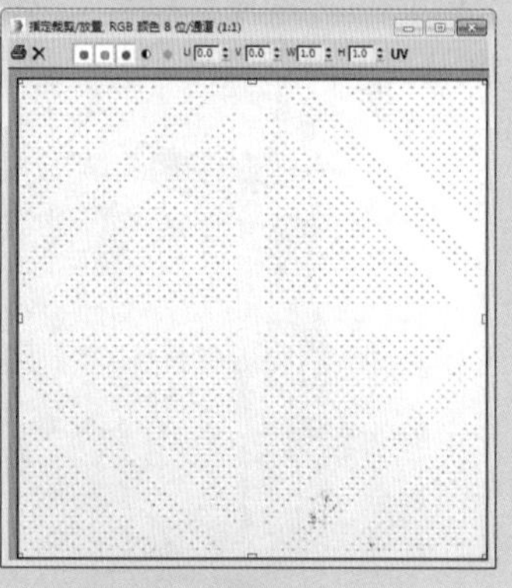

图 9-13　添加位图贴图

11 创建好的铝扣板吊顶材质球效果如图 9-14 所示。

12 创建厨房石英石台面材质，选择一个未使用的材质球，设置材质类型为 VRayMtl，设置漫反射颜色为（18，18，18），反射颜色为（54，54，54），设置高光和反射光泽度，并取消勾选“菲涅耳反射”复选框，如图 9-15 所示。

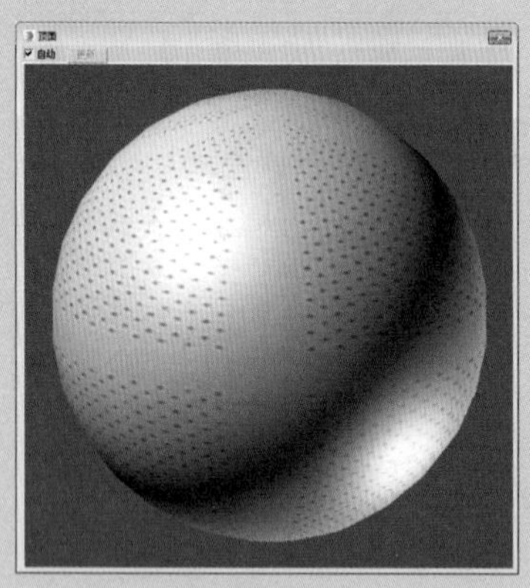

图 9-14　铝扣板吊顶材质球效果

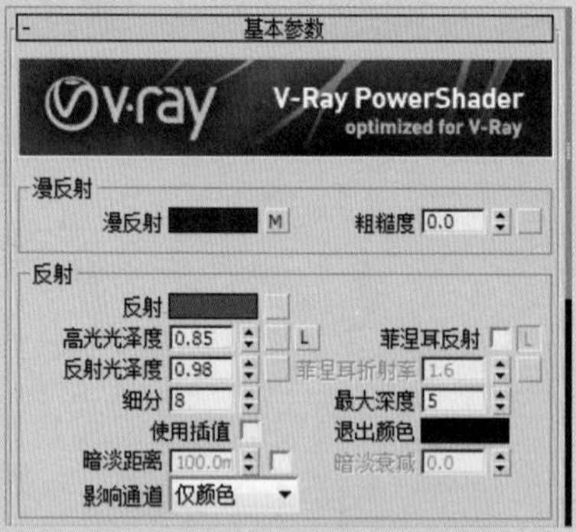

图 9-15　设置基本参数

13 为漫反射通道添加位图贴图，如图 9-16 所示。

14 创建好的厨房石英石台面材质球效果如图 9-17 所示。

15 创建窗台材质，选择一个未使用的材质球，设置材质类型为 VRayMtl，设置漫反射颜色为（0，0，0），并设置高光光泽度和反射光泽度、细分、菲涅耳反射等参数，如图 9-18 所示。

16 为反射通道添加衰减贴图，并设置衰减类型，如图 9-19 所示。

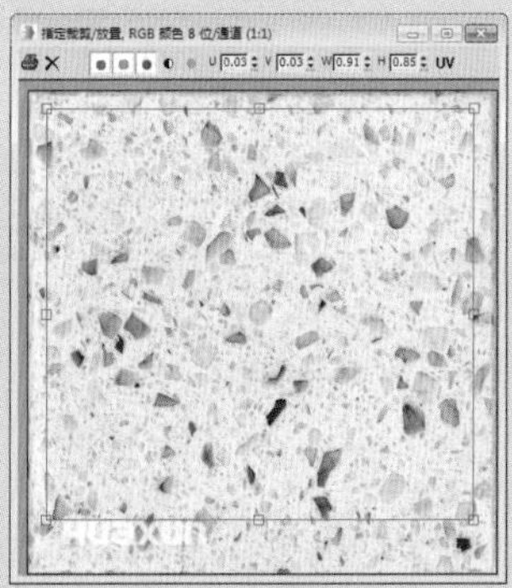

图 9-16　添加位图贴图

图 9-17　厨房台面材质球效果

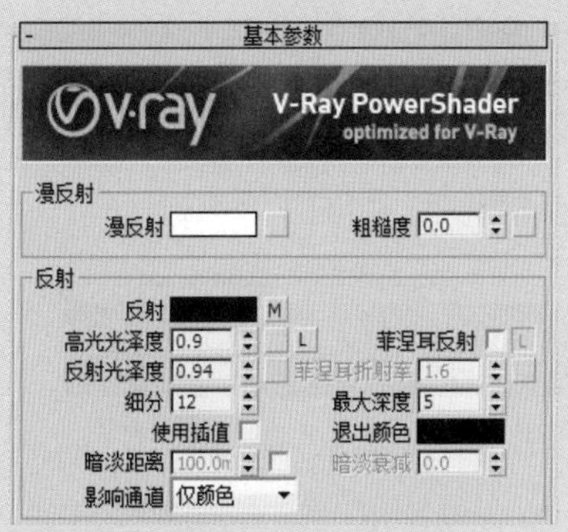

图 9-18　设置基本参数

图 9-19　添加衰减贴图

17 创建好的窗台材质球效果如图 9-20 所示。

18 创建塑钢窗户材质，选择一个未使用的材质球，设置材质类型为 VRayMtl，设置漫反射颜色为（255，255，255），反射颜色为（120，120，120），并设置高光光泽光和反射光泽度、细分参数，如图 9-21 所示。

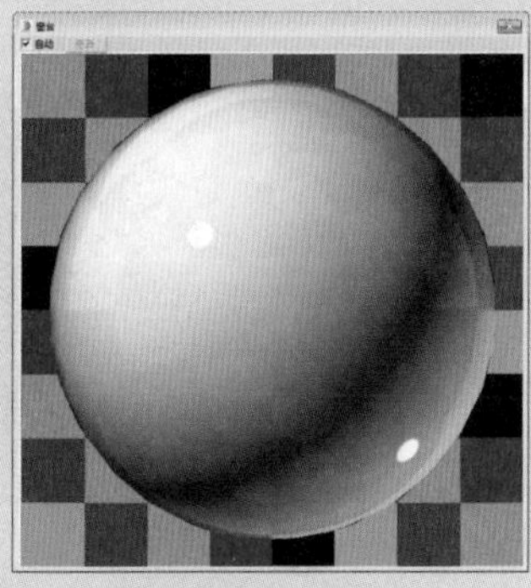

图 9-20　窗台材质球效果

图 9-21　设置基本参数

19 在“双向反射分布函数”卷展栏中设置类型为多面，如图 9-22 所示。

20 在“贴图”卷展栏中设置凹凸值为 10，其他参数保持不变，如图 9-23 所示。

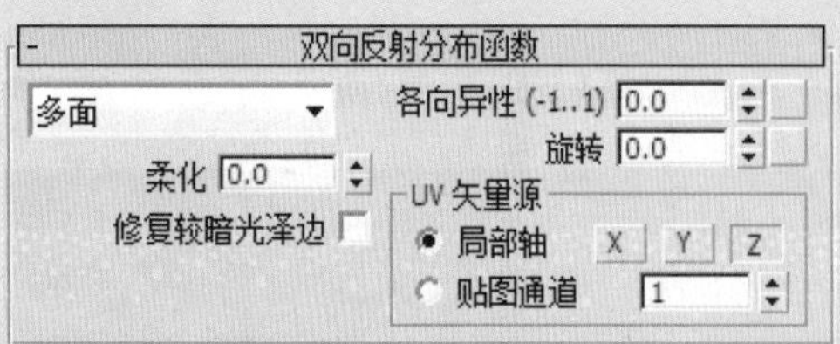

图 9-22　设置双向参数

图 9-23　设置凹凸值

21 创建好的塑钢窗户材质球效果如图 9-24 所示。

22 创建百叶窗材质，选择一个未使用的材质球，设置材质类型为 VRayMtl，设置反射颜色为（23，23，23），并设置漫反射颜色、设置反射光泽度、细分、菲涅耳反射参数，如图 9-25 所示。

图 9-24　塑钢窗户材质球效果

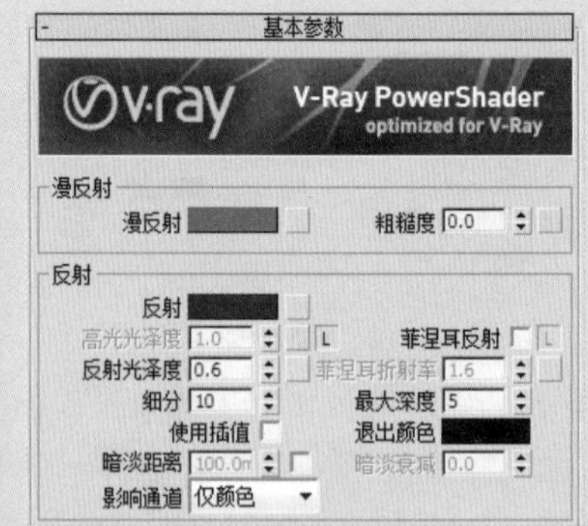

图 9-25　设置相关参数

23 设置漫反射颜色参数，如图 9-26 所示。

24 创建好的百叶窗材质球效果如图 9-27 所示。

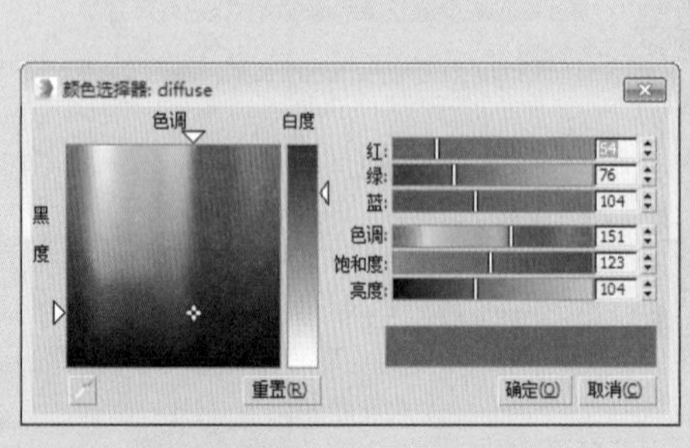

图 9-26　设置漫反射颜色参数

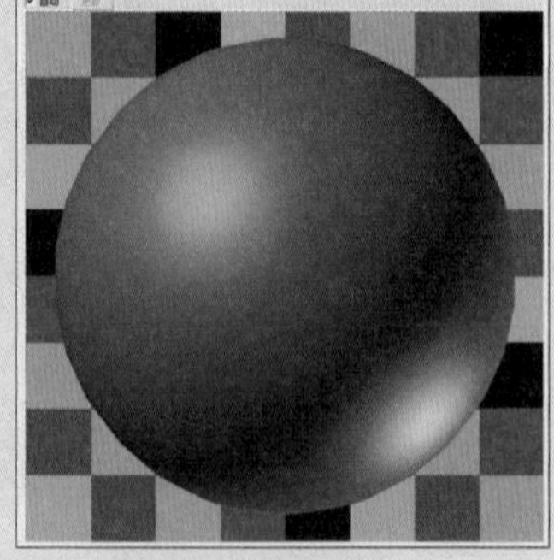

图 9-27　百叶窗材质球参数

25 创建不锈钢水槽材质，选择一个未使用的材质球，设置材质类型为 VRayMtl，设置漫反射颜色为（90，90，90），反射颜色为（180，180，180），并设置反射光泽度、细分、菲涅耳反射参数，如图 9-28 所示。

26 创建好的不锈钢水槽材质球效果如图 9-29 所示。

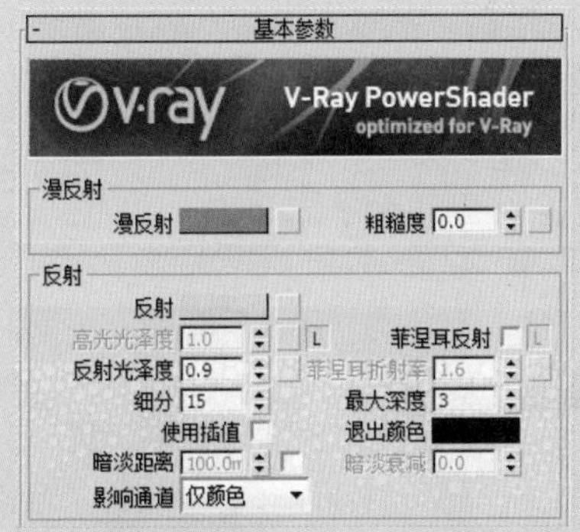

图 9-28 设置相关参数

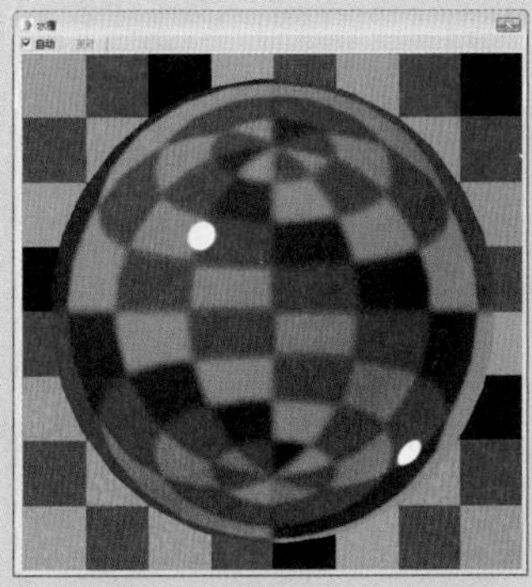

图 9-29 不锈钢水槽材质球效果

27 创建水龙头材质，选择一个未使用的材质球，设置材质类型为 VRayMtl，设置反射颜色为（210，210，210），并设置漫反射颜色、高光光泽度和反射光泽度、细分、菲涅耳反射参数，如图 9-30 所示。

28 设置漫反射颜色参数，如图 9-31 所示。

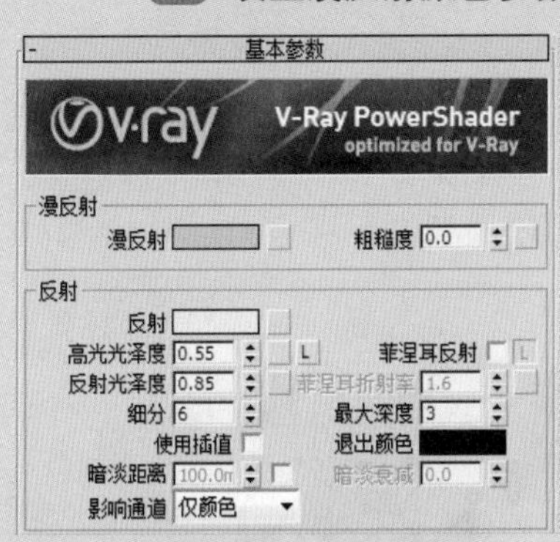

图 9-30 设置相关参数

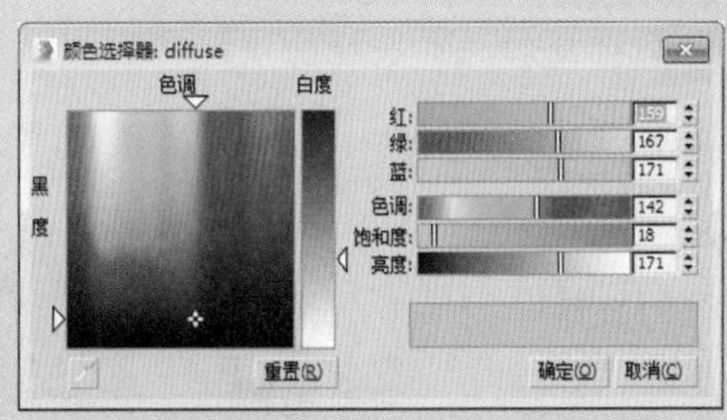

图 9-31 设置漫反射颜色参数

29 在“双向”卷展栏中设置类型为多面，如图 9-32 所示。

30 创建好的水龙头材质球效果如图 9-33 所示。

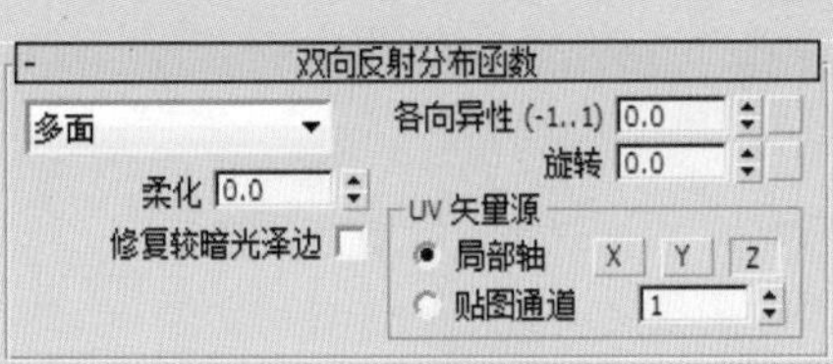

图 9-32 设置双向参数

图 9-33 水龙头材质球效果

31 创建陶瓷碗材质，选择一个未使用的材质球，设置材质类型为 VRayMtl，设置漫反射颜色为（250，250，250），反射颜色为（35，35，35），并设置反射光泽度和菲涅耳反射参数，如图 9-34 所示。

32 创建好的陶瓷碗材质球效果如图 9-35 所示。

图 9-34 设置基本参数

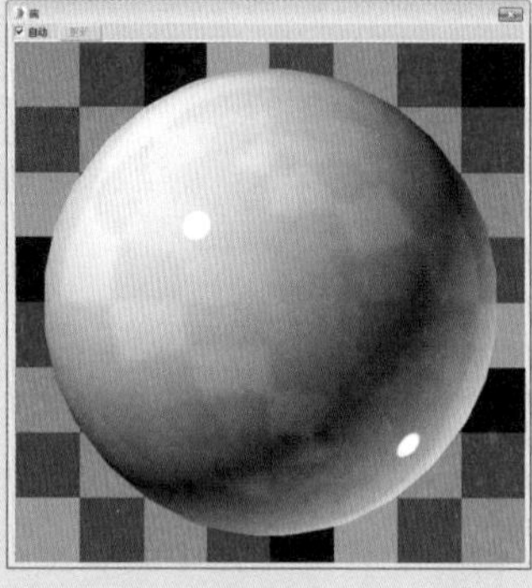

图 9-35 陶瓷碗材质球效果

33 创建沥水架材质，选择一个未使用的材质球，设置材质类型为 VRayMtl，设置漫反射颜色为（221，221，221），设置反射颜色为（220，220，220），并设置高光光泽度和反射光泽度，取消勾选“菲涅耳反射”复选框，如图 9-36 所示。

34 创建好的沥水架材质球效果如图 9-37 所示。

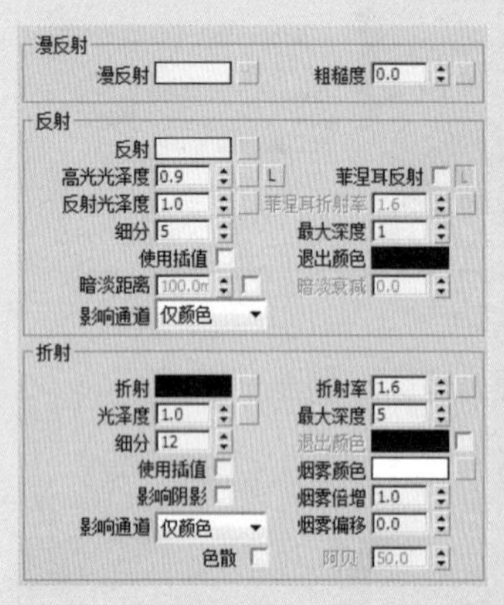

图 9-36 设置基本参数

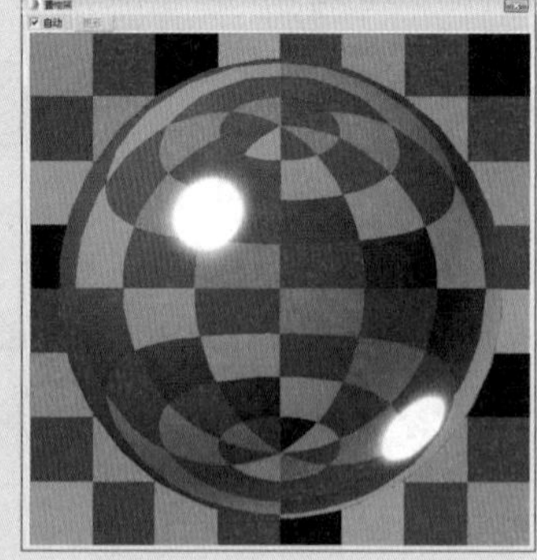

图 9-37 沥水架材质球效果

35 创建开关面板材质，选择一个未使用的材质球，设置材质类型为多维 / 子对象，设置 ID1 的材质类型为 VRayMtl，设置漫反射颜色为（252，252，252），并设置高光光泽度、细分、菲涅耳反射参数，如图 9-38 所示。

36 为反射通道添加衰减贴图，并设置衰减类型，效果如图 9-39 所示。将设置好的 ID1 材质赋给面板模型。

37 设置 ID2 的材质类型为 VRayMtl，设置漫发射颜色为（13，13，13），设置反射颜色为（188，188，188），并取消勾选“菲涅耳反射”复选框，如图 9-40 所示。

38 设置 ID3 的材质类型为标准材质，设置环境光和漫反射的颜色为（10，10，10），并设置高光级别、光泽度，如图 9-41 所示。将创建好的 ID3 材质赋给凹槽。

图 9-38 设置 ID1 基本参数

图 9-39 添加衰减贴图

图 9-40 设置 ID2 基本参数

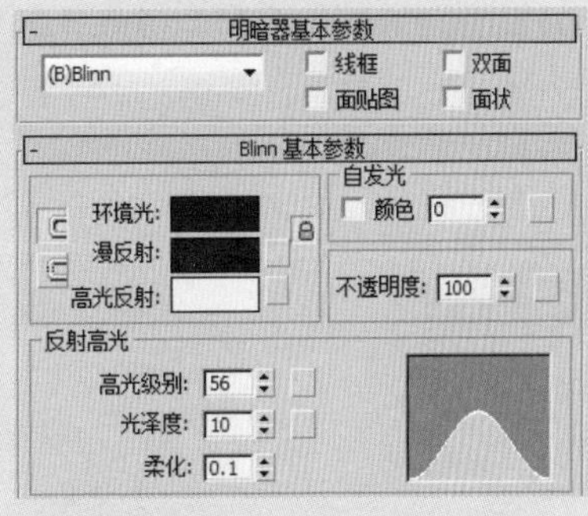

图 9-41 设置 ID3 基本参数

39 创建好的开关面板材质球效果如图 9-42 所示。

40 创建厨房柜门材质，选择一个未使用的材质球，设置材质类型为 VRayMtl，设置漫反射颜色为（255，255，255），反射颜色为（69，69，69），并设置高光和反射光泽度，取消勾选“菲涅耳反射”复选框，如图 9-43 所示。

图 9-42 开关面板材质球效果

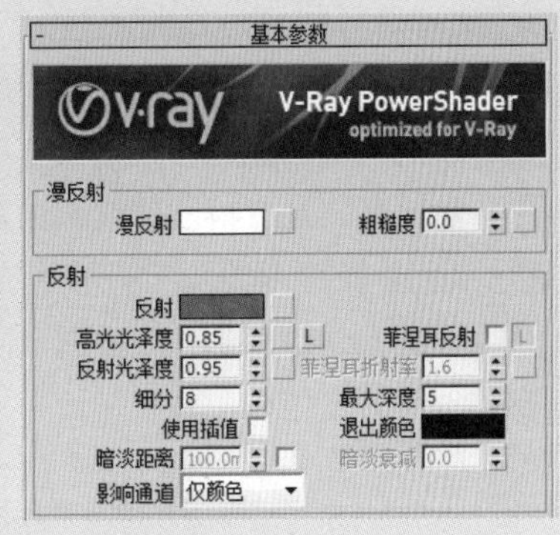

图 9-43 设置基本参数

41 创建好的厨房柜门材质球效果如图 9-44 所示。

42 创建外景材质，选择一个未使用的材质球，设置材质类型为 VR- 灯光材质，并设置强度参数，如图 9-45 所示。

图 9-44　厨房柜门材质球效果

图 9-45　设置参数

43 为颜色通道添加位图贴图，如图 9-46 所示。

44 创建好的外景材质球效果如图 9-47 所示。

图 9-46　添加位图贴图

图 9-47　外景材质球

45 将创建好的材质球赋予到场景模型中进行渲染，效果如图 9-48 所示。

46 创建灶台材质，选择一个未使用的材质球，设置材质类型为 VRayMtl，设置漫反射颜色为（2，2，2），反射颜色为（86，86，86），并设置高光和反射光泽度、菲涅耳反射参数，如图 9-49 所示。

47 创建好的灶台材质球效果如图 9-50 所示。

48 创建灶架材质，选择一个未使用的材质球，设置材质类型为标准材质，并设置高光级别和光泽度，如图 9-51 所示。

图 9-48 渲染效果

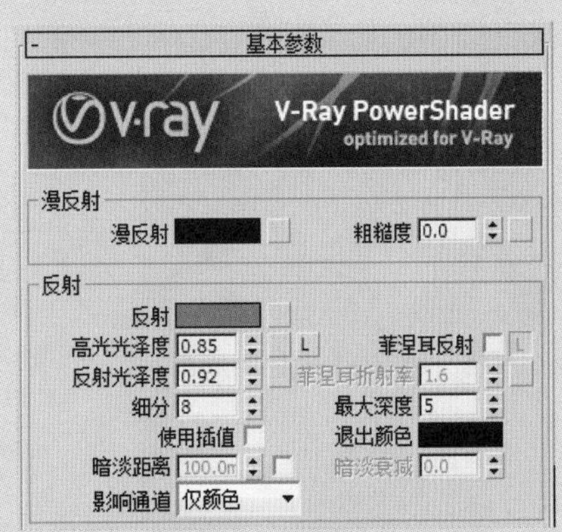

图 9-49 设置基本参数

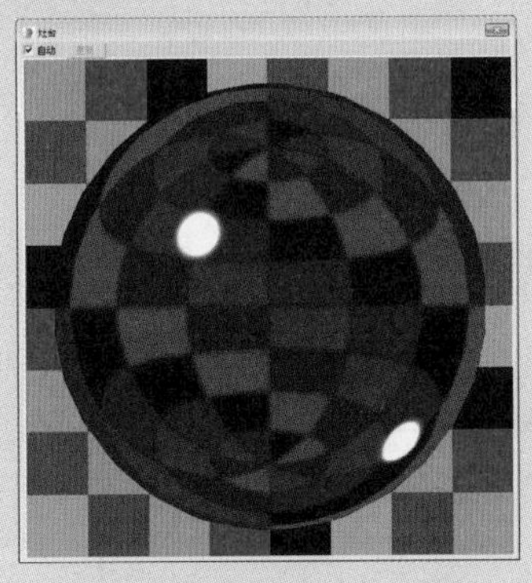

图 9-50 灶台材质球效果

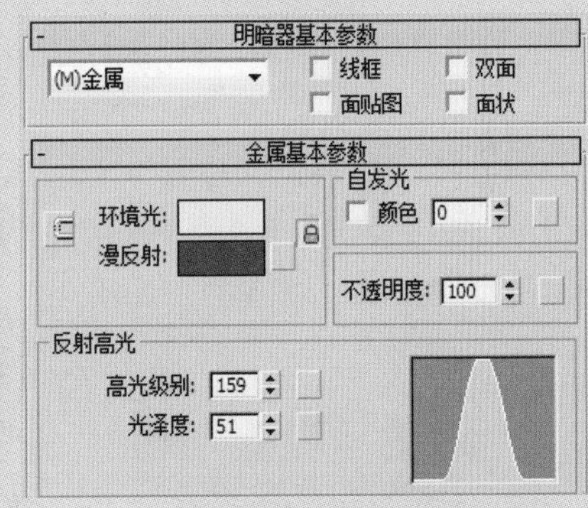

图 9-51 设置参数

49 创建好的灶架材质球效果如图 9-52 所示。

50 创建锅材质，选择一个未使用的材质球，设置材质类型为VRayMtl，设置漫反射颜色为（111，111，111），反射颜色为（232，232，232），并设置反射光泽度、菲涅耳反射参数，如图 9-53 所示。

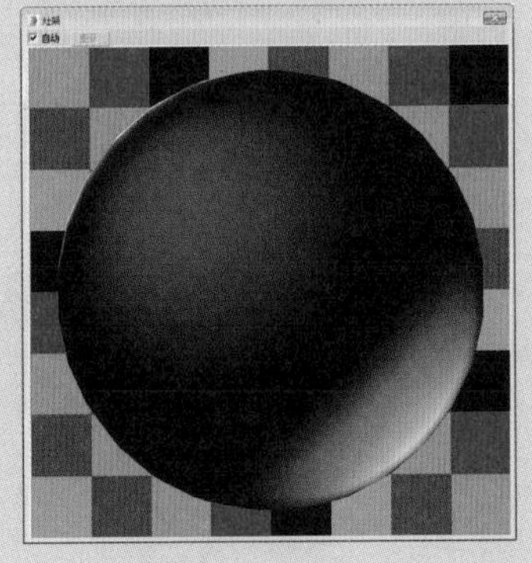

图 9-52 灶架材质球效果

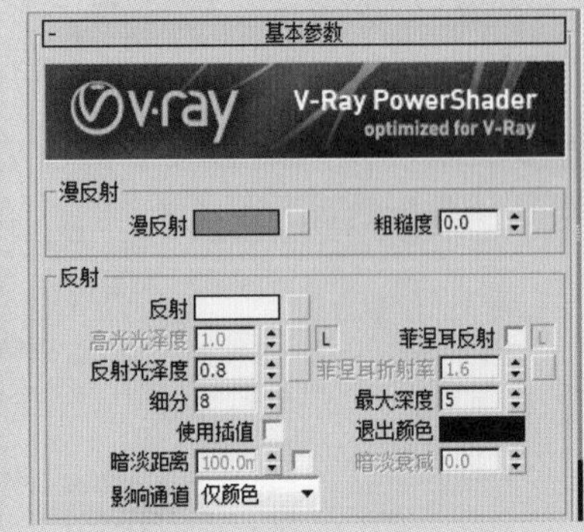

图 9-53 设置基本参数

51 创建好的锅材质球效果如图 9-54 所示。

52 创建手柄材质，选择一个未使用的材质球，设置材质类型为标准材质，设置环境光和漫反射为（29，29，29），高光反射为（230，230，230），并设置光泽度，如图 9-55 所示。

图 9-54　锅材质球效果

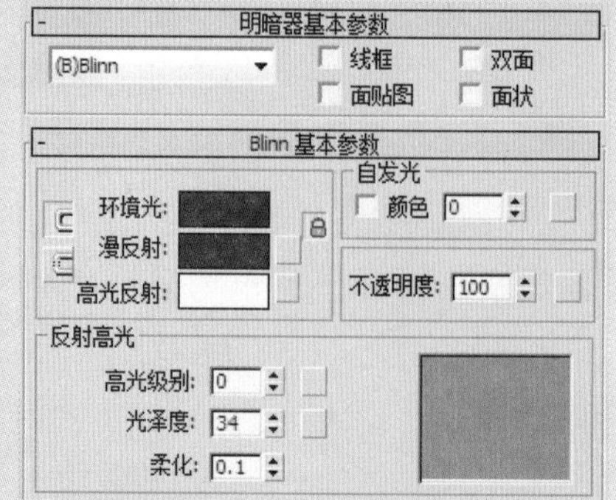

图 9-55　设置参数

53 创建好的手柄材质球效果如图 9-56 所示。

54 创建酒瓶材质，选择一个未使用的材质球，设置材质类型为 VRayMtl，设置反射颜色为（0，0，0）、折射颜色为（129，129，129）、烟雾颜色为（119，119，119），并设置漫反射颜色、反射光泽度、细分等参数，如图 9-57 所示。

图 9-56　手柄材质球效果

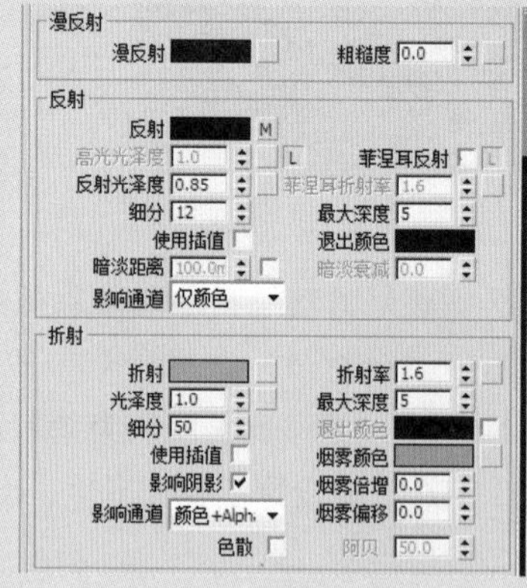

图 9-57　设置基本参数

55 设置漫反射颜色参数，如图 9-58 所示。

56 为反射通道添加衰减贴图，如图 9-59 所示。

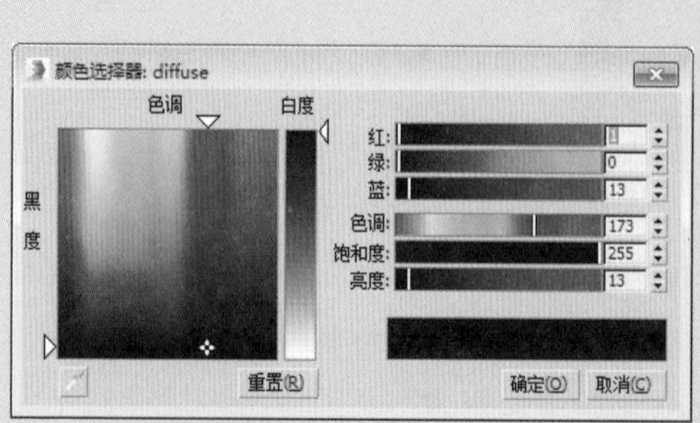

图 9-58　设置漫反射颜色参数

图 9-59　添加衰减贴图

57 在“双向反射分布函数”卷展栏中设置类型为沃德，如图 9-60 所示。

58 创建好的酒瓶材质球效果如图 9-61 所示。

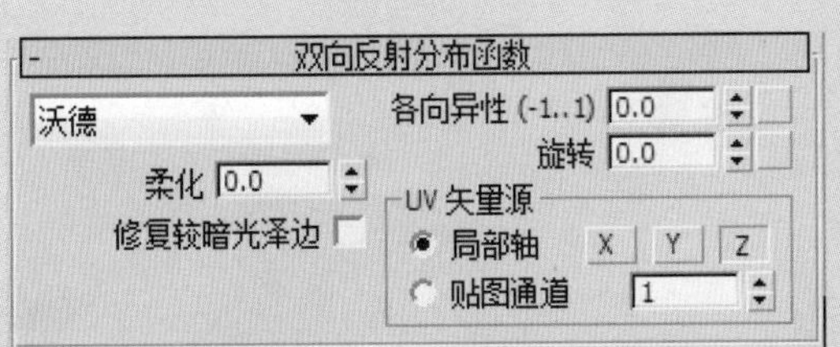

图 9-60　设置双向类型

图 9-61　酒瓶材质球效果

59 创建酒瓶帽材质，选择一个未使用的材质球，设置材质类型为 VRayMtl，设置反射颜色为（255，255，255），并设置漫反射颜色，反射光泽度、细分等参数，如图 9-62 所示。

60 设置漫反射颜色参数，如图 9-63 所示。

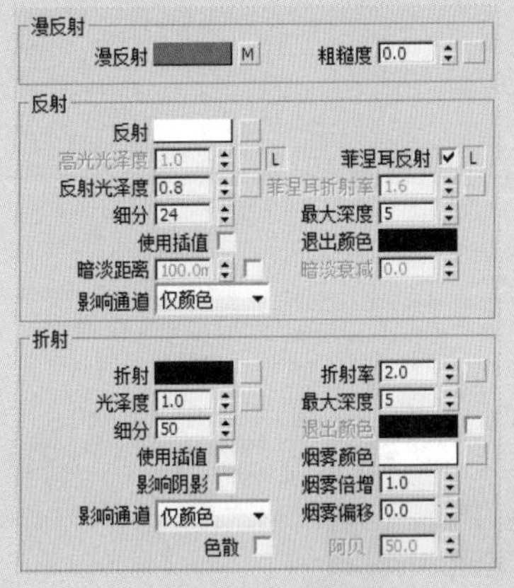

图 9-62　设置基本参数

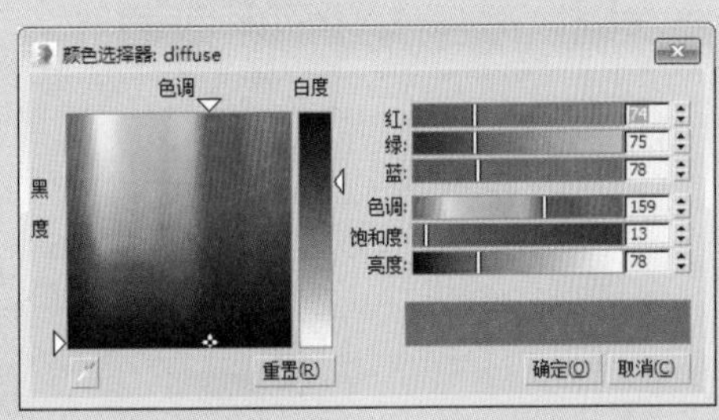

图 9-63　设置漫反射颜色参数

61 在“贴图”卷展栏中，为凹凸通道添加噪波贴图，并设置凹凸值为 2，如图 9-64 所示。

62 在“坐标”卷展栏中设置瓷砖的 X、Y、Z 值，设置噪波大小值为 5，如图 9-65 所示。

图 9-64　设置凹凸参数

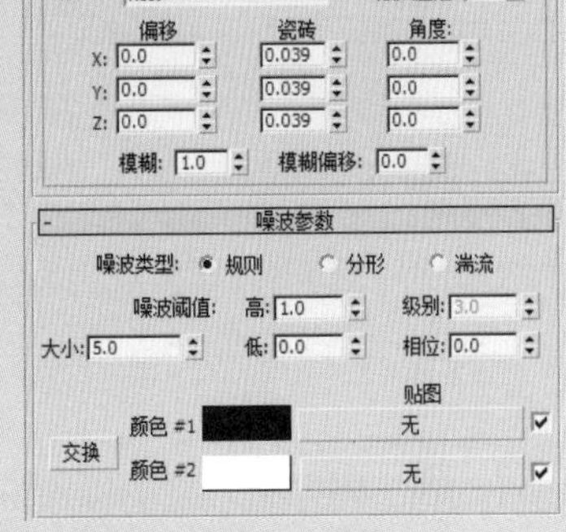

图 9-65　设置参数

63 创建好的酒瓶帽材质球效果如图 9-66 所示。

64 将创建好的材质球赋予到场景模型中进行渲染，效果如图 9-67 所示。

图 9-66 酒瓶帽材质球效果

图 9-67 渲染效果

65 创建水果篮材质，选择一个未使用的材质球，设置材质类型为 VRayMtl，并设置反射颜色、反射光泽度参数，如图 9-68 所示。

66 设置反射颜色参数，如图 9-69 所示。

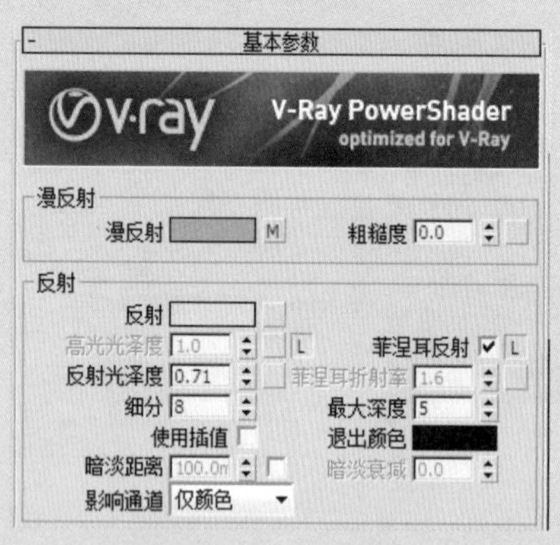

图 9-68 设置基本参数

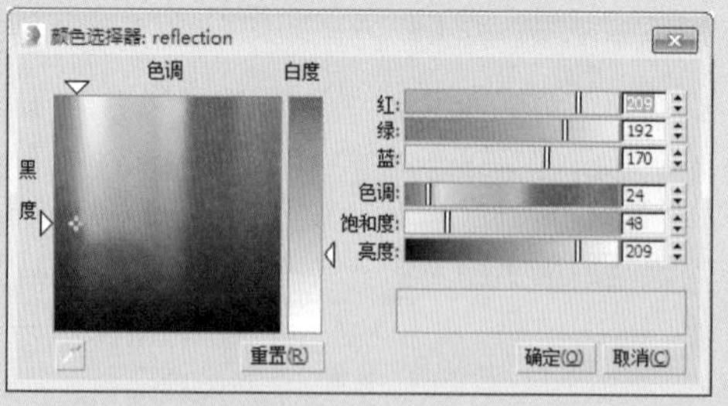

图 9-69 设置反射颜色参数

67 为漫反射通道添加位图贴图，如图 9-70 所示。

68 在“贴图”卷展栏中为凹凸通道添加位图贴图，并设置凹凸值为 15，如图 9-71 所示。

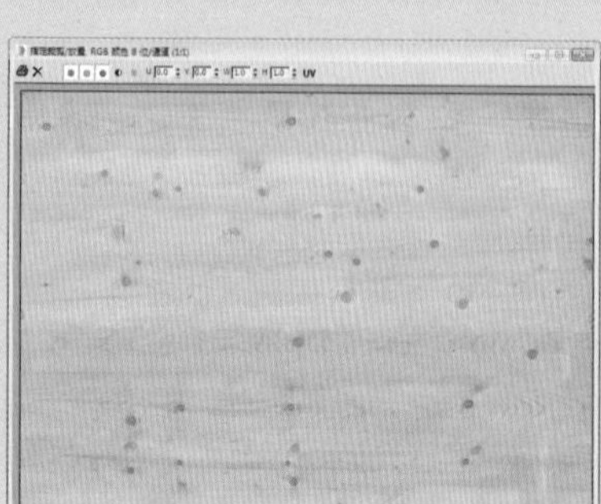

图 9-70 添加位图贴图

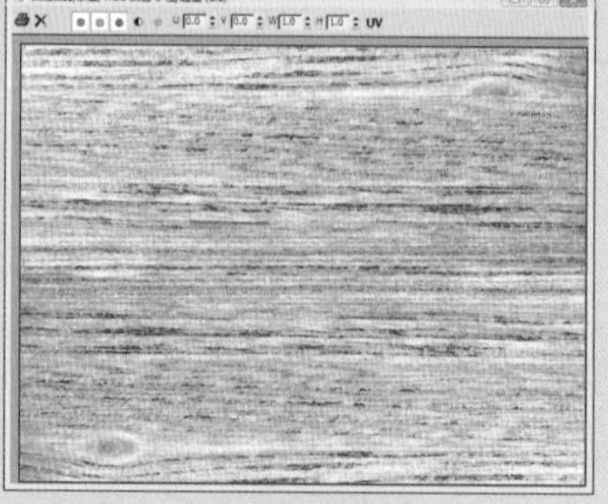

图 9-71 添加位图贴图

69 创建好的水果篮材质球效果如图 9-72 所示。

70 创建苹果材质，选择一个未使用的材质球，设置材质类型为 VRayMtl，并设置反射颜色、反射光泽度参数，如图 9-73 所示。

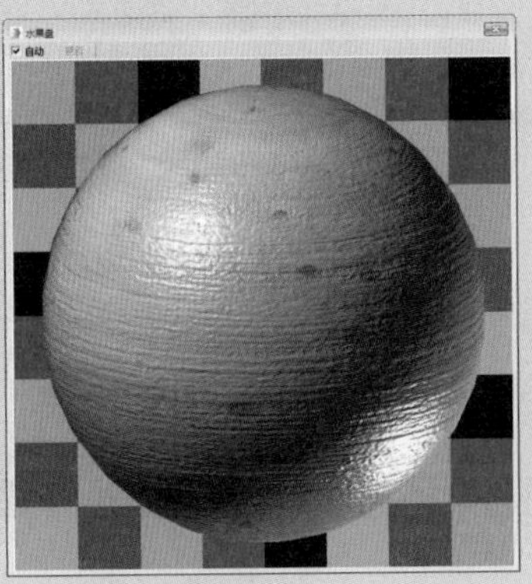

图 9-72 水果篮材质球效果

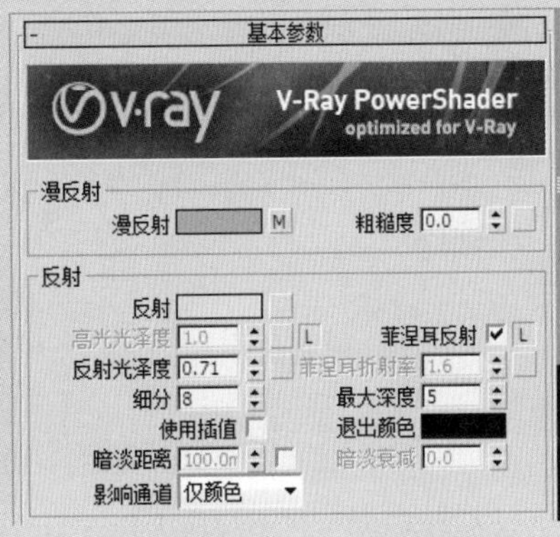

图 9-73 设置基本参数

71 为漫反射通道添加衰减贴图，并设置衰减类型，如图 9-74 所示。

72 为颜色 1 和颜色 2 通道添加位图贴图，效果如图 9-75 所示。

图 9-74 添加衰减贴图

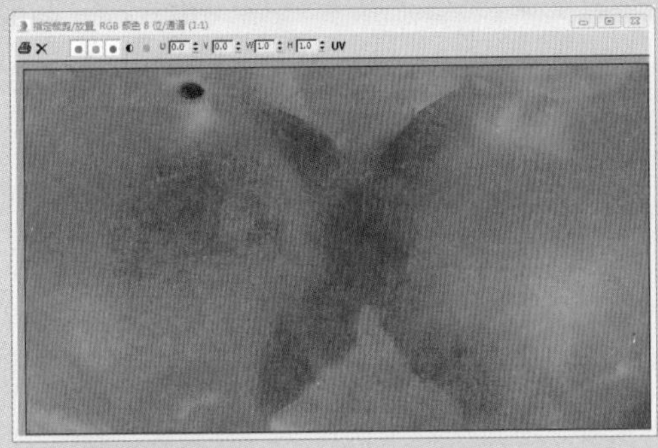

图 9-75 添加位图贴图

73 在“基本参数”卷展栏中，设置反射颜色参数，效果如图 9-76 所示。

74 在“贴图”卷展栏中，为半透明通道添加位图贴图，效果如图 9-77 所示。

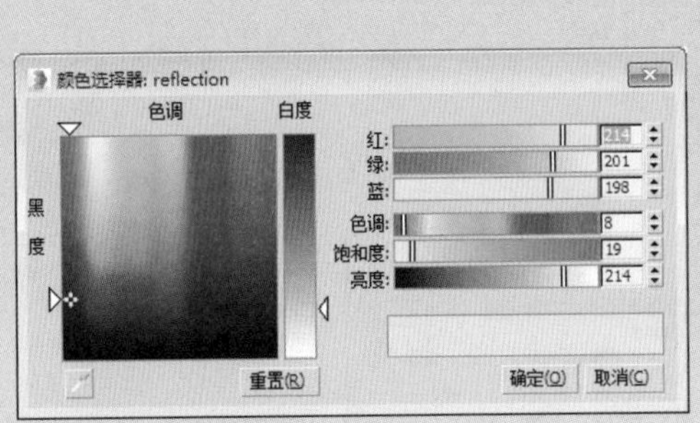

图 9-76 设置反射颜色参数

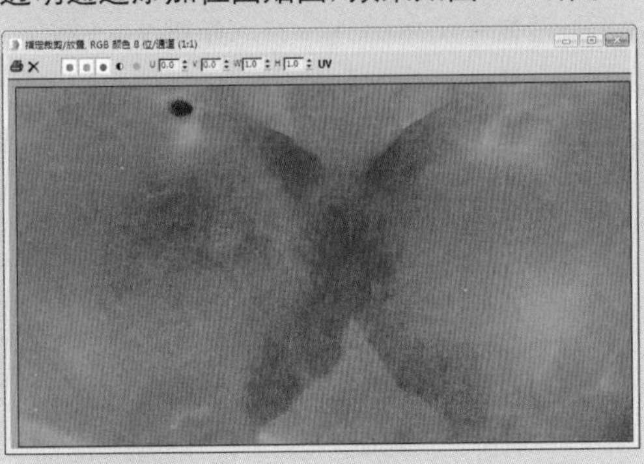

图 9-77 添加位图贴图

75 为凹凸通道添加位图贴图，如图 9-78 所示。

76 创建好的苹果材质球效果如图 9-79 所示。

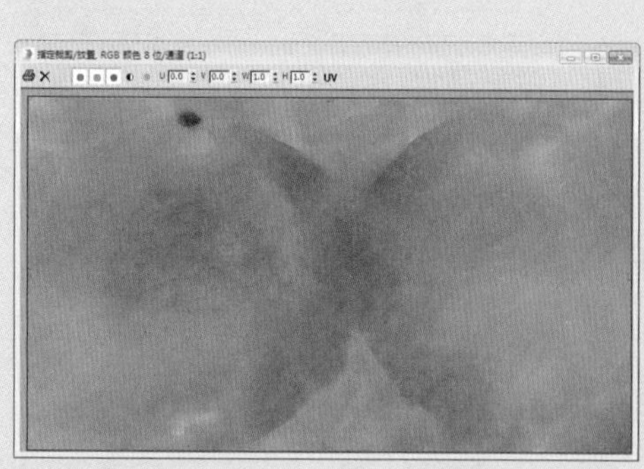

图 9-78 添加位图贴图

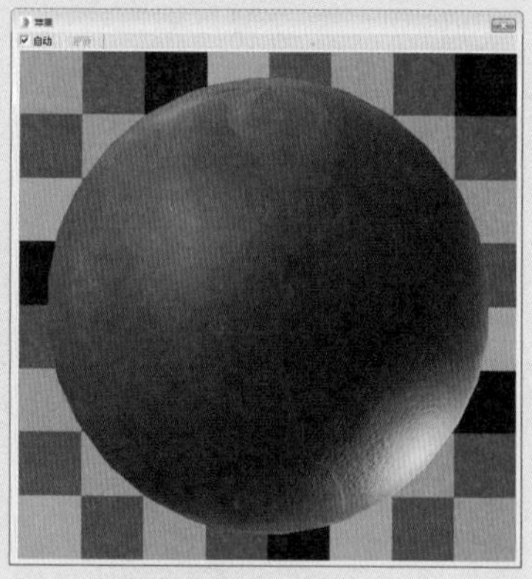

图 9-79 苹果材质球效果

77 继续创建香蕉、菠萝等水果材质球，如图 9-80 所示。

78 将创建好的材质球赋予到场景模型中进行渲染，效果如图 9-81 所示。

图 9-80 创建其他材质球效果

图 9-81 渲染效果

79 创建玻璃材质，选择一个未使用的材质球，设置材质类型为 VRayMtl，设置反射颜色为（0，0，0），折射颜色为（255，255，255），并设置漫反射和折射颜色、烟雾倍增等参数，如图 9-82 所示。

80 设置漫反射颜色参数，如图 9-83 所示。

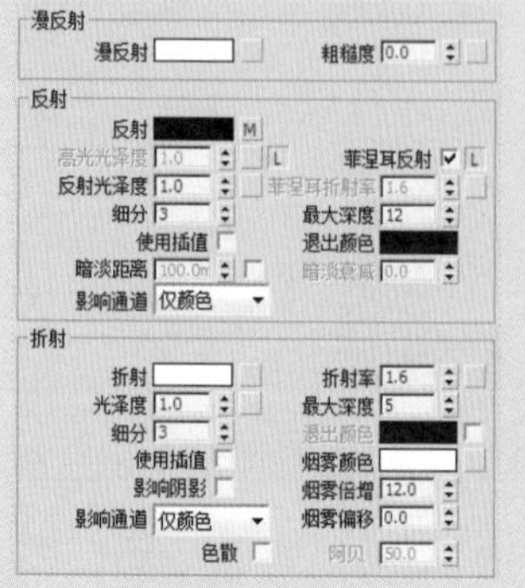

图 9-82 设置基本参数

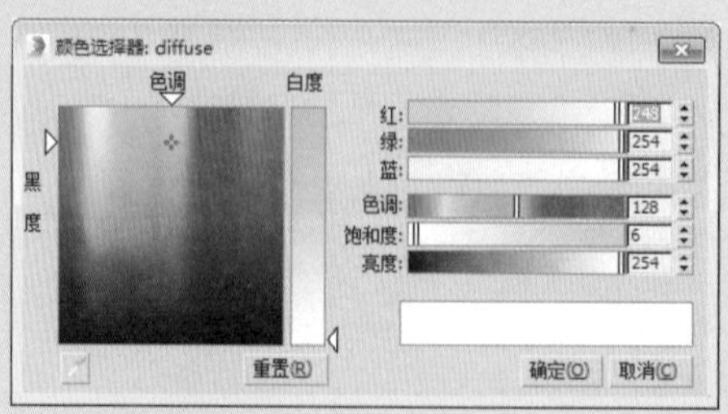

图 9-83 设置漫反射颜色参数

81 在“双向反射分布函数”卷展栏中设置类型为多面，如图9-84所示。

82 创建好的玻璃材质球效果如图 9-85 所示。

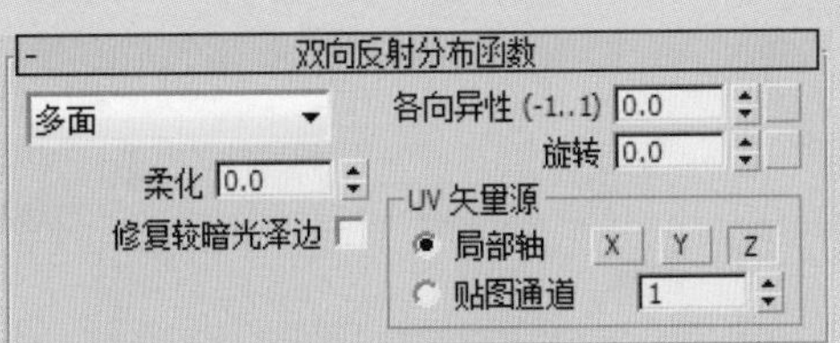

图 9-84　设置双向参数

图 9-85　玻璃材质球效果

83 创建油烟机材质，选择一个未使用的材质球，设置材质类型为 VRayMtl，设置反射类型为（121，121，121），并设置高光光泽度和反射光泽度、细分、菲涅耳反射参数，如图 9-86 所示。

84 创建好的油烟机材质球效果如图 9-87 所示。

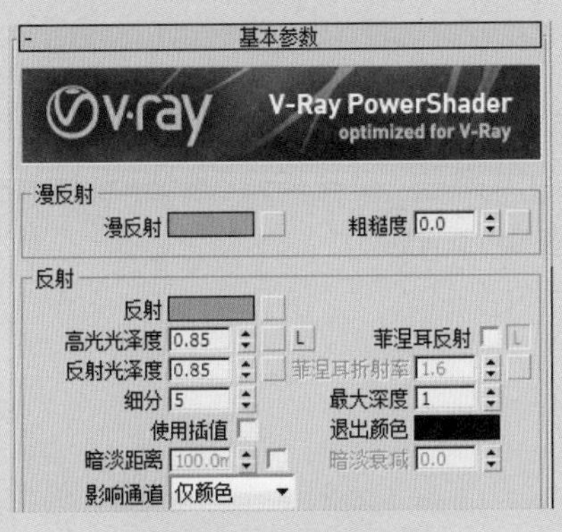

图 9-86　设置基本参数

图 9-87　油烟机材质球效果

85 创建 LED 灯材质，选择一个未使用的材质球，设置材质类型 VR- 灯光材质，并设置强度值，如图 9-88 所示。

86 创建好的 LED 灯材质球效果如图 9-89 所示。

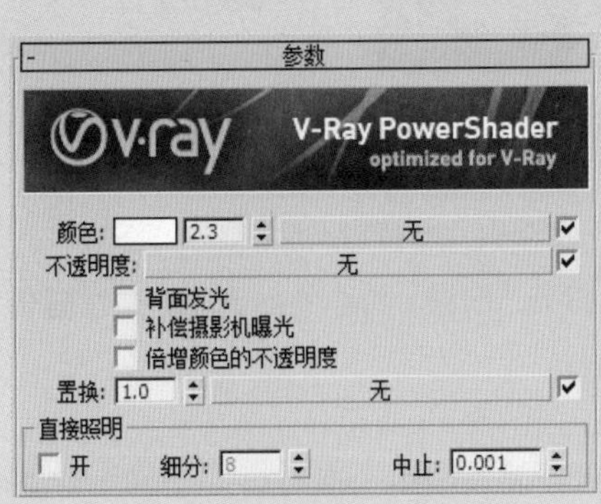

图 9-88　设置基本参数

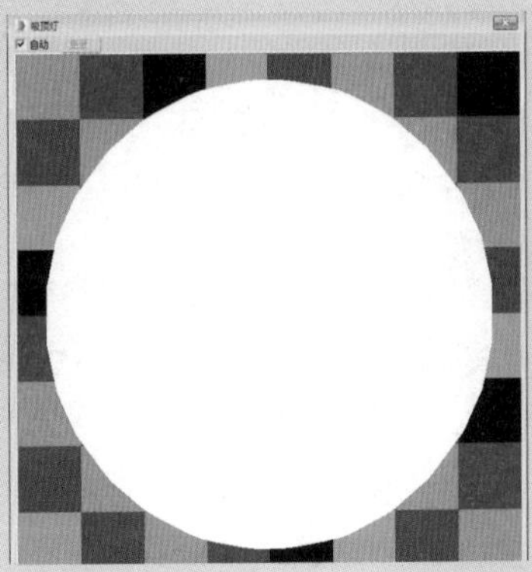

图 9-89　LED 灯材质球效果

87 继续创建水果刀、切菜板、辣椒等材质球，如图 9-90 所示。

88 将创建好的材质球赋予到场景模型中进行渲染，效果如图 9-91 所示。

图 9-90 创建其他材质球

图 9-91 渲染效果

9.3 为厨房场景创建灯光

下面将介绍如何为场景创建灯光，其具体操作步骤介绍如下。

01 创建射灯光源，在灯光面板中，单击“目标灯光”按钮，创建目标灯光，并设置颜色、强度等参数，如图 9-92 所示。

02 设置射灯颜色参数，如图 9-93 所示。

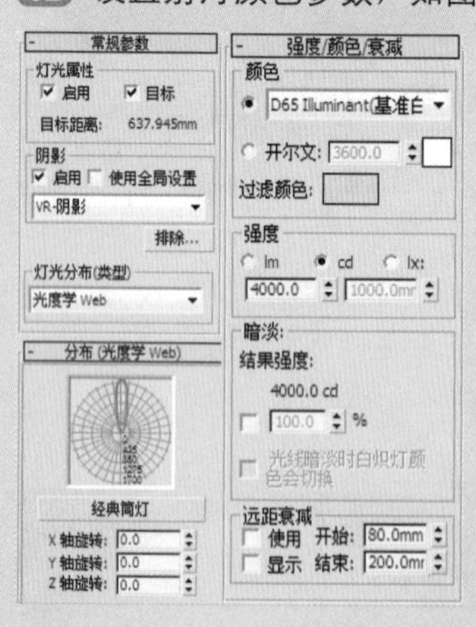

图 9-92 设置相关参数

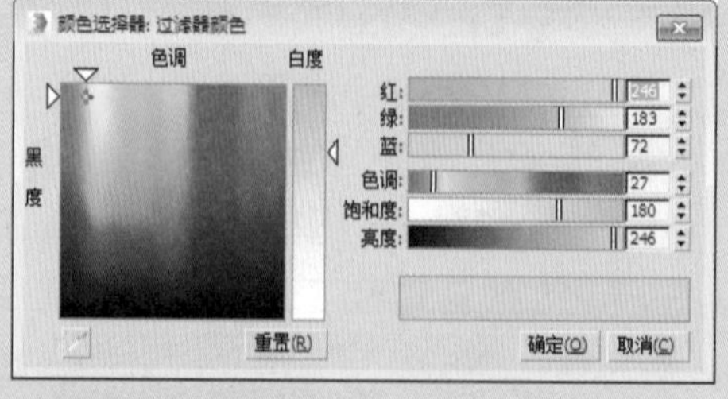

图 9-93 设置射灯颜色参数

03 将创建好的目标灯光进行复制，调整到合适位置，如图 9-94 所示。

04 创建吸顶灯光源，单击“VR- 灯光”按钮，创建平面光源，并设置倍增、颜色、细分等参数，如图 9-95 所示。

05 设置吸顶灯的灯光颜色参数，如图 9-96 所示。

06 将创建好的平面灯光进行旋转，放在图中合适位置，如图 9-97 所示。

图 9-94　创建目标灯光

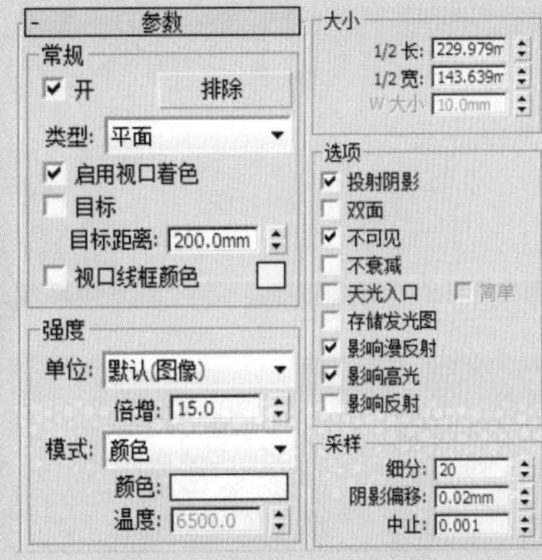

图 9-95　设置参数

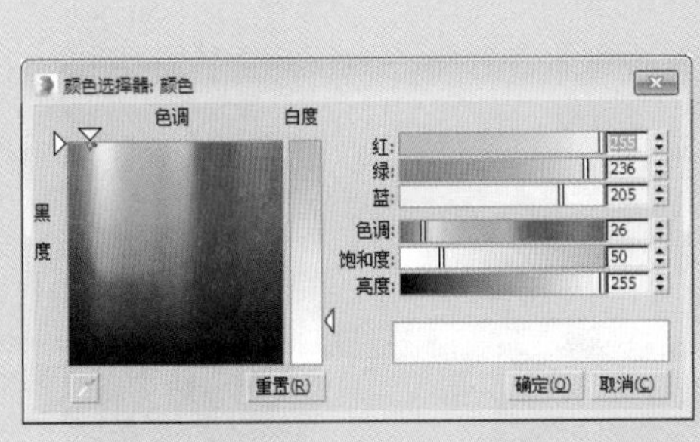

图 9-96　设置灯光颜色参数

图 9-97　旋转平面灯光

07 创建室外光源，继续创建 VR- 平面灯光，并设置颜色、倍增、大小、细分等参数，如图 9-98 所示。

08 设置室外灯光的颜色参数，如图 9-99 所示。

图 9-98　设置参数

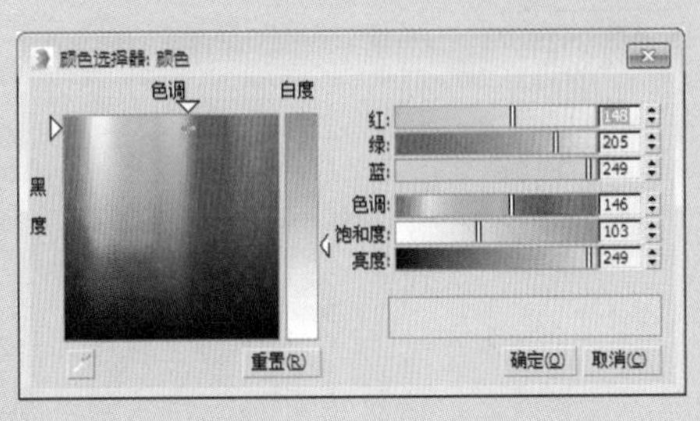

图 9-99　设置颜色参数

09 将创建好的室外灯光放在窗户的合适位置，如图 9-100 所示。

10 继续创建室内补光光源，设置参数，如图 9-101 所示。

图 9-100　放置室外光源

图 9-101　设置参数

11 设置室内补光的灯光颜色参数，如图 9-102 所示。

12 将创建好的室内补光光源放在图中合适位置，如图 9-103 所示。

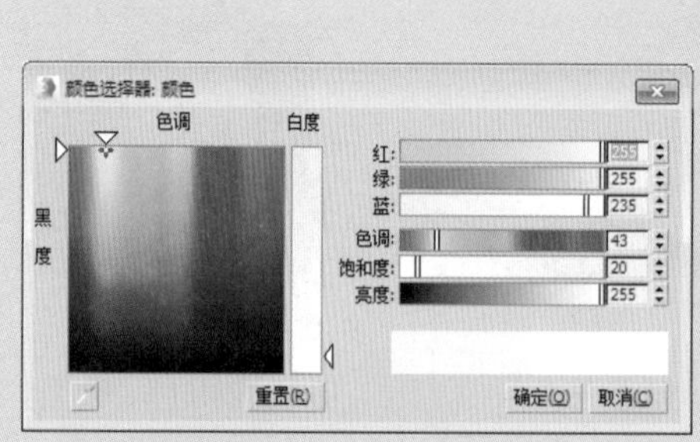

图 9-102　设置灯光颜色参数

图 9-103　放置室内补光光源

13 继续创建室内补光光源，设置颜色、倍增、大小、细分等参数，如图 9-104 所示。

14 设置室内补光的灯光颜色参数，如图 9-105 所示。

图 9-104　设置参数

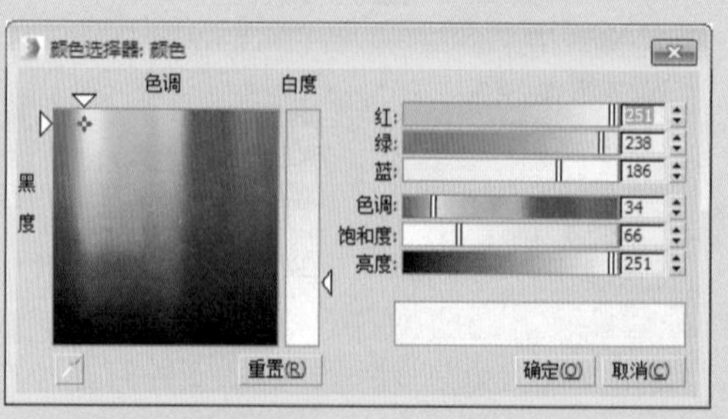

图 9-105　设置灯光颜色参数

15 将创建好的补光光源放在图中合适位置，如图 9-106 所示。

16 将视图转换为摄影机视图，如图 9-107 所示。

图 9-106　放置补光光源

图 9-107　摄影机视图

9.4　渲染厨房场景效果

灯光和材质都已经创建完毕，这里需要先对场景进行一个测试渲染，对场景进行测试渲染直到满意后，就可以正式渲染最终成品图像了，下面将具体介绍渲染参数的设置。

01 按 F10 快捷键，打开“渲染设置”窗口，在“帧缓冲区”卷展栏下取消勾选“启用内置帧缓冲区”复选框，如图 9-108 所示。

02 打开“颜色贴图”卷展栏，设置颜色贴图类型为指数，并设置暗度倍增和明亮倍增，如图 9-109 所示。

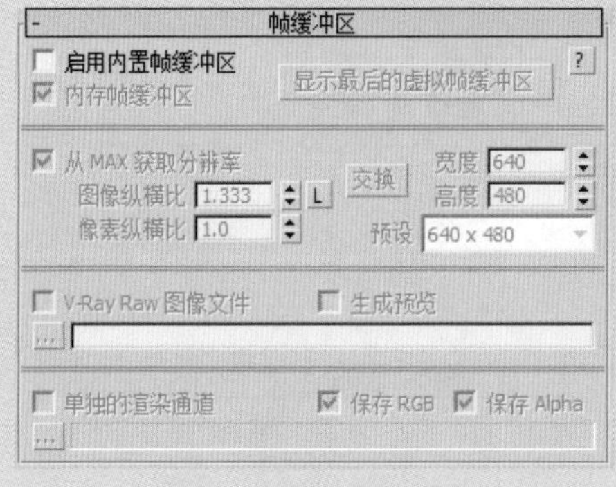

图 9-108　设置帧缓冲区

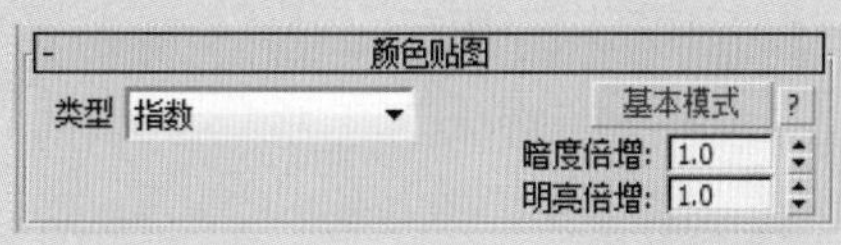

图 9-109　设置颜色贴图类型

03 在“GI”选项卡的“全局照明 [无名汉化]”卷展栏中启用全局照明，设置二次引擎为“灯光缓存”，如图 9-110 所示。

04 在“发光图”卷展栏中设置当前预设模式为“非常低”，并设置细分值与插值采样值，如图 9-111 所示。

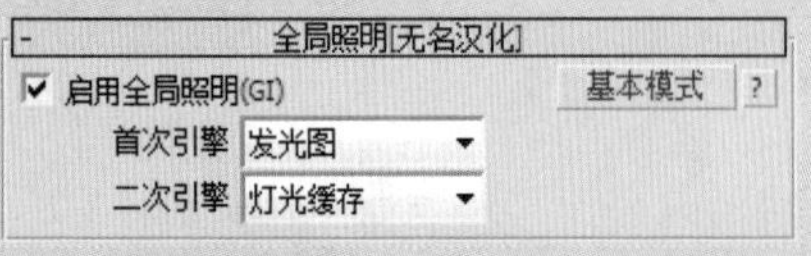

图 9-110　设置全局照明

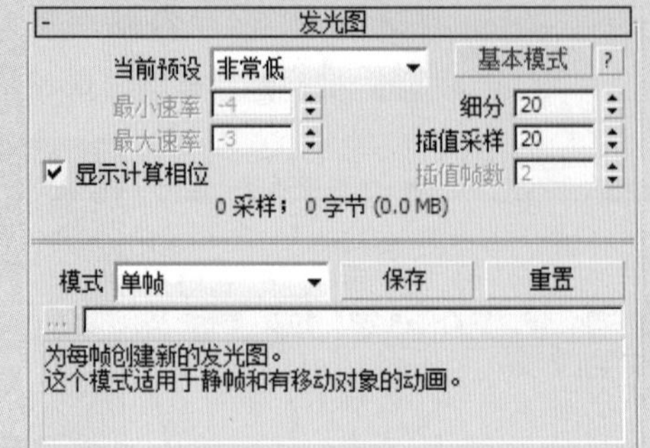

图 9-111　设置发光图

05 在“灯光缓存”卷展栏中设置细分值等参数，如图 9-112 所示。

06 渲染摄影机视图，此时渲染效果如图 9-113 所示。

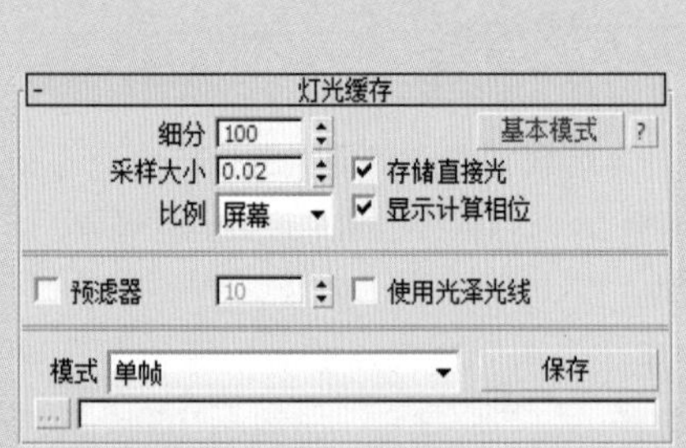

图 9-112　设置灯光缓存

图 9-113　渲染效果

07 进行最终渲染效果的参数设置，设置出图大小，如图 9-114 所示。

08 在“图像采样器（抗锯齿）”卷展栏中设置过滤器类型为“Catmull-Rom”，如图 9-115 所示。

图 9-114　设置图大小

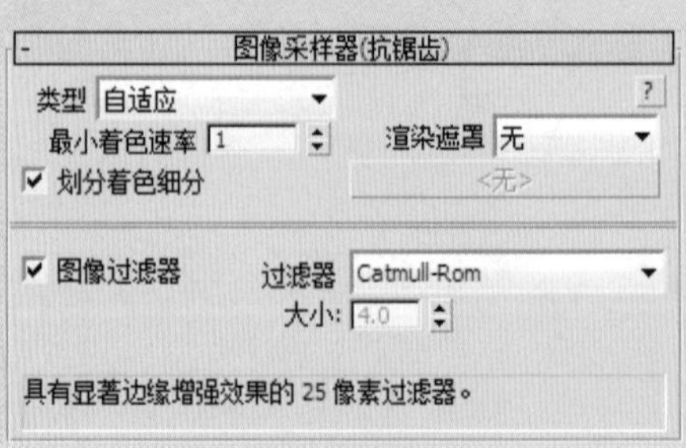

图像采样器(抗锯齿)
类型 自适应
最小着色速率 1
渲染遮罩 无
划分着色细分
<无>
图像过滤器
过滤器 Catmull-Rom
大小: 4.0
具有显著边缘增强效果的 25 像素过滤器。

图 9-115　设置采样器

09 在“全局确定性蒙特卡洛”卷展栏中设置噪波阈值，如图 9-116 所示。

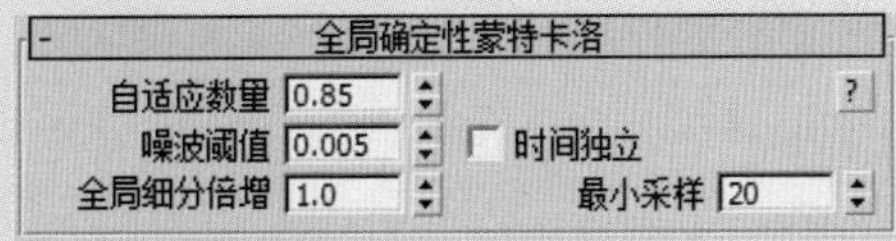

图 9-116　设置噪波阈值

10 在“发光图”卷展栏中设置预设类型，并设置细分值及插值采样值，如图 9-117 所示。

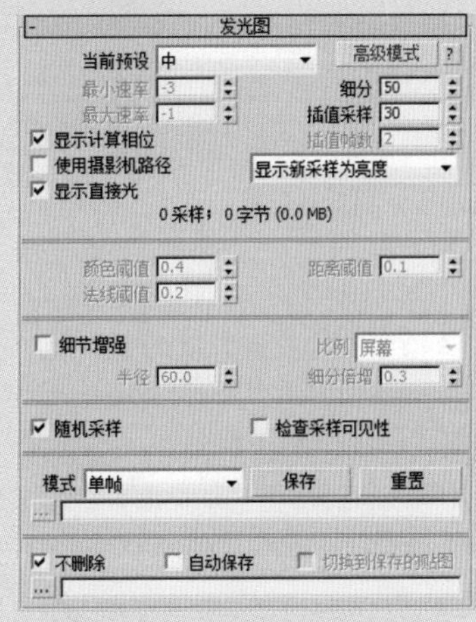

图 9-117　“发光图”卷展栏

11 在“灯光缓存”卷展栏中设置细分值等参数，如图 9-118 所示。

12 在“设置”选项卡的“系统”卷展栏中设置渲染块宽度值为 64，并设置序列类型为“上 -> 下”，如图 9-119 所示。

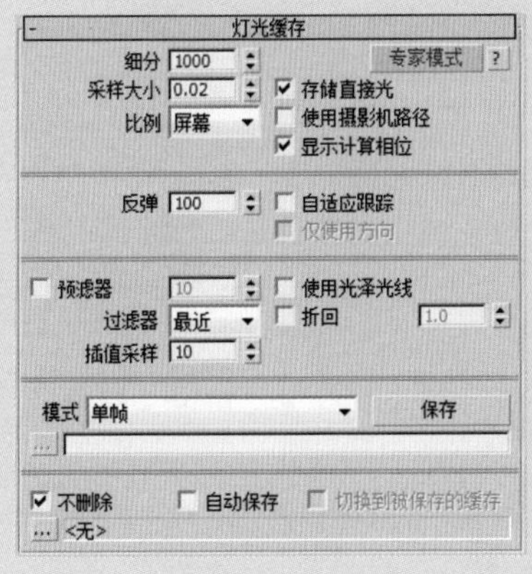

图 9-118　设置灯光缓存

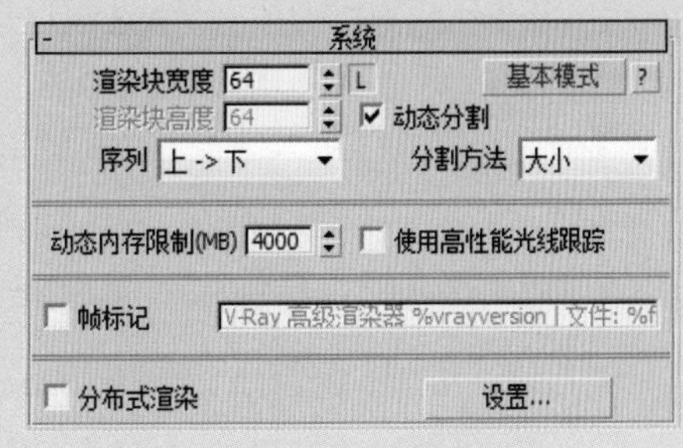

图 9-119　设置系统

13 渲染摄影机视图，最终效果如图 9-120 所示。

图 9-120　渲染效果

9.5　Photoshop 后期处理

通过上面的制作，已经得到了成品图。由于受环境的影响，图像的色彩不够鲜明，这里就需要利用 Photoshop 软件对其进行调整，具体操作介绍如下。

01 在 Photoshop 中打开渲染好的“卧室.jpg”文件，如图 9-121 所示。

02 执行“图像”|“调整”|“色彩平衡”命令，打开“色彩平衡”对话框，调整色阶参数，如图 9-122 所示。

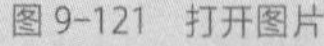

图 9-121　打开图片

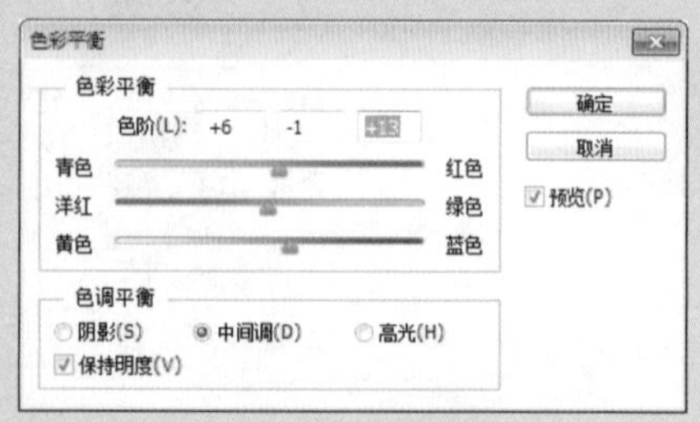

图 9-122　设置色彩平衡

03 单击“确定”按钮关闭该对话框，观察效果，如图 9-123 所示。

04 执行“图像”|“调整”|“色相 / 饱和度”命令，打开“色相 / 饱和度”对话框，调整效果图的整体饱和度，如图 9-124 所示。

图 9-123 调整效果

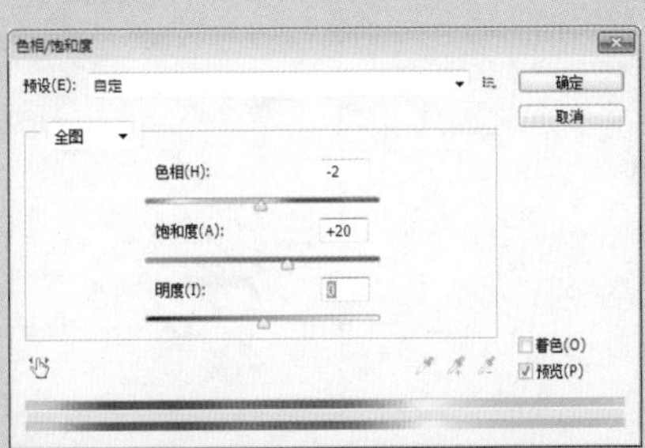

图 9-124 设置色相 / 饱和度

05 单击“确定”按钮，效果如图 9-125 所示。

06 执行“图像” | “调整” | “亮度 / 对比度”命令，打开“亮度 / 对比度”对话框，调整对比度值，如图 9-126 所示。

图 9-125 调整效果

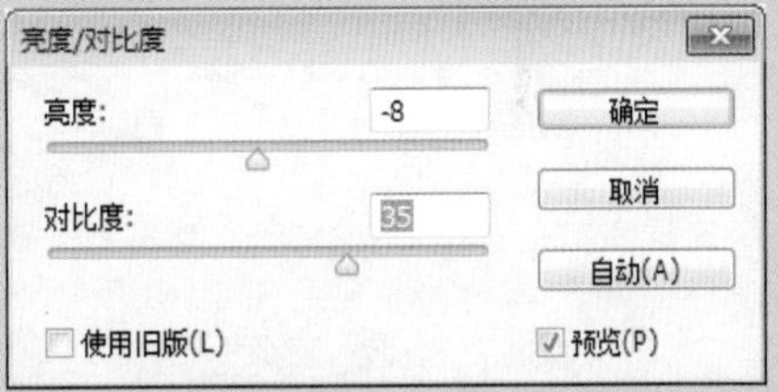

亮度/对比度
亮度: -8
确定
对比度: 35
取消
自动(A)
使用旧版(L)
预览(P)

图 9-126 设置亮度 / 对比度

07 单击“确定”按钮，效果如图 9-127 所示。

图 9-127 调整效果

08 执行“图像”|“调整”|“曲线”命令，打开“曲线”对话框，添加控制点调整曲线，如图 9-128 所示。

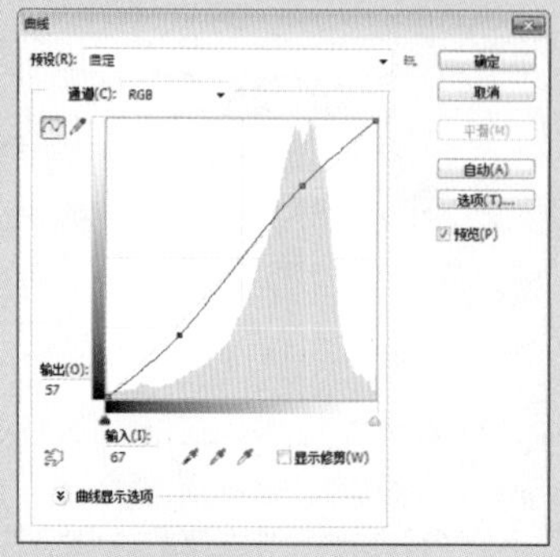

图 9-130 设置曲线

09 观察调整前后的效果，如图 9-129、图 9-130 所示。

图 9-129 调整前效果

图 9-130 调整后效果

第 10 章

卫生间场景效果表现

本章概述 SUMMARY

相对于卫生间而言，场景中的墙砖、地砖、镜子等材质都有很强的反射质感，通过光线的折射和物体的反射，狭小的空间反而看起来很通透，下面将以欧式卫生间来介绍卫生间场景的表现方法。

■ 学习目标

- √ 掌握瓷砖材质的创建
- √ 掌握镜子材质的创建
- √ 掌握金属毛巾架材质的创建
- √ 掌握水龙头材质的创建

◎咖啡厅场景效果

◎厨房场景效果

10.1 检测模型

下面将介绍如何在 3ds Max 中打开并检测已经创建完成的场景模型，其具体操作步骤如下。

01 打开素材文件，如图 10-1 所示。

02 在摄影机创建命令面板中单击“目标”按钮，在顶视图中创建一架摄影机，调整摄影机的高度和角度，并设置备用镜头为 24mm，效果如图 10-2 所示。

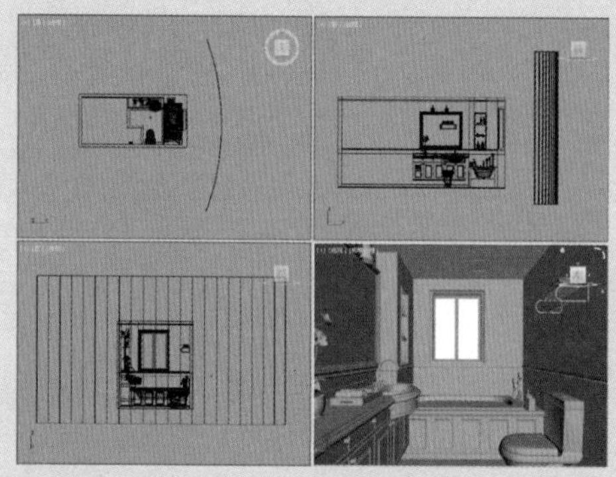

图 10-1 打开素材文件

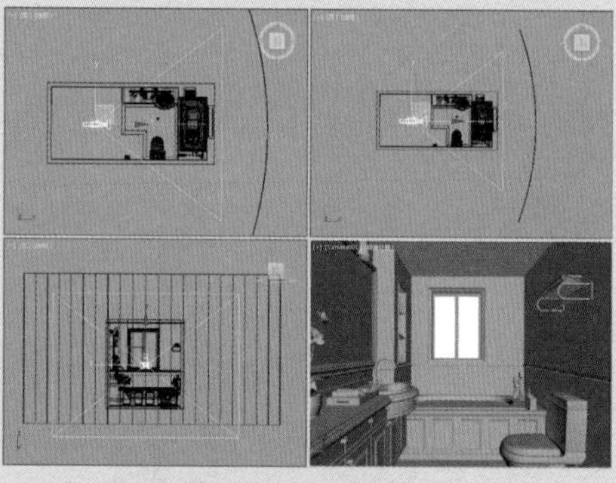

图 10-2 创建摄影机

03 渲染摄影机视图，效果如图 10-3 所示。通过渲染出的图片来检测模型是否有破面，以便进行修整。

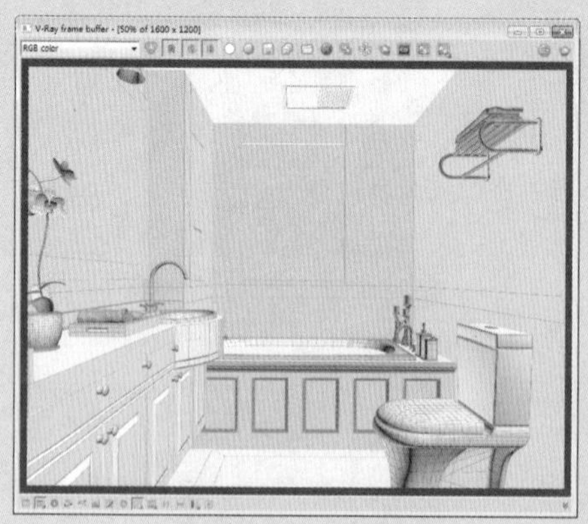

图 10-3 渲染效果

10.2 为卫生间场景赋予材质

下面将介绍如何为场景中的对象分别设置材质，其具体操作步骤如下。

01 创建乳胶漆材质，按 M 键打开材质编辑器，在材质球示例窗口中选择一个未使用的材质球，设置材质类型为 VRayMtl，设置漫反射颜色为（255，255，255），反射颜色为（15，15，15），并取消勾选“菲涅耳反射”复选框，设置高光光泽度、细分等参数，如图 10-4 所示。

02 创建好的乳胶漆材质球效果如图 10-5 所示。

图 10-4 设置基本参数

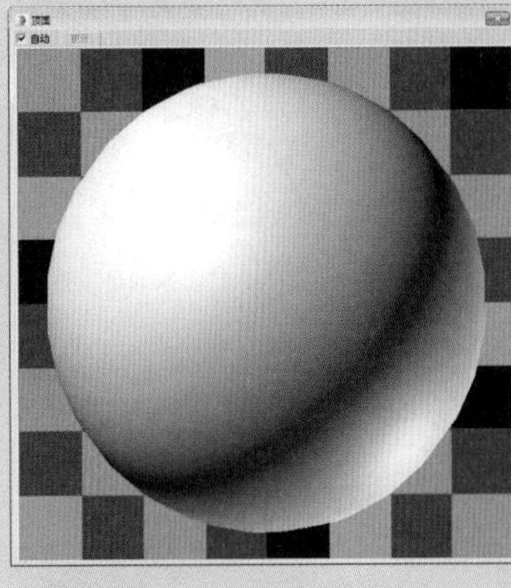

图 10-5 乳胶漆材质球效果

03 创建墙砖 1 材质，选择一个未使用的材质球，设置材质类型为 VRayMtl，设置反射颜色为（32，32，32），并设置高光光泽度、反射光泽度、细分等参数，如图 10-6 所示。

04 为漫反射添加位图贴图，如图 10-7 所示。

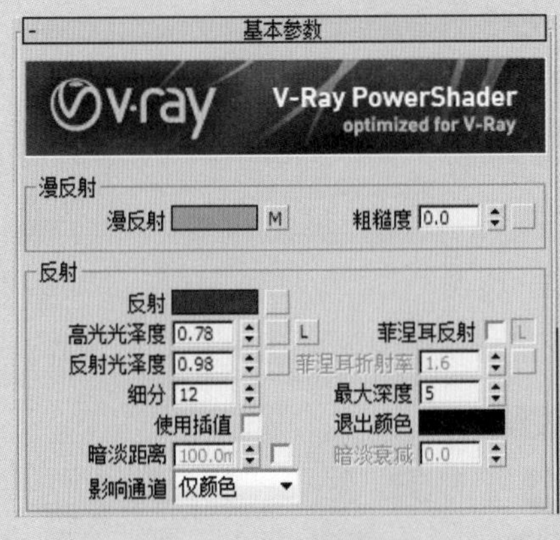

图 10-6 设置基本参数

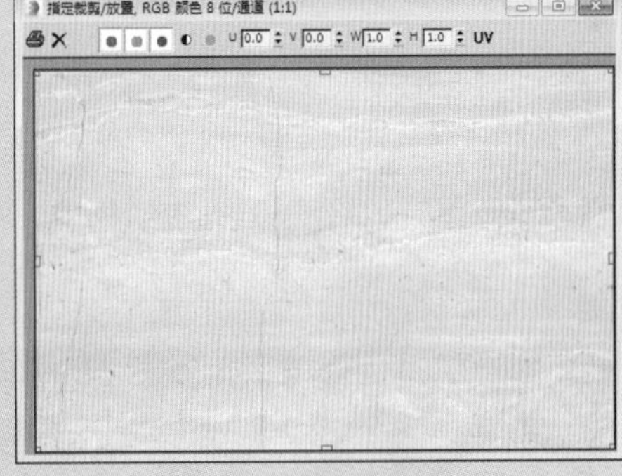

图 10-7 添加位图贴图

05 创建好的墙砖 1 材质球效果如图 10-8 所示。

06 墙砖 2 的材质与墙砖 1 材质参数相同，所不同的是为漫反射通道添加的位图贴图不同，如图 10-9 所示。

07 创建好的墙砖 2 材质球效果如图 10-10 所示。

08 创建腰线材质球，选择一个未使用的材质球，设置材质类型为 VRayMtl，设置反射颜色为（60，60，60），并设置高光光泽度、反射光泽度、细分、菲涅耳等参数，如图 10-11 所示。

图 10-8　墙砖 1 材质球效果

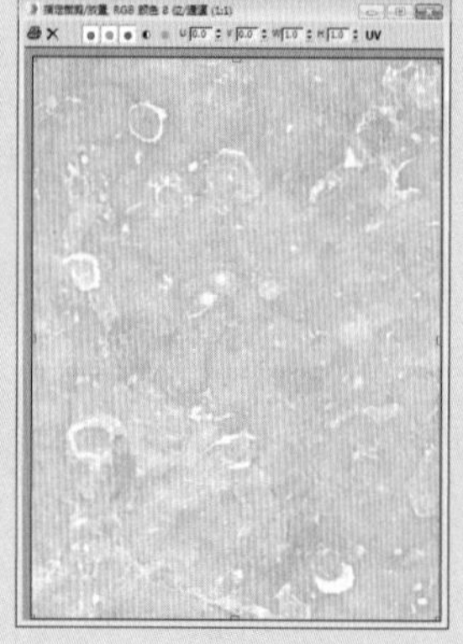

图 10-9　添加位图贴图

图 10-10　墙砖 2 材质球效果

图 10-11　设置基本参数

09 为漫反射通道添加位图贴图，如图 10-12 所示。

10 在“贴图”卷展栏中为凹凸通道添加位图贴图，如图 10-13 所示。

图 10-12　添加位图贴图

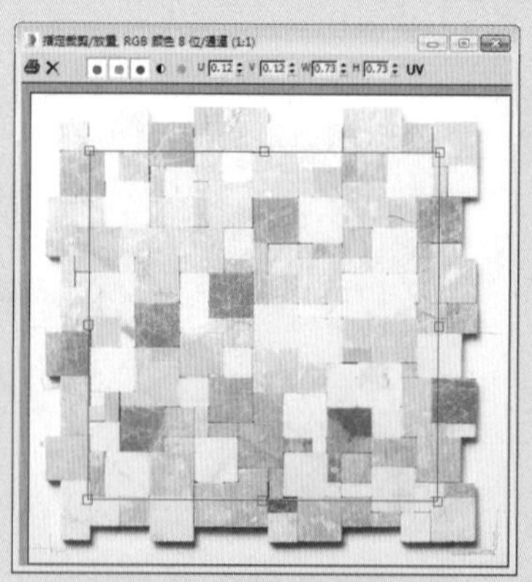

图 10-13　添加位图贴图

11 创建好的腰线材质球效果如图 10-14 所示。

12 创建地砖材质，选择一个未使用的材质球，设置材质类型为 VRayMtl，设置反射为 40.40.40，并设置高光光泽度、反射光泽度、细分、菲涅耳等参数，如图 10-15 所示。

图 10-14　腰线材质球效果

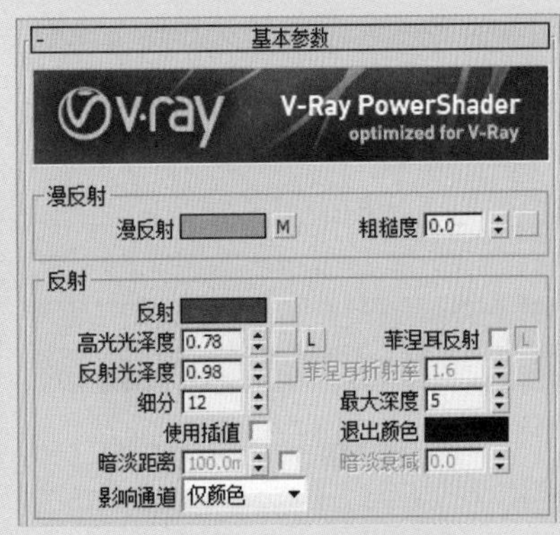

图 10-15　设置基本参数

13 创建好的地砖材质球效果如图 10-16 所示。

14 艺术拼花材质与腰线材质相同，所不同的是为漫反射通道添加的位图贴图不同，如图 10-17 所示。

15 创建好的艺术拼花材质球效果如图 10-18 所示。

图 10-16　地砖材质球效果

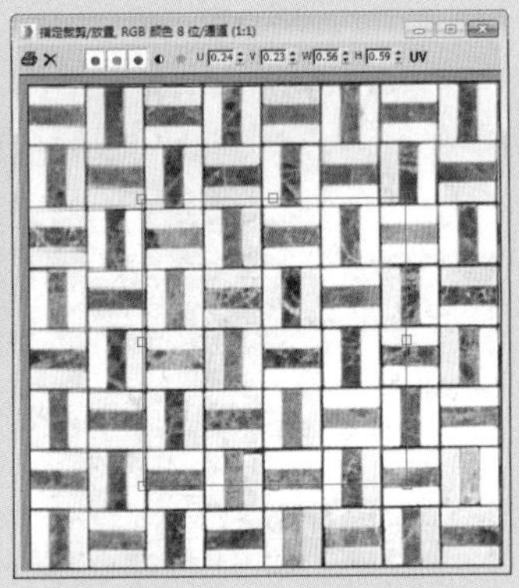

图 10-17　添加位图贴图

图 10-18　艺术拼花材质球效果

16 创建窗台材质，选择一个未使用的材质球，设置材质类型为 VRayMtl，设置反射颜色为（60，60，60），设置高光光泽度、反射光泽度、细分、菲涅耳等参数，如图 10-19 所示。

17 为漫反射通道添加位图贴图，如图 10-20 所示。

18 创建好的窗台材质球效果如图 10-21 所示。

图 10-19　设置基本参数

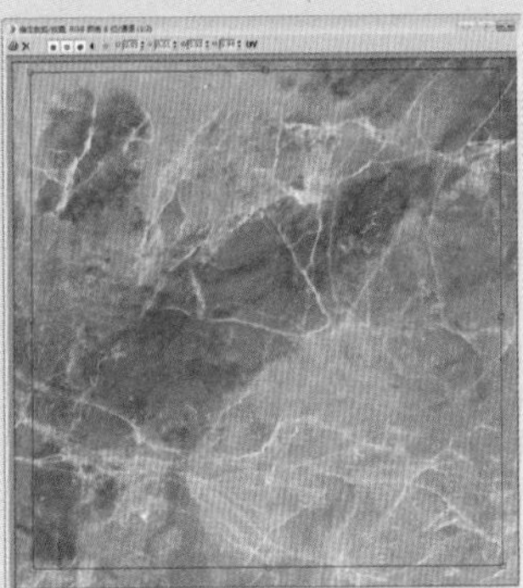

图 10-20　添加位图贴图

图 10-21　窗台材质球效果

19 创建窗框材质，选择一个未使用的材质球，设置材质类型为 VRayMtl，设置漫反射颜色为（0，0，0），反射颜色为（45，45，45），并设置高光光泽度和反射光泽度，如图 10-22 所示。

20 为漫反射通道添加位图贴图，如图 10-23 所示。

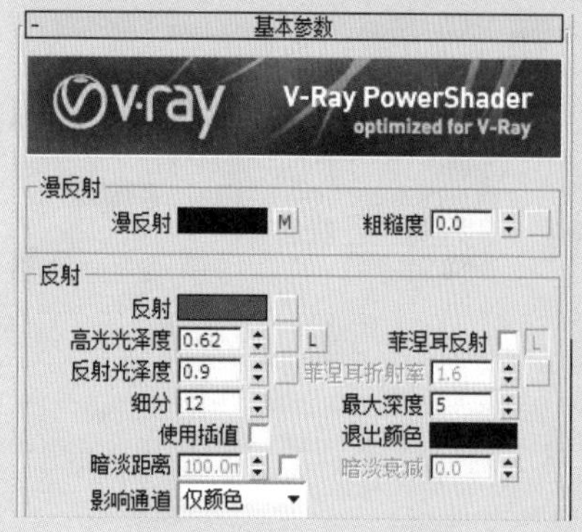

图 10-22　设置基本参数

图 10-23　添加位图贴图

21 创建好的窗框材质球效果如图 10-24 所示。

22 创建毛巾材质，选择一个未使用的材质球，设置材质类型为 VRayMtl，并设置漫反射颜色、高光光泽度与反射光泽度、细分等参数，如图 10-25 所示。

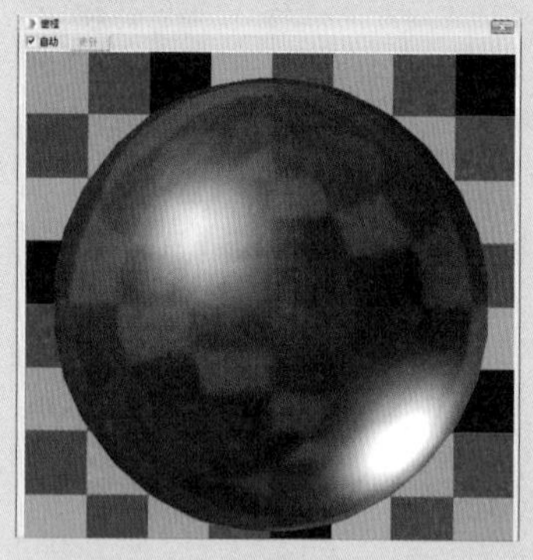

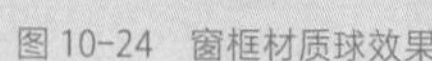

图 10-24　窗框材质球效果

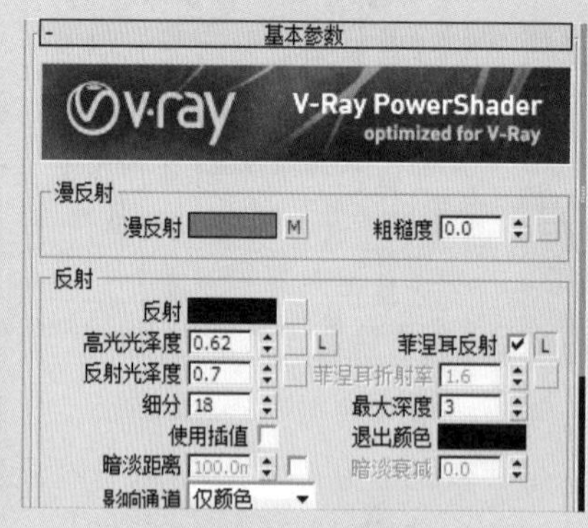

图 10-25　设置基本参数

23 为漫反射通道添加衰减贴图，并设置衰减类型，如图 10-26 所示。

24 为颜色 1 添加位图贴图，如图 10-27 所示。

图 10-26　添加衰减贴图

图 10-27　添加位图贴图

25 设置漫反射颜色参数，如图 10-28 所示。

26 在“贴图”卷展栏中，为凹凸通道添加的位图贴图与颜色 1 的位图贴图相同，并设置凹凸值为 100，如图 10-29 所示。

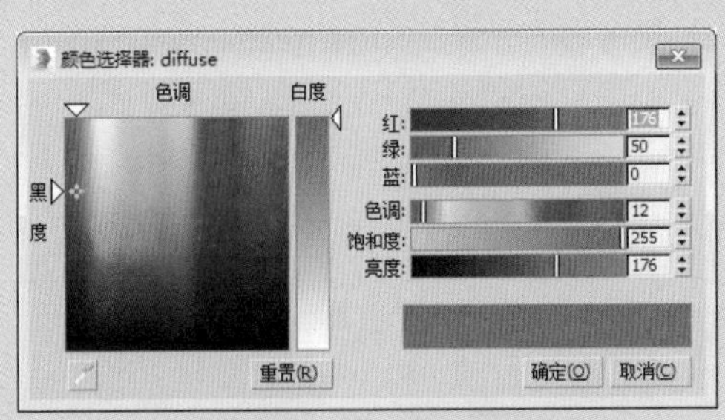

图 10-28 设置漫反射颜色参数

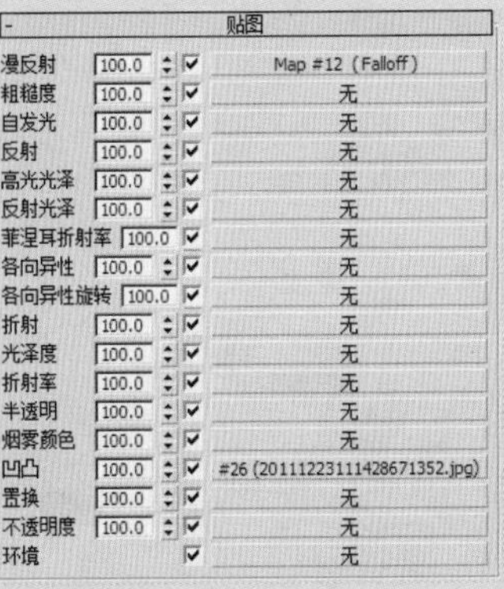

图 10-29 设置凹凸参数

27 创建好的毛巾材质球效果如图 10-30 所示。

28 创建玻璃隔板材质，选择一个未使用的材质球，设置材质类型为 VRayMtl，设置漫反射颜色为（0，0，0），设置反射颜色为（60，60，60），折射颜色为（255，255，255），并设置高光光泽度和反射光泽度、影响阴影、影响通道等参数，如图 10-31 所示。

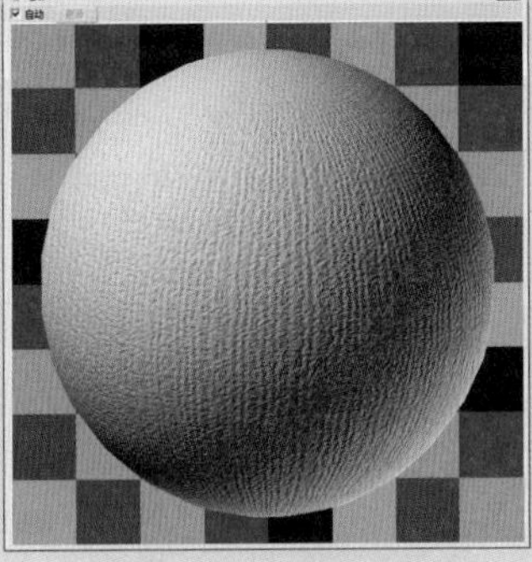

图 10-30 毛巾材质球效果

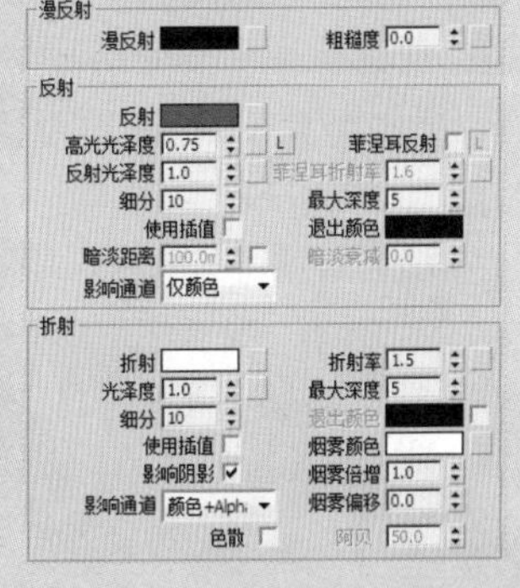

图 10-31 设置基本参数

29 在“选项”卷展栏中，勾选“雾系统单位比例”复选框，如图 10-32 所示。

30 创建好的玻璃隔板材质球效果如图 10-33 所示。

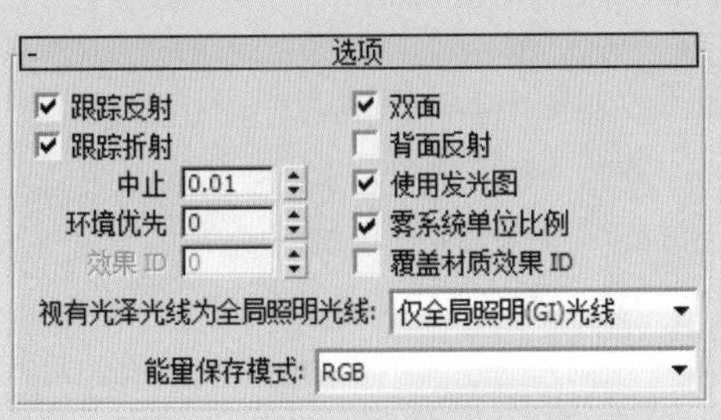

图 10-32 设置选项参数

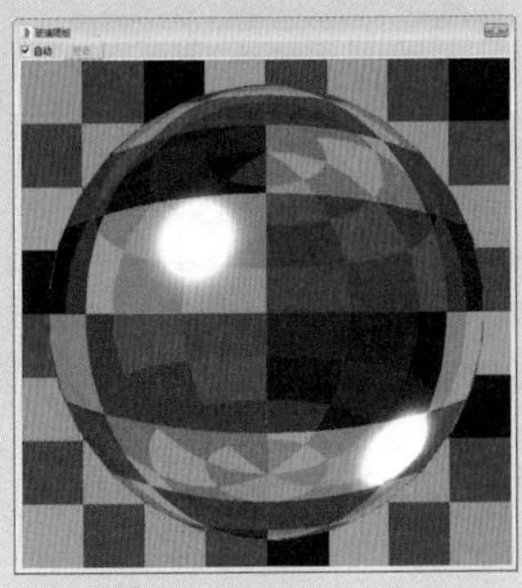

图 10-33 玻璃隔板材质球效果

31 创建装饰品 1 材质，选择一个未使用的材质球，设置材质类型为 VRayMtl，设置漫反射颜色为（255，255，255），设置反射颜色为（60，60，60），折射颜色为（253，253，253），并设置高光光泽度和反射光泽度、影响阴影、影响通道等参数，如图 10-34 所示。

32 在“选项”卷展栏中，勾选“雾系统单位比例”复选框，如图 10-35 所示。

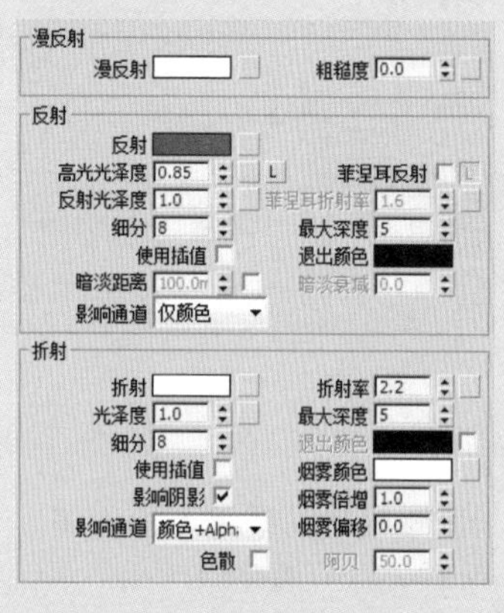

图 10-34 设置基本参数

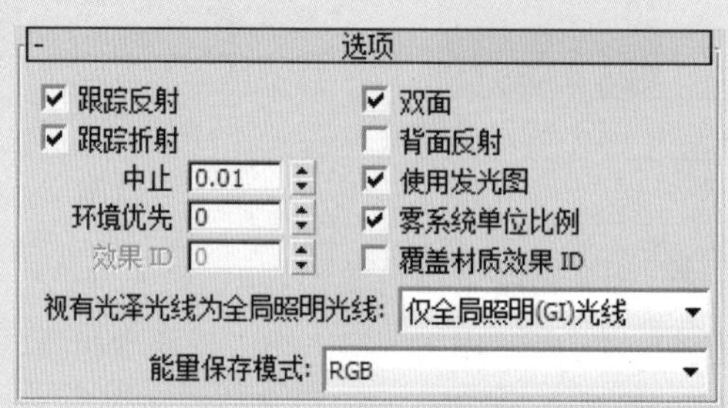

图 10-35 设置选项参数

33 创建好的装饰品 1 材质球效果如图 10-36 所示。

34 创建装饰品 2 的瓶身材质，选择一个未使用的材质球，设置材质类型为 VRayMtl，设置反射光泽度、细分、折射率等参数，如图 10-37 所示。

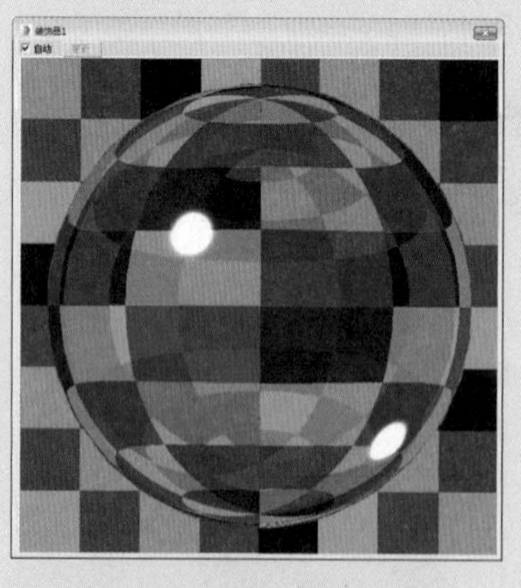

图 10-36 装饰品 1 材质球效果

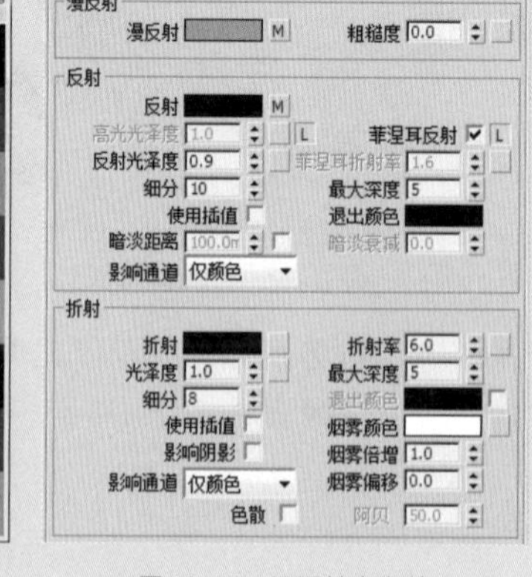

图 10-37 设置基本参数

35 为漫反射通道添加位图贴图，如图 10-38 所示。

36 为反射通道添加位图贴图，如图 10-39 所示。

37 创建好的装饰品 2 的瓶身材质球效果如图 10-40 所示。

38 创建装饰品 2 的瓶口和瓶底材质，选择一个未使用的材质球，设置材质类型为 VRayMtl，设置漫反射颜色为（15，15，15），取消勾选“菲涅耳反射”复选框，并设置反射光泽度、细分等参数，如图 10-41 所示。

图 10-38　添加位图贴图

图 10-39　添加位图贴图

图 10-40　装饰品 2 的瓶身材质球效果

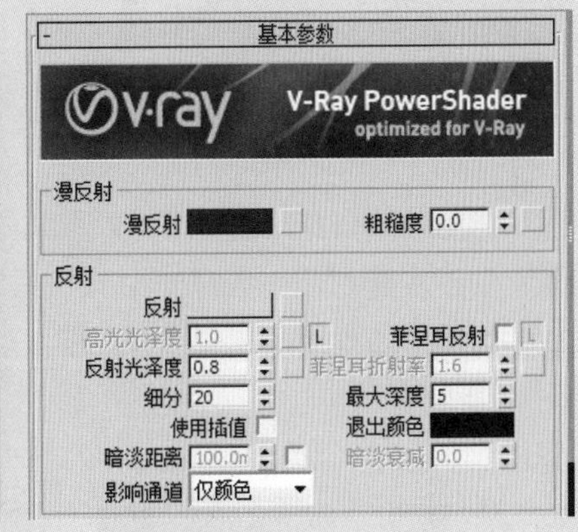

图 10-41　设置基本参数

39 在“双向反射分布函数”卷展栏中设置类型为沃德，如图 10-42 所示。

40 创建好的装饰品 2 的瓶口和底座材质球效果如图 10-43 所示。

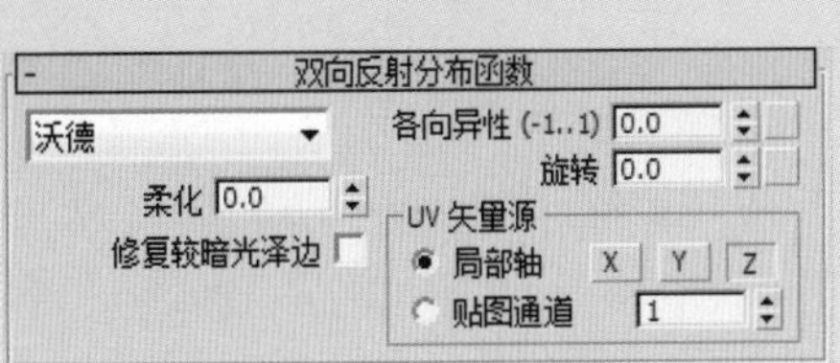

图 10-42　设置双向参数

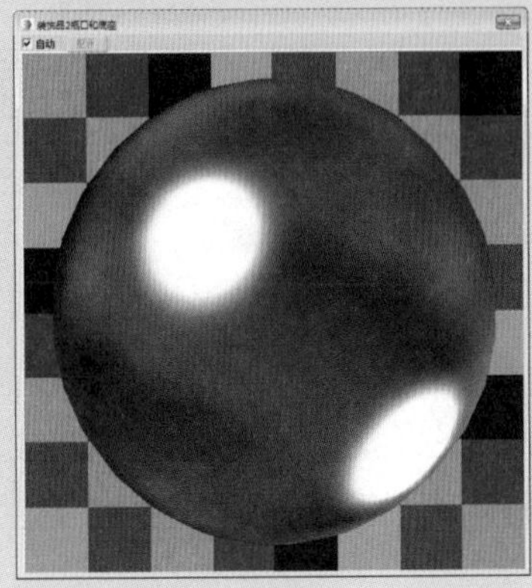

图 10-43　装饰品 2 的瓶口与底座材质球效果

41 将创建好的材质球赋予到场景模型中进行渲染，效果如

图 10-44 所示。

42 创建马桶材质，选择一个未使用的材质球，设置材质类型为 VRayMtl，设置漫反射颜色为（255，255，255），反射颜色为（20，20，20），并设置高光光泽度、反射光泽度、细分等参数，如图 10-45 所示。

图 10-44 渲染效果

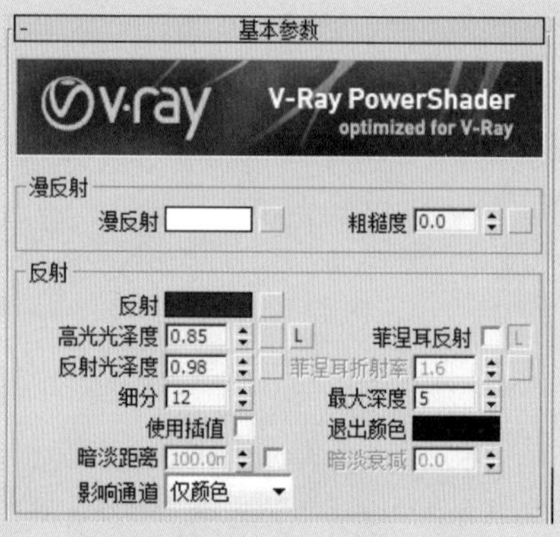

图 10-45 设置基本参数

43 创建好的白瓷马桶材质球效果如图 10-46 所示。

44 创建水体材质，选择一个未使用的材质球，设置材质类型为 VR- 材质包裹器，并丢弃旧材质，设置接收全局照明为 2.0，如图 10-47 所示。

图 10-46 白瓷马桶材质球效果

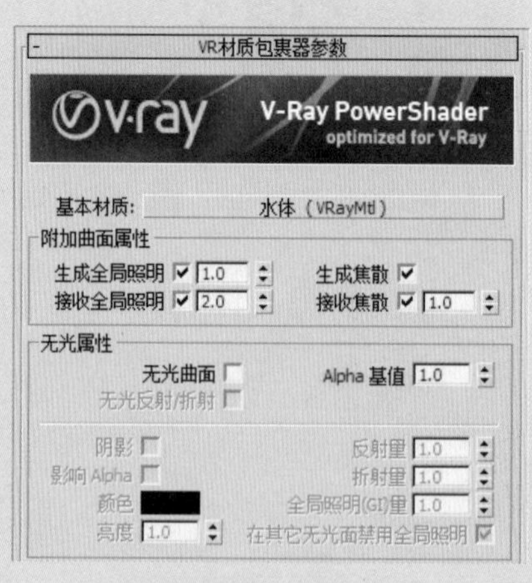

图 10-47 设置基本参数

45 设置基本材质类型为 VRayMtl，设置反射颜色为（255，255，255），并设置细分、菲涅耳、折射等参数，如图 10-48 所示。

46 设置漫反射颜色参数，如图 10-49 所示。

47 设置折射颜色参数，如图 10-50 所示。

48 为反射通道添加衰减贴图，并设置颜色 2，如图 10-51 所示。

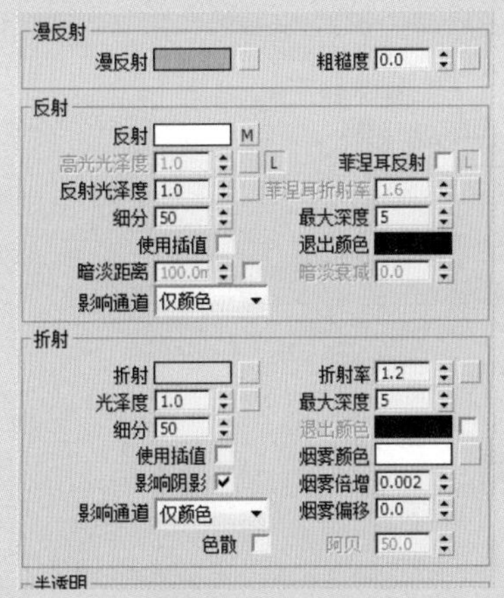

图 10-48　设置基本参数

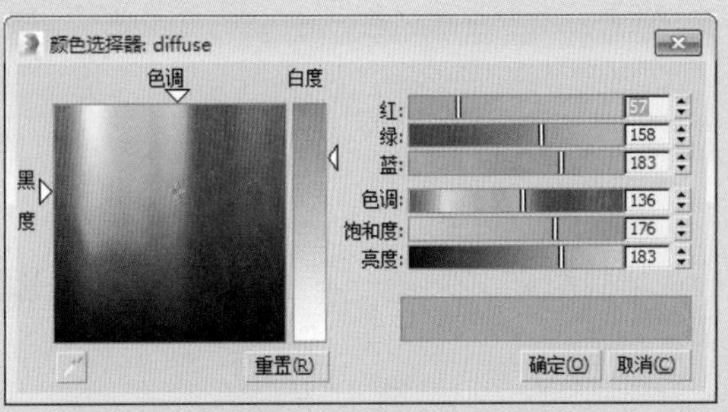

图 10-49　设置漫反射颜色参数

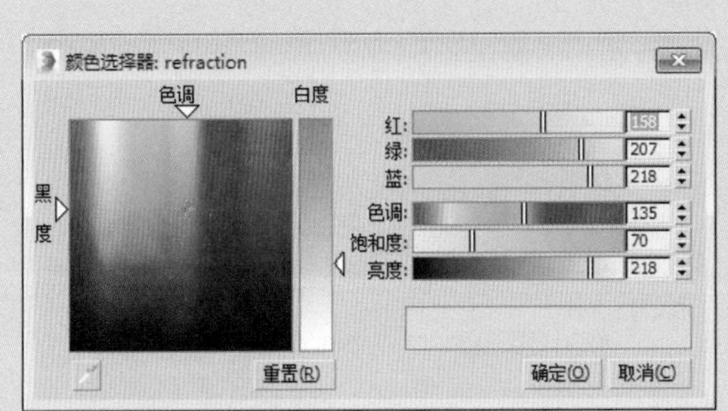

图 10-50　设置折射颜色参数

图 10-51　添加衰减贴图

49 设置颜色 2 的参数，如图 10-52 所示。

50 在“双向反射分布函数”卷展栏中设置类型为多面，如图 10-53 所示。

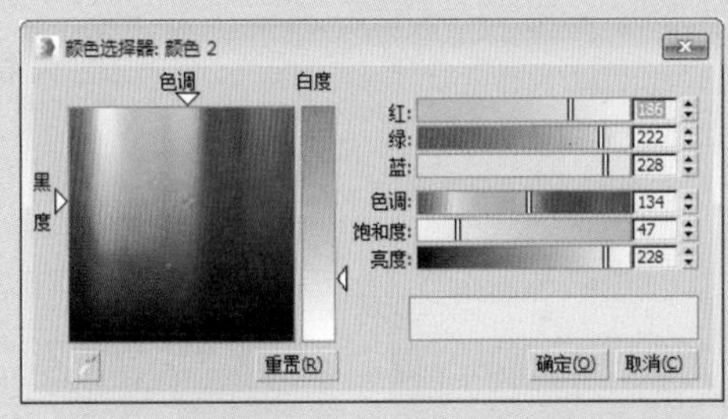

图 10-52　设置颜色 2 的参数

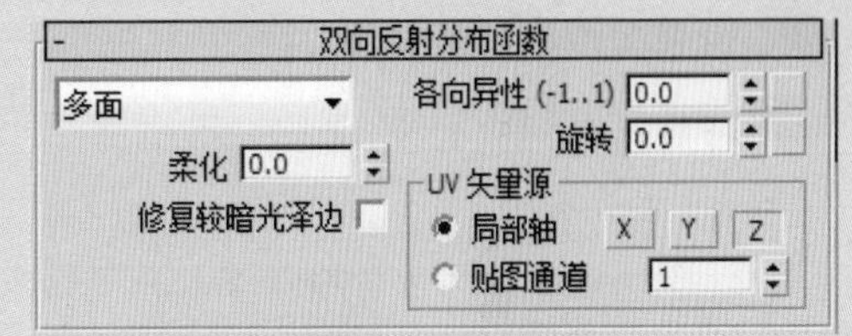

图 10-53　设置双向参数

51 在“贴图”卷展栏中，为凹凸通道添加噪波贴图，并设置凹凸值为 5，如图 10-54 所示。

52 在“噪波参数”卷展栏中设置级别为 3、大小为 80，如图 10-55 所示。

贴图			
漫反射	100.0	✓	无
粗糙度	100.0	✓	无
自发光	100.0	✓	无
反射	100.0	✓	Map #27 (Falloff)
高光光泽	100.0	✓	无
反射光泽	100.0	✓	无
菲涅耳折射率	100.0	✓	无
各向异性	100.0	✓	无
各向异性旋转	100.0	✓	无
折射	100.0	✓	无
光泽度	100.0	✓	无
折射率	100.0	✓	无
半透明	100.0	✓	无
烟雾颜色	100.0	✓	无
凹凸	5.0	✓	Map #28 (Noise)
置换	100.0	✓	无
不透明度	100.0	✓	无
环境		✓	无

图 10-54　设置凹凸参数

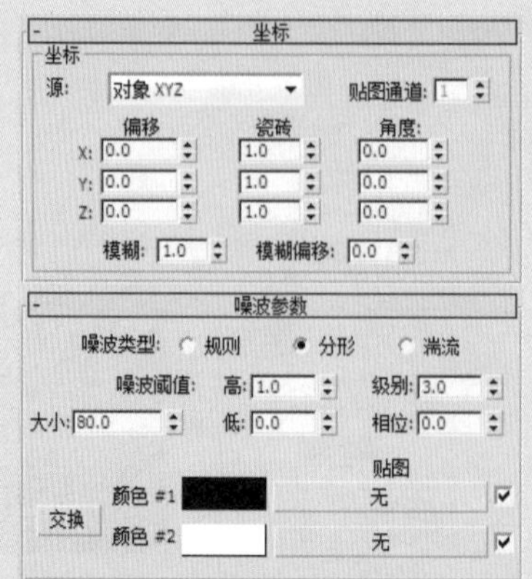

图 10-55　设置噪波参数

53 创建好的水体材质球效果如图 10-56 所示。

54 创建金属毛巾架材质，选择一个未使用的材质球，设置材质类型为 VRayMtl，并设置漫反射和反射颜色、高光光泽度和反射光泽度、细分等参数，如图 10-57 所示。

图 10-56　水体材质球效果

图 10-57　设置基本参数

55 设置漫反射颜色参数，如图 10-58 所示。

56 设置反射颜色参数，如图 10-59 所示。

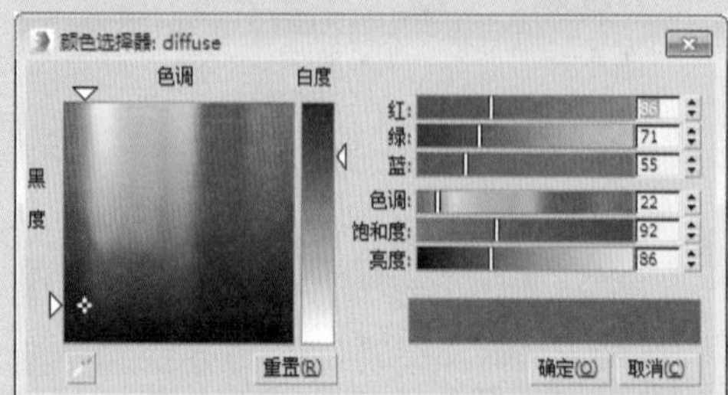

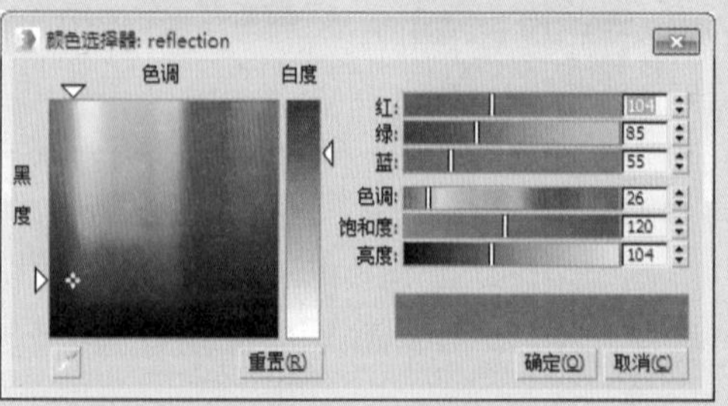

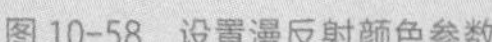

图 10-58　设置漫反射颜色参数

图 10-59　设置反射颜色参数

57 创建好的金属毛巾架材质球效果如图 10-60 所示。

58 创建装饰品 3 的材质，选择一个未使用的材质球，设置材质类型为 VRayMtl，设置反射光泽度为 0.9、细分为 20 等参数，如图 10-61 所示。

图 10-60　金属毛巾架材质球效果

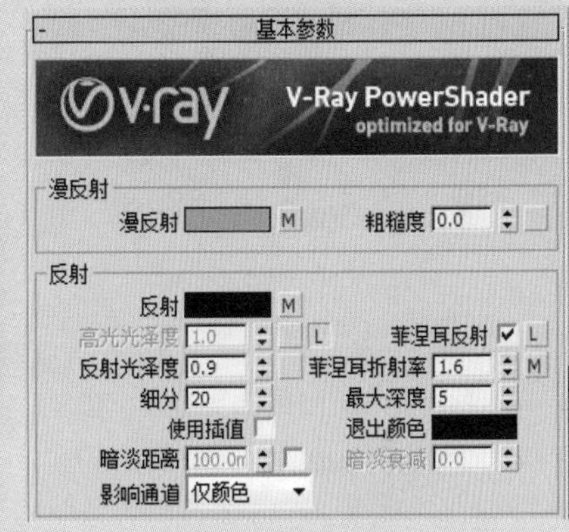

图 10-61　设置基本参数

59 为漫反射通道添加位图贴图，如图 10-62 所示。

60 为反射通道和菲涅耳折射率通道添加位图贴图，如图 10-63 所示。

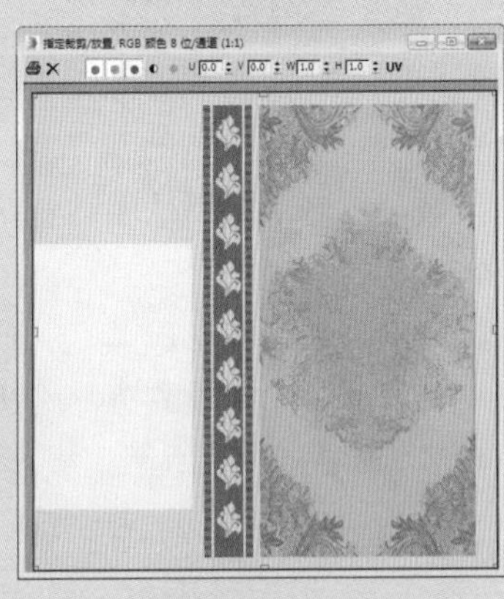

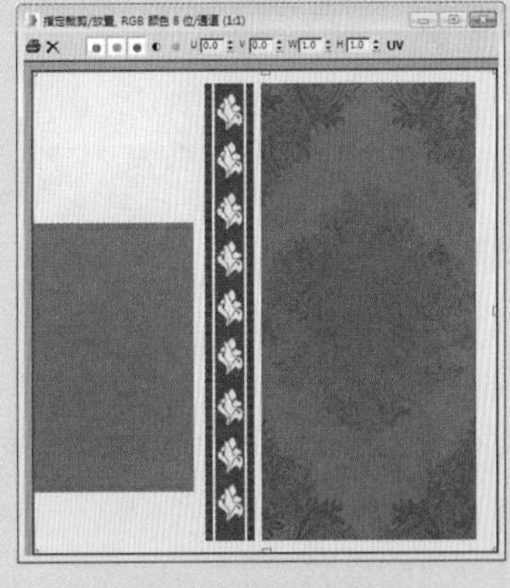

图 10-62　添加位图贴图

图 10-63　添加位图贴图

61 创建好的装饰品 3 材质球效果如图 10-64 所示。

62 创建蜡烛材质，选择一个未使用的材质球，设置材质类型为 VRayMtl，设置漫反射颜色为（255，255，255），取消勾选“菲涅耳反射”复选框，并设置高光光泽度和反射光泽度、细分等参数，如图 10-65 所示。

63 为反射通道添加衰减贴图，如图 10-66 所示。

64 创建好的蜡烛材质球效果如图 10-67 所示。

图 10-64　装饰品 3 材质球效果

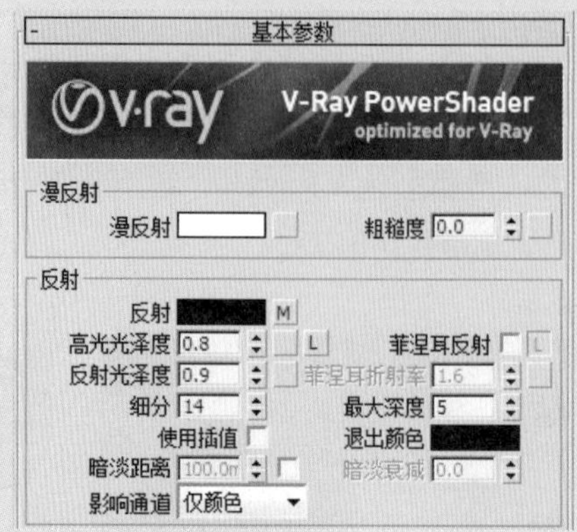

图 10-65　设置基本参数

图 10-66　添加衰减贴图

图 10-67　蜡烛材质球效果

65 水龙头材质与金属毛巾架材质相同，将创建好的材质球赋予到场景模型中进行渲染，效果如图 10-68 所示。

66 创建浴室柜材质，选择一个未使用的材质球，设置材质类型为 VRayMtl，设置反射颜色为（245，245，245），并设置高光光泽度、反射光泽度、细分、菲涅耳等参数，如图 10-69 所示。

图 10-68　渲染效果

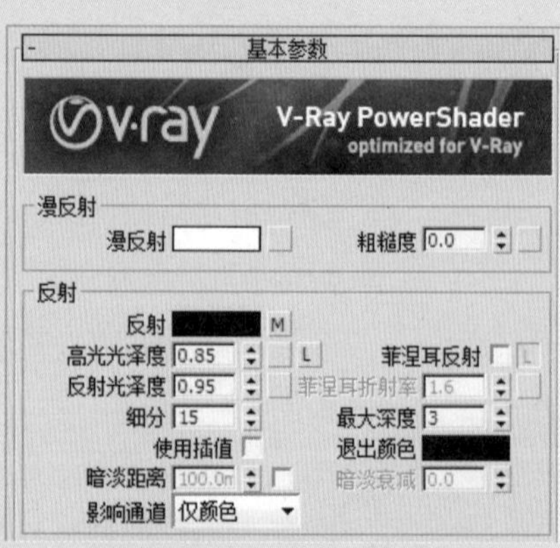

图 10-69　设置基本参数

67 为反射通道添加衰减贴图，并设置衰减类型，如图 10-70 所示。

68 在“双向反射分布函数”卷展栏中设置类型为沃德，各向异性为 0.5，旋转为 70，如图 10-71 所示。

图 10-70　添加衰减贴图

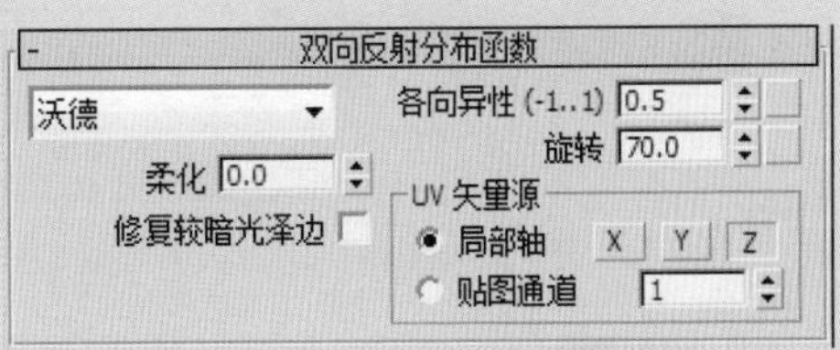

图 10-71　设置双向参数

69 创建好的浴室柜材质球效果如图 10-72 所示。

70 创建浴室镜材质，选择一个未使用的材质球，设置材质类型为 VRayMtl，设置反射颜色为（220，220，200），并取消勾选“菲涅耳反射”复选框，如图 10-73 所示。

图 10-72　浴室柜材质球效果

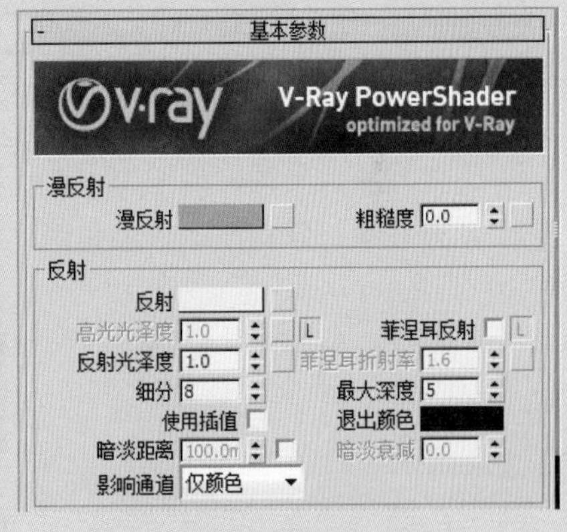

图 10-73　设置基本参数

71 创建好的浴室镜材质球效果如图 10-74 所示。

72 创建镜前灯灯罩材质，选择一个未使用的材质球，设置材质类型为 VR- 覆盖材质，并设置基本材质与全局照明材质类型，如图 10-75 所示。

73 设置基本材质类型为 VRayMtl，设置漫反射颜色，并设置折射颜色为（50，50，50），取消勾选“菲涅耳反射”复选框，如图 10-76 所示。

74 设置全局照明类型为 VR- 灯光材质，设置其颜色与强度，如图 10-77 所示。

图 10-74　浴室镜材质球效果

图 10-75　设置材质类型

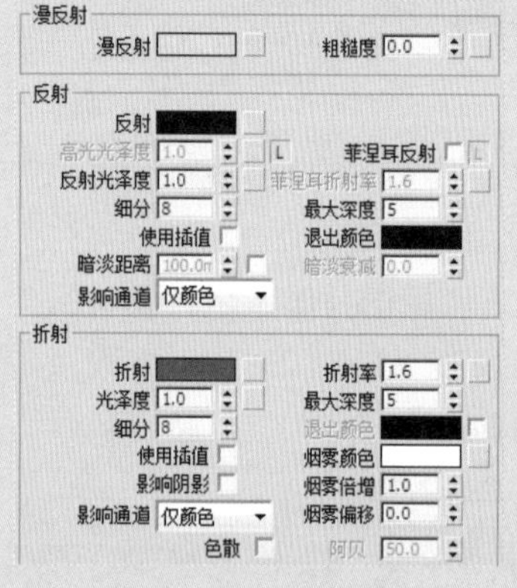

图 10-76　设置基本参数

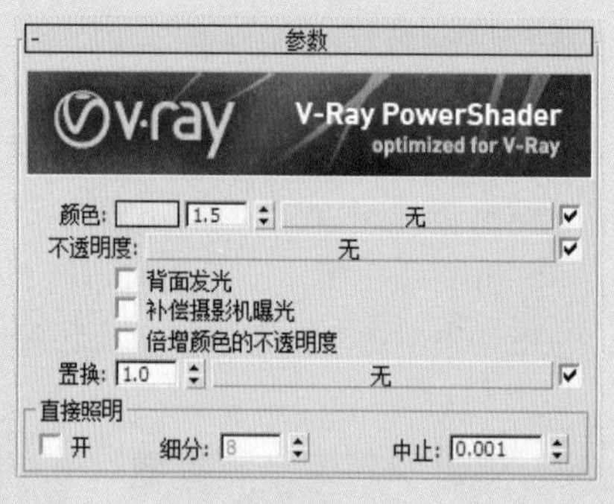

图 10-77　设置材质参数

75 设置其颜色参数，如图 10-78 所示。

76 创建好的灯罩材质球效果如图 10-79 所示。

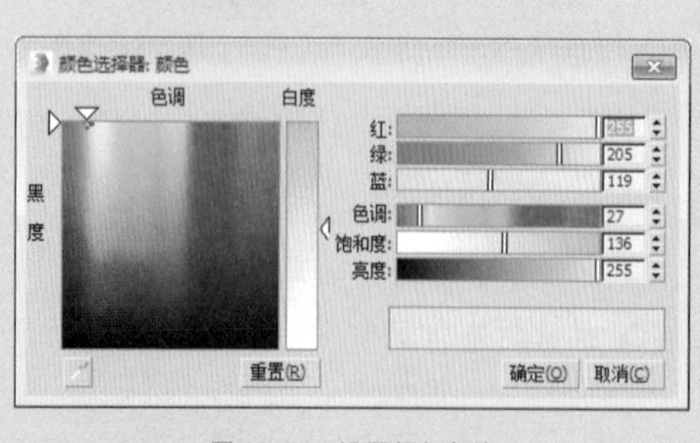

图 10-78　设置颜色参数

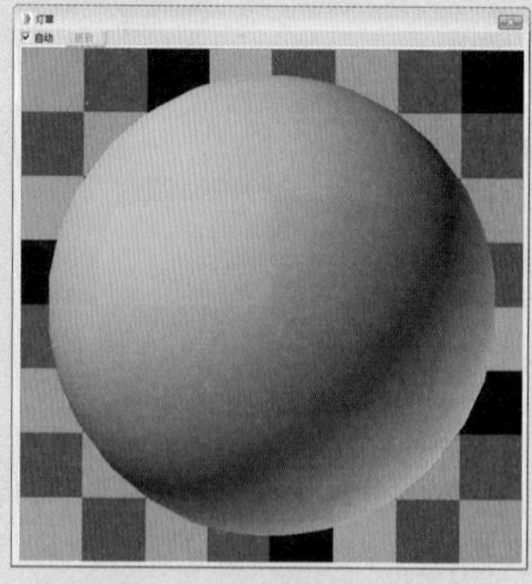

图 10-79　灯罩材质球效果

77 创建香皂材质，选择一个未使用的材质球，设置材质类型为 VRayMtl，设置漫反射与烟雾颜色，设置反射颜色为（237，237，237）、折射颜色为（52，52，52），并设置反射光泽度、细分等参数，如图 10-80 所示。

78 设置漫反射颜色参数，如图 10-81 所示。

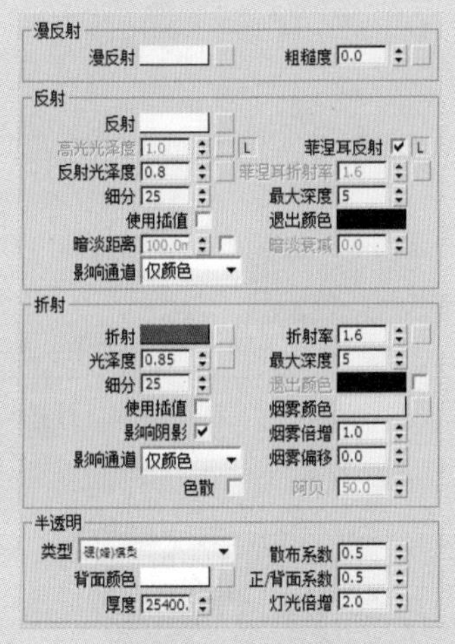

图 10-80 设置基本参数

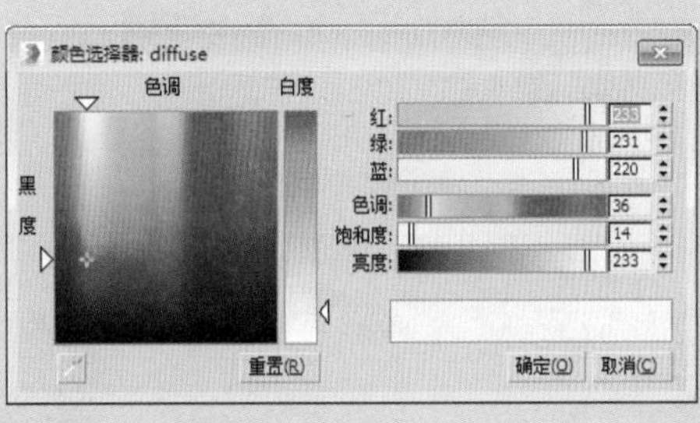

图 10-81 设置漫反射颜色参数

79 设置烟雾颜色参数，如图 10-82 所示。

80 创建好的香皂材质球效果如图 10-83 所示。

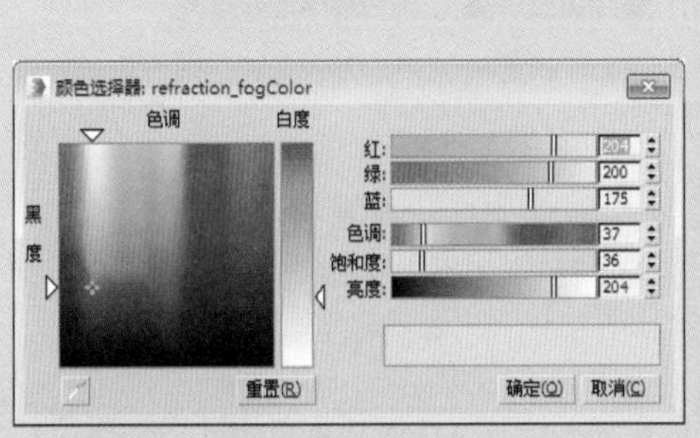

图 10-82 设置烟雾颜色参数

图 10-83 香皂材质球效果

81 创建花盆材质，选择一个未使用的材质球，设置材质类型为 VRayMtl，设置漫反射，设置反射颜色为（23，23，23），设置反射光泽度、细分等参数，如图 10-84 所示。

82 设置漫反射颜色效果如图 10-85 所示。

83 在“贴图”卷展栏中为凹凸通道添加位图贴图，并设置凹凸值为 130，如图 10-86 所示。

84 为凹凸通道添加位图贴图，如图 10-87 所示。

图 10-84 设置基本参数

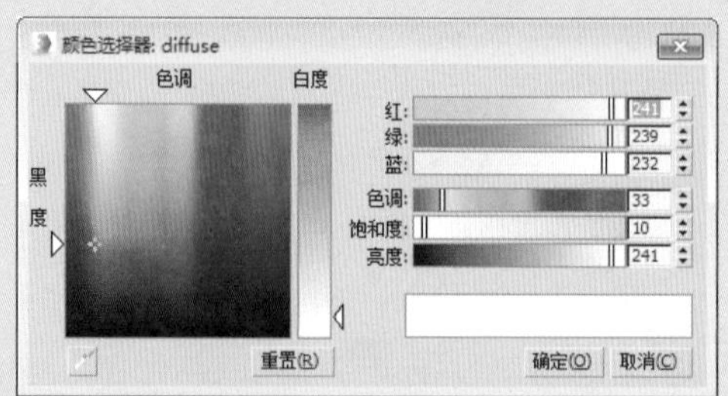

图 10-85 设置漫反射颜色效果

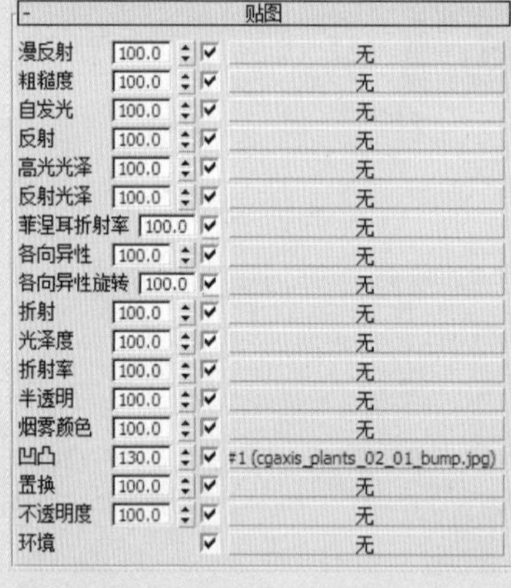

图 10-86 设置凹凸参数

图 10-87 添加位图贴图

85 创建好的花盆材质球效果如图 10-88 所示。

86 创建绿叶材质，选择一个未使用的材质球，设置材质类型为 VRayMtl，设置反射颜色为（23，23，23），并设置反射光泽度、细分、菲涅耳参数，如图 10-89 所示。

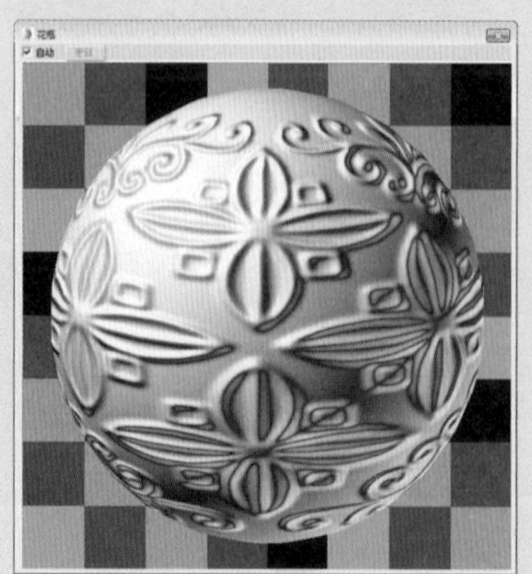

图 10-88 花盆材质球效果

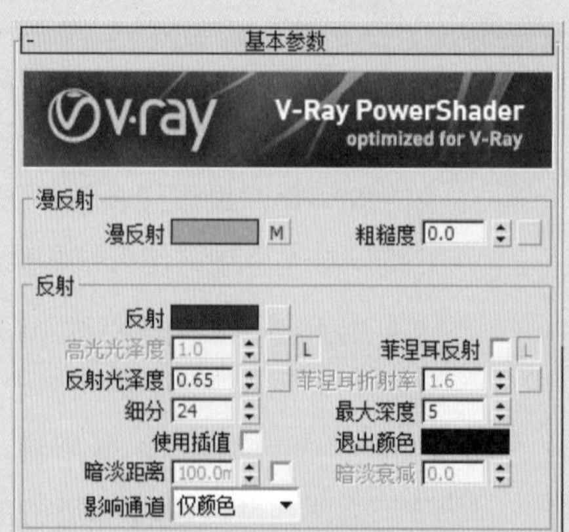

图 10-89 设置基本参数

87 为漫反射通道添加位图贴图，如图 10-90 所示。

88 在“贴图”卷展栏中为凹凸通道添加位图贴图，如图 10-91 所示。

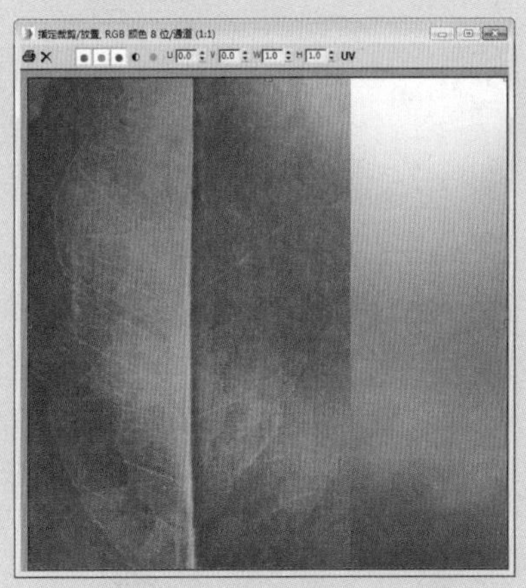

图 10-90　添加位图贴图

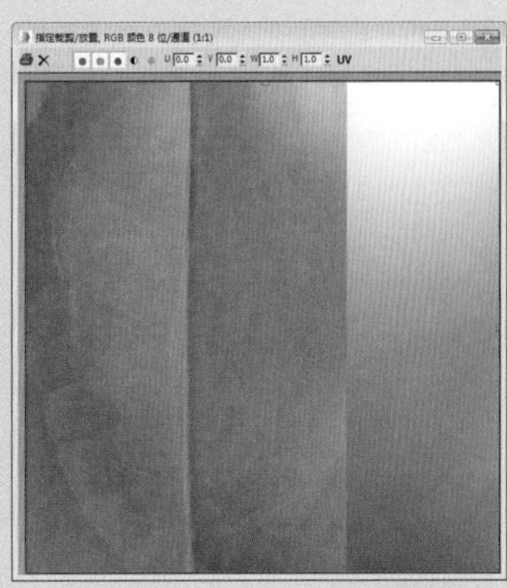

图 10-91　添加位图贴图

89 创建好的绿叶材质球效果如图 10-92 所示。

90 创建花瓣材质，选择一个未使用的材质球，设置材质类型为 VRayMtl，设置反射颜色为（15，15，15），并设置反射光泽度、细分、菲涅耳参数，如图 10-93 所示。

图 10-92　绿叶材质球效果

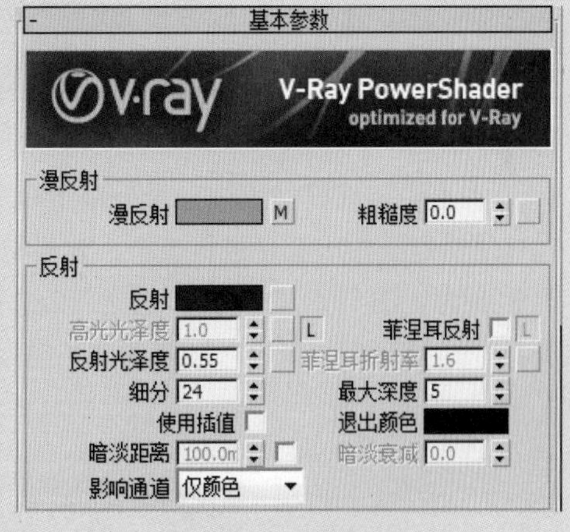

图 10-93　设置基本参数

91 为漫反射通道添加位图贴图，如图 10-94 所示。

92 在“贴图”卷展栏中，为凹凸通道添加位图贴图，并设置凹凸值为 80，如图 10-95 所示。

93 为凹凸通道添加位图贴图，如图 10-96 所示。

94 创建好的花瓣材质球效果如图 10-97 所示。

图 10-94　添加位图贴图

贴图			
漫反射	100.0	☑	Map #0 (cgaxis_plants_14_01.jpg)
粗糙度	100.0	☑	无
自发光	100.0	☑	无
反射	100.0	☑	无
高光光泽	100.0	☑	无
反射光泽	100.0	☑	无
菲涅耳折射率	100.0	☑	无
各向异性	100.0	☑	无
各向异性旋转	100.0	☑	无
折射	100.0	☑	无
光泽度	100.0	☑	无
折射率	100.0	☑	无
半透明	100.0	☑	无
烟雾颜色	100.0	☑	无
凹凸	80.0	☑	#1 (cgaxis_plants_14_01_bump.jpg)
置换	100.0	☑	无
不透明度	100.0	☑	无
环境		☑	无

图 10-95　设置凹凸参数

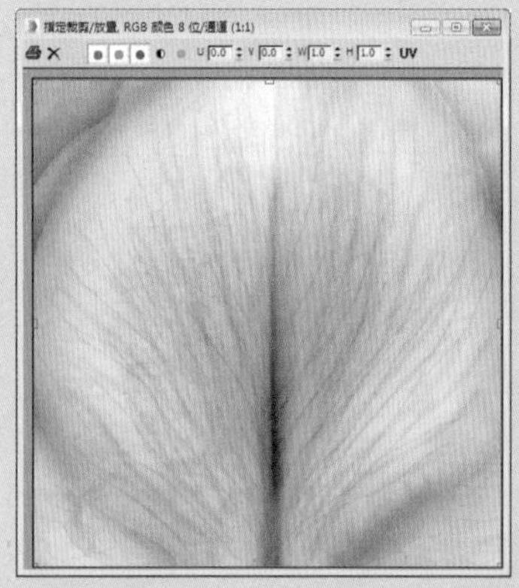

图 10-96　添加位图贴图

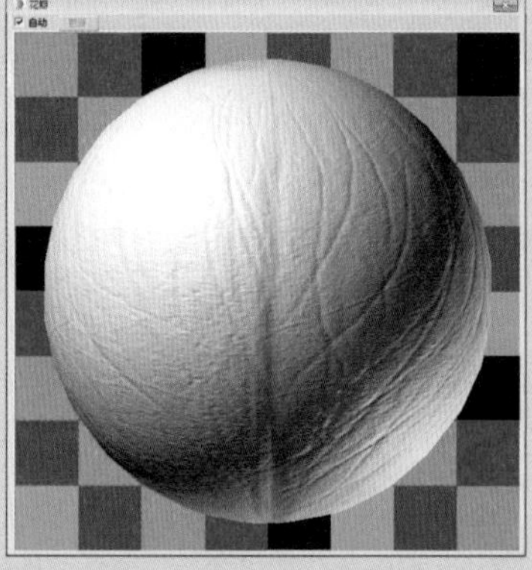

图 10-97　花瓣材质球效果

95 水龙头、镜框材质与金属毛巾架材质相同，将创建好的材质球赋予到场景模型中进行渲染，效果如图 10-98 所示。

96 创建浴霸 LED 灯材质，选择一个未使用的材质球，设置材质类型为 VR- 灯光材质，设置颜色和参数，如图 10-99 所示。

图 10-98　渲染效果

图 10-99　设置参数

97 设置发光材质的颜色参数，效果如图 10-100 所示。

98 创建好的 LED 灯材质球效果如图 10-101 所示。

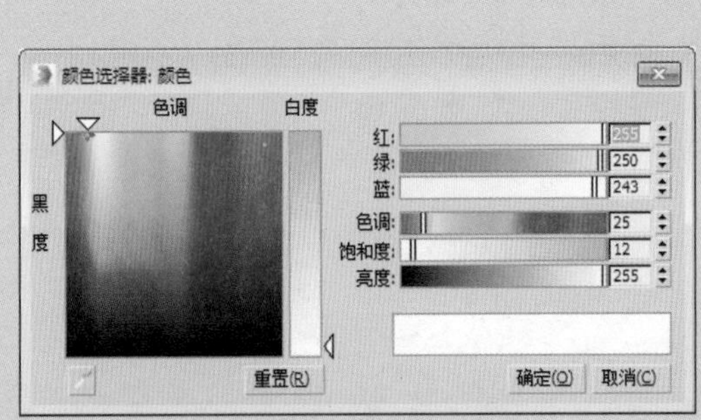

图 10-100　设置颜色参数

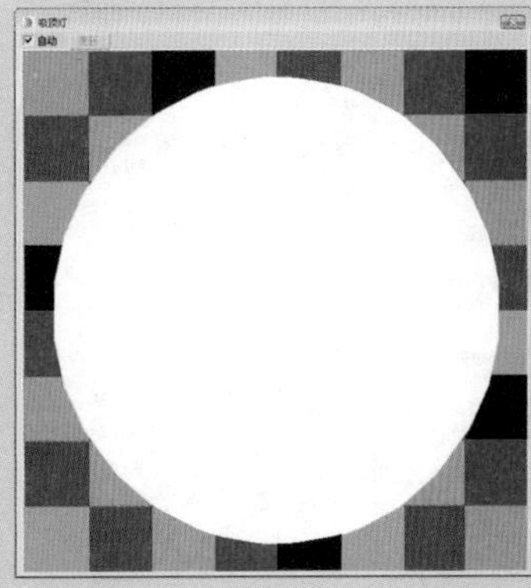

图 10-101　LED 灯材质球效果

99 创建浴霸排风口材质，选择一个未使用的材质球，设置材质类型为 VRayMtl，设置漫反射颜色为（203，203，203），反射颜色为（30，30，30），并设置高光光泽度和反射光泽度、细分等参数，如图 10-102 所示。

100 创建好的浴霸排风口材质球效果如图 10-103 所示。

图 10-102　设置基本参数

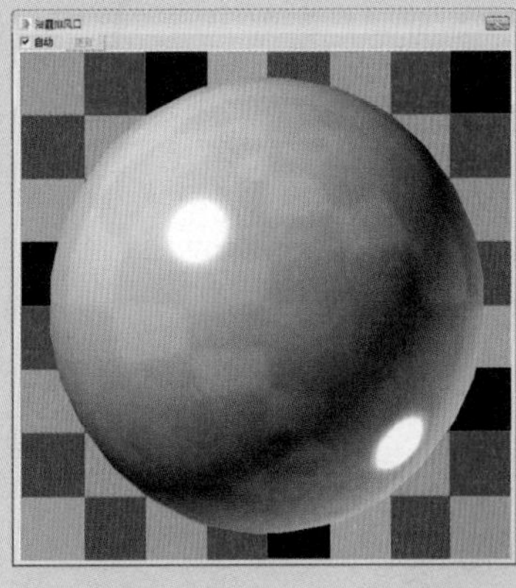

图 10-103　浴霸排风口材质球效果

101 将创建好的材质球赋予到场景模型中进行渲染，效果如图 10-104 所示。

图 10-104　渲染效果

10.3 为卫生间场景创建灯光

下面将介绍如何为场景创建灯光，其具体操作步骤如下。

01 创建镜前灯光源，在“灯光”命令面板中单击“VR-灯光”按钮，创建VR-球体灯光，设置倍增、颜色等相关参数，如图10-105所示。

02 设置镜前灯的灯光颜色参数，如图10-106所示。

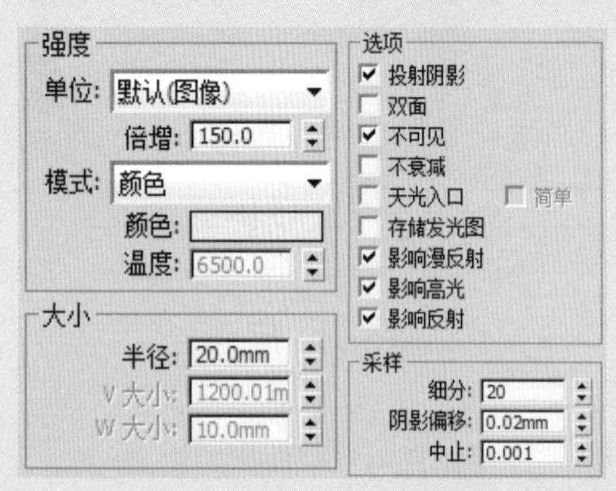

图10-105 设置参数

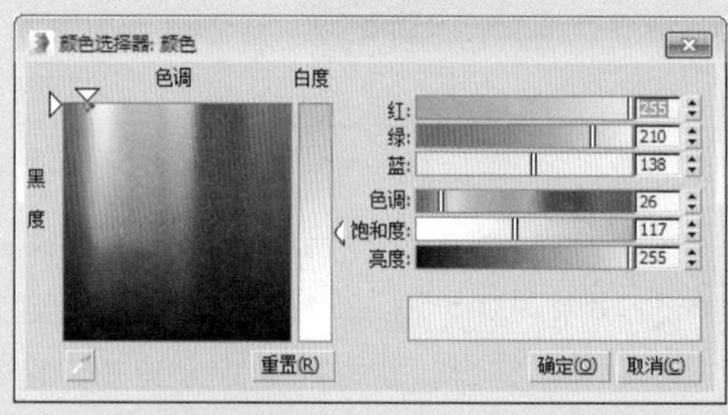

图10-106 设置灯光颜色参数

03 复制镜前灯光源，将创建好的镜前灯光源放在镜前灯合适位置，如图10-107所示。

04 创建灯带光源，创建VR-平面灯光，设置倍增、颜色等参数，如图10-108所示。

图10-107 放置壁灯光源

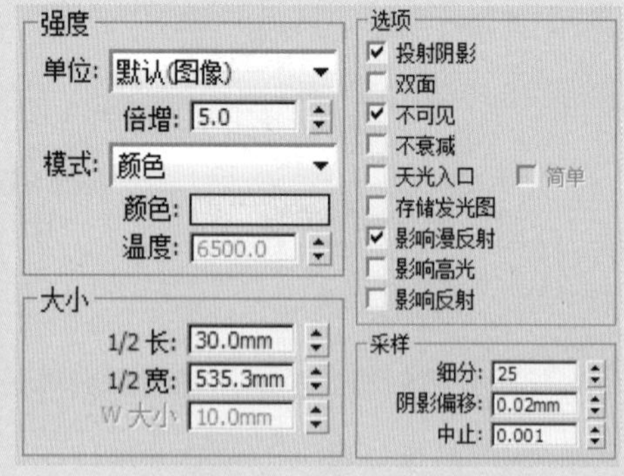

图10-108 设置参数

05 设置灯带光源的颜色参数，如图10-109所示。

06 将创建好的灯带光源进行旋转复制操作，并将其放在浴室镜的合适位置，如图10-110所示。

07 创建吸顶灯光源，创建VR-平面灯光，设置倍增、颜色等参数，如图10-111所示。

08 设置吸顶灯颜色参数，如图10-112所示。

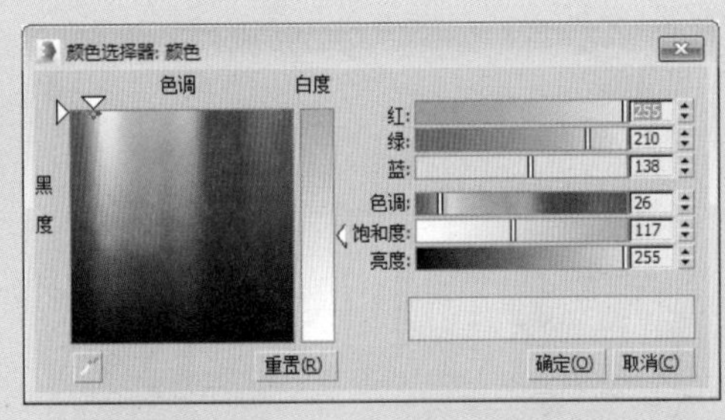

图 10-109　设置灯带颜色参数

图 10-110　放置灯带光源

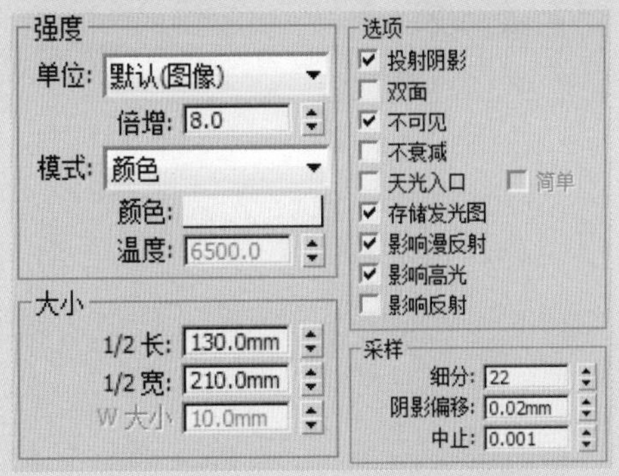

图 10-111　设置参数

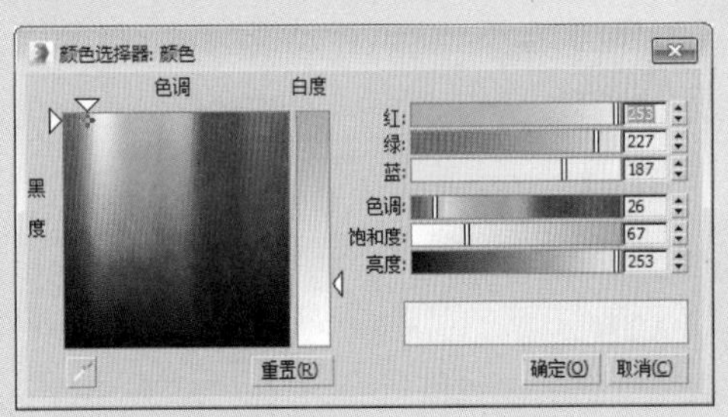

图 10-112　设置吸顶灯颜色参数

09 将创建好的吸顶灯光源放在吸顶灯合适位置，如图 10-113 所示。

10 创建射灯光源，创建目标灯光，并添加光域网文件、设置灯光强度，如图 10-114 所示。

图 10-113　放置吸顶灯光源

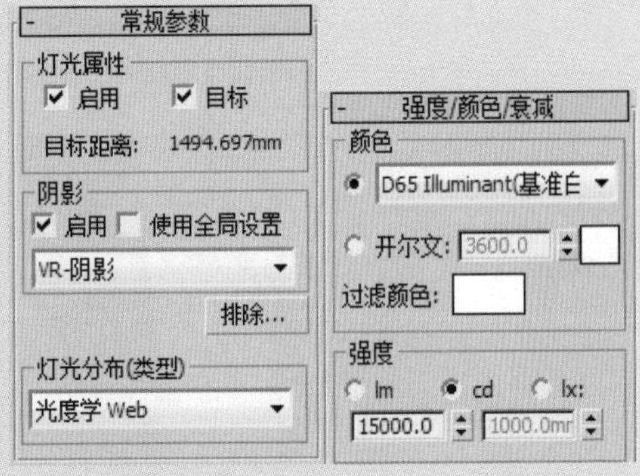

图 10-114　设置参数

11 设置射灯灯光的颜色参数，如图 10-115 所示。

12 将创建好的射灯光源进行复制，放在射灯的正下方并调整照射位置，如图 10-116 所示。

13 创建自由光源，并添加光域网文件、设置灯光强度，如

图 10-117 所示。

⑭ 设置自由灯光的颜色参数，如图 10-118 所示。

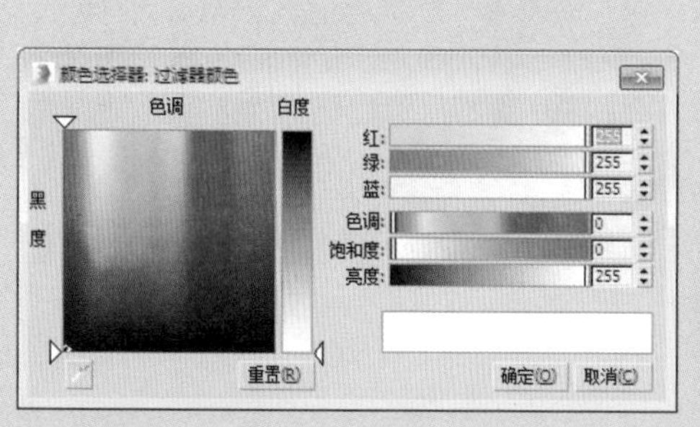

图 10-115 设置射灯灯光颜色参数

图 10-116 放置射灯光源

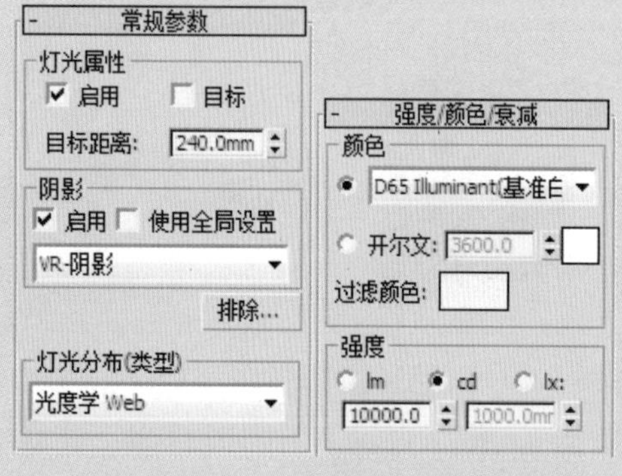

图 10-117 设置参数

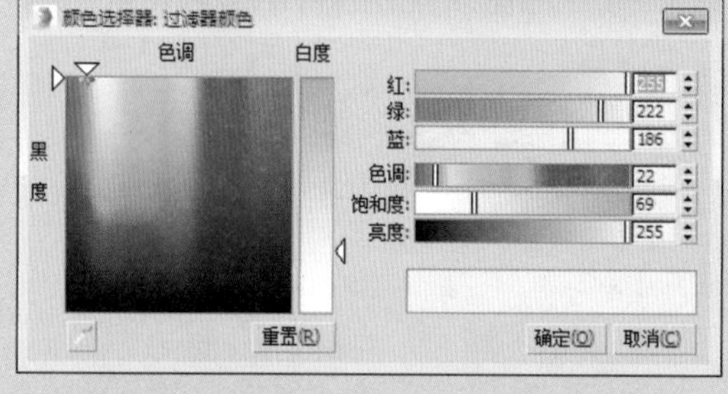

图 10-118 设置自由灯光颜色参数

⑮ 将创建好的自由灯光放在图中合适位置，如图 10-119 所示。

⑯ 创建补光光源，创建 VR- 平面灯光，设置倍增、颜色等参数，如图 10-120 所示。

图 10-119 放置自由灯光

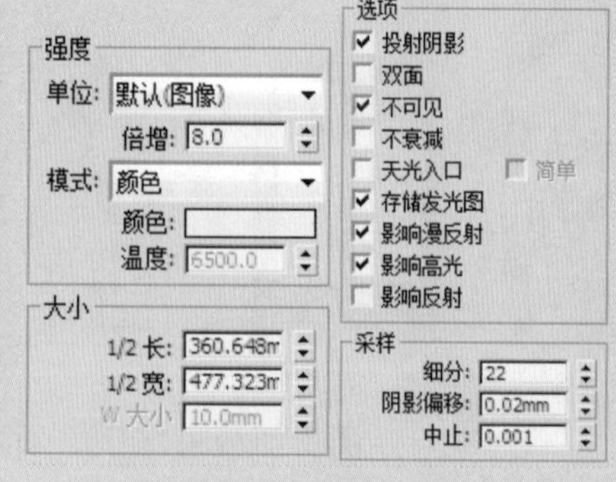

图 10-120 设置参数

⑰ 设置补光光源的颜色参数，如图 10-121 所示。

⑱ 将创建好的补光光源放在窗户合适位置，如图 10-122 所示。

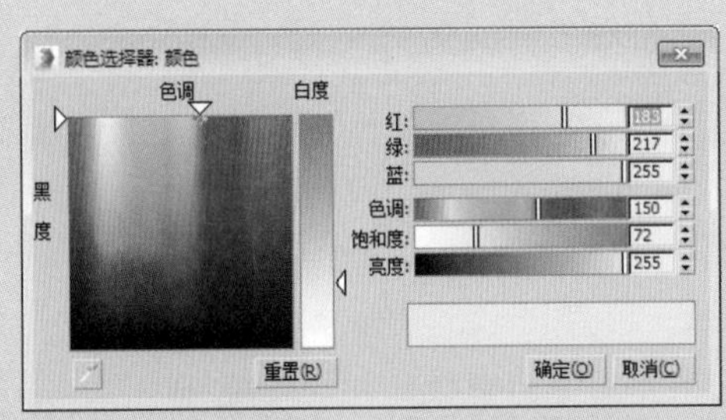

图 10-121　设置补光光源颜色参数

图 10-122　放置补光光源

19 继续创建室内补光光源，并设置倍增、颜色等参数，如图 10-123 所示。

20 设置室内补光的颜色参数，如图 10-124 所示。

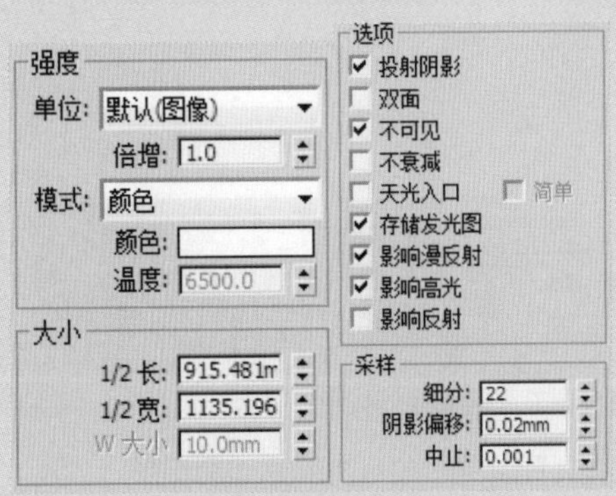

图 10-123　设置参数

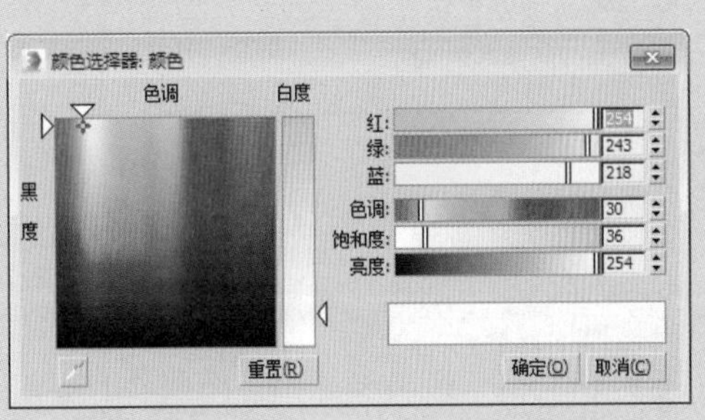

图 10-124　设置室内补光颜色参数

21 将创建好的室内补光光源放在图中合适位置，完成场景灯光的创建，如图 10-125 所示。

图 10-125　放置补光光源

10.4　渲染卫生间场景效果

灯光和材质都已经创建完毕，这里需要先对场景进行一个测试渲染，对场景进行测试渲染直到满意后，就可以正式渲染最终成品图像了，下面将具体介绍渲染参数的设置。

01 按 F10 快捷键，打开“渲染设置”窗口，在“帧缓冲区”卷展栏下取消勾选“启用内置帧缓冲区”复选框，如图 10-126 所示。

02 打开“颜色贴图”卷展栏，设置颜色贴图类型为指数，并设置暗度倍增和明亮倍增，如图 10-127 所示。

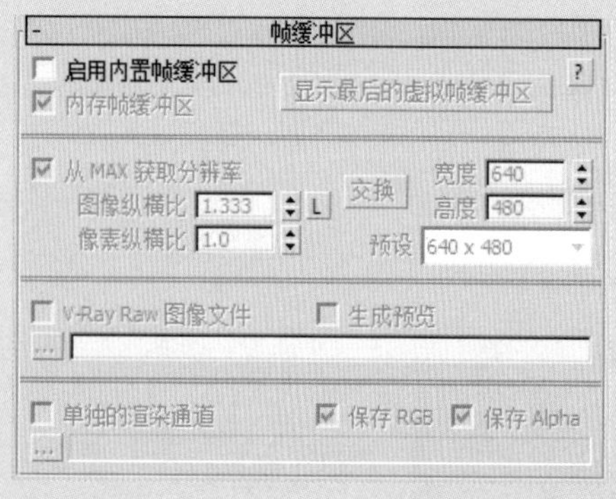

图 10-126　设置帧缓冲区

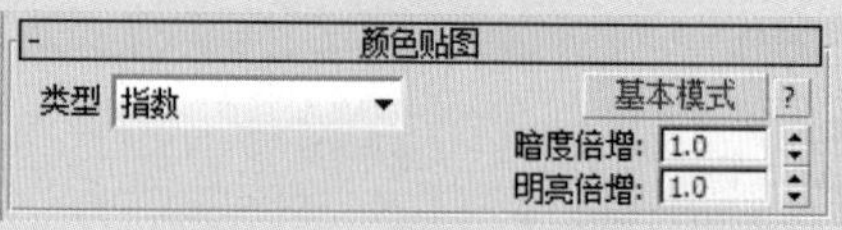

图 10-127　设置颜色贴图

03 在“GI”选项卡的“全局照明 [无名汉化]”卷展栏中启用全局照明，设置二次引擎为“灯光缓存”，如图 10-128 所示。

04 在“发光图”卷展栏中设置当前预设模式为“非常低”，并设置细分值与插值采样值，如图 10-129 所示。

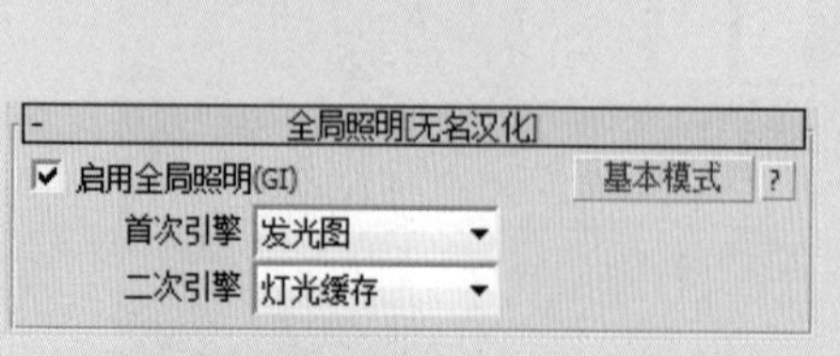

图 10-128　设置全局照明

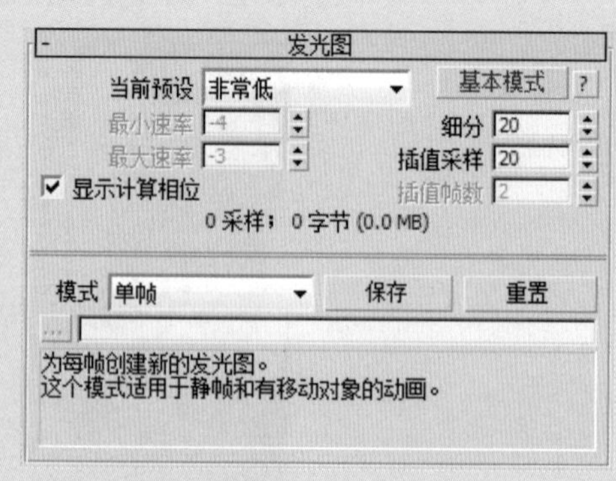

图 10-129　设置发光图

05 在“灯光缓存”卷展栏中设置细分值等参数，如图 10-130 所示。

06 渲染摄影机视图，此时渲染效果如图 10-131 所示。

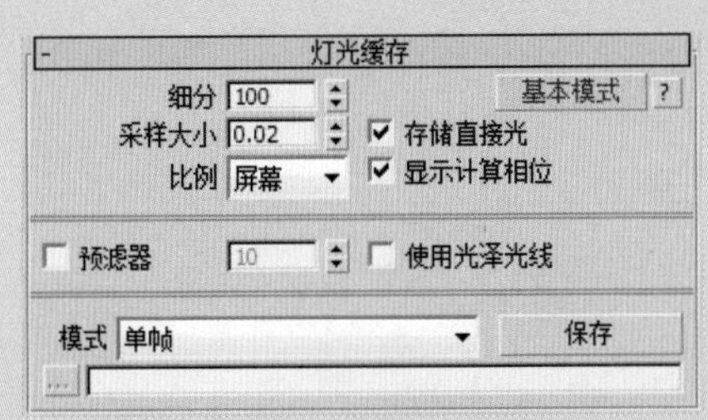

图 10-130 设置灯光缓存

图 10-131 渲染效果

07 下面进行最终渲染效果的参数设置，设置输出大小，如图 10-132 所示。

08 在“图像采样器（抗锯齿）”卷展栏中设置过滤器类型为“Catmull-Rom”，如图 10-133 所示。

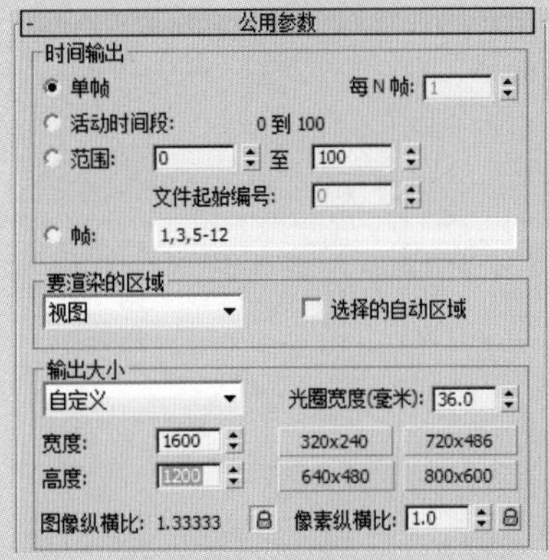

图 10-132 设置输出大小

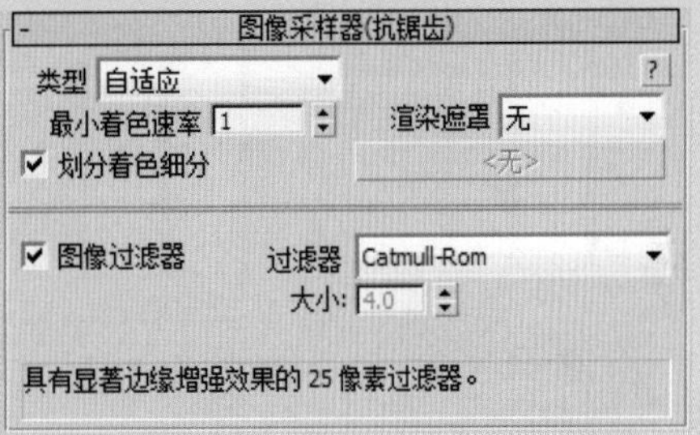

图像采样器(抗锯齿)
类型 自适应
最小着色速率 1
渲染遮罩 无
划分着色细分
<无>
图像过滤器
过滤器 Catmull-Rom
大小: 4.0
具有显著边缘增强效果的 25 像素过滤器。

图 10-133 设置采样器

09 在“全局确定性蒙特卡洛”卷展栏中设置噪波阈值，如图 10-134 所示。

10 在“发光图”卷展栏中设置预设类型，并设置细分值及插值采样值，如图 10-135 所示。

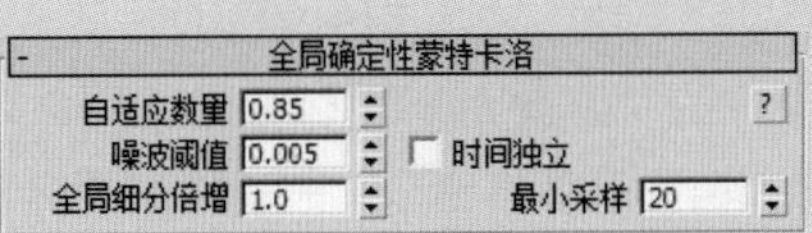

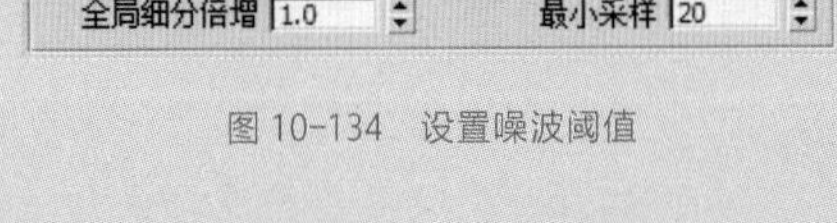

图 10-134 设置噪波阈值

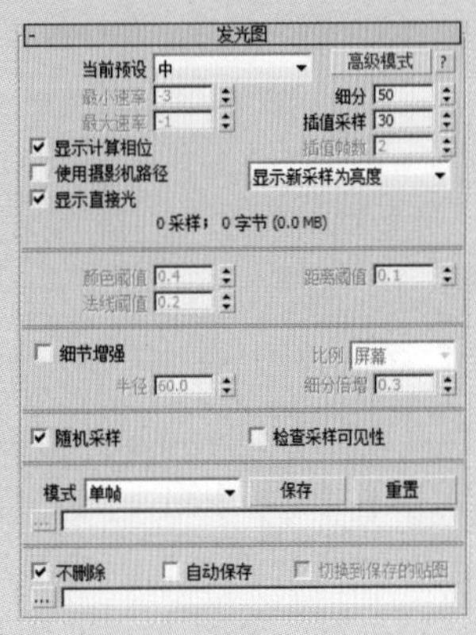

图 10-135 设置预设类型等

11 在“灯光缓存”卷展栏中设置细分值等参数，如图 10-136 所示。

12 在“设置”选项卡的“系统”卷展栏中设置渲染块宽度值为 64，并设置序列类型为“上 -> 下”，如图 10-137 所示。

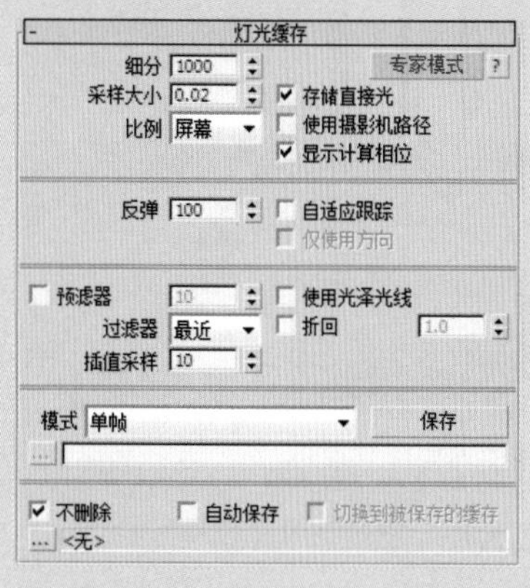

图 10-136　设置灯光缓存

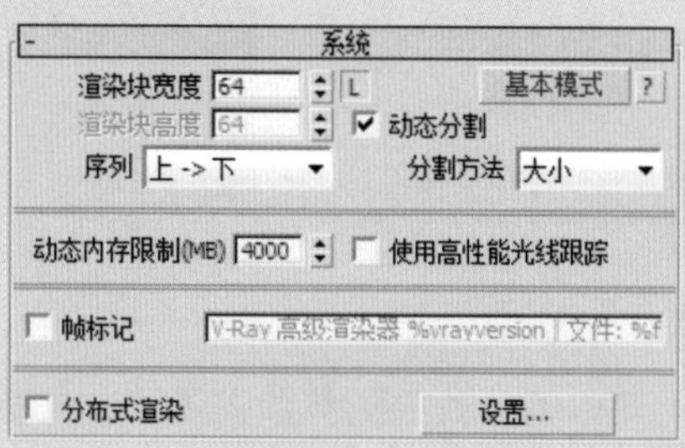

图 10-137　设置系统

13 渲染摄影机视图，最终效果如图 10-138 所示。

图 10-138　渲染效果

10.5　Photoshop 后期处理

通过上面的制作，已经得到了成品图。由于受环境的影响，图像的色彩不够鲜明，这里就需要利用 Photoshop 软件对其进行调整，具体操作介绍如下。

01 在 Photoshop 中打开渲染好的“卧室 .jpg”文件，如图 10-139 所示。

02 执行“图像” | “调整” | “色彩平衡”命令，打开“色彩平衡”对话框，调整色阶参数，如图 10-140 所示。

图 10-139　打开图片

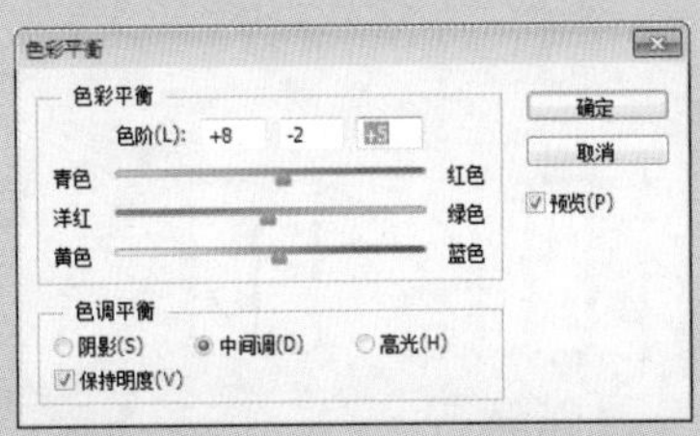

图 10-140　设置色彩平衡

03 单击“确定”按钮关闭该对话框，观察效果，如图 10-141 所示。

04 执行“图像”|“调整”|“色相 / 饱和度”命令，打开“色相 / 饱和度”对话框，调整效果图的整体饱和度，如图 10-142 所示。

图 10-141　调整效果

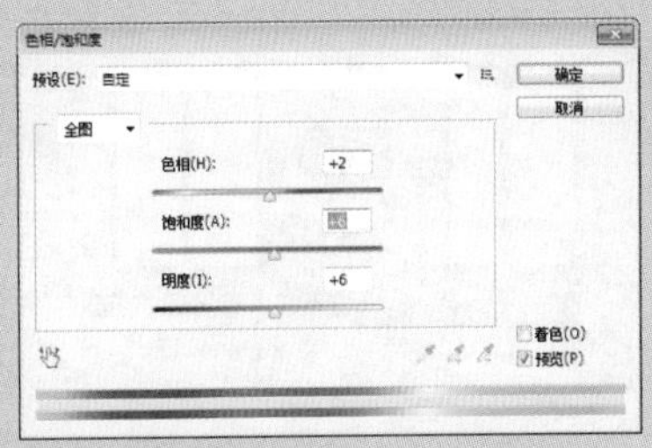

图 10-142　设置色相 / 饱和度

05 单击“确定”按钮，效果如图 10-143 所示。

06 执行“图像”|“调整”|“亮度 / 对比度”命令，打开“亮度 / 对比度”对话框，调整对比度值，如图 10-144 所示。

图 10-143　调整效果

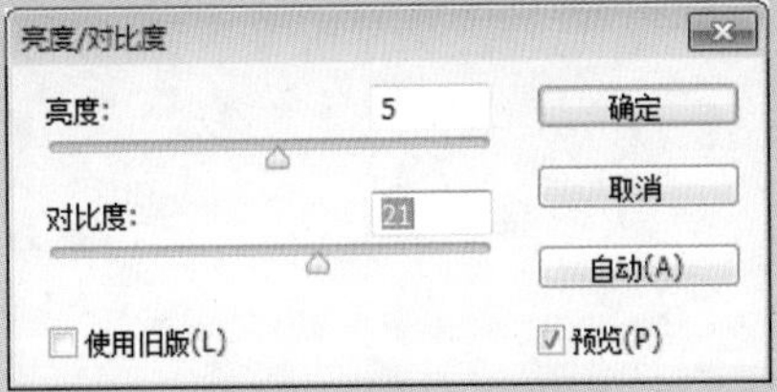

图 10-144　设置亮度 / 对比度

07 单击“确定”按钮，效果如图 10-145 所示。

08 执行“图像”|“调整”|“曲线”命令，打开“曲线”对话框，添加控制点调整曲线，如图 10-146 所示。

图 10-145　调整效果

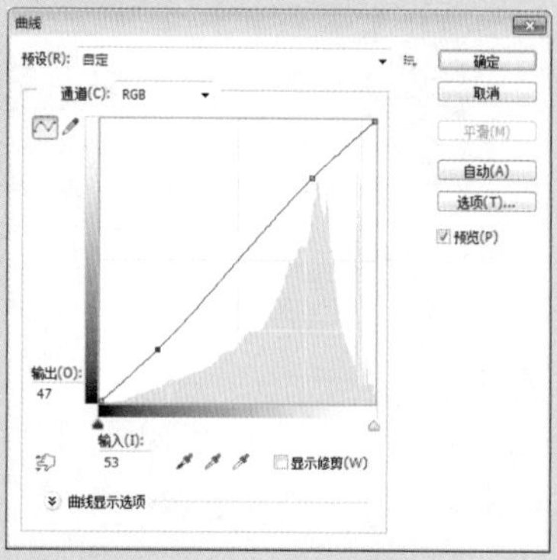

图 10-146　设置曲线

09 观察调整前后的效果，如图 10-147、图 10-148 所示。

图 10-147　调整前效果

图 10-148　调整后效果

参 考 文 献

[1] CAD/CAM/CAE 技术联盟 . AutoCAD 2014 室内装潢设计自学视频教程 [M]. 北京：清华大学出版社，2014.

[2] CAD 辅助设计教育研究室 . 中文版 AutoCAD 2014 建筑设计实战从入门到精通 [M]. 北京：人民邮电出版社，2015.

[3] 姜洪侠，张楠楠 . Photoshop CC 图形图像处理标准教程 [M]. 北京：人民邮电出版社，2016.